U0174280

宁夏大学生态学丛书

旱区土壤动物生态学研究系列

沙化草原土壤节肢动物生态分布研究

刘任涛 著

科学出版社

北京

内 容 简 介

开展沙化草原土壤节肢动物生态分布研究，是探索退化草地生态系统结构与功能恢复的有效途径。全书共分5篇，每篇包括3章，共15章，第一篇主要介绍沙化草原分布概况与土壤节肢动物研究现状；第二篇主要介绍草地生境土壤节肢动物生态分布研究；第三篇主要介绍灌丛林土壤节肢动物生态分布研究；第四篇主要介绍路域及地理气候带灌丛林土壤节肢动物生态分布研究；第五篇主要介绍基于生态恢复措施的沙化草原土壤节肢动物生态分布研究。

本书基于作者获得的第一手数据资料，将基础理论与实践紧密结合，具有较高的理论和应用价值，对恢复生态学、土壤动物生态学及草地生态学等领域的科技工作者及科研院所的师生具有重要的参考价值，对各级业务部门从事管理的相关人员也具有重要的指导作用。

图书在版编目（CIP）数据

沙化草原土壤节肢动物生态分布研究 / 刘任涛著. —北京：科学出版社，2020.8

（宁夏大学生态学丛书. 旱区土壤动物生态学研究系列）

ISBN 978-7-03-065449-6

Ⅰ. ①沙…　Ⅱ. ①刘…　Ⅲ. ①沙漠化-草原-节肢动物-生态分布-研究　Ⅳ. ①Q959.22

中国版本图书馆CIP数据核字（2020）第099003号

责任编辑：罗　静 / 责任校对：严　娜
责任印制：吴兆东 / 封面设计：无极书装

科 学 出 版 社 出版
北京东黄城根北街16号
邮政编码：100717
http://www.sciencep.com

北京厚诚则铭印刷科技有限公司 印刷
科学出版社发行　各地新华书店经销

*

2020年8月第　一　版　开本：720 × 1000　1/16
2021年1月第二次印刷　印张：17 1/2
字数：348 000

定价：198.00 元

（如有印装质量问题，我社负责调换）

作 者 简 介

刘任涛，男，河南南阳人，研究员，博士/博士后，硕士生导师。宁夏回族自治区“青年拔尖人才”国家级学术技术带头人后备人选，教育部霍英东教育基金获得者，中国科学院“西部之光”项目——“西部青年学者”入选者。

主要从事荒漠生态学与土壤动物生态学相关研究与教学工作，先后承担国家级、省部级科研项目 10 余项，发表学术论文 110 余篇，出版学术专著 4 部，授权专利 6 项，颁布地方标准 2 项。

先后获得第六届梁希林业科技青年论文奖三等奖 1 项、宁夏自然科学优秀学术论文一等奖 3 项和宁夏大学优秀科研工作者等荣誉。培养毕业研究生 8 人，在读研究生 7 人。

在荒漠、半荒漠土壤动物生物多样性分布机制、灌丛“虫岛”理论发展及土壤动物生态功能等方面取得了系列研究成果，体现了区域特色和研究优势，为荒漠生态学和恢复生态学学科发展提供了土壤动物学方面的理论依据。

前　言

本研究沙化草原主要分布在盐池县境内。该区域位于宁夏回族自治区东部、毛乌素沙地西南缘，在地理位置上属于黄土高原向鄂尔多斯缓坡丘陵的过渡带、半干旱区向干旱区的过渡带、干草原向荒漠的过渡带、农区向牧区的过渡带、水蚀向风蚀的过渡带，以上特征决定了该区域的定位多样性，在西北地区有很强的代表性。由于其特殊的地理位置、恶劣的气候条件，该区域生态环境极其脆弱，草原易发生退化、沙化。为了防风固沙、促进退化草地植被恢复，目前主要采取退耕还林还草、围栏封育及人工灌丛林营造等生态恢复措施，并进行大面积应用推广，沙化草原生态系统逐渐趋向良性发展。

土壤节肢动物在沙化草原生态系统物质循环和能量流动过程中扮演着关键角色，是维持沙化草原脆弱生态系统相对稳定的重要环节。开展土壤节肢动物群落时空分布特征研究，有助于揭示沙化草原土壤节肢动物的生态分布规律及其与环境的关系。在生产实践中，不同生态恢复措施下沙化草原土壤节肢动物群落结构变化及其对降雨变化的响应特征，对于指导生态恢复措施及未来应对气候变化具有重要参考价值。因此，开展沙化草原土壤节肢动物生态分布研究，是探索退化草地生态系统结构与功能恢复的有效途径，对于维持区域沙化草原生物多样性和食物网结构具有重要理论意义，而且对于沙化草原生态管理与利用及沙漠化防治也具有重要实践意义。但是，目前关于该区域沙化草原土壤节肢动物群落组成、分布及其对不同管理措施的响应规律研究缺乏系统性基础资料。

笔者从 2007 年开始接触土壤动物，在中国科学院奈曼沙漠化研究站（科尔沁沙地）攻读博士学位期间，将博士论文的选题确定为沙地土壤动物生态学研究，其间逐渐发现了一些现象、初步总结了一些规律。笔者自 2010 年入职宁夏大学以来，一直坚持以土壤节肢动物为研究对象，围绕盐池县沙化草原生态系统（毛乌素沙地西南缘）开展了系列相关研究，其间于 2013 年赴以色列巴伊兰大学在 Yosef Steinberger 教授的荒漠土壤生态实验室从事博士后研究工作，在内盖夫（Negev）沙漠继续从事土壤节肢动物生态学相关研究，揭示了荒漠灌丛与土壤节肢动物分布的作用关系。回国后，笔者开始培养研究生。如何在土壤动物生态学领域有效提升研究生成果产出水平和提高研究生培养质量，是一个全新且非常重要的问题。因此，在研究生培养过程中，笔者围绕前期研究成果进行了梳理，相继出版了学术专著《科尔沁沙地土壤动物群落分布特征》、*Ecology of Soil Fauna in a Desertified System* 和《土壤动物生态学研究方法——实验设计、数据处理与论文写作》，为研究生从事土壤动物生态学研究提供了重要指导与参考。总体来看，对于沙化草原土壤节肢动物生态学的研究缺乏系统总结，亟须梳理前期研究成果。这些研究成果主要涉及草地、灌丛、路域及地理气候带条件和生态恢复措施等对土壤节肢动物群落结构的生态影响问题。本书的成果总结将为后面开展更加深入的相关研究奠定重要基础。

多年来，笔者得到了国家自然科学基金(41867005、41661054、41101050)、教育部霍英东教育基金(151103)、中国科学院“西部之光”项目(XAB2016AW02)、自治区科技基础条件建设计划创新平台专项资金项目(2018DPC05021)、宁夏青年拔尖人才培养工程项目(RQ0010)、宁夏高等学校科学研究项目(NGY2018007、NGY2015053、NJY2011021)、宁夏自然科学基金项目(2020AAC02010、2018AAC02004、NZ15025)、宁夏大学“西部一流大学”(GZXM2017001)和西部一流学科建设项目(NXYLXK2017B06)、宁夏留学人员科技活动择优资助项目(2016494)、中国科学院沙漠与沙漠化重点实验室开放基金项目(KLDD2014003)、宁夏回族自治区人才专项资金项目等的持续资助。在此基础上，笔者系统分析和阐明了沙化草原恢复过程中土壤节肢动物群落的时空分布规律及其功能多样性维持机制，丰富了干旱、半旱区草地生态系统土壤节肢动物生态学的基础研究内容，有力地促进了沙漠生态学和恢复生态学学科发展与理论提升。笔者前期围绕沙化草原土壤动物生态分布已经发表相关学术论文 40 余篇，获得了国内外同行专家的高度关注和肯定。本书是对这些系列研究成果的深入总结与分析提升，共分为 5 篇，每篇包括 3 章，共 15 章，主要包括以下最新相关研究成果。

第一篇为沙化草原分布概况与土壤节肢动物研究现状，介绍了沙化草原自然地理概况、沙化草原分布与植被特征、土地利用变化及生态建设概况，总结了土壤节肢动物分布特征及其生态功能、土壤节肢动物研究方法。

第二篇为草地生境土壤节肢动物生态分布研究，介绍了草地生境地面节肢动物群落季节分布特征、草地放牧管理措施对地面节肢动物群落分布的影响、草地生境土壤节肢动物群落对降雨变化的响应。

第三篇为灌丛林土壤节肢动物生态分布研究，介绍了灌丛林土壤节肢动物群落分布特征及与土壤立地条件和林龄的关系、灌丛林管理措施对地面节肢动物群落分布的影响。

第四篇为路域及地理气候带灌丛林土壤节肢动物生态分布研究，介绍了路域灌丛林地面节肢动物群落分布特征、不同地理气候带草地土壤节肢动物群落分布特征、灌丛“虫岛”特征及其在沙化草原生态系统演替中的作用。

第五篇为基于生态恢复措施的沙化草原土壤节肢动物生态分布研究，介绍了退耕还林还草对沙化草原地面节肢动物群落分布的影响、人工与自然恢复对沙化草原地面节肢动物群落分布的影响、不同固沙灌丛林营造初期对沙化草原地面节肢动物群落分布的影响。

本书的主体写作框架和学术思想由刘任涛研究员提出完成。本书是在课题组研究生朱凡、杨志敏、郗伟华、刘佳楠、赵娟、罗雅曦、张静、常海涛、陈蔚和张安宁等共同参与下完成的系列研究成果。在本书撰写完成过程中，研究生蒋嘉瑜负责附录中动植物名录的校正工作。徐雪蕾博士负责第一篇文字的二校工作，硕士生陈蔚、张安宁、郭志霞和曾飞越分别负责第二至五篇文字的二校工作。

感谢宁夏大学西北土地退化与生态恢复国家重点实验室培育基地(西北退化生态系统恢复与重建教育部重点实验室、宁夏退化生态系统恢复重点实验室)和科学出版社给予的大力支持与帮助。

虽然对沙化草原土壤节肢动物的研究已有多年的基础和积累，但还存在诸多未知的前沿科学和先进技术手段值得进一步深入学习与探究，加上著者水平有限，书中不足之处可能在所难免，诚邀各位同仁和读者不吝指正。

刘任涛

2019 年 7 月于银川

目　录

第一篇　沙化草原分布概况与土壤节肢动物研究现状

本研究沙化草原选择宁夏盐池县。宁夏草原植被的主体属于中温带半干旱草原气候区范围，草原面积占宁夏天然草原总面积的70%（高正中和戴法和, 1988）。其中，沙化草原是宁夏地带性植被面积最大的植被类型，面积为$9.3\times10^{7}km^{2}$，占宁夏天然植被总面积的30.6%，占宁夏草原植被面积的51.4%，主要分布在海原、同心、盐池以北和灵武、青铜峡、吴忠等县山区部分及贺兰山东麓洪积倾斜平原。

盐池县沙化草原位于典型草原向荒漠草原的过渡地带，是宁夏回族自治区内重要的畜牧业生产基地之一。并且，该沙化草原生态类型多样化，生态环境极其脆弱，由于干旱与人类活动的双重压力，极易发生退化、沙化，亟须开展生态恢复与保护（陈一鹗, 1982）。土壤节肢动物是维持沙化草原脆弱生态系统相对稳定的重要环节，在维持生态系统结构与功能、生态服务功能和食物网结构等方面扮演着十分关键的角色，有助于退化草地生态系统结构与功能的有效恢复，并且对环境变化十分敏感（刘任涛和赵哈林, 2009）。本篇着重从沙化草原自然地理概况与分布特征及土壤节肢动物研究现状方面进行阐述。

第一章　沙化草原自然地理概况与分布特征

本研究中沙化草原分布在宁夏盐池县。该县沙化草原位于宁夏回族自治区东部、毛乌素沙地西南缘，陕、甘、宁、内蒙古四省(区)交界地带，西与灵武市、同心县连接，北与内蒙古鄂托克前旗相邻，东与陕西省定边县接壤，南与甘肃省环县毗邻，地理位置为北纬 37°05′～38°10′、东经 106°30′～107°39′。该县辖区总面积 8661.3km^2，是宁夏回族自治区面积最大的县，占全区总面积的 16.7%；南北长 110km，东西宽 66km，县城距离宁夏回族自治区首府银川市 131km(张晓东, 2018)。该县境内地势南高北低，平均海拔为 1600m，南部为黄土丘陵区，中北部为鄂尔多斯缓坡丘陵区；由东南至西北为广阔的干草原和荒漠草原，以盛产“咸盐、皮毛、甜甘草”著称；在历史上为中国农耕民族与游牧民族的交界地带。该县常年干旱少雨，风大沙多，属于典型的温带大陆性季风气候。特殊的地理位置分布关系到该区域气候条件、地质形成、地形地貌及相关的地带性植被分布状况，属于典型的多重过渡地带的重叠区，生态系统类型多样，生态环境极其脆弱。本章重点阐述盐池县沙化草原自然地理概况、分布与植被特征。

第一节　沙化草原自然地理概况

一、气候特征

盐池县沙化草原位于贺兰山-六盘山以东，按中国气候分区属于东部季风区，但它在大陆中北部，距离海洋遥远，同时受秦岭山峦阻隔，东南方从海上来的暖湿气流不易吹到，而且北面和西北向地势开阔，来自西伯利亚-蒙古的高压冷空气可以直行而至，故盐池属于典型温带大陆性季风气候。按宁夏气候分区，盐池县属于盐(盐池)-同(同心)-香(香山)干旱草原半荒漠区(周铁军, 2005)。

该区域具有干旱少雨、风大沙多、冬寒长、夏热短、气候干燥、蒸发强烈、昼夜温差大等特征。年平均气温为 8.11℃，平均 1 月最低气温为–7.82℃，7 月最高气温为 21.95℃；≥10℃的积温为 2990℃。光能丰富，热量较适中，年日照时数 2862h；北部为 2867.9h，南部为 2789.2h。年太阳辐射值为 140Cal[①]/cm^2。无霜期为 128d，绝对无霜期为 100d。夏季多东南风，冬季多西北风，年平均最大风速为 6.3m/s；大风日数为 45.8d，多集中在 11 月至翌年 4 月间，最多达 52h，最大

---

① 1Cal=1kcal=4186.8J

风速达15～18m/s。年平均沙暴日数20.6天，以春季最多。灾害性天气主要有干旱、霜冻、冰雹、大风、沙暴、干热风等。

多年平均降水量为289mm，多年平均蒸发量为2403mm。根据盐池和麻黄山气象站1990～2012年共23年的降水资料，综合分析得出，年平均降水量处于160.80mm(盐池气象站2000年)至484.30mm(麻黄山气象站2001年)之间(张晓东, 2018)。总体规律为由东南向西北递减，南部麻黄山一带降水量可达320mm以上，向西北到青山-大水坑一线减为300mm左右，到冯记沟-惠安堡一线减为260mm左右。降水量年内变化大，分配极不均匀，一般多集中在6～9月，这4个月的降水量可占全年降水量的72.06%，其中7～8月是全年降水量最多的时期；最小降水量一般出现在12月，降水量多不足2mm。并且，降水量年际相差大，往往相对丰水年前后的第一或第二年是相对枯水年(1954～2003年)。根据1975～2018年的降水资料，综合分析得出，盐池县降水量呈现波动增加趋势(图1-1)。

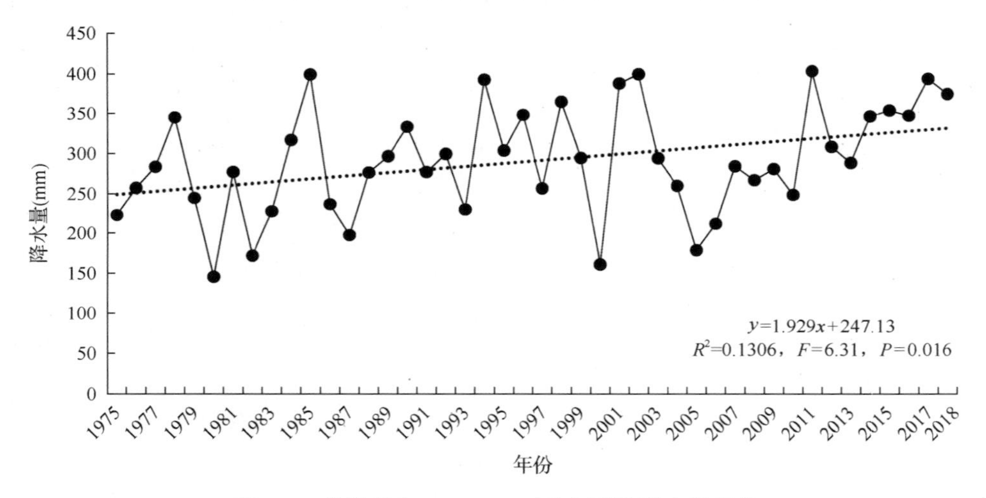

图1-1　盐池县(1975～2018年)年平均降水量变化

二、地质地貌与地形分布

盐池县沙化草原地处鄂尔多斯盆地西缘，位于我国三大地形阶梯的第二阶梯之上，在祁(祁连山)-吕(吕梁山)-贺(贺兰山)山字型构造的脊柱部位，是布伦庙-镇原白垩系大向斜与贺兰山-青龙山褶皱带的交互带(周铁军, 2005)。地形复杂，总体呈南部高、北部低，中部高、东西两侧低的特点，局部地区起伏较大。最高点位于陈记山一带，海拔1951m，最低点位于城北端三道川一带，海拔1294m。

第四纪地质在该县分布最为广泛，大致可分为上更新统和全新统两类。其中上更新统成因类型属于上更新统中期的风积物，呈黄色、淡黄色、暗黄色，为质匀而细、疏松多孔的黄土类土，分布在盐池县中南部，在中西部零星分布，地貌单元为南部黄土高原区。全新统主要为黄色的风成沙和坡积、冲积、湖积、含卵石的砂土、砾石层，表现为结构松散的沉积物和内陆湖泊的盐类化学沉积物，分布很广，地层分明，比较完整(周铁军, 2005)。

其中，全新统早期主要有三种地质现象：一是坡残积物，地貌单元在分水岭梁地和坡面上，分布在盐池县北部；二是坡积物，分布在南北向分水岭梁地及黄土丘陵的梁地和坡面上；三是洪积物，因山洪搬运的碎屑物质在山前平原地区沉积而成，往往呈扇形沉积，处于梁地、低缓丘陵顶部。现代主要表现为风积物，因风而堆积，岩性特征为沙漠，成片和大面积分布在盐池县中北部。前第四纪地质表现为境内出露地表的岩性，以下白垩系为主，其次是第三系、侏罗系、三叠系、奥陶系和震旦系。下白垩系分布走向与南北分水岭平行，出现在盐池县中东部和东北部(周铁军, 2005)。

总体来讲，该县属于宁夏灵盐陶台地与黄土高原过渡带，根据地貌成因类型及其形态特征可分为低山丘陵、缓坡丘陵、黄土梁峁三个地貌单元(张晓东, 2018)。

(一)低山丘陵

低山丘陵多分布在苏步井、陈记墩、冒寨子、东塘、营盘台、红沟梁及红井子、青山一带，海拔在 1381～1744m，总面积约 1066.87km^2，主要由砂岩、中生界碎屑岩及古近系红色泥岩混合组成，在长期的侵蚀及剥蚀等地质作用下形成波状起伏的梁岗地形，上覆的第四系砾岩堆积造成丘陵边坡高差明显而顶面相对平坦。

(二)缓坡丘陵

缓坡丘陵主要分布于高沙窝、白芨滩、王乐井一带。地形起伏缓和、近似于准平原，有沙丘、洪积平原、冲洪积平原、湖积平原分布。其中，大水坑、青山乡和盐池县城周围多分布有洪积平原，高沙窝、王乐井一带分布有冲洪积平原，它的分布与古河床有关；湖积平原多分布在沼泽洼地中，其沉积物以砂土、砂砾石、砂质黏土及黏质砂土为主。

(三)黄土梁峁

黄土梁峁分布在盐池县南部的麻黄山一带，属于“南北古脊梁”的一部分。该区地势较北部高，相对高差为 80～150m，黄土堆积厚度多小于 30m，侵蚀强烈，表现为阴坡厚于阳坡。黄土梁呈长条状展布，梁顶较平缓，往往北坡和西北坡较缓，坡度 10°～30°；南坡和东南坡较陡，坡度 20°～60°。冲沟的横断面近似“V”

字，将地表破碎切割，黄土梁呈南东—北西走向，如长沟梁、麦草掌、何家大梁、大头山、马刺沟梁等。

三、水资源、水文特征

(一)水资源分布

全县可利用水资源总量仅为 1968 万 m^3/年，包括地表水和地下水。其中地表水资源总量平均为 2690 万 m^3/年，该水资源主要补给地下水，仅塘坝和可生产水窖蓄地表水 177 万 m^3/年。地下水资源总量 2900 万 m^3/年，可开采的水量为 1791 万 m^3/年，主要赋存于南北分水岭以东的花马池、青山、红井子等地(张晓东, 2018)。

该县无大河，北部、西南部和东南部分别属于盐池内陆河流域、苦水河水系和泾河水系(王黎黎, 2016)。县内大致以马儿庄-大水坑-新泉井-红井子-马坊一线为界，北部属于内陆河流域；南部又以新泉井-狼儿沟-七步掌一线为界，西侧属于苦水河水系，东侧属于泾河水系。内陆河流域部分地表常年无流水，但雨季可在地势低洼处和坳谷中发育小型季节性地表水体，雨季之后以蒸发或垂直入渗补给地下水方式消耗。苦水河水系部分沿萌城-郝家台-瞩宁堡-小泉一线发育为甜水河支流，并在李家大湾一带修建了小型水库。泾河水系部分发育的沟谷基本为南北向，包括杜家嘴子沟、秃井沟、武家沟等，沟谷多仅见细小水流。该县历史上有不少湖泊，现绝大多数已干涸。地下水主要包括毛乌素沙地第四系地下水、毛乌素沙地基岩地下水及承压自流水和南部山区地下水。地下水总体上呈现出从北到南水量逐渐减少、埋深逐渐增加的趋势。

区域内线性水利工程主要为盐环定扬黄工程，是盐池县农业、生态和生活用水的重要补充(张晓东, 2018)。全县扬黄引水总量 4947.5 万 m^3/年，包括扬黄灌溉水量 4400 万 m^3/年和扬黄生活供水量 547.5 万 m^3/年，主要分布在惠安堡、冯记沟、王乐井、花马池等乡镇。水权转换为盐池补充水量 708 万 m^3/年。

目前，全县农村及城镇生活用水 188 万 m^3/年，全部来源于地下水。工业用水 818 万 m^3/年，其中水权转换 708 万 m^3/年，地下水 110 万 m^3/年。生态用水 30 万 m^3/年，来源于地下水。农业用水 5957 万 m^3/年，来源于扬黄水、地表水和地下水。已开采利用地下水资源总量为 1241 万 m^3/年，占可开采量的 69%，可开采地下水剩余量为 550 万 m^3/年。水资源缺乏是盐池县社会经济发展的重要限制因素。

(二)地下水类型、水文地质特征

地质构造、岩性结构及水文气象等因素对盐池县地下水的赋存条件与分布规律有重要影响(张晓东, 2018)。根据地下含水层性质，可将盐池县地下水分为碎屑岩类裂隙孔隙水和松散岩类孔隙水，后者与研究区地质灾害关系密切。碎屑岩类裂隙孔隙水按其含水组时代可分为侏罗系碎屑岩类裂隙孔隙水、白垩系碎屑岩类裂隙孔隙水及古近-新近系碎屑岩类裂隙孔隙水3种类型。

其中，侏罗系碎屑岩类裂隙孔隙水分布于西部边缘，岩性以泥岩、砂质泥岩为主，相关水文地质资料较为缺乏。白垩系碎屑岩类裂隙孔隙水分布于庙山-马家滩-冯记沟-摆宴井-墩墩梁以东的盐池县，面积约5300km^2，主要由环河含水岩组和洛河含水岩组构成。罗汉洞组主要分布于盐池南北向分水岭和红墩梁分水岭等地形较高地区，该组中水质差异较大，矿化度多在1～3g/L，局部地段在5g/L以上。环河组在青山乡以北地区，以河流相砂岩为主，整体上构成良好的孔隙含水层，地表多被薄层风积砂覆盖，主要补给来源为大气降水和沙漠凝结水，排泄方式主要有土面蒸发、植被蒸腾、向湖泊等地表水体溢出和人工开采。古近-新近系碎屑岩类裂隙孔隙水主要分布在西部，地表多被薄层第四系覆盖，岩性主要为泥岩、泥质砂岩和砂质泥岩，该类型地下水具有量小、质差的特征，含水层为粉细砂岩且以潜水层为主(张晓东, 2018)。

四、土壤类型及岩土体特征

(一)土壤类型

根据1983年盐池县第二次土壤普查资料，土壤有9个大类(即灰钙土、风沙土、黑垆土、盐土、新积土、草甸土、堆垫土、白僵土和裸岩)24个亚类45个土属146个土种和变种(张晓东, 2018)，具体情况如下(王黎黎, 2016)：①灰钙土，面积2206.9km^2，占全县土壤总面积的32.64%，主要分布在中部、北部的鄂尔多斯缓坡丘陵地带。②风沙土，即沙丘、浮沙地。全县灰钙土地区土壤普遍沙化。风沙土面积2574.6km^2，占全县土壤总面积的38.08%，主要分布在北部、中部灰钙土地区。③黑垆土，是盐池县干草原生物气候带条件下形成的地带性土壤，面积449.6km^2，占土壤总面积的6.65%，分布于南部麻黄山、后洼、萌城及红井子、大水坑、惠安堡等乡镇的黄土丘陵地区。土层深厚，以轻壤土为主。④盐土，面积135.4km^2，占全县土壤总面积的2.0%，除麻黄山、后洼、萌城等黄土丘陵地区外，其他各乡均有分布，以城郊、柳杨堡、鸦儿沟、马儿庄、青山乡较多。⑤其他类，包括新积土(37.27km^2)、草甸土(3.47km^2)、堆垫土(3.27km^2)、白僵土(2.40km^2)、裸岩(1.07km^2)，这5类土合计为47.48km^2，占土壤总面积的0.71%。

总体上，该县地带性土壤为黄绵土、灰钙土及淡灰钙土，非地带性土壤主要有风沙土、盐土和草甸土等。其中，风沙土包括固定风沙土和流动风沙土(张秀珍等, 2011)。固定风沙土在风沙活动较强区域常与灰钙土交错分布，土壤有机质已有积累，表土沙层的有机质及速效养分含量均高于流动风沙土和半固定风沙土，土壤颗粒组成中细沙含量已减至67%～83%；从整个剖面来看，土壤质地变细，多为紧沙土，并有一定的结构，一般为块状，已具有初步的土壤形成作用，具有一定的肥力(表1-1)。流动风沙土主要以新月形态存在，流动沙丘的丘间地多为干燥型的流动浮沙地，长有稀疏的沙蓬、沙蒿、沙竹及花棒，盖度小于10%；从其剖面来看，流动风沙土无发育，颗粒松散，无结构，颗粒组成以细沙为主，占90%以上(表1-2)。

表1-1　固定风沙土剖面特征

名称	土层(cm)	质地	颜色	结构	根系	新生体/侵入体
生草层	0～5	土结皮				
根系层	5～42	细沙	棕黄色	松散	密集	无
风沙层	42以下	细沙	棕黄色	松散	少量	无

注：以盐池县高沙窝镇高沙窝村北固定沙丘数据为依据(引自张秀珍等, 2011)

表1-2　流动风沙土剖面特征

名称	土层(cm)	质地	颜色	结构	根系	新生体/侵入体
流沙层	0～25	细沙	灰棕色	松散	几无	无
沙层	25以下	细沙	灰棕色	松散	极少量	无

注：以盐池县高沙窝镇蔡家梁村北流动沙地数据为依据(引自张秀珍等, 2011)

(二)岩土体特征

盐池县沙化草原的岩土体根据岩性和工程地质性质可划分为碎屑岩类和碳酸岩类。其中，碎屑岩类包括坚硬的砂岩、砾岩岩组，软硬相间的薄层——中厚层页岩夹煤层岩组，松软的厚层砂岩、砾岩、黏土岩岩组。碳酸岩类主要为坚硬的厚层白云岩岩组(张晓东, 2018)。

从岩土体特征来看，该县的土体分为黄土类土、砾质土、砂质土3类。黄土类土主要分布于麻黄山和王乐井一带，岩性主要为上更新统浅黄、灰黄、褐黄、土黄色黄土及粉砂质黄土，大多数黄土具有湿陷性。砾质土为第四系洪积层，岩性以砂砾石、砾石为主，砾(卵)石大小不一，一般砾径＞20mm，主要分布于北部波状丘陵区的冲沟及山前地带。砂质土为第四系冲积砂土层，风积沙层，广泛分布于盐池县内(张晓东, 2018)。

五、地层岩性与地质构造

(一)地层岩性

盐池县沙化草原地层区划属于华北地层区(III4)，以车道-阿色浪断裂为界，西侧为鄂尔多斯西缘地层分区(III4^{1})之桌子山-青龙山地层小区(III4$^{1-2}$)，东侧为鄂尔多斯地层分区($Ⅲ4^2$)之盐池-环县地层小区($Ⅲ4^{2-1}$)。县内出露的最老地层为中元古界王全口组，奥陶系、三叠系、侏罗系仅零星出露，白垩系主要分布在县城东部苏步井-红沟梁-佟记圈-青山一带，新生代地层分布广泛(张晓东, 2018)。

1. 中元古界王全口组

中元古界王全口组($Pt^2{}_{2w}$)仅在盐池县西南边界石湾沟一带少量出露，岩性以灰-灰白色薄层-中厚层含灰质硅质条带白云岩为主，夹灰白、灰红色中厚层结晶白云岩(硅质含量较低，可作为冶镁白云岩原料)。青龙山南段娘娘庙一带厚度大于983m。

2. 奥陶系

盐池县内仅出露奥陶系天景山组($0_{1-2}t$)，分布在甜水堡西部，出露面积小，岩性为灰、暗灰色中-厚层含白云质灰岩，以及泥质条带-网纹状白云质灰岩，局部含燧石结核，厚287.9m。

3. 三叠系

盐池县内仅零星出露上三叠统大风沟组(T_3d)和上田组(T_3s)，主要分布在盐池县中东部边界一带。大风沟组岩性以黄绿色厚层中粗粒长石岩屑砂岩夹细砂岩、粉砂岩及泥岩为主，底部为砾岩；上田组岩性以长石石英砂岩、页岩、石英砂岩夹粉砂岩、黄绿色薄层-中厚层中细粒岩屑长石砂岩为主。

4. 侏罗系

盐池县内仅在南部马坊沟、炭井沟出露侏罗系中-上侏罗统，包括延安组(J_2y)、直罗组(J_2z)、安定组(J_3a)和芬芳河组(J_2ff)。延安组岩性为灰黑色炭质页岩、泥质粉砂岩夹灰白色薄层-中厚层中-细粒长石石英砂岩，产丰富的植物化石。直罗组在高沙窝一带厚约356m，底部为粗砂岩夹砂砾岩，向上以浅灰-绿灰色细粒砂岩、砂质泥岩和泥岩为主，顶部为浅蓝灰-蓝灰色泥岩与细砂岩互层。安定组在马坊沟一带下部被第四系覆盖未见底，与上覆芬芳河组平行不整合接触，厚度大于274.7m，下部为蓝灰色及杂色泥岩、页岩夹细砂岩、粉砂岩等，上部则以砖红色泥岩、粉砂质泥岩为主，夹灰白色中厚层钙质细粒长石石英砂岩及砖红色粉砂岩等。芬芳河组岩性为灰紫色薄层-中厚层中砾岩夹紫红色薄层砂砾岩。

5. 白垩系

盐池县内主要出露下统保安群，以新庄子-王乐井-红井子为轴心(天环向斜轴)，中间分布泾川组，向东、西两侧依次分布罗汉洞组和环河组，宜君组仅在研究区西部施家圈一带有少量分布，洛河组埋藏在地表下部。

6. 古近系

盐池县内仅出露清水营组(E_3q)，主要分布在盐池南北分水岭以西地区。岩性上部为红色砂质泥岩，间夹灰白色透镜状粉细粒砂岩，中部褐红色块状含结核长石砂岩、疏松状，下部为棕红及蓝灰色泥岩夹石膏层。在盐池侯家河一带石膏岩较发育，构成大型石膏矿床。

7. 新近系

盐池县内出露彰恩堡组(N_1z)和保德组(N_1b)，彰恩堡组主要分布在惠安堡一带，主要由橘红、橘黄、紫红色泥岩、粉砂质泥岩和砂岩组成。保德组零星出露于南北古脊梁以东盐池南部一带的沟谷中，不整合覆于白垩系下统保安群不同层位之上，其上为早更新统午城黄土覆盖。岩性为土红、橘红、橙黄色黏土及砂质黏土，其中含直径约 0.5cm、圆度极好的石英小砾石及橙红色钙质结核，层理不明显，厚 1～50m。

8. 第四系

盐池县内第四系甚为发育，分布广泛。就时代而言，早更新世至全新世皆有沉积。以成因类型而论，可划分为洪积、风积、湖积、沼积等若干种，以山麓地带的洪积、黄土堆积最为发育。

(二) 地质构造

车道-阿色浪断裂为研究区内唯一的大断裂，该断裂被新生界覆盖，地表无出露，但物探重力、电法及地震探测均证实其存在(张晓东, 2018)。车道-阿色浪断裂北起内蒙古阿色浪经宁夏盐池至甘肃省车道坡，总长约 500km，该断裂为陶乐-彭阳冲断带与天环向斜的边界断裂，断裂倾向西，倾角在 50°左右，分析断裂下面的电性差异性，结合地质调查成果，推断车道-阿色浪断裂下面发育一切割地壳的深大断裂，两套断裂体系构成鄂尔多斯西缘典型的双冲构造特征。该断裂以西为磁窑堡-马家滩-萌城断褶带，以东为盐池坳陷带。前者南北长约 110km，东西宽 10～35km，新生界覆盖，基岩出露很少，物探和钻探资料显示，该断褶带是鄂尔多斯台地西缘断褶带的一部分(张晓东, 2018)。

第二节 沙化草原分布与植被特征

盐池县植被在区系上属于亚欧草原区亚洲中部亚区-中部草原区的过渡带(王黎黎, 2016)。全县共有种子植物 331 种，隶属于 57 科 221 属，其中野生植物有 48 科 231 种；栽培植物有 28 科 100 种。科属组成有豆科 36 种，占总数的 10.9%；菊科 39 种，占 11.8%；禾本科 46 种，占 13.9%；藜科 24 种，占 7.3%。以上 4 科植物共 145 种，占总数的 43.8%。在野生植物中，禾本科 30 种，菊科 34 种。10 种以上(包括 10 种)的科还有茄科、十字花科、百合科、蔷薇科等。沙化草原植被类型有灌丛、草原、草甸、草原带沙地植被和荒漠植被，其中灌丛、草原、草甸、沙地植被分布广泛，数量较大。由于该县地理位置及诸多自然因素具有过渡性的特点，植被类型也呈现出自南向北逐渐演替和互相交错的过渡性特点，多分布在盐池县北部地区，主要有白草和短花针茅群系，而且在中部和北部地区特别是哈巴湖和高沙窝、柳杨堡乡、苏步井的流沙地上，有北沙柳灌丛分布，约66.7km^2。在一些丘陵地区有小片野生柠条灌丛。

一、灌丛

1. 北沙柳灌丛

北沙柳灌丛主要分布于北部流动沙丘地区，惠安堡、南海子等地也有分布。在丘间洼地上北沙柳呈密丛生长，总盖度达50%，高度约为2m，为固沙先锋树种。群落中还可见黑沙蒿、白莎蒿、绳虫实、沙蓬、刺蓬等。

2. 小叶锦鸡儿灌丛

小叶锦鸡儿灌丛主要分布于李吉沟石质丘陵地区红井子、青山等地区的砂质梁峁地。灌丛总盖度可达80%，高度不超过1m，密度较大。在不同地段分别与老瓜头、猫头刺、苦豆子等形成不同的群丛。常见草本植物包括短花针茅、刺穗藜、银灰旋花、砂珍棘豆、蒙古韭、短翼岩黄耆等。

二、草原

1. 典型草原

典型草原主要分布于南部黄土丘陵山区。该区开发历史较长，栽培植被已占主导地位，仅在田边、沟坡保留一些典型草原的片断。主要草原类型有长芒草草原、大针茅草原、百里香草原、冰草草原等，群落中常见植物种类以旱生和中旱生类型为主，如二裂委陵菜、兴安胡枝子、星毛委陵菜、冬青叶、糙隐子草、毛莲蒿、硬质早熟禾等。

2. 短花针茅荒漠草原

短花针茅荒漠草原广布于中部、西部平沙地或起伏沙地上。除短花针茅外，还可见赖草、白草等根茎状禾草，在不同地段上可形成不同的群丛。群落中多见的伴生种有甘草、猪毛蒿、灌木亚菊、小变蒿、老瓜头、狗尾草、地锦、雾冰藜等。

三、草甸

1. 芨芨草盐生草甸

芨芨草盐生草甸在盐池县中部与东部各低洼盐碱地均有分布。芨芨草呈密丛生，群落盖度可达80%，高度可达1.5m。优势种还有白草、赖草。伴生种有金色补血草、苦马豆、盐爪爪、细叶鸢尾、雾冰藜、滨藜等。

2. 以草地风毛菊为主的中生杂类草草甸

以草地风毛菊为主的中生杂类草草甸分布于水分条件较好的河滩地、沟渠边，盖度可达 100%。除草地风毛菊外还可见赖草、假苇拂子茅、蒲公英、砂引草、斜茎黄耆、地肤、扁蓿豆、内蒙古扁穗草等。

3. 扁秆藨草沼泽草甸

扁秆藨草沼泽草甸主要分布于北部沼泽地及池塘周围，面积不大。除扁秆藨草外还有水麦冬等。

四、草原带沙地植被

1. 苦豆子群落

苦豆子群落主要分布于北部、中部风化砂岩地、起伏沙地、半固定沙丘等地。群落盖度可达 80%，常与甘草形成共建种。其他植物以一年生种类为主，如绳虫实、狗尾草、小画眉草、雾冰藜等。

2. 老瓜头群落

老瓜头群落主要分布于中部微起伏地，多因过度放牧草场退化而形成。群落盖度可达 80%，优势种还有猫头刺、甘草、骆驼蓬及一些根茎类禾草。

3. 黑沙蒿群落

黑沙蒿群落主要分布于中部、北部半固定沙地上，骆驼井、高沙窝、哈巴湖等地都有大面积分布。在不同地段，由于伴生种的群丛不同，群落中多见的为沙生草原植物种，如披针叶黄华、沙地旋覆花、银柴胡、糜蒿等。

4. 白莎蒿群落

白莎蒿群落多见于北部、西北部流动沙丘地带，在柳杨堡和沙边子等地有大面积分布。群落盖度在 20%～40%，主要植物种类还有草木樨状黄耆、沙芥、沙鞭、沙蓬等。

五、荒漠植被

1. 川青锦鸡儿群落

川青锦鸡儿群落主要分布于中部石质山地。群落盖度约 50%，高度 30cm 左右。川青锦鸡儿呈垫状生长，分布均匀。群落中占优势的还有赖草、短花针茅、甘草、骆驼蒿等。

2. 猫头刺群落

猫头刺群落主要分布于鸦儿沟等地，是草场退化后而形成的。群落盖度可达 80%。猫头刺呈垫状生长，分布均匀。群落中还见甘草、灌木亚菊、老瓜头、二裂委陵菜、白草、短花针茅等。

3. 西伯利亚白刺群落

西伯利亚白刺群落主要分布于北部的沙边子、南王圈、骆驼井及哈巴湖等地，形成特殊的白刺包景观。白刺包上盖度可达 100%，白刺包之间的沙地上盖度在 20%～50%。伴生植物有刺蓬、雾冰藜、白草、绳虫实、沙蓬、狗尾草等。

4. 盐爪爪群落

盐爪爪群落主要分布于东部和北部的低洼盐碱地带。盐爪爪为密丛生，呈团块分布，群落盖度在 80%以上。群落中可内露散生的红柳，小灌木及草本有白刺、骆驼蒿、芨芨草、红砂、金色补血草、赖草、雾冰藜、白草、滨藜等。

第二章　沙化草原土地利用变化及生态建设概况

盐池县沙化草原在地理位置上属于黄土高原向鄂尔多斯缓坡丘陵的过渡带、半干旱区向干旱区的过渡带、干旱草原向荒漠的过渡带、农区向牧区的过渡带、水蚀向风蚀的过渡带，以上特征决定了该地区的定位多样性，如农牧交错区、水蚀风蚀交错区、干旱半干旱过渡区、生态脆弱区等，在西北地区有很强的代表性（周铁军, 2005）。由于其特殊的地理位置、恶劣的气候条件，该区域的生态环境状况极其脆弱。人地矛盾突出、草畜矛盾突出，干旱导致水资源极度短缺，天然草地退化、人工草地产出效益低下，面临环境恶化、生态平衡失调、水土流失严重和经济文化落后等问题。因此，采取退耕还林还草、围栏封育等措施进行生态建设已成为该区生态恢复的重要措施。本章以盐池县为例着重阐述沙化草原土地利用变化特征及采取的生态建设措施。

第一节　沙化草原土地利用现状及其变化特征

一、土地利用现状

参照《土地利用动态遥感监测规程》（TD/T 1010—2015）和《土地利用现状分类》（GB/T 21010—2017），结合盐池县的实际情况及研究需要，以地物特征明显和分布范围广、能体现土地利用特点的地物作为分类对象，确定沙化草原土地利用类型，包括林地、耕地、草地、建设用地、水域和未利用土地 6 类（表 2-1）（马睿, 2019），以耕地、草地和林地所占面积较大。

表 2-1　土地利用类型划分

土地利用类型	主要地类特征
林地	包括乔木林地、灌木林地、苗圃地
耕地	分布有水浇地和旱地 2 种类型
草地	主要指荒漠草地
建设用地	指居民点和工矿及交通用地
水域	指河流、湖泊及有积水的坑塘
未利用土地	目前未开发的土地，包括难利用地和沙地

(一)耕地

根据“三北”遥感调查试点资料，盐池县共有耕地约1190km^2，包括基本农田、一般旱地和撂荒地3种，以种植粮食、油料作物为主。近年来，瓜菜和牧草的种植面积有所增长。目前，在耕地利用上的主要问题是：第一，面积过大，难以做到精耕细作。全县耕地面积按农业人口计算，人均占有0.01km^2，劳动负担0.0025km^2。第二，耕地分散，不固定。2000年以前，弃耕和过度开垦等现象严重，导致草原面积减少和土地沙化。第三，土地经营技术落后，地力递减的问题十分突出。除极少量水浇地外，旱地大都是广种薄收的，普遍施肥不足，每年的施肥面积不到播种面积的50%。栽培技术十分粗放(王黎黎, 2016)。

(二)草场

根据全国重点牧区草场资源调查大纲和技术规程，全县草场可分为四大类23个组104个型，主要包括干草原草场类、荒漠草原草场类、沙生植被草场类、盐生植被草场类(表2-2)(王黎黎, 2016)。

表2-2　盐池县不同类型草场分布情况*

名称	面积(km^2)	比例(%)	类型	比例(%)
干草原草场类	1024.8	22.3	低丛生禾草草场组	17.67
			一年生蒿草类草场组	1.3
			根茎禾草草场组	0.45
			旱生蒿类草场组	1.18
			旱生杂草类草场组	0.99
			中旱生蒿类半灌木	0.07
			旱生豆科草场组	0.63
荒漠草原草场类	1621.3	35.3	多年生沙生植物组	18.36
			根茎禾草	4.58
			低丛生禾草草场组	3.94
			有刺小灌木	1.13
			一年生蒿草类草场组	2.77
			一年生禾草类草场	0.13
			一年生藜科植物类草场	4.34
沙生植被草场类	1716.2	37.3	沙生半灌木组	24.02
			多年生沙生植物组	7.69
			低丛生禾草草场组	1.17

续表

名称	面积 (km²)	比例 (%)	类型	比例 (%)
沙生植被草场类	1716.2	37.3	有刺小灌木	0.45
			一年生蒿草类草场	2.73
			根茎禾草	0.04
			一年生藜科植物类草场	1.21
盐生植被草场类	236.4	5.1	盐生灌木	4.96
			一年生盐生植物	0.18
合计	4598.7	100		100

*引自《盐池县农业区划报告汇编》(1985 年出版)

1. 干草原草场类

干草原草场类主要分布于黄土高原丘陵区，土壤以普通黑垆土和镶黄土为主。可利用面积约为 1024.8km²，占可利用总草场面积的 22.3%。主要植物组成包括：长芒草、硬质早熟禾、冰草、大针茅、糙隐子草、牛枝子、紫苜蓿、委陵菜、白草、百里香、米蒿、阿尔泰狗娃花、猪毛蒿等。适口性好，饲用价值高，亩[①]产可食青草 123.91kg，每 18.12 亩草场可养一只羊。

2. 荒漠草原草场类

荒漠草原草场类主要分布于上述草原以北大部分地区。土壤多为灰钙土，面积约为 1621.3km²，占可利用总草场面积的 35.3%。主要植物组成包括：短花针茅、隐子草、白草、长芒草、牛枝子、砂珍棘豆、草木樨状黄耆、猫头刺、苦豆子、米蒿、冷蒿、委陵菜和一年生植物狗尾草、猪毛蒿、棉蓬、刺蓬、画眉草等。该草场位于土壤较为肥沃、地势较为平缓的地带，多年来大面积草场被垦，加上长期风蚀，大部分草场严重沙化。群落盖度 35%～50%，草层高度 10～20cm，饲用价值较高，亩产可食青草 139.32kg。

3. 沙生植被草场类

沙生植被草场类是盐池县草场的主体，主要分布于北部鄂尔多斯缓坡丘陵的平铺沙地和固定、半固定及流动沙丘上。土壤以灰钙土为主，主要组成植物有白草、苦豆子、甘草、黑沙蒿、赖草、猫头刺、猫耳刺、砂珍棘豆、老瓜头、柠条、骆驼蓬、棉蓬、猪毛蒿、沙蓬、刺蓬等。面积约为 1716.2km²，占可利用总草场面积的 37.3%，群落盖度 30%～40%，草层高度在 20cm 以上，适口性差，饲用价值低，亩产可食青草 81.47kg。

① 1 亩≈666.7m²

4. 盐生植被草场类

盐生植被草场类主要分布于中北部的盐湖、海子的周围及丘间低地，地下水位较高，土壤中盐含量较大。主要组成植物有芨芨草、盐爪爪、盐蒿、水蓬、白刺、星状刺果藜、骆驼蓬、披针叶黄华等，面积约为236.4km^2，占全县草场总面积的5.1%，群落盖度40%，草层高度在25cm左右。草类单一，但产草量较高，一般亩产可食青草119.37kg。

（三）林地

由于受到自然地理条件的限制，盐池县无天然林，林地十分分散，遍布全县，数量相对集中的是机械化林场、三个乡办林场和高沙窝、苏步井、杨柳堡、城郊等地。该区域林地以人工林、防护林、灌木林、耐旱树种为主，现存灌木林面积远大于乔木林，灌木林的生长状况也要优于乔木林。

二、土地利用变化特征

由表2-3可知，从2005年到2013年，盐池县土地利用率和土地垦殖率均呈下降趋势，且前者下降幅度大于后者。土地建设率和森林覆盖率的变化与之相反，2005年和2013年分别增加了0.76个百分点和1.68个百分点。从2005年到2013年，土地利用程度综合指数虽然有所增加，但变化量不大，其净变化量仅为0.75个百分点(刘淑琴等, 2018)。

表2-3　盐池县土地利用程度指标(刘淑琴等, 2018)

年份	土地利用程度综合指数	土地利用率	土地建设率	土地垦殖率	森林覆盖率
2005	209.49	75.22%	4.11%	26.05%	19.54%
2013	210.24	74.67%	4.87%	25.83%	21.22%
净变化量(个百分点)	0.75	–0.55	0.76	–0.22	1.68

注：土地利用程度综合指数指的是一国或地区全年农作物的播种总面积与耕地总面积的百分比，其是反映耕地利用程度的指标

从表2-4可以看出，盐池县的土地利用类型主要有农地、林地、草地和其他土地，而聚居地和湿地分布相对较少。从转移活动来看，不同土地利用类型按转出量排序为：其他土地(10.35)＞草地(9.73)＞农地(6.40)＞林地(5.63)＞聚居地(1.53)＞湿地(0.49)。转入量排序为：其他土地(11.05)＞草地(8.04)＞林地(6.29)＞农地(6.16)＞聚居地(2.21)＞湿地(0.15)。从以上分析可以看出，其他土地变化最频繁，草地次之，湿地相对稳定(刘淑琴等, 2018)。

表 2-4　盐池县土地利用类型转换矩阵(刘淑琴等, 2018)　　(单位: 10^6hm^2)

类型	林地	农地	草地	湿地	聚居地	其他	2013
林地	11.71	1.65	2.79	0.01	0.22	1.61	17.99
农地	1.52	16.70	1.70	0.04	0.89	2.02	22.87
草地	1.15	0.68	11.68	0.01	0.03	6.14	19.69
湿地	0.01	0.02	0.03	0.07	0.00	0.08	0.21
聚居地	0.22	0.86	0.61	0.01	2.12	0.50	4.32
其他	2.72	3.19	4.60	0.15	0.38	10.42	21.46
2005	17.33	23.10	21.41	0.29	3.64	20.77	86.54

不同土地利用类型间的转移类型主要有：林地与草地、林地与农地、林地与其他土地及草地与农地、草地与其他土地和农地与其他土地间的转移。通过转移活动，其面积增加的土地利用类型有林地、聚居地和其他土地，增加量分别为 $6600hm^2$、$6800hm^2$、$7000hm^2$。2005～2013 年面积减少的土地利用类型是草地、农地和湿地，其中草地流失量最大，占总减少面积的 74.78%，减少的草地主要转为林地。聚居地变化也相对较大，其主要活动对象为农地和草地，而石油和煤炭“一业独大”的发展模式决定了转入的聚居地大多为工矿用地(刘淑琴等, 2018)。

第二节　沙化草原环境特征与生态建设概况

一、环境特征

(一)土地荒漠化严重

从表 2-5 可以看出，1989 年以前该区域荒漠化呈急剧扩大趋势，各类沙丘地面积由 1961 年的 $1006.11km^2$ 增加到 1989 年的 $2367.60km^2$，年平均扩大 $48.63km^2$，各类沙丘地平均年增长率 3.10%。1989 年以后随着降水量的增加、各项生态建设工程的开展等，盐池沙地各类沙丘面积开始减少。2002 年 11 月 1 日全县禁牧，加之当年又是盐池县 1954 年以来的第 6 个丰水年，降水量达到 399.1mm，使得 2003 年各类沙丘面积为有调查记录的最小值，仅为 $437.69km^2$，盐池成为全国荒漠化面积减少的少数县之一(周铁军和赵廷宁, 2005)。

表 2-5　盐池县荒漠化土地变化情况(周铁军和赵廷宁, 2005)　　(单位: km^2)

年份	流动沙地	半固定沙地	固定沙地	沙地总面积
1961	204.13	214.96	587.02	1006.11
1989	1032.70	997.00	337.90	2367.60
1995	547.20	700.80	268.00	1516.00
2000	424.10	743.30	145.60	1313.00
2003	63.18	166.55	207.96	437.69

(二)草场日益退化

受经济利益的驱动，盐池县人们挖甘草的数量日益增加，这种做法不但对草原造成严重破坏，而且对甘草资源本身也造成破坏。根据调查，每年仅挖甘草一项，盐池县就有10.5万亩草地遭到破坏。另外，人为大面积开荒、草场超载过牧及不合理放牧导致草场严重退化、沙化和荒漠化(周铁军, 2005)。

(三)沙尘灾害频繁

据县城气象站观测，近10年年均大风日数12d左右，扬沙日数57.5d，沙暴日数24.6d，同10年前相比大风日数减少，扬沙日数和沙暴日数增加。2000年，扬沙为53d，沙暴达16d，大风和沙暴以冬春为甚，对农作物危害十分严重(周铁军, 2005)。

二、生态建设概况

自20世纪80年代以来，该县开始组织开展大规模植树造林种草活动，特别是近10年来，为了彻底实现“人进沙退”的治理目标，全县依托项目工程，采取封、飞、造相结合，草、灌、乔合理配置的措施，全面加快了绿化进程，共实施退耕还林(草)、退牧还草、生态防护林建设、天然林保护工程等20多个生态建设项目，项目覆盖县内73%的荒漠化面积，中强度沙化土地基本得到治理(周铁军, 2005)。

(一)林业方面

紧紧围绕六个重点、六项工程和“236”造林任务开展工作。其中，六个重点是实施“四纵五横”框架生态防护林建设；对中北部30万亩流动沙丘进行全面治理；5年内退耕还林还草54万亩，使人工种植的优质牧草达到70万亩；通过扬黄灌区移民吊庄搬迁，突出并抓好中北部1200km^{2}生态区域建设，建立县级生态保护区，并申报省级生态保护区；搞好围城围镇造林和村庄单位绿化建设；加快绿色通道建设。

六项工程是国家生态建设重点县项目工程、退耕还林还草工程、天然林保护工程、国家“三北”防护林四期工程、日援治沙工程、天然草原保护与建设工程。

“236”造林任务是全县每人每年平均完成2亩项目林、3分[①]人工栽植乔木和经济林、6棵四周植树和义务植树。

(二)畜牧和草业方面

全面推行草原承包责任制，加强天然草场的建设和管护，积极种植优良牧草，大力发展设施养殖业。“十五”期间，建养殖温棚15 000座，新建饲草料加工点

---

① 1分≈66.67m^2

10个，采取有效措施大力压缩草原畜群承载量，同时结合农业产业结构调整，大力发展生态环保型农业和设施农业，5年内推广以“四位一体”为主的生态温棚5000座，种植以甘草、麻黄为主的中药材3万亩，人工种植优质牧草达到70万亩，到2005年，舍饲养羊达到60%以上，2010年羊只饲养量稳定到100万只，其他畜禽养殖达到加100万个羊单位，合计约为200万个羊单位，畜牧业收入占到农业总收入的70%以上。自2003年全县范围内开展封育禁牧以来，一度植被退化、风沙肆虐的宁夏草原草木丰茂，重新恢复生机。

（三）小流域综合治理方面

以南部水土流失区和中北部荒漠风沙区为重点，建成治沟骨干工程19座，综合开发小流域32条，新修旱田5万亩，治理水土流失面积700km^2，使全县生态环境得到较大的改善。

第三章　土壤节肢动物分布、生态功能及其研究方法

根据栖息地层次，可将土壤节肢动物分为地下土居动物、地表土居动物(又称地面节肢动物)和地上土居动物(刘任涛, 2002)。由于土壤节肢动物对环境变化极其敏感，生境条件的微小变化将直接影响土壤节肢动物的时空分布特征，既包括随季节更替而呈现出的周期性动态规律，又包括随着微生境条件和节肢动物发育阶段改变而呈现出的空间分布规律(刘任涛等, 2015a)。所以，土壤节肢动物在沙化草原生态系统的可持续发展、植被恢复与建设及土壤理化性质改变等方面扮演着重要的角色(苏越等, 2011)。并且，土壤节肢动物作为生态系统物质循环中的重要消费者，一方面积极同化各种有用物质以建造其自身，另一方面又将其排泄产物归还到环境中不断改造环境，概括为两方面：①土壤养分的制造者；②参与自然界中的物质循环(贺纪正等, 2015)。本章着重阐述土壤节肢动物的分布特征、生态功能及其研究方法。

第一节　土壤节肢动物分布特征及其生态功能

一、土壤节肢动物生态分布特征

(一)草地生境土壤节肢动物分布特征

草地是以生长草本和灌木植物为主并适宜发展畜牧业生产的土地，易受放牧和气候变化的双重干扰而导致微生境出现差异性。其中，放牧是人类在草原生态系统管理实践中施加于草原的主要干扰类型，对生态系统过程产生重要的影响。适度放牧可以维持或优化草原群落的物种多样性，过度放牧使草原生态环境恶化、多样性减少、生产力下降，在干旱、半干旱的农牧交错区易导致土地沙漠化。土壤动物作为草原生态系统的重要组成部分，在土壤有机质分解、养分循环、改善土壤结构、影响植物演替中具有重要作用。土壤节肢动物的分解及代谢活动使矿物养分在草原植物生长季内得到充分的供应，一些粪食性的土壤节肢动物在对牲畜粪便的处理上更是显得重要。并且，土壤节肢动物对放牧导致的草原生态系统退化极其敏感，能够对草地退化和恢复过程产生积极响应(刘新民等, 1994, 1999)。

在奇瓦瓦(Chihuahuan)荒漠草地，研究显示，不同土壤节肢动物类群对不同放牧管理方式产生复杂的响应特征(Morris，1978)。通过研究北美沙质草地蚂蚁

对所处环境胁迫的指示作用，发现蚂蚁在放牧草地生态系统中是不能作为环境胁迫、生态健康或成功恢复的指示种，并且亦不是放牧草地生态系统动物多样性的有价值指示种(de Soyza et al., 1998)。在奇瓦瓦沙漠草地2个灌木和混杂有禾草的多年生草地中，发现节肢动物物种丰度范围为草地154～353，亚灌木(拳参)120～266，灌丛(腺牧豆树)69～116，超过5年时间的调查发现物种丰度产生较大波动；从系统中除去豆科类灌木并没有得到期望的物种丰度会降低的结果；但和不放牧或者冬季放牧相比较，在多个样地的夏季放牧试验中都发现物种丰度降低的现象(Kerley and Whitford, 2000; Whitford, 2002)。在松嫩平原南部草原，研究发现，不同草地生境对节肢动物的物种组成、优势类群均产生了明显的影响(赵红音和殷秀琴, 1994; 殷秀琴和李建东, 1998; 吴东辉等, 2004)。但是，在内蒙古典型草原，研究发现，不合理的放牧致使节肢动物密度呈下降趋势、多样性降低，而且重牧压力下节肢动物总数量减少，优势类群趋向一致(刘新民等, 2000)。另外，在科尔沁沙质草地，研究发现，放牧干扰对沙地草地节肢动物群落结构产生长期的负面影响，直接影响草原生态系统的结构与功能(刘任涛等, 2011a, 2011c)。

(二)人工林建设条件下土壤节肢动物分布特征

造林方式与模式、造林时间及其人工林地演化过程均影响造林苗木的成活率、生长状况，关系到造林后的植被恢复进程。在这个过程中，土壤节肢动物群落及其多样性将随之发生变化，而这种变化则反映了土壤节肢动物群落及其多样性对无机环境和以植物群落为主的有机环境变化的响应。所以，不同造林方式不仅对地表植被恢复和土壤环境改善产生深刻影响，还将显著影响土壤节肢动物群落及其多样性的恢复和保育。

在冰岛，研究发现，退化土地造林对节肢动物群落组成和密度分别产生了显著影响，而且桦树和羽扇豆植物种植比禾本科植物种植更能增加节肢动物的个体数量(Oddsdóttir et al., 2008)。并且，在冰岛，研究发现，造林时间也能对蚯蚓的多样性和密度产生显著影响(Sigurdsson and Gudleifsson, 2013)。采用样地内评价法研究人工针叶林对地表蜘蛛群落分布的影响，发现造林后7年内对蜘蛛群落多样性具有正向作用(Fuller et al., 2014)。在我国松嫩草原区，研究发现，土壤节肢动物类群数和多样性表现为草地＞杨树林＞玉米田，而个体数表现为草地＞玉米田＞杨树林(王海霞, 2002)。在科尔沁沙地，研究发现，固定沙地造林后相对更有利于提升捕食性动物在群落中的地位，而不利于植食性和杂食性动物(赵哈林等, 2013)。在宁夏白芨滩荒漠生境中，研究发现，荒漠草原区土壤节肢动物物种丰富度指数、均匀度指数和多样性指数显著高于人工固沙林地及流动-半流动沙地(张娇等, 2015)。在黑河中游，研究发现，将天然荒漠草地植被转变为人工林显著降低了地面节肢动物群落的数量，而对动物类群丰富度的影响并不显著(刘继亮等,

2011）。在四川盆周西缘山地，研究发现，人工柳杉林土壤节肢动物个体数和多样性要高于水杉林和楠木林（卢昌泰等, 2013）。在西双版纳热带雨林，调查发现，次生林土壤节肢动物群落类群数、个体数及多样性在全年高于人工林（杨效东和沙丽清, 2000）。

（三）降雨变化条件下土壤节肢动物分布特征

已有研究表明，在某些区域的陆地生态系统中，夏季降雨量减少导致土壤含水量降低，直接影响土壤生物群落（Walther et al., 2002; Lindberg, 2003）。除单个物种的丧失外，土壤生物多样性减少还影响生态系统功能或者降低其对环境干扰的抵抗力（牛书丽等, 2009）。不同土壤动物类群由于其自身的生物生态学适应特性，对降雨变化将呈现出不同的响应方式（刘任涛, 2012）。

对于地上土居动物而言，已有研究表明，夏季干旱影响地上植食性无脊椎动物的多度和分布（Morecroft et al., 2002），气候异常如降雨变化会导致昆虫种类和数量出现显著变化。在内蒙古草原的研究结果发现，蝗虫的滞育期和增加降雨量可以缓冲气温升高对卵发育的影响（Guo et al., 2009）。

对于地表土居动物而言，生活在地表层，既不同于以绿色植物为最初食物来源的地上动物区系，又不同于以生物残体（以凋落物为主体）为最初食物来源的地下动物区系（肖以华等, 2010）。这些土壤无脊椎动物由于暴露在变化的环境中（降雨格局变化）而可能对气候变化产生与地上和地下土壤动物不同的响应与适应性特征。伴随着降雨变化，地面土壤动物的扩散能力能够有效地预测这些动物类群多度的分布变化（Canepuccia et al., 2009）。扩散能力弱的地面节肢动物（如蚂蚁和蜘蛛）受降雨影响较大，而扩散能力强的地面节肢动物（如甲虫）受降雨影响就比较小。这些活动能力强的动物类群活动的范围广，可以到其他地方获取更多的食物资源而表现出较强的适应性。研究表明，双翅目幼虫由于它们不能向深层土壤中迁移而表现出对温度和水分条件变化敏感（Briones et al., 1997）。作为苔藓下垫面生境的典型定居者，水熊虫先前并没有被报道，但是现在被报道较多，同样，它们与湿生和半水生环境相联系，结果它们被看作对不利气候条件的一种反应敏感类群。

对于地下土居动物来说，其依赖于栖居的土壤环境，对气候变化产生的影响没有地上和地表的栖居动物反应强烈。但是由于土壤含水量减少强烈影响土壤动物的取食性、产卵行为、存活及其多度大小，降雨量变化对土壤栖居动物种群也产生了剧烈的直接影响（Staley et al., 2007）。

分析气候变化背景下土壤栖居大型无脊椎动物种对土壤含水量的响应特征发现，许多食根性大型无脊椎动物要么是依据它们的多度与个体出现情况（存活率或繁殖率）要么是依据它们的行为活动特点而对土壤含水量产生不同的响应特征(Staley et al., 2007)。例如，嚼根性优势种 *Agriotes lineatus* 幼虫在夏季增雨情况下，到秋季和翌年春季出现更多的个体，而介壳虫 *Lecanopsis formicarum* 多度并不受夏季降雨控制的影响。一龄和二龄象鼻虫 *Sitona hispidulus* 幼虫多度与土壤含水量正相关。由于干燥季节破坏土壤结构，阻断了半翅目 *Cyrtomenus bergi* 成虫的挖掘活动，其不能向土壤深层移动，因此该类昆虫在干燥季节死亡率较高。食根性蚜虫 *Pemphigus betae* 的繁殖率、成虫个体大小和多度随着土壤含水量降低而减小。综合来看，植食性动物的几个幼虫种类对干旱的响应，在于这些类群趋向于在土壤深处进行取食活动。并且，土壤含水量较低常影响土壤栖居植食性动物的产卵行为，导致产卵期推迟或者把卵产在较深土层中或者几乎不产卵(Hertl et al., 2001)。例如，许多鞘翅类幼虫在孵化时需要吸收一定的水分，叩甲科一些幼虫在蜕皮时需要通过角质层增加水分吸收，导致这些昆虫在其他阶段的发育也常受到干旱土壤条件影响而推迟。因此，地下大型节肢动物行为和种群大小很可能亦受到降雨格局的影响。

二、土壤节肢动物生态功能特征

（一）蚂蚁群落与土壤、植被间的作用关系

土壤节肢动物与其周围生物群落及无机环境之间关系非常复杂，它们互相依存、互相制约，构成完整的生态系统过程的重要部分。并且，这种互作关系在自然界中广泛存在，对植物分布、群落与生态系统组成及生态系统中物质和能量的交换都具有重要的调节作用(刘任涛等, 2011b)。由于土壤节肢动物是消费者，对自然环境具有一定扰动作用。在特定环境下，土壤节肢动物活动与植被及环境间的相互关系可能表现为互为有利，亦可能相互抑制。其中，以蚂蚁、白蚁和蚯蚓为代表，它们被称为生态系统的“工程师”。通过以蚂蚁为例，可以清楚地阐明土壤动物与土壤、植被间的作用关系(刘任涛等, 2011b)。

1. 蚂蚁对土壤的影响

蚂蚁群落，是生态系统的“工程师”，其对环境的响应和反馈作用已引起研究者的关注。作为对食物及栖居场所的回报，它通过筑巢活动形成蚁丘，进而改变蚁丘周围土壤的理化性质，间接地影响其上植被的生长状况。在科尔沁封育流动沙丘上，研究表明，掘穴蚁的生物干扰活动使得地表出现丘状流沙的聚集，形成蚁丘(刘任涛等, 2010)。流沙的覆盖截断了土壤毛细管提水，导致土壤含水量蒸发的降低；此外，蚂蚁开口在地表的蚁道有利于降水沿隧道向深层土壤入渗。这些因素的作用，导致蚁丘土壤含水量高于邻近土壤。同时，土壤的水盐运动过程受气候、地形、土壤质地及土体结构等因素的影响，而掘穴蚁改变了这些因素，使

其活动范围内土壤的水盐动态发生了改变。干旱沙漠区土壤 pH 呈弱碱性，而在围封流动沙丘由于蚁丘上有机物的分解、含盐量变化，土壤有机酸的含量上升，土壤 pH 下降，电导率升高。

另外，掘穴蚁筑丘活动对土壤的化学性质也有一定的改良作用(陈应武等, 2007)。掘穴蚁在通过食物链不断吸收自己需要的营养元素的同时，也不断地将吃剩的食物及排泄物——尿酸及粪便弃于土壤中，主要表现为蚁丘土壤的有机质含量增加，而氮的含量与有机质含量呈正相关关系，故全氮含量也有不同程度的增加。而且很多研究表明，与邻近土壤相比，蚁丘有机质、N、P 和 K 的含量都较高，在瘠薄的土壤上这些差异显得尤为突出，并且这些变化的大小与蚂蚁群体的大小、生物量和土壤翻转量有关。

2. 蚂蚁对植被的影响

研究表明，在封育流动沙丘上，蚂蚁筑丘活动提高了土壤含水量，改良了土壤理化性质，一定程度上提高了土壤肥力，这就为其上的植物特别是为幼苗的生长创造了优良条件(Dhillion et al., 1994)。并且，蚁丘中存在大量的种子，这种土壤条件为种子萌发提供了理想的场所，间接地影响了植物的群落结构。另外，在荒漠生境中，蚂蚁的觅食活动主要发生在距巢穴 2～12m 的区域，随着距离的增大，觅食活动明显减少，从而造成沙漠种子区域性分布的不均匀性，直接影响荒漠地区植物种子库密度和植被组成的分布(Crist and Macmahon, 1991)。当然，也有些蚂蚁类群为植物提供保护，包括帮助植物移走小型植食性昆虫及它们的卵、去除入侵的藤本植物，而且蚂蚁类群对植物的保护可以降低植物叶片的损伤率，增加种子和果实的产量，提高植物的适合度。不仅如此，有些蚂蚁类群还可为植物提供营养，扩大植物的实际生态位，增加竞争能力，当然也存在不利的一面，如蚂蚁对种子的贮藏会引起种子窒息，影响发芽或导致霉烂(Whitford et al., 2008)。对于一些一年生、质量较轻的种子，在 5mm 深土壤下就能抑制其萌发。

综合来看，在时间和空间上，蚂蚁觅食和筑丘活动对地表植被的影响比较大，特别是筑丘活动形成的蚁丘空间格局分布发生变化，直接影响植物群落的组成和物种多样性(Dhillion et al., 1994)。同时，蚁丘斑块增加了土壤生境的异质性，而生境斑块的异质性增加直接影响了资源的可利用水平。结果是蚂蚁活动破坏掉一些植物种的个体，而引进另外一些植物种的个体，直接影响了植物的群落结构，蚂蚁活动被认为是植物群落中物种更新的窗口(贺达汉等, 2003)。

3. 蚂蚁筑丘活动与地表植被及土壤环境间互作关系对流沙的固定作用

以科尔沁沙地为例，对流动沙丘进行围栏封育后，地表植被逐渐恢复，流动沙丘逐渐过渡形成半流动半固定沙丘(赵哈林等, 2007)。半流动半固定沙丘生境中地表植被的分布为蚂蚁活动提供了食物来源，而松散的沙质土壤条件又为蚂蚁筑巢活动提供了先决条件，结果大量蚂蚁迁移到这里进行筑巢活动(Liu et al., 2009)。而蚂蚁筑巢活动改良了土壤性状，巢穴中的温湿条件适宜蚂蚁产卵和孵化，这些条件均有利于蚂蚁繁殖和数量的增加。同时，改良的土壤生境为其上的植物生长和其中的其他土壤生物(如真菌、细菌和放线菌等)提供了较好的营养来源，促进了植物的生长和土壤生物的存活，而且土壤中的种子在适宜的蚁丘土壤生境中萌发，增加了成活的可能，亦增加了植物的数量和种类，这些均进一步促进流动沙丘地表植被恢复。

同时，随着蚂蚁筑巢活动向周围扩展，流动沙丘表面土壤生境斑块性增加，提高了植物对资源的可利用水平，植物群落逐渐由聚集分布更趋向于随机分布，亦导致蚁丘的空间分布呈随机性。蚂蚁、植物和土壤三者之间的相互作用进一步增强，同时影响了在其内生存的其他土壤动物的活动，它们之间形成了一个良好的循环系统。如果减少人为干扰，流动沙丘在长期封育过程中表面植被盖度将逐渐增加，土壤会进一步得到改善，土壤肥力得到提高，从而更有利于流沙的固定和生态系统的恢复。

(二)灌丛土壤动物的生态功能

灌丛作为沙化草原的一种重要植被类型，不仅具有抗逆性强、生态可塑性强、抗旱、耐盐和耐沙埋等优良特性，还具有调节土壤含水量、提高土壤质量、改善土壤结构和“蓄种保种”等多种生态功能，对于干旱生态系统具有较强的适应性和促进防沙治沙的功能(赵哈林等, 2011)。已有研究表明，在干旱生态系统中，灌丛微生境是生物地球化学循环过程最活跃的区域，灌丛土壤动物多样性分布及其生态功能能够显著促进沙化草原生态系统的保护和结构功能的有效恢复(刘任涛, 2014)。

研究表明，土壤节肢动物不仅能够增加灌丛内生境中凋落物的分解破碎速率，还可以通过取食、排泄和掘穴等活动改变土壤结构、减小土壤容重，促进土壤中矿物质的混合，刺激中小型节肢动物的分解及土壤中有机质的形成，直接或间接地促进物质循环，是土壤有机质含量高低的生物指示者(董炜华等, 2016)。例如，蚂蚁是大型节肢动物的典型代表，除地球两极外均有分布，被称为生态系统的“工程师”，一方面蚂蚁在土壤中筑巢会对土壤温湿度及土壤容重等物理性质产生影响；另一方面蚂蚁的取食活动不仅会影响土壤的呼吸过程，由于蚂蚁对某些植被种子具有偏食性，还会直接或间接地影响植被生长(贺达汉和长有德, 1999)。此外，蚂蚁活动引起的有机物质积累还会促进或抑制某些土壤真菌和细菌群落的发展，是沙化草原生态系统中不可忽视的生物干扰因子(刘任涛等, 2011b)。土壤节肢动物的生态功能主要包括如下三个方面(常海涛等, 2020)。

1. 在沙化草原物质循环中的作用

在干旱、半干旱沙化草原区，土壤节肢动物作为土壤生态系统的重要组成部分，不但能够直接反映土壤的机制状况，而且能够对已退化的土壤起到改善恢复的作用。有研究表明，灌丛“肥岛”能够为地面土壤节肢动物提供良好的栖息地和食物资源条件，有利于土壤节肢动物的生存、发育和繁殖(刘任涛, 2014)。而土壤节肢动物作为沙化草原土壤生态系统物质循环过程中重要的消费者和特殊的分解者，它的机械破碎作用有利于其他节肢动物和微生物取食。并且，土壤节肢动物的活动能够提高对凋落物的分解速率，加速凋落物中营养元素的释放，有助于凋落物中的养分再回到土壤中变成土壤中的有效成分，直接或间接地促进物质循环，同时还会促进植物生长、加速土壤发育和土壤团聚体的形成，增强土壤通气、持水、保肥和抗侵蚀能力(傅声雷等, 2019)。

2. 在沙化草原能量流动中的作用

灌丛植被和节肢动物储存的能量是沙化草原生态系统中能量流动的重要组成部分(图 3-1)。在近代生态学的研究中，能量及能流效率与过程越来越受到关注。对于沙化草原能量流动的研究，节肢动物热值数据是必不可少的基础资料，将节肢动物热值数据和干物质量相结合，可以对沙化草原生态系统的初级生产力进行评估(倪穗等, 1999)；通过对节肢动物取食的食物和排出的排泄物进行热值测定，并在不同时期内调查研究区单位面积内的节肢动物数量，就可以进一步研究沙化草原生态系统中节肢动物种群的能量流动(殷秀琴等, 2007)。相关研究表明，节肢动物的干物质量热值随季节变化存在一定的差异性，对凋落物分解过程中的能量流动具有一定的影响。

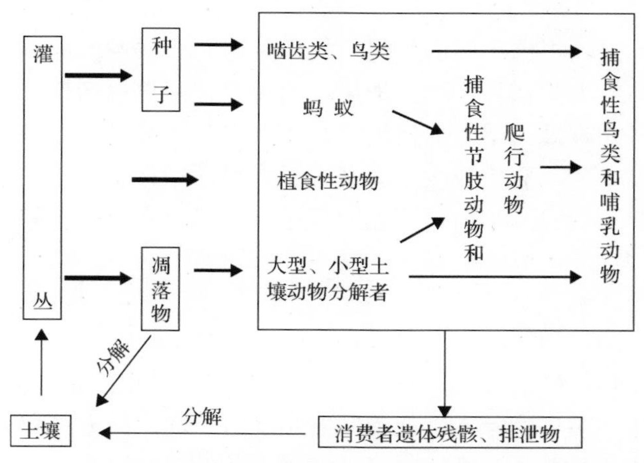

图 3-1　沙化草原生物群落能量流动及物质循环概况模式图

3. 在沙化草原信息传递中的作用

在沙化草原生态系统中，土壤节肢动物通过互相发送、接收不同的信息(物理信息、化学信息、行为信息和营养信息)进行正常的生命活动，这些信息把系统各部分连接起来形成信息网，对于沙化草原生态系统的稳定性具有重要作用(王让会和游先祥, 2000)。在信息传递过程中，土壤节肢动物依靠声音信息、利用生命活动的代谢产物和性外激素进行个体间、种群间的识别，有利于土壤节肢动物个体的生存及种群的发育繁殖。在沙化草原区，降水及温度的影响限制了植物生产力和土壤养分循环过程，导致土壤节肢动物食物资源短缺，此时土壤节肢动物就会通过迁移选择食物充足的栖息地，以此来减轻同种群的食物竞争压力。此外，土壤节肢动物还会受到灌丛植被分泌的代谢产物及花粉的吸引，帮助植被传授花粉、散布种子。研究表明，沙化草原生态系统的信息传递包括节肢动物个体、种群、群落及其各部分间特殊的信息联系，有利于维持沙化草原生态系统的有序性，在沙化草原生态系统的发育、维持、演化等过程中扮演着重要的角色(李诗洪, 1987)。

第二节　土壤节肢动物研究方法

一、土壤节肢动物取样方法

土壤节肢动物的采集包括两个方面：一是提取节肢动物标本的方法，即如何把动物从它的生活基质(土壤和枯枝落叶)中提取出来；二是取样的方法，即如何确定被用作提取标本的基质样品在生境中的分布和数量(土壤动物研究方法手册编写组, 1998)。

(一)样地选择

样地选择标准，根据不同的研究目的而确定。一次性的地域调查，应当在该地最典型的植被类型中选择样地。地区性的调查，应该包括该地区主要植被类型或生境类型的各种样地。不管如何选择，适合作为一般性调查的样地，应具备如下条件：①坡度不大，石头较少；②基本无人类活动；③不在生境边缘；④避开动物巢穴，如蚁巢(小丘)和白蚁冢。如果是专题研究或小生境间的比较研究，则另当别论。

(二)取样工具与使用

因为节肢动物个体小，通常要在野外地上收集一定量的枯枝落叶或布设陷阱，然后获得其中的节肢动物标本。在不同的生境中取样，其方法和工具有所不同。

(三)不同生境类型地面节肢动物的野外取样方法

1. 枯枝落叶层类活动的节肢动物取样

最简单的取样工具是边长为 25cm 的正方形铁丝网框和一把小铁铲，用铲子将框内枯枝落叶层刮起，装入袋中，带回实验室处理。该方法简单，但一些爬行较快的动物如蜘蛛、蜚蠊、蜈蚣等容易逃逸。如果改用大型环刀(图 3-2)，可以阻止此类情况的发生。如果环刀的横截面积定为 $1/10m^2$，更便于定量计算。

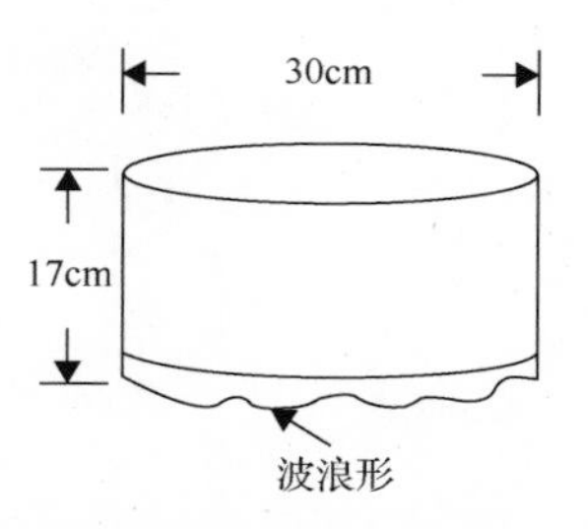

图 3-2　大型环刀取土样器示意图

2. 土壤地表类活动的节肢动物取样

在地面或地下埋设内壁光滑和较高的器皿，使动物落下后不能上来，以避免逃逸现象发生，这样的陷阱有以下 3 种形式。

(1) 暴露式陷阱

将一次性塑料杯(可以多次使用)或冰淇淋杯埋在地下，口与地面齐平(图 3-3)。挖洞时最好用直径为 5cm 的圆凿来凿洞，既可提高埋设效率，又可减少对周围土壤的扰动破坏。把杯埋下后，在杯内放入少量稀酒精溶液。一般一字排开，埋设 10～20 个，每隔 1m 一个；在一个点位上，4 个杯靠齐放置，可以保证 4 个方位(东、南、西、北)上均可捕获节肢动物。用此方法可以捕获到地面上活动的各种大小类型的节肢动物，如蜘蛛、蜈蚣、蜱螨、跳虫、甲虫、蟋蟀、蜚蠊、蚂蚁等，有时也能捕获到小型爬行动物，如蜥蜴。此法在晴天效果较好，但如果为了防雨，可以在杯口上放置一个防雨罩。不过，这种方法容易影响跳虫、蟋蟀等动物类群的捕获。

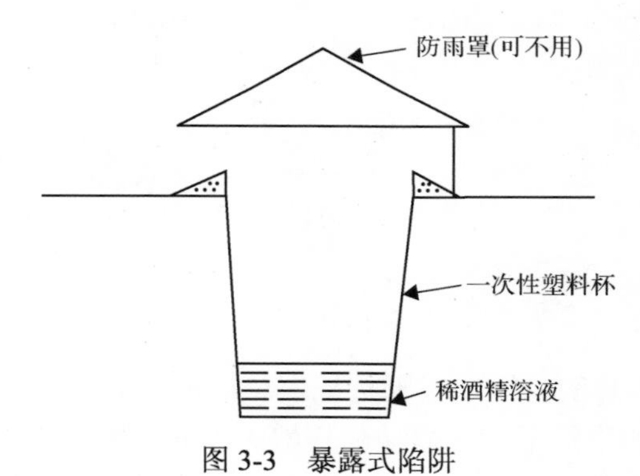

图 3-3　暴露式陷阱

(2) 隐藏式陷阱

此法最好用宽口瓶，埋设方法与暴露式陷阱相同，但瓶中不加酒精。瓶口要低至枯枝落叶层下或低于地面约 10cm，在枯枝落叶层或地面上盖一薄板(木板、玻璃板均可以)，然后再覆盖枯枝落叶或土壤(图 3-4)。此方法主要捕获步行虫类的甲虫。

(3) 诱饵式陷阱

将宽口瓶埋入土中，瓶口稍高出地面一些，再用土在瓶周围培成斜坡。瓶中

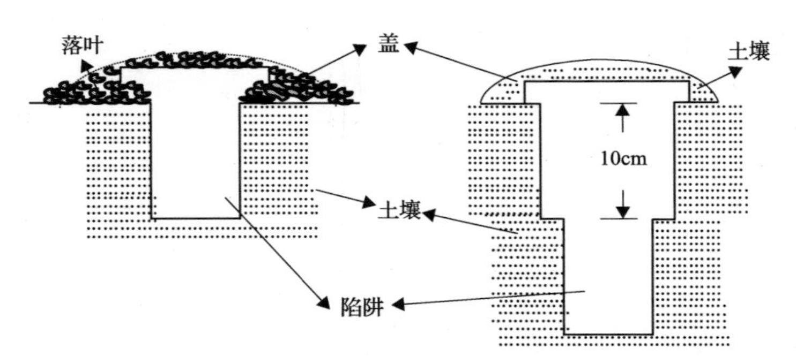

图 3-4　隐藏式陷阱(土壤动物研究方法手册编写组, 1998)

加入饵料(图 3-5)，瓶口再加一个防雨罩。饵料用肉类、畜粪、蜂蜜混合而成，并用细金属网包好。此方法可诱捕埋葬甲科、隐翅虫科等，用肉类、鱼、蜂蜜的混合饵料可以诱捕步甲科、阎虫科和隐翅虫科的昆虫。

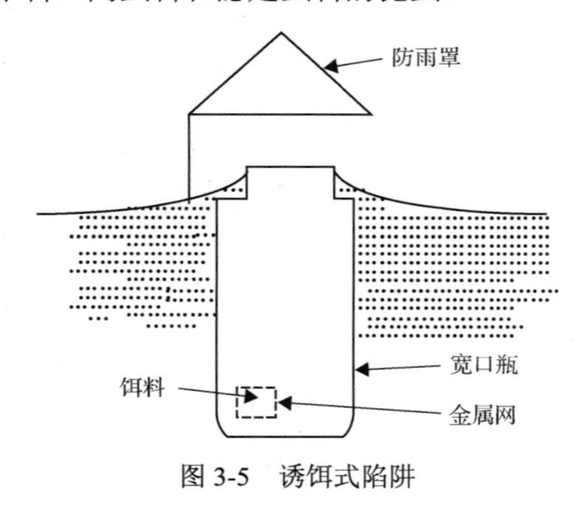

图 3-5　诱饵式陷阱

(四) 土壤中大型土壤节肢动物的取样

在青木淳一(1973)的研究中是直接挖取 $1/4m^2$[$(50\times50)cm^2$]和一定深度的土壤(15～20cm)，当即进行手拣获取动物标本。因此所需要的工具包括：尺子、铁铲、枝剪(剪小树根用)、解剖盘、镊子和小瓶子(指管等，盛装动物标本用)。这种方法，样方的选择对调查结果的影响很大，因为动物的分布极不均匀：一个样方没有代表性，而多个样方工作量又太大。而且，如果是在山地森林生境，常由于坡度大、大树根多且岩石较多等，进行大尺寸的样方调查有时困难很大。唯一的优点是容易获得完整的动物标本。也可以用不锈钢大型环刀(图 3-2) 切入土壤中，由凋落物层至 A1 层，切入土壤中 5cm，然后把枯枝落叶和土壤一起取出手拣(尹文英等, 1992)，此法可以比较容易地取走土壤中大部分的大型土壤动物，但有些在 5cm 深以下的动物如蚯蚓和鞘翅目幼虫或蝉类若虫等可能就不能收获到。

也可以用直径 8cm 的取土器(图 3-6)打入土层15cm，取出土芯，然后手拣。用这种取样方法，可以把同样的取样面积分散到一个较大的范围内，因而可以克服动物分布不均匀所造成的取样偏差，在山地森林中取样也容易选择微地形，避开大树根和石头。如果是在自然保护区调查，更可减少取样对地面造成的破坏，主要的缺点是有时取得的标本不完整(如金龟子幼虫等)影响分离鉴定。但如果结合专类标本的采集，可以协助标本的鉴定。

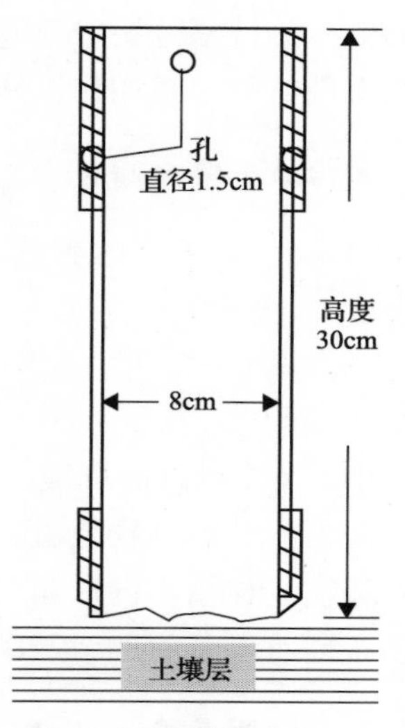

图 3-6　手拣用的取土器
(廖崇惠和陈茂乾, 1989)

(五)标本采集与分离方法

将采集到的节肢动物标本，按照试验设计分装在盛有酒精(75%)的收集瓶中。根据《中国土壤动物检索图鉴》(尹文英, 2000)、《昆虫分类》(郑乐怡和归鸿, 1999)和《宁夏贺兰山昆虫》(王新谱和杨贵军, 2010)等对其进行鉴定，所有土壤节肢动物样品鉴定到科或属水平。由于幼虫和成虫在土壤中的作用不同，因此分开统计(Coleman et al., 2004)。同时，将节肢动物样品在室内称重时，先用滤纸将标本表面的水分吸干，再用电子秤(精度为 0.0001g)称其湿重，得到节肢动物生物量(g/m^2 或 g/陷阱)。

二、数据处理方法

总的来说，土壤动物群落指标分析方法常包括多度、丰富度指数、Shannon 指数、Pielou 均匀度指数、Simpson 优势度指数及 Jaccard 相似性指数、Sorenson 相似性指数和 Whittaker 相似性指数等多样性指数(刘任涛等, 2009)。

(一)多度

多度通常表示为单位面积上的土壤动物个体数，单位为只/m^2。利用陷阱法时，多度表示为单位陷阱的节肢动物个体数，单位为只/陷阱。

多度与密度的区分在于，多度指的是群落中每个物种的个体数量，即种群水平的个体数，而密度通常强调的是群落水平的个体数。依据节肢动物多度所占的比例依次划分为优势类群、常见类群和稀有类群，即个体数所占比例＞10%为优势类群，用+++表示；个体数所占比例 1%～10%为常见类群，用++表示；个体数所占比例＜1%为稀有类群，用+表示。

关于节肢动物数据的获取与处理，最基本的就是个体数量的统计。不同的取样方法，其数量统计的方法亦存在较大差异性，突出体现在单位标注符号的不同。

例如，枯枝落叶层中节肢动物取样后的数据统计，可记作只/m^2或只/g(枯落物)；地表类活动土壤动物取样后土壤动物数据统计，可记作只/陷阱。

(二)丰富度指数

丰富度指数(SS)通常采用单位面积上的土壤动物物种数来表示，单位为个/m^2。公式为

$$SS = S/\ln A \tag{3-1}$$

式中，S表示总类群数；A表示面积(m^2)。

由于节肢动物数量和分类的局限性、发育阶段的重叠性(如成虫和幼虫可能同时存在且作用不同)，丰富度也可以直接用类群数来表示(无单位)。这里的类群数指不同阶段分类的节肢动物类群，也包括不同发育阶段的节肢动物类群。

(三)群落多样性指数

节肢动物类群数的统计方法与个体数统计方法相似。在此基础上，群落多样性指数计算的主要公式如下(刘任涛等, 2009)。

Shannon 指数(H)：
$$H = -\Sigma P_i \ln P_i \tag{3-2}$$

Simpson 优势度指数(D)：
$$D = \Sigma (P_i)^2 \tag{3-3}$$

均匀度指数(E)：
$$E = H/\ln S \tag{3-4}$$

式中，$P_i = x_i/\Sigma x_i$，表示第i种节肢动物类群占总个体数的比例；x_i表示第i类群的个体数；S表示类群数。

(四)群落相似性指数

群落相似性指数通常包括3种，公式如下。

Jaccard 相似性指数(J)：
$$J = c/(a+b-c) \tag{3-5}$$

式中，a、b为两群落的各自类群数；c为两群落共有的类群数。

Sorenson 相似性指数($S1$)：
$$S1 = 2c/(a+b) \tag{3-6}$$

式中，a、b为两群落的各自类群数；c为两群落共有的类群数。

Whittaker 相似性指数($S2$)：
$$S2 = 1-0.5\Sigma|a_i-b_i| \tag{3-7}$$

式中，a_i为第i种节肢动物种类的个体数在a群落中的比例；b_i为第i种节肢动物

种类的个体数在 b 群落中的比例。

（五）密度-类群指数

这是廖崇惠等(2002)提出的用于计算节肢动物多样性的一种指数，其公式如下。

$$\text{密度-类群指数(DG)：} \quad DG = \Sigma(D_i / D_{i_{\max}}) \times (G/GT) \tag{3-8}$$

式中，D_i 为第 i 种类群的密度；$D_{i_{\max}}$ 为各类群中第 i 种类群的最大密度；G 为群落中的类群数；GT 为各群落所包含的总类群数(廖崇惠等, 2002)。

（六）DIV 多样性指数

DIV 多样性指数是另外一种新的物种多样性测度方法(王永繁等, 2002)。颜绍馗等(2004)首次在节肢动物多样性的计算中采用此方法，其公式如下。

$$\text{DIV 多样性指数：} \quad DIV = 2S - \sum_{i=1}^{s}\left(\frac{1}{N_i}\right) \tag{3-9}$$

式中，S 为物种数；N_i 为物种 i 个体数。

对上述表达式的分析表明，类群数、Pielou 均匀度指数与 Shannon 指数呈正相关，而 Simpson 优势度指数与 Shannon 指数呈负相关。并且当类群数较接近时，决定多样性指数高低的关键在于均匀度，而 Shannon 指数存在一定的弊端。Jaccard 相似性指数和 Sorenson 相似性指数强调的是群落中的物种数量分布，而 Whittaker 相似性指数既包括群落中的物种数量分布，又包括不同物种的个体数量分布(刘任涛, 2016)。

第二篇　草地生境土壤节肢动物生态分布研究

草原退化问题已成为中国乃至世界的重大资源和环境问题之一，引起科学界及政府部门的广泛关注。过度放牧及干旱气候等条件的影响是导致草原生态环境恶化、多样性降低、生产力下降的直接原因，在干旱、半干旱的农牧交错区易导致土地沙漠化(李博, 1997)。近年来，随着“退耕还林还草”和“封育禁牧”等重大生态工程的实施，盐池沙化草原逐渐得到了治理和恢复，生态环境出现逆转，草地植被逐渐得到恢复，影响了草地内分布的土壤动物的行为活动，进而改变了生物多样性及草地生态系统过程、结构与功能。草原生态系统的退化机制及退化草原恢复途径的研究已经成为当前草地生态学关注的热点问题(陈佐忠和汪诗平, 2000)。本篇以地面节肢动物为例着重从草地土壤节肢动物群落季节分布特征、土壤节肢动物群落对放牧管理和降雨变化的响应方面进行阐述。

第四章　草地生境地面节肢动物群落季节分布特征

气候因素对土壤动物的影响主要包括土壤动物对温度和水分的响应两个方面(Lindberg, 2003)。由于地面节肢动物以地表植被与土壤有机质为食，具有个体小、种类丰富、世代周期短、食性多样、运动能力强及对环境扰动敏感等特点，因此，降雨除造成对土壤动物的机械冲刷外，还通过影响空气湿度和土壤含水量作用于土壤动物的生长、发育、存活和生殖等(刘任涛等, 2016a)。温度也可以影响土壤动物生命中的许多方面(常晓娜等, 2008; 高鑫等, 2011)。并且，干旱、半干旱沙质草地生境中，灌丛“肥岛”现象常导致空间异质性和资源非均匀性分布，而且这种分布受到季节变化的深刻影响(刘任涛等, 2018a)。随着季节更替，降雨和温度的急剧变化调控灌丛林地空间异质性的作用方向与强度，进而影响节肢动物的时空分布。研究表明，气候因子(主要是降水和温度)的季节变化可能直接或间接地导致土壤动物栖息地的生物(如植被)和非生物环境(地表温度和土壤含水量等)的变化，对土壤节肢动物种群和群落的生长与繁殖过程产生直接影响(刘任涛等, 2013a)。本章着重阐述草地生境及灌丛林生境中地面节肢动物群落的季节变化特征。

第一节　草地地面节肢动物群落组成及其季节变化特征

一、气象因子与土壤温湿度分布

本试验选择封育草地为研究样地，并基于 2012 年、2013 年的气象数据资料和节肢动物调查数据结果。试验调查期间(图 4-1)，2012 年降雨量为 308mm，平均气温为 8.07℃，变异系数(CV)分别为 1.05 和 1.46；2013 年降雨量为 291mm，平均气温为 9.41℃，变异系数分别为 1.42 和 1.16。多年(1975～2013 年)平均降雨量为 278mm，平均气温为 8.45℃，变异系数分别为 1.03 和 1.32。这说明在宁夏盐池沙化草原地区，降雨量年内、年际分布极度不均匀，并且伴随着大气温度的年内、年际分布变化，不仅影响该地区的土壤含水量、温度等环境条件，还对土壤生物生态系统产生了深刻影响(刘任涛等, 2016a)。

从表 4-1 可以看出，在 2012 年和 2013 年，土壤含水量在春、夏、秋 3 个季节间呈现出相似的分布格局，表现为秋季显著高于夏季和春季($P<0.05$)，而春季和夏季间无显著差异($P>0.05$)。这说明宁夏盐池沙化草原土壤含水量整体上呈现出一种明显的季节分布格局，即秋季＞夏季＞春季，而与年际降雨分布格局的关系较弱；同时也说明处于封育围栏中的沙质草地土壤含水量呈现出一种相对稳态，

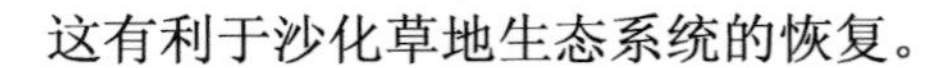
这有利于沙化草地生态系统的恢复。

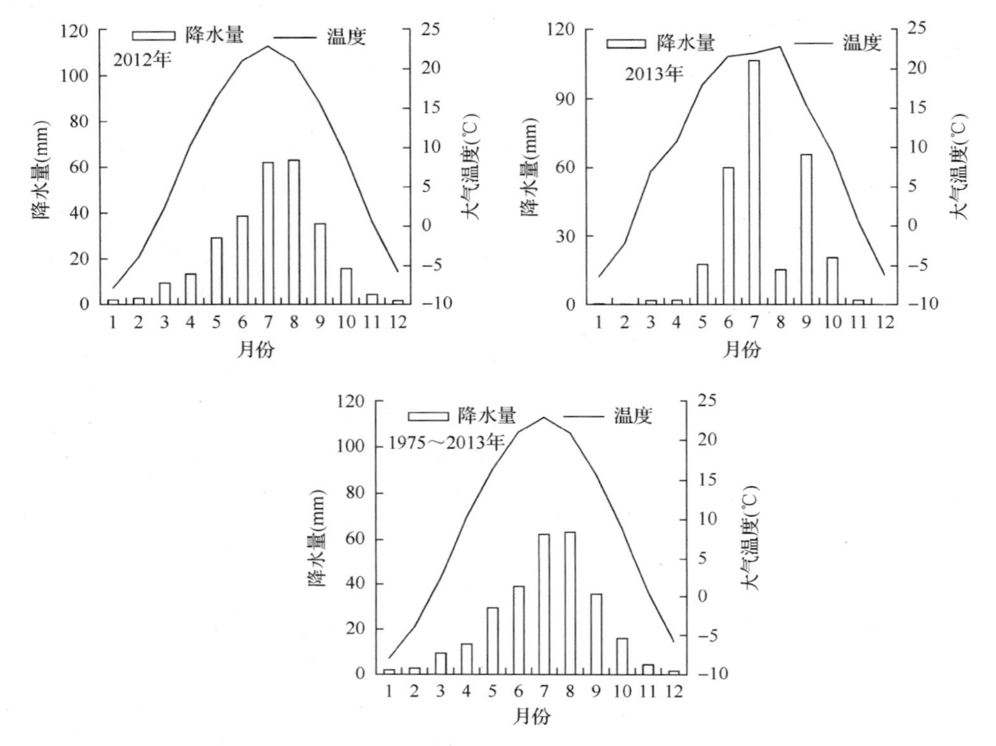

图 4-1　2012 年、2013 年及近 38 年(1975～2013 年)各月平均降雨量和大气温度

表 4-1　地表植被和土壤含水量及土壤温度季节分布特征

年份	季节	个体数(株/m^2)	物种数	高度(cm)	土壤含水量(%)	土壤温度(℃)
2012	春	588.1±32.1a	7.6±1.4b	6.3±0.8b	0.3±0.1b	13.8±0.0e
	夏	170.3±54.7b	8.0±0.4b	13.3±2.3a	0.6±0.0b	24.9±0.0a
	秋	253.4±57.6b	7.0±0.8b	13.3±1.0a	2.7±0.4a	11.2±0.0f
2013	春	38.2±14.6c	4.5±0.3b	8.3±1.6b	0.4±0.1b	13.9±0.0d
	夏	163.5±53.3b	12.6±1.2a	11.7±0.2ab	0.9±0.0b	24.6±0.0b
	秋	149.1±31.5b	10.5±1.7ab	14.7±0.9a	2.7±0.1a	18.7±0.0c

注：同年同列不同小写字母表示显著差异($P<0.05$)

在 2012 年和 2013 年，土壤温度在春、夏、秋 3 个季节间呈现出相似性(表 4-1)，均表现为夏季显著高于春季和秋季($P<0.05$)，这与宁夏盐池沙化草原处于中温带半干旱区的地理位置有关。但是，每个季节的土壤温度分布均会随着年际大气温度的变化而变化。例如，2012 年土壤温度表现为春季显著高于秋季，而 2013 年土壤温度则表现为秋季显著高于春季；同一个季节中，土壤温度随大气温度的年

际改变而显著变化，春季和秋季表现为2013年显著高于2012年($P<0.05$)，夏季表现为2013年显著低于2012年($P<0.05$)。这些结果均反映了年际土壤温度的波动性和不确定性，这对于研究沙质草地温度依赖性生物的响应规律具有重要参考价值。

二、植被分布特征

地表草本植被分布特征包括植物个体数和物种数的季节分布均呈现出明显的年际性差异，这说明降雨量和温度的年际变化直接决定了地表植被的个体萌发、存活(刘任涛等, 2016a)。由表4-1可知，植物个体数和物种数的季节分布不同年份间均呈现出不同的格局。2012年，植物个体数表现为春季显著高于夏季和秋季($P<0.05$)，而植物物种数表现为春、夏、秋3个季节间无显著差异($P>0.05$)。2013年，植物个体数和物种数均表现为春季低于夏季和秋季。2013年春季干旱直接导致植物个体数显著低于2012年春季，而2013年夏季高的降雨量直接决定了沙化草原草本植物种的萌发和数量分布，这反映了干旱沙化草原区土壤种子适应缺水条件的一种“机会主义”萌发策略。研究表明，宁夏沙化草原区土壤种子库以单子叶种子数量居多，夏季水分充足、温度条件合适将促使种子快速萌发(余军等, 2007; 李淑君, 2014)。

但是，植物平均高度在不同年份间呈现出相似的季节格局(表4-1)，2012年和2013年均表现为春季低于夏季和秋季($P<0.05$)，这与植物的生活史过程密切相关。在宁夏沙化草原区，春季草本植物整体处于萌发期，植物个体高度较低，而在夏季和秋季植物处于生长的高峰期，植物高度较高。并且，每个季节地表植被分布随调查年份亦发生明显变化。在春季，地表植被个体数表现为2012年显著高于2013年($P<0.05$)，而地表植物物种数和平均高度年际无显著差异($P>0.05$)。在夏季，2012年和2013年地表植被个体数和平均高度均无显著差异($P>0.05$)，而植物物种数表现为2013年显著高于2012年($P<0.05$)。在秋季，地表植被个体数、物种数和平均高度均表现为2012年和2013年无显著差异($P>0.05$)。

三、节肢动物群落组成与数量特征

本研究采用陷阱法对封育草地的地面节肢动物进行了调查。在2012年和2013年春、夏、秋季的6次调查中，共获得地面节肢动物2纲12目44科52个类群(表4-2)。优势类群为鳃金龟科，亚优势类群为蚁科，共占总个体数的53.35%，常见类群包括逍遥蛛科、缘蝽科、盾蝽科、长蝽科、蠼螋科、步甲科、吉丁甲科、绒毛金龟科、拟步甲科(琵甲属、鳖甲属、东鳖甲属、漠王属、土甲属)和象甲科共12个类群，共占总个体数的20.23%，稀有类群包括37个类群，共占总个体数的26.42%。

表 4-2 地面节肢动物类群组成与个体数

目	类群	2012年					2013年					总和(只/收集器)	多度(%)
		春季(只/收集器)	夏季(只/收集器)	秋季(只/收集器)	合计(只/收集器)	多度(%)	春季(只/收集器)	夏季(只/收集器)	秋季(只/收集器)	合计(只/收集器)	多度(%)		
蚰蜒目	蚰蜒科	0.00	0.00	0.00	0.00	0.00	0.00	0.50	1.50	2.00	0.59	2.00	0.38
蜈蚣目	蜈蚣科	0.00	0.00	0.00	0.00	0.00	0.00	0.00	1.00	1.00	0.29	1.00	0.19
盲蛛目	盲蛛科	0.00	0.00	0.33	0.33	0.18	0.00	0.00	0.75	0.75	0.22	1.08	0.21
蜘蛛目	狼蛛科	0.75	0.50	0.25	1.50	0.81	0.33	0.50	1.50	2.33	0.69	3.83	0.73
	逍遥蛛科	1.50	1.25	1.00	3.75	2.02	1.33	1.25	0.50	3.08	0.91	6.83	1.30
	蟹蛛科	0.00	0.50	1.80	2.30	1.24	0.00	0.25	1.00	1.25	0.37	3.55	0.68
	光盔蛛科	0.00	0.00	0.00	0.00	0.00	0.00	0.00	1.00	1.00	0.29	1.00	0.19
	管巢蛛科	0.00	0.00	0.00	0.00	0.00	0.00	0.50	0.00	0.50	0.15	0.50	0.10
	跳蛛科	0.50	0.00	0.00	0.50	0.27	0.00	0.00	0.75	0.75	0.22	1.25	0.24
	平腹蛛科	0.00	0.00	0.00	0.00	0.00	0.00	0.50	0.00	0.50	0.15	0.50	0.10
	球蛛科	0.00	0.00	0.25	0.25	0.13	0.00	0.00	0.00	0.00	0.00	0.25	0.05
半翅目	缘蝽科	6.70	0.00	0.00	6.70	3.61	2.67	1.17	1.00	4.83	1.42	11.53	2.19
	蛛缘蝽科	0.00	0.00	0.00	0.00	0.00	0.33	0.00	0.50	0.83	0.24	0.83	0.16
	盾蝽科	2.88	0.58	0.00	3.46	1.86	0.50	2.73	0.00	3.23	0.95	6.69	1.27
	红蝽科	0.00	0.25	0.00	0.25	0.13	0.00	0.00	0.00	0.00	0.00	0.25	0.05
	长蝽科	1.83	0.50	0.33	2.66	1.44	3.30	0.50	1.00	4.80	1.41	7.46	1.42
	蝽科	0.00	0.00	0.00	0.00	0.00	0.25	0.25	0.00	0.50	0.15	0.50	0.10
	盲蝽科	0.00	0.00	1.17	1.17	0.63	0.00	0.00	0.00	0.00	0.00	1.17	0.22
同翅目①	叶蝉科	0.00	0.00	3.05	3.05	1.64	0.25	0.00	0.00	0.25	0.07	3.30	0.63
直翅目	蝼蛄科	0.00	0.00	0.00	0.00	0.00	0.00	0.83	0.75	1.58	0.47	1.58	0.30
	斑腿蝗科	0.00	0.00	1.00	1.00	0.54	0.00	0.00	0.50	0.50	0.15	1.50	0.29
	螽斯科	1.75	0.50	0.00	2.25	1.21	0.00	0.00	0.00	0.00	0.00	2.25	0.43
革翅目	蠼螋科	0.00	0.00	0.00	0.00	0.00	1.00	16.00	0.75	17.75	5.22	17.75	3.38
鞘翅目	步甲科	1.33	1.13	12.30	14.76	7.95	0.25	3.20	3.40	6.85	2.01	21.61	4.11
	吉丁甲科	7.40	0.00	0.00	7.40	3.99	2.80	0.00	0.50	3.30	0.97	10.70	2.04
	叩甲科	0.00	0.00	0.00	0.00	0.00	0.75	0.50	0.00	1.25	0.37	1.25	0.24
	叶甲科	0.00	0.25	1.50	1.75	0.94	0.25	0.00	1.00	1.25	0.37	3.00	0.57
	鳃金龟科	27.7	2.5	0	30.2	16.27	188.5	4.7	0	193.2	56.8	223.4	42.49

① 本研究中同翅目、半翅目根据《昆虫分类》(郑乐怡和归鸿，1999)分开划分

续表

目	类群	2012年					2013年					总和(只/收集器)	多度(%)
		春季(只/收集器)	夏季(只/收集器)	秋季(只/收集器)	合计(只/收集器)	多度(%)	春季(只/收集器)	夏季(只/收集器)	秋季(只/收集器)	合计(只/收集器)	多度(%)		
鞘翅目	绒毛金龟科	2.90	0.00	0.00	2.90	1.56	33.60	0.00	0.00	33.60	9.88	36.50	6.94
	蜣螂科	0.00	0.00	0.00	0.00	0.00	0.50	0.50	0.00	1.00	0.29	1.00	0.19
	金龟科	0.00	0.00	2.00	2.00	1.08	0.00	0.00	0.75	0.75	0.22	2.75	0.52
	琵甲属	2.50	1.58	0.75	4.83	2.60	1.50	4.10	1.28	6.88	2.02	11.71	2.23
	鳖甲属	9.50	1.75	1.00	12.25	6.60	6.00	2.50	1.67	10.17	2.99	22.42	4.26
	东鳖甲属	2.08	0.50	0.00	2.58	1.39	1.38	0.00	0.00	1.38	0.40	3.96	0.75
	漠王属	1.50	0.00	0.25	1.75	0.94	1.38	0.00	0.00	1.38	0.40	3.13	0.59
	土甲属	2.75	0.00	7.70	10.45	5.63	0.50	0.00	2.25	2.75	0.81	13.20	2.51
	步甲科幼虫	0.00	0.00	0.50	0.50	0.27	0.00	0.00	0.63	0.63	0.18	1.13	0.21
	拟步甲科幼虫	0.00	0.00	0.00	0.00	0.00	0.50	0.50	0.00	1.00	0.29	1.00	0.19
	皮蠹科	0.00	0.00	0.00	0.00	0.00	0.00	1.00	0.00	1.00	0.29	1.00	0.19
	木虱科	0.00	0.00	0.25	0.25	0.13	0.00	0.00	0.00	0.00	0.00	0.25	0.05
	象甲科	9.70	0.25	1.00	10.95	5.90	11.10	0.00	0.50	11.60	3.41	22.55	4.29
	埋葬甲科	1.25	1.25	0.00	2.50	1.35	0.00	0.50	0.00	0.50	0.15	3.00	0.57
双翅目	木虻科	0.00	0.25	0.00	0.25	0.13	0.00	0.00	0.00	0.00	0.00	0.25	0.05
	食虫虻科	0.00	0.00	0.00	0.00	0.00	1.00	0.00	0.00	1.00	0.29	1.00	0.19
	芫菁科幼虫	0.00	0.50	0.00	0.50	0.27	0.00	0.00	0.00	0.00	0.00	0.50	0.10
鳞翅目	鳞翅目幼虫	0.25	0.75	1.25	2.25	1.21	0.00	1.75	0.50	2.25	0.66	4.50	0.86
膜翅目	蚁科	24.43	13.40	9.30	47.13	25.39	1.15	1.25	7.60	10.00	2.94	57.13	10.86
	瘿蜂科	0.00	0.00	0.00	0.00	0.00	0.50	0.00	0.00	0.50	0.15	0.50	0.10
	蜜蜂科	0.50	0.00	0.00	0.50	0.27	0.00	0.00	0.50	0.50	0.15	1.00	0.19
	土蜂科	0.00	0.00	0.25	0.25	0.13	0.00	0.00	0.00	0.00	0.00	0.25	0.05
	泥蜂科	0.00	0.00	0.50	0.50	0.27	0.00	0.00	0.00	0.00	0.00	0.50	0.10

注：因数字修约，加和不是100%

由表4-2可知，2012年，春季地面节肢动物优势类群为蚁科和鳃金龟科2个类群，常见类群包括15个类群，稀有类群包括4个类群；夏季地面节肢动物优势类群更新为蚁科1个类群，常见类群更新为14个类群，稀有类群包括4个类群；秋季地面节肢动物优势类群更新为步甲科、拟步甲科(土甲属)和蚁科3个类群，常见类群更新为 12 个类群，稀有类群包括 7 个类群。2013 年，春季地面节肢动物优势类群为鳃金龟科和绒毛金龟科 2 个类群，常见类群包括 5 个类群，稀有类群包括 19 个类群；夏季地面节肢动物优势类群更新为蠼螋科和鳃金龟科 2 个类群，常见类群更新为 19 个类群，稀有类群包括 2 个类群；秋季地面节肢动物优势类群更新为步甲科和蚁科 2 个类群，常见类群更新为 24 个类群，无稀有类群。

土壤含水量、温度和地表草本植被的年际、年内分布变化直接影响地面节肢动物的季节性与年际性分布特征。从类群组成上来看，地面节肢动物优势类群、常见类群和稀有类群的季节分布格局均随着年际的改变而发生显著变化(表 4-2)。除秋季具有相同的优势类群(步甲科和蚁科)外，其他 2 个季节的优势类群不尽相同。同时，常见类群和稀有类群的数量分布亦呈现出很大的差异性。这说明了地面节肢动物优势类群的季节分布格局受到年际降雨和温度等环境因子的显著影响，不仅影响地面节肢动物的繁殖、产卵、孵化和存活等生活史过程，还影响地面节肢动物个体数量分布，这反映了地面节肢动物因降雨和温度等环境因子改变而产生的不同适应性、选择性和敏感性。

研究表明，伴随降雨变化，地面节肢动物的扩散能力能够有力预测这些动物类群多度分布的变化特征。扩散能力弱的地面节肢动物受降雨影响较大，而扩散能力强的地面节肢动物受降雨影响就比较小。这些活动能力强的动物类群活动范围广，可以到其他地方获取更多的食物资源，因此表现出较强的适应性(刘任涛, 2012)。例如，步甲科动物类群扩散能力较强，受年际降雨波动的影响较小，在 2012 年和 2013 年的秋季均表现出较高的多度分布(表 4-2)。

四、节肢动物个体数、多样性与生物量

从图 4-2 可以看出，2012 年和 2013 年地面节肢动物个体数均表现为春季最高，而夏、秋季较低($P<0.05$)。通常来说，在宁夏沙化草原区春季属于节肢动物的孵化期，而孵化期的环境因素决定了孵化的成功率和幼虫的成活率，直接导致地面节肢动物的个体数量分布。在春季，地面节肢动物个体数表现为 2012 年显著低于 2013 年($P<0.05$)，说明 2013 年春季降雨量偏少造成春旱，不仅影响草本植物个体数分布，还影响地面节肢动物的孵化和存活等生活史过程，同时对地表植被和地面节肢动物个体数量分布呈现出相反的影响。这一方面说明了地面节肢动物虫卵适宜在干燥的环境中孵化，反映了对干旱沙化草原环境的适应性，这与黑河中游干旱荒漠地面节肢动物季节分布的研究结果相似(刘继亮等, 2010a)，另一方面也说明了在宁夏盐池县沙化草原生态系统中可能存在地上植被与地下土壤动物间的负相关关系，局部性地验证了存在于地上与地下生态关联理论中的负相关关系(Wardle et al., 2004)。地面节肢动物个体数与植物个体数呈现出负相关关系(表 4-3)可以证明这一观点。

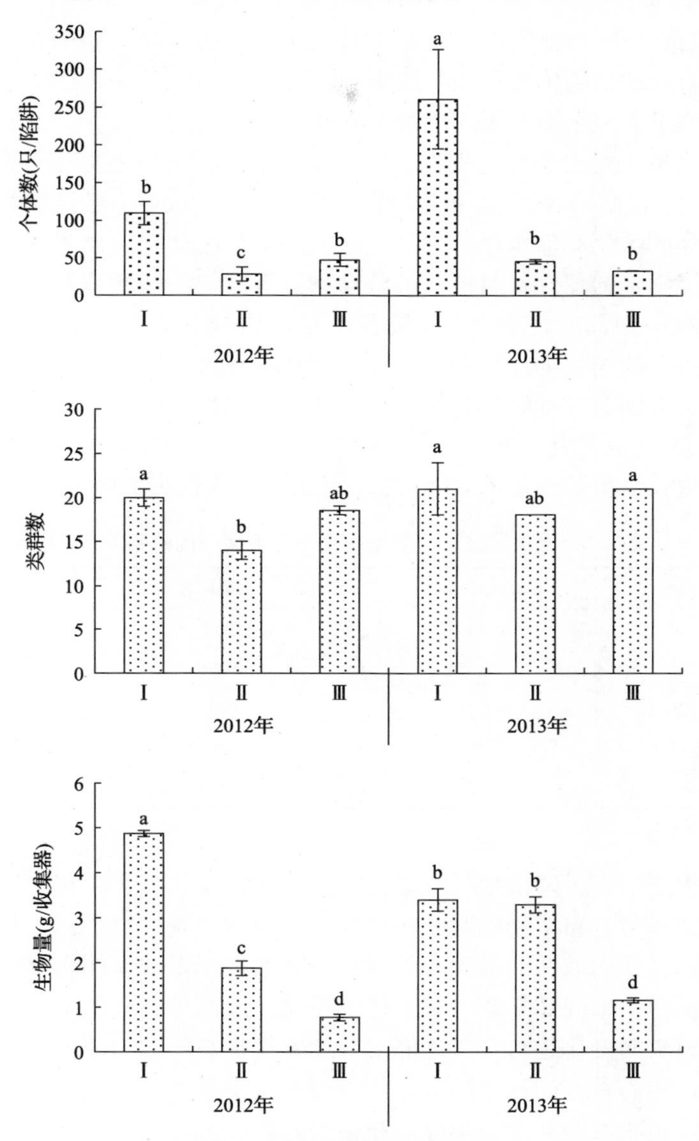

图 4-2　地面节肢动物群落指数季节分布

Ⅰ.春季；Ⅱ.夏季；Ⅲ.秋季。不同小写字母表示显著性差异($P<0.05$)

但是，地面节肢动物类群数和生物量的季节分布均受到年际降雨量分布的影响(图 4-2)。2012 年，地面节肢动物类群数表现为春季和秋季较高，而夏季较低($P<0.05$)，地面节肢动物生物量表现为春季显著高于夏季($P<0.05$)，夏季显著高于秋季($P<0.05$)。但是在 2013 年，不同季节间地面节肢动物类群数无显著差异($P>0.05$)，而地面节肢动物生物量表现为春季和夏季显著高于秋季($P<0.05$)。

并且，春季地面节肢动物生物量表现为 2012 年显著高于 2013 年(P<0.05)，说明春旱对地面节肢动物的生长存在明显影响。

由于生物量的大小是节肢动物群落中内在所固有的功能特征之一，也是种群数量、年龄大小、死亡率及能值等生物指标的综合反映，它既表示了群落的结构特征，又反映了群落的功能(生物量)特征(师光禄等, 2004)。尽管春旱环境有利于节肢动物虫卵的孵化，但水分条件的欠缺限制了节肢动物的个体生长及其生物量增加，说明降雨量的变化将对地面节肢动物群落结构特征及其生态功能性状产生深刻影响。夏季，地面节肢动物生物量表现为 2013 年显著高于 2012 年(P<0.05)，说明地面节肢动物的生物量受到年际变化的影响较大，这与夏季降雨量的波动变化密切相关。地面节肢动物生物量与植物平均高度和土壤含水量均呈正相关关系(表 4-3)。这进一步说明了夏季降雨量偏高，植物生长势较好，为更多的地面节肢动物存活和生长提供了充足的食物资源，因此地面节肢动物类群数和生物量偏高。

表 4-3　地面节肢动物群落指数与环境因子间的相关系数

指标	动物个体数	动物类群数	动物生物量
植物个体数	–0.171	0.050	0.481
植物物种数	–0.654*	–0.095	–0.089
植物高度	–0.567	–0.408	0.810**
土壤含水量	–0.410	0.191	0.755**
土壤温度	–0.452	–0.551	–0.040

*P<0.05, **P<0.01

综合分析表明，①降雨量与气温的年际、年内变化对土壤含水量、土壤温度及植物高度的季节分布格局的影响相对较小，而对地表植物个体数和物种数分布的影响较大。②地面节肢动物类群组成和个体数在年内季节间和年际分布差异较大。③随着年内季节间和年际气象条件的变化，地面节肢动物个体数与植物个体数分布呈现出负向变化趋势。④地面节肢动物类群数年内的季节分布格局呈现出相对稳定性，年内季节间和年际分布差别较小。宁夏沙化草原地面节肢动物个体数与类群数及生物量的年内、年际分布格局差异较大，并与年内、年际地表植被的分布呈现不同的响应格局，这将有助于理解该区域土壤动物群落结构与功能对气候变化的适应规律(刘任涛等, 2016a)。

第二节　沙地草地人工灌丛林地面节肢动物季节分布特征

一、气象因子

本研究以 24 年生沙化草地人工柠条灌丛林地为研究样地，调查在 2011 年进行(刘任涛等, 2018a)。调查期间，7 月降雨量较多，5 月和 9 月相差不大，而 6 月降雨较少。6～8 月大气温度接近，高于 5 月和 9 月大气温度(图 4-3)。

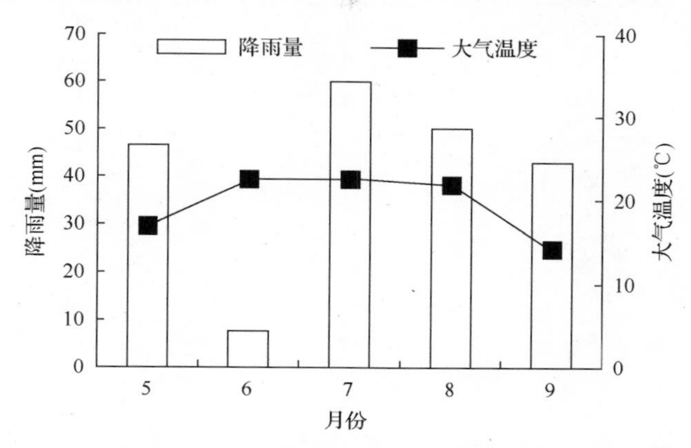

图 4-3　5～9 月降雨量与大气温度分布(2011 年)

二、节肢动物群落组成与多度分布

本研究采用陷阱法对沙化草原区人工柠条林的地面节肢动物进行了调查，发现沙化草原人工柠条林地系统中地面节肢动物群落由 9 目 31 科 32 个不同类群组成(表 4-4)。鞘翅目的拟步甲科和膜翅目的蚁科是研究区地面节肢动物群落的主要类群，其个体数分别占总个体数的 29.58%和 42.39%。这与科尔沁沙地(刘任涛等, 2015a)、宁夏白芨滩荒漠化草地(张娇等, 2015)、中卫沙坡头草原化荒漠(刘新民和杨劼, 2005)及黑河流域荒漠生态系统(刘继亮等, 2015)关于节肢动物的研究结果相一致，特别是拟步甲科类群，反映了沙化草原干旱少雨的生境特征，这表明拟步甲科动物是干旱沙化草原生态系统的重要组分之一，在干旱沙化草原生态系统食物网结构和生物多样性维持，以及物质分解和以碳、氮等元素为核心的生物地球化学循环过程中发挥着关键作用(刘任涛等, 2018a)。

表 4-4　地面节肢动物群落组成

类群	功能群	个体数(只/收集器)	百分比(%)	优势度
潮虫科	Ph	2	0.35	+
长奇盲蛛科	Pr	4	0.69	+
园蛛科	Pr	1	0.17	+
逍遥蛛科	Pr	3	0.52	+
狼蛛科	Pr	7	1.21	++
光盔蛛科	Pr	4	0.69	+
平腹蛛科	Pr	3	0.52	+

续表

类群	功能群	个体数(只/收集器)	百分比(%)	优势度
蟹蛛科	Pr	1	0.17	+
盲蝽科	Ph	3	0.52	+
姬蝽科	Pr	1	0.17	+
蝽科	Ph	1	0.17	+
红蝽科	Ph	1	0.17	+
网翅蝗科	Ph	3	0.52	+
步甲科	Pr	35	6.06	+
叶甲科	Ph	3	0.52	+
蜣螂科	Sa	8	1.38	++
绒毛金龟科	Ph	4	0.69	+
金龟科	Ph	1	0.17	+
蜉金龟科	Sa	6	1.04	++
鳃金龟科	Ph	27	4.67	++
象甲科	Ph	18	3.11	++
阎甲科	Sa	1	0.17	+
龟甲科	Ph	1	0.17	+
皮蠹科	Ph	1	0.17	+
拟步甲科	Ph	171	29.58	+++
蚁科	Om	245	42.39	+++
蜜蜂科	Ph	2	0.35	+
土蜂科	Pr	1	0.17	+
姬蜂科	Pr	1	0.17	+
泥蜂科	Pr	3	0.52	+
鳞翅目幼虫	Ph	13	2.25	++
食虫虻科	Pr	3	0.52	+

注：+.稀有类群，个体数百分比＜1%；++.常见类群，个体数百分比为 1%～10%；+++.优势类群，个体数百分比＞10%。Ph.植食性；Pr.捕食性；Sa.腐食性；Om.杂食性。由于数字修约，加和不是 100%

随着季节的改变，灌丛内外地面节肢动物的种类和数量均发生变化，并且同一季节灌丛内外微生境地面节肢动物类群组成亦存在显著差异，这说明地面节肢动物有其自身的生物生态学特性，能够随着环境条件的变化而对微生境产生选择性和适应性。从表 4-5 可以看出，春季灌丛内外优势类群均有 2 个，分别为蚁科和拟步甲科，个体数分别占总个体数的 81.67%和 76.78%；灌丛内外常见类群分别为 6 个和 3 个，个体数分别占总个体数的 14.34%和 15.18%；灌丛内外均有 9 个稀有类群，个体数分别占总个体数的 3.98%和 8.04%。夏季灌丛内外分别包括 1 个和 3 个优势类群，个体数分别占总个体数的 62.90%和 100%；灌丛内有 13 个常见类群，但没有稀有类群；灌丛外既没有常见类群又没有稀有类群。秋季灌丛内外分别包括 3 个和 2 个优势类群，个体数分别占总个体数的 77.63%和 74.19%；灌丛内外均包括 10 个常见类群，个体数分别占总个体数的 22.37%和 25.81%；但是，灌丛内外均未发现稀有类群。

表 4-5　灌丛内外不同类群的类群数(个体数百分比)季节分布

类群	春季		夏季		秋季	
	灌丛内	灌丛外	灌丛内	灌丛外	灌丛内	灌丛外
优势类群	2(81.67%)	2(76.78%)	1(62.90%)	3(100%)	3(77.63%)	2(74.19%)
常见类群	6(14.34%)	3(15.18%)	13(37.10%)	0	10(22.37%)	10(25.81%)
稀有类群	9(3.98%)	9(8.04%)	0	0	0	0

注：因数字修约，加和不是 100%

研究表明，春季灌丛内外优势类群和稀有类群的类群数均相同，优势类群和稀有类群各分别为 2 个和 9 个类群，但常见类群灌丛内外差别较大，表现为灌丛内是灌丛外的 2 倍(表 4-5)。到了夏季，灌丛内常见类群有 13 个，而灌丛外生境无常见类群和稀有类群。但到了秋季又表现为灌丛内外优势类群和常见类群数相似，而亦均无稀有类群。前期调查表明，柠条灌丛生境中春季地面节肢动物显著高于夏季和秋季。春季属于植物萌动期和节肢动物休眠结束期，灌丛外常见类群的出现与地表草本植被能够提供食物资源条件密切相关，但更多的节肢动物类群及其个体数出现在灌丛内生境，这与前一年灌丛内节肢动物的聚集分布密切相关。这是因为柠条灌木在干旱区形成“肥岛”效应，良好的微生境和更多的食物资源吸引了大量节肢动物在灌木下积聚。夏季属于高温和降雨集中分布的季节，能对节肢动物分布产生较大的影响，导致更多的节肢动物选择生存于温度较低而受干扰较少的灌丛内生境中。秋季灌丛内外土壤温度和水分条件的相似性允许节肢动物在灌丛内外微生境自由移动，导致灌丛内外常见类群的类群数相同，其个体数百分比分布相似。

另外，相对于春季，夏季和秋季均无稀有类群出现(表 4-5)，一方面表明春季属于节肢动物的休眠结束期，可以允许更多的节肢动物类群生存，节肢动物类群数较多；而另一方面随着季节性降雨和温度的改变，一部分节肢动物由于不能适应干旱环境的变化而快速完成生活史过程退出节肢动物群落，另一部分由于对环境条件的强烈适应性而逐渐生存下来，保存了较多的个体数而呈现出较高的个体数分布。这与不同季节灌丛内外生境中节肢动物共有类群数和相似性指数分布的结果(表 4-6)保持一致。在春季，较多节肢动物类群出现，灌丛内外节肢动物共有类群较多，相似性指数达到 0.64，远高于夏季和秋季灌丛内外的共有类群数和相似性指数(表 4-6)。

表 4-6 不同季节灌丛内外节肢动物类群数、共有类群数和相似性指数(Sorenson 指数)

生境	指数	春季		夏季		秋季	
		灌丛内	灌丛外	灌丛内	灌丛外	灌丛内	灌丛外
灌丛内	类群数	17	14	14	3	13	12
	共有类群数		10		3		6
	相似性指数		0.64		0.35		0.48

三、节肢动物群落个体数与多样性

随着季节变化，灌丛内外生境中地面节肢动物类群组成和分布发生显著变化，地面节肢动物群落指数(个体数、丰富度和 Shannon 指数)亦发生深刻变化。由图 4-4 可以看出，春季和秋季，灌丛内外微生境中节肢动物个体数、类群数(丰富度)和 Shannon 指数均没有显著差异($P>0.05$)。这与春季属于地面节肢动物活跃期密切相关。春季土壤温度逐渐升高，有利于节肢动物类群越冬后在地表活动，导致在小尺度上灌丛内外微生境中地面节肢动物群落指数分布呈现出相似性。秋季灌丛内外生境的相似性，不仅导致灌丛内外具有相似的优势类群和常见类群分布，还导致群落指数的分布也呈现出相似性。但是，在夏季，地面节肢动物丰富度和 Shannon 指数表现为灌丛内显著高于灌丛外生境，这与灌丛的生态功能密切相关。夏季高温且降雨集中，灌丛外生境易受到降雨干扰，并且土壤表层出现的较高温度均不利于节肢动物的生存，导致更多的节肢动物分布在灌丛内生境中，体现了灌丛“虫岛”效应。研究表明，灌丛对地面节肢动物空间分布的影响，特别是灌丛“虫岛”现象的出现，一方面说明了灌丛内外节肢动物的分布与灌丛本

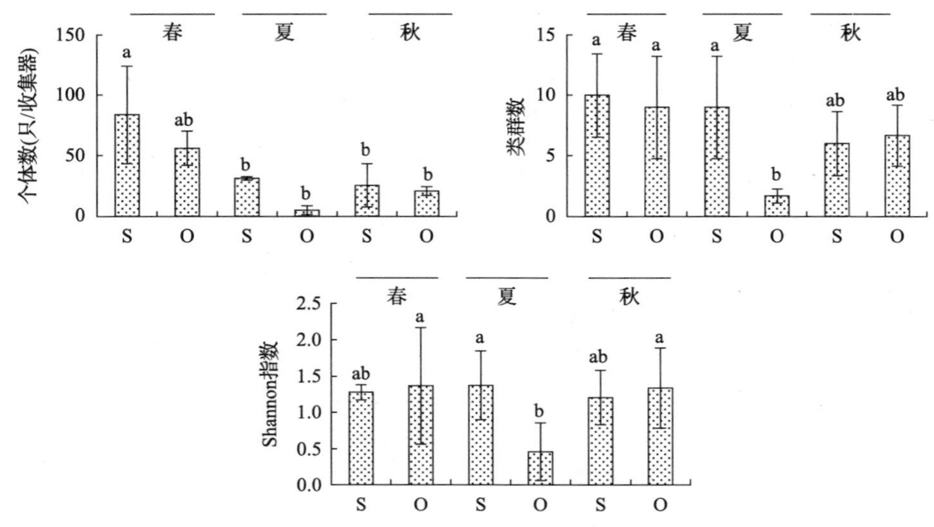

图 4-4 不同季节灌丛内外地面节肢动物群落指数分布

S.灌丛内；O.灌丛外。不同小写字母表示显著性差异($P<0.05$)

身的生理生态学特性相关，另一方面说明了季节性降雨和温度等气象条件的改变影响灌丛内外节肢动物的分布格局(郗伟华等, 2018a)。例如，在本研究样地中，灌丛“虫岛”主要出现在夏季，而在春季和秋季并未出现，因此对于灌丛“虫岛”的界定需要考虑季节性环境因素条件的变化。

四、节肢动物功能群结构

季节变化引起的灌丛内外节肢动物类群组成和群落指数分布的变化，也影响灌丛内外节肢动物功能群结构的改变。本调查共获得 4 种功能群，包括植食性、捕食性、腐食性和杂食性。从图 4-5 可以看出，春季灌丛内外捕食性、植食性类群的

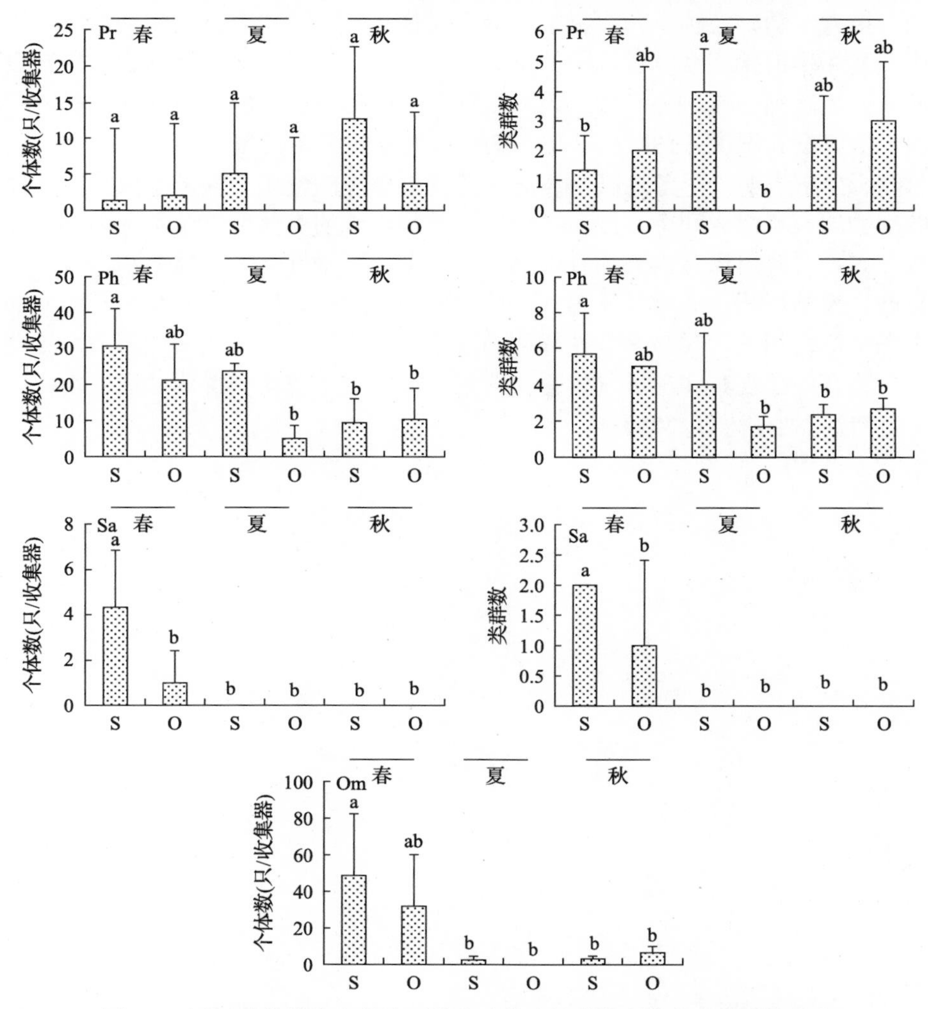

图 4-5 不同季节灌丛内外地面节肢动物功能群的个体数和类群数分布

S.灌丛内；O.灌丛外。Ph.植食性；Pr.捕食性；Sa.腐食性；Om.杂食性。不同小写字母表示显著性差异($P<0.05$)

个体数和丰富度，以及杂食性类群的个体数分布均无显著差异，而腐食性类群个体数和丰富度均表现为灌丛内显著高于灌丛外生境，这与灌丛内聚集的较多节肢动物个体为腐食性动物类群提供了潜在的食物来源有关(Sackmann and Flores, 2009)。灌丛内较多的节肢动物尸体分布为蜣螂科、蜉金龟科和阎甲科等类群的生存提供了充足的食源条件。

在夏季和秋季，灌丛内外捕食性动物的个体数、植食性动物的个体数和类群数及杂食性动物的个体数均无显著差异，说明季节改变对灌丛内外捕食性和植食性及杂食性节肢动物的个体数分布的影响较小，另外也说明灌丛内外植食性类群分布的稳定性有利于灌丛生境的改变和食物网结构的形成。沙化草原区人工柠条林地中植食性动物在种类和生物量上占绝对优势地位，决定了节肢动物食物链的形成及其在沙地生境恢复过程中的生态功能。但是，夏季捕食性动物类群数表现为灌丛内显著高于灌丛外生境，说明夏季灌丛内生境分布的植食性动物类群、适宜的土壤温度和湿度条件吸引了更多的捕食性动物类群前来定居。

综合分析表明，季节性降雨和温度等气象条件的变化不仅影响灌丛内外地面节肢动物的类群组成和个体分布，还影响灌丛内外的个体数、丰富度和 Shannon 指数分布，同时对灌丛内外捕食性动物丰富度、腐食性动物个体数和丰富度的分布也产生深刻影响。沙地灌丛内外生境中地面节肢动物的分布既与灌丛本身的生理生态学特性相关，又与季节性降雨和温度等气象条件的改变密切相关。这些研究结果将有助于观察和理解气候变化背景下该区域土壤动物群落的适应规律与空间变化特征(刘任涛等, 2018a)。

第五章　草地生境地面节肢动物群落对降雨变化的响应

全球平均气温上升，北半球国家的一些地区降雨格局发生改变，极端降雨和极端干旱等事件增多(Allan, 2011)。受全球气候变化的影响，从 20 世纪 70 年代末开始，我国降雨格局发生了极大的变化，由传统的“南涝北旱”向“南旱北涝”转型。研究表明，过去 20 年里，西北干旱区气候出现了向暖湿变化的趋势。降雨格局变化在多个尺度上如个体生物的行为、种群动态、群落水平上的多样性及整个生态系统的功能等对陆地生态系统产生了广泛而深刻的影响。地处中国西北的宁夏沙化草原生态系统具有过渡性和脆弱性，表现出对人类干扰和由温室效应引起的全球气候变化具有敏感性(刘任涛, 2012)。另外，沙丘微地形影响降雨的空间分布格局及其地表径流，还对土壤-植被系统产生深刻影响(Liu et al., 2016a)，土壤节肢动物群落结构也产生积极的响应。本章着重阐述草地地面节肢动物群落对模拟降雨增加的响应特征及降雨变化情况下沙丘微地形生境中地面节肢动物的分布特征。

第一节　草地地面节肢动物群落对模拟降雨增加的响应

一、土壤性质

本试验于 2012 年采取夏季模拟增雨 20%、40%、60%和 100% 4 个处理，以不增雨草地为对照(CK)，开展土壤性质、地表植被和地面节肢动物分布调查。调查结果显示(表 5-1)，不同增雨处理样地土壤粒径组成、有机碳和总氮含量、土壤 C/N 及电导率和 pH 均无显著差异($P>0.05$)。不同处理间土壤容重也无显著差异(图 5-1)。并且，在实施降雨处理前(即春季)，不同处理样地间土壤含水量无显著差异($P>0.05$)，说明不同增雨处理样地在进行增雨试验前其土壤状况基本相似，满足先前假定的土壤背景一致的条件。

在 7～9 月实施增雨处理后(即夏季和秋季)，夏季增雨 20%、40%、60%处理样地土壤含水量显著高于对照($P<0.05$)，秋季增雨 40%及 60%处理样地土壤含水量显著高于对照($P<0.05$)(图 5-1)，说明秋季(9 月)较高的降雨量可以加剧土壤含水量增加过程。9 月降雨量显著高于 7 月和 8 月，随着模拟降雨量的增加，土壤含水量在秋季呈现出比夏季更加明显的增加趋势(图 5-1)。随着土壤含水量的变化，地表植被特征、节肢动物活动与分布将受到显著的影响而发生变化。

表 5-1 不同处理样地土壤性质

样地	粒径组成(%)			有机碳(g/kg)	总氮(g/kg)	C/N	电导率(μS/m)	pH
	>0.25mm	0.25~0.05mm	<0.05mm					
对照	19.79±1.42a	75.76±1.25a	4.86±0.17a	1.64±0.24a	0.18±0.03a	9.48±0.13a	75.20±10.00a	9.05±0.12a
20%	24.06±0.50a	72.35±0.43a	3.28±0.36a	2.27±0.37a	0.24±0.04a	9.54±0.02a	77.60±5.60a	9.03±0.08a
40%	24.43±5.44a	69.91±8.51a	2.92±1.25a	1.79±0.08a	0.18±0.02a	11.01±1.57a	81.90±5.30a	8.99±0.10a
60%	23.37±7.19a	77.59±2.06a	3.39±0.31a	1.60±0.67a	0.16±0.08a	10.37±1.20a	81.70±0.90a	8.97±0.08a
100%	19.66±0.81a	77.02±0.46a	4.99±1.39a	2.27±0.37a	0.24±0.04a	9.55±0.07a	77.60±5.60a	9.01±0.08a

注：同列不同小写字母表示有显著性差异($P<0.05$)

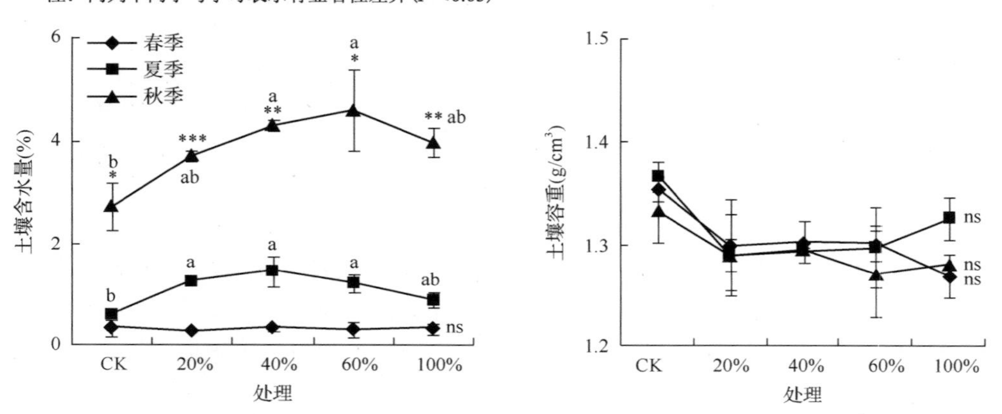

图 5-1 不同降雨处理样地土壤含水量和容重变化

不同小写字母表示季节内不同处理间存在显著差异，ns 代表季节内多处理间无显著差异；
* $P<0.05$；** $P<0.01$；*** $P<0.001$

二、地表植被特征

研究表明，降水季节分配对我国北方植被的生长有重要的影响。沙化草原分布区夏季的降雨量占全年总降水量的 60%以上，对当年植被生长的影响最明显。在宁夏中部干草原分布区，无论是牧草地上部分总干物质产量，还是主要优势牧草的干物质积累，都主要受热量和水分条件的制约(李晓兵等, 2002)。从图 5-2 可以看出，增雨处理前，春季不同样地间地表草本植物密度、高度、丰富度均无显著差异($P>0.05$)，说明在该区选择用于增雨处理试验样地的可行性和准确性，可以满足相关降雨变化试验研究的需要。另外，夏季地表植被丰富度高于春季和秋季，说明季节变化对沙质草地植物物种分布产生显著影响，原因可能是土壤含水量的增加激活了土壤中潜在的种子库，促使更多种子萌发而导致植物丰富度增加。研究表明，宁夏沙化草原区土壤种子库以单子叶种子数量居多。特别是夏季，一旦水分、温度条件合适，将会促使种子快速萌发，表征了干旱区土壤种子适应缺水条件的“机会主义”萌发策略(余军等, 2007)。

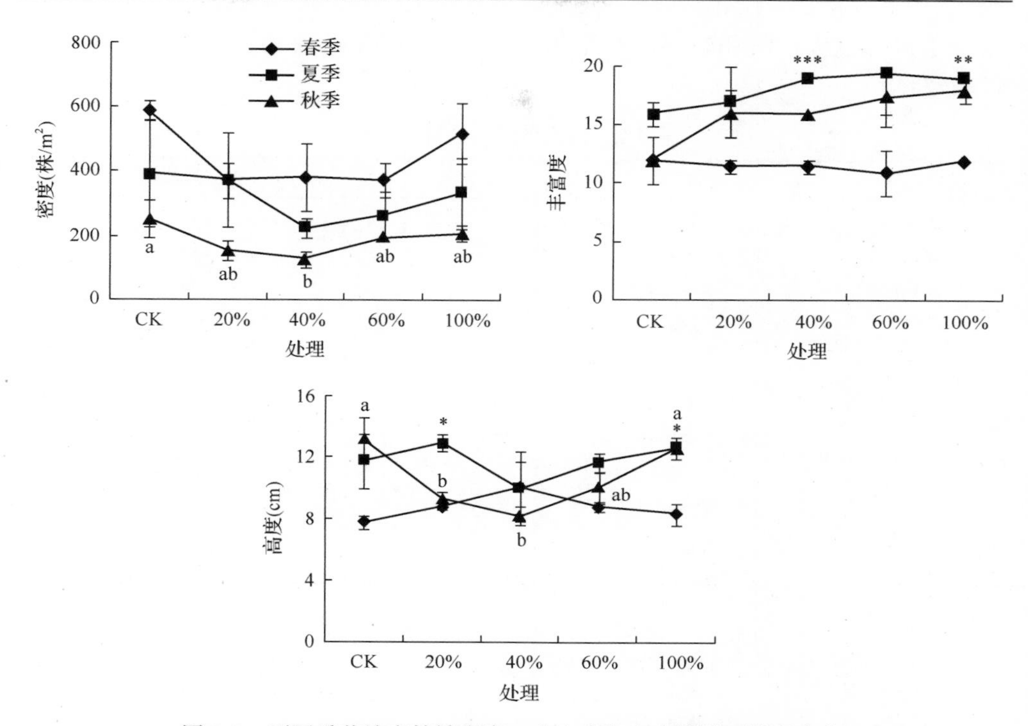

图 5-2　不同季节地表植被密度、丰富度和高度随降雨处理变化

不同小写字母表示同一季节不同处理间存在显著性差异($P<0.05$)。* 表示相同处理不同季节间存在显著性差异。* $P<0.05$；** $P<0.01$；*** $P<0.001$

在增雨处理后，各处理样地间地表植被丰富度未产生显著差异($P>0.05$)(图 5-2)。但是在秋季，地表植被密度表现为增雨 40%样地显著低于对照处理样地($P<0.05$)，原因可能是该处理样地土壤含水量抑制某些植物种的存活，导致植物个体数量减少，另外也可能与某些植物种个体比其他植物种个体较早转为休眠状态有关，这需要下一步深入分析调查植物的生活史过程。同时，秋季地表植被高度则表现为增雨 20%和 40%样地显著低于对照及增雨 100%处理样地($P<0.05$)(图 5-2)。这一方面说明了在干旱年份如 2012 年少量增雨未对植物高度产生影响，另一方面说明沙化草原草地植被在适当补水情况下可以有效促进植物个体生长。从沙化草原生态系统恢复的角度来看，适当条件下补水处理有利于草地植物的生长和草地植被的有效恢复。

三、地面节肢动物群落特征

研究样地捕获的地面节肢动物按调查样点计为 1506 只，包括 3 纲 14 目 62 科 68 个类群(表 5-2)。其中优势类群为步甲科、鳃金龟科、拟步甲科和蚁科，其个体数占总个体数的 71.02%。按照季节分布，春季优势类群为鳃金龟科、绒

毛金龟科、拟步甲科和蚁科，夏季为拟步甲科和蚁科，秋季为步甲科、拟步甲科和蚁科。

表 5-2　地面节肢动物群落组成

目	类群	目	类群
蚰蜒目	蚰蜒科		盾蝽科
盲蛛目	长奇盲蛛科		土蝽科
蜘蛛目	类球蛛科	鞘翅目	步甲科
	皿蛛科		隐翅甲科
	狼蛛科		吉丁甲科
	巨蟹蛛科		平唇水龟科
	管巢蛛科		粪金龟科
	园蛛科		金龟科
	平腹蛛科		鳃金龟科
	光盔蛛科		蜉金龟科
	逍遥蛛科		绒毛金龟科
	球蛛科		叶甲科
	跳蛛科		叩甲科
	蟹蛛科		拟步甲科
弹尾目	跳虫科		象甲科
真螨目	螨虫类		埋葬甲科
革翅目	蠼螋科		皮蠹科
直翅目	蟋蟀科		木虻科
	斑腿蝗科		步甲科幼虫
	网翅蝗科		瓢甲科幼虫
	剑角蝗科		芫菁科幼虫
	螽斯科		叶甲科幼虫
同翅目	叶蝉科		拟步甲科幼虫
	象蜡蝉科	脉翅目	褐蛉科幼虫
	木虱科	双翅目	食虫虻科
	蚜科	鳞翅目	鳞翅目幼虫
	球蚜科	膜翅目	蜜蜂科
	瘿绵蚜科		土蜂科
半翅目	网蝽科		泥蜂科
	盲蝽科		小蜂科
	长蝽科		青蜂科
	蛛缘蝽科		蚁蜂科
	缘蝽科		蛛蜂科
	红蝽科		蚁科

水分对地面节肢动物具有直接和间接的双重影响，一方面，地面节肢动物由于生活在土壤表层而常置身于变化的环境中(降雨变化)，而水分的变化又会影响地面节肢动物的活动与分布，如地面节肢动物的扩散能力决定了研究样地的群落组成及其多样性；另一方面，水分通过影响地表植被特征、枯落物分解等途径间接影响地面节肢动物的食源数量和质量，进而影响地面节肢动物群落及其食物网结构(Canepuccia et al., 2009)。从图 5-3 可知，地面节肢动物个体数受当年降雨处理的影响较小，不同处理样地间无显著差异，但表现出明显的季节差异：春季＞秋季＞夏季。地面节肢动物类群数表现为夏季低于春季和秋季，但春季和夏季不同降雨处理间无显著差异。春季是地面节肢动物越冬后虫卵的孵化期，随着春季天气转暖、土壤温度升高，土壤节肢动物的冬眠体如蛹开始孵化，导致个体数量和种类较多，使地面节肢动物在一年中随着水热条件的改善逐渐进入繁殖发展盛期，种群逐渐扩大(刘新民等, 1999b)。夏季较高的温度和降雨事件，加之人工模拟的增雨处理，促使地面节肢动物向下移动而免于严酷环境条件的影响，因此地面节肢动物个体数和类群数均比较少。地面节肢动物与土壤含水量间的负相关性(表 5-3)也证明了这一点，结果显示，在春季地面草本植物丰富度与土壤含水量呈显著正相关关系($P<0.01$)，在夏季地面节肢动物个体数与土壤含水量呈负相关关系($P<0.05$)，但秋季土壤含水量与地表植被、节肢动物群落指数间无相关性($P>0.05$)(表 5-3)。但到秋季，随着地面种子雨和枯落物数量的增加，特别是随着秋季降雨量的增多、植物高度的增加，植物立枯的数量增加，为地面节肢动物提供了较为丰富的食物资源，导致秋季个体数和类群数高于夏季。

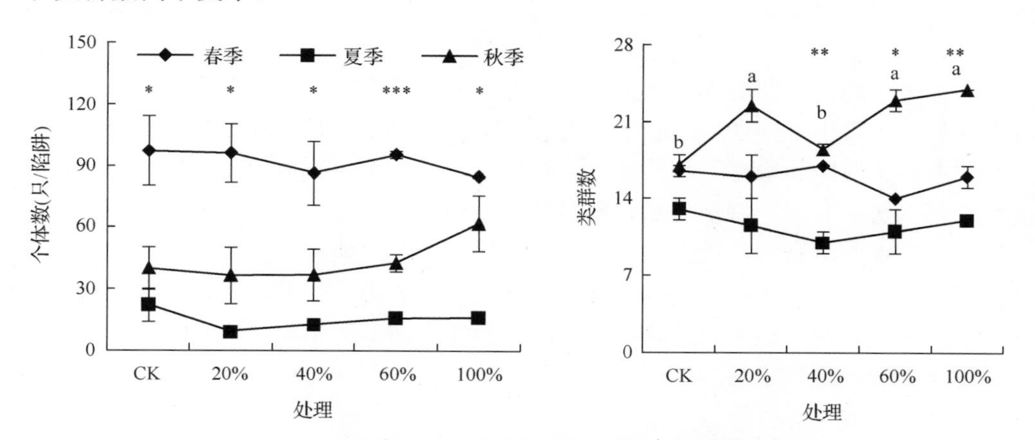

图 5-3　不同季节地面节肢动物个体数和类群数随降雨处理变化

不同小写字母表示同一季节不同处理间存在显著性差异($P<0.05$)。* 表示相同处理不同季节间存在显著性差异。* $P<0.05$；** $P<0.01$；*** $P<0.001$

表 5-3　土壤含水量、地表植被与节肢动物群落间的相关系数

指标		土壤	地表植被			节肢动物	
		水分	密度	丰富度	高度	个体数	类群数
春季	土壤含水量	1	−0.18	0.85**	−0.05	−0.25	0.27
	植物密度		1	0.07	0.10	0.18	0.18
	植物丰富度			1	−0.09	−0.36	0.34
	植物高度				1	0.34	0.01
	动物个体数					1	−0.49
	动物类群数						1
夏季	土壤含水量	1	−0.40	0.15	−0.03	−0.65*	−0.25
	植物密度		1	0.10	0.12	0.55	0.57
	植物丰富度			1	−0.05	−0.08	−0.23
	植物高度				1	−0.43	0.39
	动物个体数					1	0.33
	动物类群数						1
秋季	土壤含水量	1	−0.22	0.27	−0.48	0.15	0.54
	植物密度		1	−0.39	0.57	0.44	−0.11
	植物丰富度			1	−0.17	0.26	0.44
	植物高度				1	0.17	−0.08
	动物个体数					1	0.30
	动物类群数						1

* $P<0.05$；** $P<0.01$

另外，地面节肢动物个体数受当年降雨处理的影响较小，只有节肢动物类群数在秋季表现出不同处理间的差异性（图 5-3），表现为增雨 20%、60%和 100%样地显著高于对照和增雨 40%样地（$P<0.05$）。这一方面说明当年降雨处理对地面节肢动物的影响有限，特别是对地面节肢动物个体数分布的影响有限，另一方面说明节肢动物类群数对降雨处理响应的敏感性。在干旱地区，沙质草地增雨处理后土壤含水量条件的改善可能促进地面节肢动物更多类群前来定居、存活，其中也可能与增雨处理后地表植被物种丰富度的逐渐增加密切相关。研究表明，较高的植物丰富度使食物资源多样化，决定了节肢动物的丰富度和多样性。而增雨 40%处理样地相对于对照样地来看，几无明显变化，这可能与 40%处理样地较少的地表植被个体数和立枯量（高度）有关。研究表明，地表植被的立枯量决定了腐食性节肢动物的食物资源条件。

刘振国和李镇清（2004）对引起植物群落小尺度空间结构异质性的原因进行了

综述分析，认为生境的空间异质性、植物繁殖体的传播、植物之间的相互作用、生物环境(动物和微生物)的作用、外界干扰的作用和多因子综合作用是引起植物群落小尺度空间结构异质性的六大因素。因此，为了进一步明确增雨处理是造成试验结果差异性的唯一决定因素，需要进一步进行小尺度的空间异质性分析。综合分析表明，在沙化草原区选择小尺度沙质草地进行模拟降雨变化研究，需要根据土壤性质、地表植被、节肢动物等综合指标来确立研究样地。土壤含水量受模拟增雨和降雨量的双重影响，驱动地表植被和节肢动物群落特征、地表草本植物个体数和高度表现出比丰富度更为积极的响应。地面节肢动物群落存在显著季节差异性，同时节肢动物类群数比个体数对降雨处理的响应敏感(朱凡等, 2014)。

第二节 沙丘微地形生境中地面节肢动物群落对降雨变化的响应

一、环境因子

本试验是基于2012年和2013年沙丘微地形生境中土壤性质、地表植被和节肢动物分布的调查结果。已有研究表明，不同坡形微地形生境中植物物种和土壤资源条件存在显著变化(Zuo et al., 2008)。本研究中，2012年和2013年3个季节平均土壤含水量受到沙丘微地形的显著影响(表5-4)。土壤含水量表现为沙丘底部(坡底)最高、丘中(坡中)居中、丘顶(坡顶)最低，特别是在2013年这种沙丘微地形导致的土壤含水量分布差异性更大(P<0.0001)。土壤有机碳和总氮含量及土壤黏粉粒含量也呈现出与土壤含水量相似的分布特征。但是，3个季节的平均土壤温度与土壤含水量呈现出相反的分布特征，2012年和2013年均表现为沙丘底部最低，丘中居中，而丘顶最高(P<0.05)。土壤粗沙含量也表现为沙丘底部最低，丘中居中，而丘顶最高，在2013年达到显著水平(P<0.05)。Sebastiá(2004)研究发

表5-4 土壤和地表草本植被特征(平均值±标准误)

		SM	ST	CS	FS	CPS	TN	SOC	PD	PH	PS
2012年	T	1.3±0.1b	20.4±0.0a	21.1±1.3a	74.2±1.5a	4.7±0.3b	0.2±0.0b	1.4±0.3b	415.0±82.7a	15.3±5.4a	7.6±0.2b
	M	1.7±0.2ab	20.0±0.0b	20.1±1.8a	76.4±1.5a	3.5±0.5b	0.2±0.0b	1.9±0.2b	366.6±52.7a	11.5±0.7a	8.3±0.4ab
	B	1.8±0.1a	19.8±0.0c	18.5±0.8a	75.2±0.9a	6.3±0.6a	0.3±0.0a	2.6±0.2a	264.9±28.2a	11.8±1.1a	9.2±0.5a
2013年	T	1.0±0.1c	20.4±0.0a	24.1±1.0a	70.3±1.5a	5.6±0.6b	0.2±0.0b	1.5±0.1b	93.5±7.5a	10.8±1.3a	8.3±0.8a
	M	1.5±0.0b	20.1±0.0b	19.2± 0.8b	73.9±1.1a	6.9±0.6b	0.2±0.0ab	1.9±0.1a	109.9±13.4a	14.3±1.7a	8.7±1.3a
	B	2.7±0.2a	19.9±0.0c	19.0±1.4b	72.1±1.2a	8.9±0.5a	0.2±0.0a	2.1±0.1a	84.6±15.3a	13.0±0.9a	10.1±0.9a

注：T.坡顶；M.坡中；B.坡底。ST.土壤温度(℃)；SM.土壤含水量(%)；CS.土壤粗沙(%)；FS.土壤细沙(%)；CPS.土壤黏粉粒(%)；SOC.土壤有机碳(%)；TN.土壤总氮(%)；PD.植物个体数(株/m^2)；PH.植物高度(cm)；PS.植物物种数。同列不同小写字母表示显著性差异(P<0.05)

现，地形差异性不但对土壤含水量、土壤温度和植物蒸散量产生较大影响，而且对土壤营养成分累积及土壤粒径分布产生较大影响。研究表明，沙丘高程存在相对差异性而导致小尺度上土壤理化性质的空间异质性(Zuo et al., 2008)。

地表植被物种丰富度表现为沙丘底部高于丘顶，这一结果主要在2012年出现(表5-4)，这与科尔沁沙地的研究结果(Zuo et al., 2008)相一致。前人研究显示，干旱、半干旱区植物空间分布受到小尺度上土壤资源条件的制约，包括土壤质地、土壤含水量和土壤养分含量的空间分布(Pugnaire et al., 1996; Pan et al., 1998)。在2012年，降雨量分布相对比较均匀(接近多年平均降雨量分布特征)且降雨量偏高，丘底土壤含水量较高和土壤养分条件较好，有利于植物种子萌发与植物生长，而且有利于土壤种子库丰富度的提升。但是在2013年，降雨分布变率较大，特别是存在一个干旱的春季，这将直接抑制种子萌发，影响沙丘微地形上植物个体数的空间分布。结果显示，不同沙丘微地形生境中PD、PH和PS无显著差异。这与2012年的调查结果和其他地区的研究结果差异较大。并且在3个沙丘微地形生境中，整体上2013年植物个体数分布要明显低于2012年。研究表明，沙丘微地形中土壤异质性受到降雨格局的显著影响，进而对植物个体数分布包括种子萌发的年际变化产生深刻影响，同时也说明在干旱、半旱区生境中，植物种子萌发存在对降雨变化产生积极响应的“机会主义”策略而影响植物个体数的分布特征。

二、地面节肢动物类群组成和多度分布

本研究共获得42个类群，属于12目37科且包括5个幼虫类群。从表5-5可以看出，总体上地面节肢动物的优势类群为鳃金龟科，其个体数占总个体数的41.16%；亚优势类群为步甲科、绒毛金龟科和拟步甲科及蚁科，其个体数分别占总个体数的8.12%、9.18%、8.67%和11.39%。5个优势类群和亚优势类群个体数占总个体数的78.52%。其中，有6个类群的个体数所占比例较低，在1.00%～4.53%，但是其余31个类群的个体数所占比例均低于1%，而且总和仅占总个体数的6.64%。

本研究中，当年调查的3个季节间沙丘微地形优势类群组成和多度分布呈现出相似性，但2012年与2013年间沙丘微地形优势类群组成和多度分布差异较大(表5-5，图5-4)。地面节肢动物在降雨变化条件下对无机环境和有机环境的微小变化非常敏感，随着降雨格局的变化，不同沙丘微地形生境将对地面节肢动物群落分布产生深刻影响。研究表明，不同沙丘微地形生境中存在不同的地面节肢动物类群，而且这些地面节肢动物类群多度数量分布受到降雨变化的显著影响，根本原因在于不同的节肢动物类群的生态特性与适应能力不同，随着微生境条件的变化而呈现出不同的响应模式。

表 5-5　地面节肢动物个体数分布(平均值±标准误)

类群	2012 年(只/收集器)			F	2013 年(只/收集器)			F
	T	M	B		T	M	B	
蚰蜒科	0.00±0.00	0.00±0.00	0.00±0.00	—	0.13±0.13	0.07±0.07	0.27±0.16	0.64^{ns}
盲蛛科	0.00±0.00	0.13±0.13	0.20±0.08	1.27^{ns}	0.07±0.07	0.13±0.08	0.00±0.00	1.20^{ns}
球蛛科	0.07±0.07	0.20±0.07	0.07±0.13	0.67^{ns}	0.00±0.00	0.00±0.00	0.00±0.00	—
蟹蛛科	1.00±0.24	0.27±0.16	0.27±0.12	5.50^{*}	0.13±0.08	0.73±0.12	0.33±0.11	8.40^{**}
跳蛛科	0.07±0.07	0.07±0.00	0.00±0.00	0.50^{ns}	0.07±0.07	0.00±0.00	0.00±0.00	1.00^{ns}
狼蛛科	0.20±0.13	0.13±0.21	0.33±0.08	0.45^{ns}	0.27±0.12	0.60±0.19	0.40±0.27	0.68^{ns}
光盔蛛科	0.00±0.00	0.13±0.00	0.00±0.00	1.00^{ns}	0.07±0.07	0.33±0.18	0.20±0.13	0.96^{ns}
逍遥蛛科	0.33±0.15	0.33±0.11	0.33±0.15	0.00^{ns}	0.33±0.18	0.27±0.12	0.20±0.13	0.20^{ns}
平腹蛛科	0.00±0.00	0.00±0.00	0.00±0.00	—	0.07±0.07	0.33±0.11	0.20±0.13	1.60^{ns}
盾蝽科	0.60±0.37	0.93±0.55	1.20±0.29	0.51^{ns}	1.20±0.71	0.47±0.23	1.33±0.33	0.98^{ns}
缘蝽科	2.40±0.82	2.07±0.31	1.73±0.37	0.37^{ns}	1.60±0.39	2.07±0.44	3.27±2.06	0.49^{ns}
蛛缘蝽科	0.00±0.00	0.07±0.13	0.13±0.07	0.60^{ns}	0.27±0.07	0.07±0.07	0.33±0.15	1.86^{ns}
长蝽科	0.40±0.12	0.47±0.11	0.33±0.20	0.20^{ns}	0.93±0.19	0.60±0.32	2.27±1.41	1.10^{ns}
盲蝽科	0.13±0.08	0.07±0.40	0.60±0.07	1.48^{ns}	0.00±0.00	0.07±0.07	0.13±0.13	0.60^{ns}
蝼蛄科	0.00±0.00	0.00±0.00	0.00±0.00	—	0.20±0.13	0.07±0.07	0.07±0.07	0.67^{ns}
螽斯科	0.73±0.41	0.33±0.07	0.07±0.15	1.71^{ns}	0.00±0.00	0.00±0.00	0.00±0.00	—
斑腿蝗科	0.27±0.12	0.27±0.07	0.07±0.19	0.69^{ns}	0.07±0.07	0.07±0.07	0.00±0.00	0.50^{ns}
剑角蝗科	0.00±0.00	0.20±0.00	0.00±0.00	6.00^{*}	0.00±0.00	0.00±0.00	0.00±0.00	—
叶蝉科	1.53±0.48	0.47±0.12	0.27±0.08	5.54^{*}	0.00±0.00	0.00±0.00	0.00±0.00	—
瘿绵蚜科	0.33±0.18	0.20±0.27	0.40±0.13	0.25^{ns}	0.00±0.00	0.00±0.00	0.00±0.00	—
蠼螋科	0.00±0.00	0.20±0.12	0.40±0.13	3.60^{*}	5.40±1.72	6.27±0.83	1.87±0.45	4.22^{*}
步甲科	6.00±1.05	14.53±2.74	7.53±2.88	3.68^{*}	1.20±0.45	5.07±0.76	2.00±0.58	11.25^{**}
鳃金龟科	8.00±1.62	10.80±2.42	14.67±0.34	3.91^{*}	44.60±6.78	47.60±13.53	58.47±8.28	0.54^{ns}
绒毛金龟科	0.80±0.23	2.07±0.40	2.40±1.26	1.19^{ns}	7.60±0.53	7.33±1.87	20.87±2.31	19.64^{***}
蜣螂科	0.00±0.00	0.07±0.00	0.00±0.00	1.00^{ns}	0.20±0.13	1.87±1.78	0.13±0.08	0.90^{ns}
金龟科	0.13±0.13	0.27±0.00	0.00±0.00	1.20^{ns}	0.07±0.07	0.13±0.08	0.00±0.00	1.20^{ns}
叶甲科	0.20±0.08	0.27±0.07	0.07±0.12	1.17^{ns}	0.20±0.13	0.13±0.08	0.00±0.00	1.27^{ns}
吉丁甲科	2.87±0.60	2.13±0.40	1.73±0.69	1.00^{ns}	1.20±0.17	1.13±0.27	1.00±0.11	0.27^{ns}
叩甲科	0.00±0.00	0.00±0.00	0.00±0.00	—	0.20±0.13	0.07±0.07	0.07±0.07	0.67^{ns}
埋葬甲科	0.53±0.31	0.00±0.00	0.07±0.00	2.53^{ns}	0.07±0.07	0.00±0.00	0.00±0.00	1.00^{ns}

续表

类群	2012 年(只/收集器)			F	2013 年(只/收集器)			F
	T	M	B		T	M	B	
拟步甲科	10.73±1.24	10.87±1.21	4.33±1.54	7.78**	5.60±0.64	4.27±0.37	3.00±0.32	7.76**
象甲科	3.27±0.89	2.93±0.29	1.80±0.51	1.56ns	3.93±0.31	4.07±0.52	4.27±0.88	0.07ns
步甲科幼虫	0.00±0.00	0.00±0.00	0.00±0.00	—	0.00±0.00	2.00±0.57	0.60±0.31	7.60**
瓢甲科幼虫	0.00±0.00	0.00±0.00	0.00±0.00	—	0.00±0.00	0.00±0.00	0.33±0.15	5.00*
拟步甲科幼虫	0.00±0.00	0.13±0.07	0.00±0.00	2.67ns	0.13±0.08	0.00±0.00	0.13±0.08	1.33ns
象甲科幼虫	0.00±0.00	0.13±0.07	0.07±0.13	0.60ns	0.00±0.00	0.00±0.00	0.07±0.07	1.00ns
食虫虻科	0.00±0.00	0.00±0.00	0.00±0.00	—	0.27±0.12	0.00±0.00	0.00±0.00	4.57*
鳞翅目幼虫	0.33±0.18	0.27±0.00	0.00±0.00	2.47ns	0.33±0.21	0.27±0.12	0.27±0.19	0.05ns
蚁科	22.47±4.83	7.07±1.79	9.80±1.13	7.29**	1.73±0.94	4.00±1.21	5.87±1.00	3.84*
泥蜂科	0.00±0.00	0.07±0.07	0.07±0.07	0.50ns	0.00±0.00	0.07±0.07	0.00±0.00	1.00ns
蜜蜂科	0.00±0.00	0.13±0.07	0.07±0.13	0.60ns	0.13±0.13	0.00±0.00	0.00±0.00	1.00ns
弹尾目	0.07±0.07	0.07±0.20	0.20±0.07	0.36ns	0.00±0.00	0.00±0.00	0.00±0.00	—

注：T.坡顶；M.坡中；B.坡底。“—”表示不存在。ns 表示无显著差异。* $P<0.05$；** $P<0.01$；*** $P<0.001$

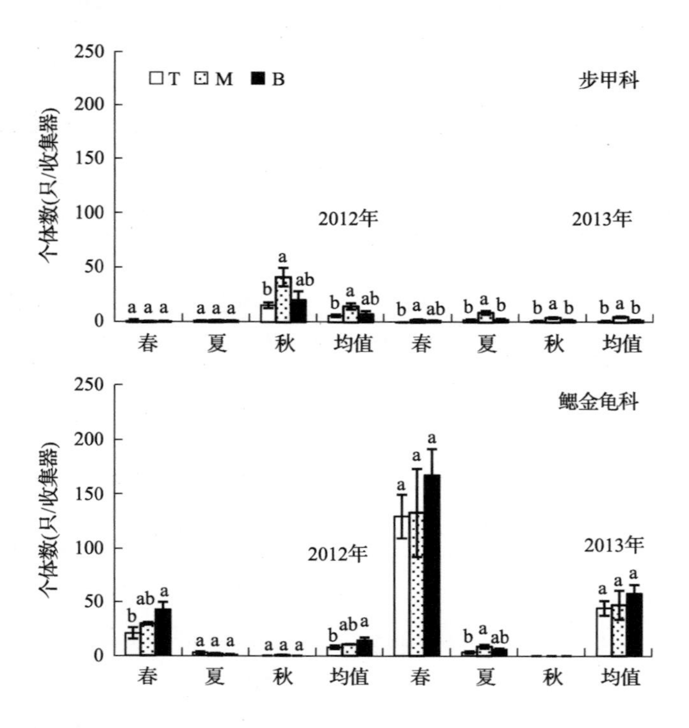

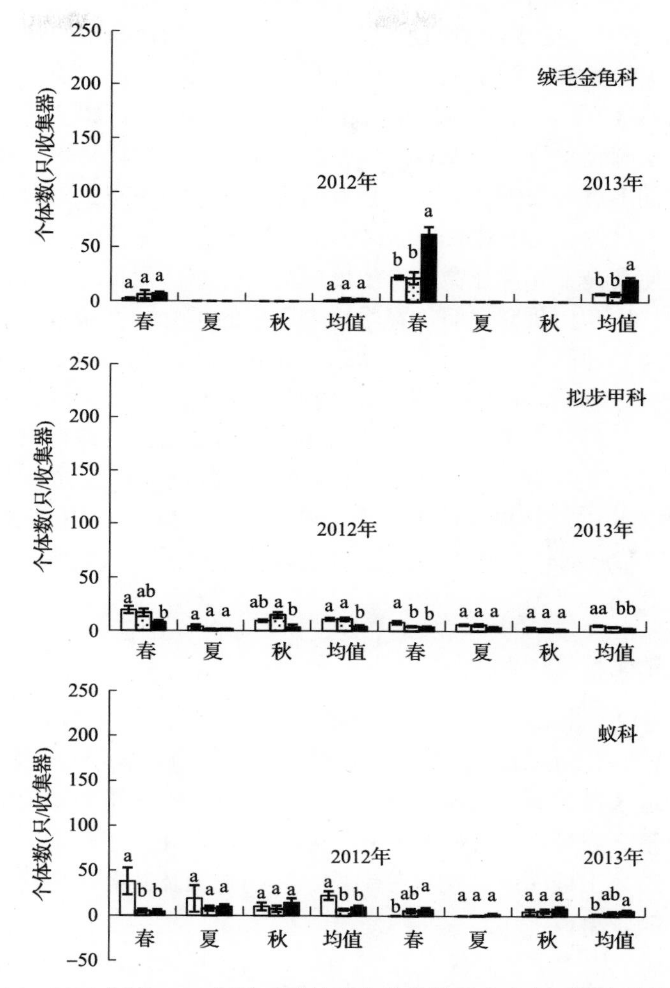

图 5-4　2012 年和 2013 年沙丘微地形中优势类群多度(个体数)季节分布

T.坡顶；M.坡中；B.坡底。不同小写字母表示显著性差异(P<0.05)

并且在 2012 年，优势类群包括鳃金龟科、步甲科、拟步甲科和蚁科，其个体数分别占总个体数的 19.57%、16.41%、15.16%和 23.01%(图 5-4)；3 个季节平均后，步甲科多度表现为丘中显著高于丘顶(P<0.05)，拟步甲科多度表现为丘中和丘顶显著高于丘底(P<0.01)，蚁科多度表现为丘顶显著高于丘中和丘底(P<0.05)，鳃金龟科多度表现为丘底显著高于丘顶(P<0.05)。在 2013 年，优势类群仅包括鳃金龟科和绒毛金龟科，其个体数分别占总个体数的 53.52%和 12.96%；3 个季节平均后，绒毛金龟科多度表现为丘底显著高于丘顶和丘中(P<0.05)，而鳃金龟科多度则受沙丘微地形的影响较小(P>0.05)。

结果显示，2012 年和 2013 年沙丘微地形生境中步甲科、拟步甲科多度分布相似，丘中多度较多，而受降雨的影响较小(图 5-4)。这反映步甲科和拟步甲科是荒漠生境中的优势类群，对于生境条件具有较强的适应性。但不同微地形生境中鳃金龟科、绒毛金龟科和蚁科多度依赖于降雨的年际变化。2012 年和 2013 年沙丘微地形生境中鳃金龟科、绒毛金龟科多度分布存在差异性，这主要源于春季时期这 2 个类群的多度分布差异较大。已有研究发现，地表甲虫的分布变化反映了年际气候条件的自然波动变化(Irmler, 2003)。2013 年春季干旱，鳃金龟科较高的孵化率可以促使其在不同沙丘微地形生境中均匀分布，而绒毛金龟科则更喜欢在沙丘底部孵化、生存。研究表明，春季地表甲虫的孵化及存活可以决定一年内地面节肢动物行为和种群大小分布情况(Parker and Mac Nally, 2002)。蚁科多度表现为 2012 年和 2013 年间差异较大(图 5-4)，说明蚁科多度分布易受降雨变化的影响。随着降雨变化，蚁科具有较强的移动能力和较大的活动范围，可以促使这个类群对微生境产生较强的敏感性和适应性而导致个体数量分布差异较大。其中，在 2012 年偏湿润年份，蚁科更喜欢生存于土壤含水量较少、土壤颗粒较粗的沙丘顶部，而在降雨分布波动较大的 2013 年，其更喜欢生存于水温条件合适且土壤种子库丰富的沙丘底部。

三、地面节肢动物群落指数

从图 5-5 可以看出，3 个季节平均后，2012 年、2013 年地面节肢动物总多度(总个体数)、类群数和 Shannon 指数受沙丘微地形的影响均较小($P>0.05$)，这与土壤理化性质和地表植被分布情况差异较大，说明不同沙丘微地形地面节肢动物类群组成及其数量分布可以缓冲降雨变化所带来的差异性。在既定的小尺度沙丘微地形范围内，总体上地面节肢动物移动性、活动范围及其群落多样性分布可能受降雨变化的影响较小。

但是，在某个特殊季节且仅在 2013 年，不同沙丘微地形间这 3 个群落指数存在显著差异($P<0.05$)(图 5-5)。例如，2013 年春季干旱，地面节肢动物总多度和类群数表现为沙丘底部显著高于丘中和丘顶($P<0.05$)。沙丘底部可能成为地面节肢动物存活的最优微生境，特别适合雌性节肢动物的产卵、孵化等活动。并且，干旱年份，沙丘底部可能成为节肢动物在荒漠、半荒漠生境中残存的微生境，即“庇护所”，这有利于节肢动物的生物多样性保护。到了 2013 年夏季，沙丘中部发现有较高的地面节肢动物总多度，显著高于丘底($P<0.05$)，而丘顶居中，这主要是沙丘中部有较多的蠼螋科、步甲科和鳃金龟科个体分布的缘故。2013 年夏季降雨偏多，丘顶土壤易遭受风蚀影响而对地面节肢动物产生扰动影响；丘底由于含水量较高，有利于地表植被个体分布而影响这些节肢动物的活动，而且土壤含水量偏高不利于这些节肢动物的生存。丘中微生境处于丘底和丘顶中间，增加了通过陷阱诱捕个体的概率性而出现了较多的节肢动物个体数分布。

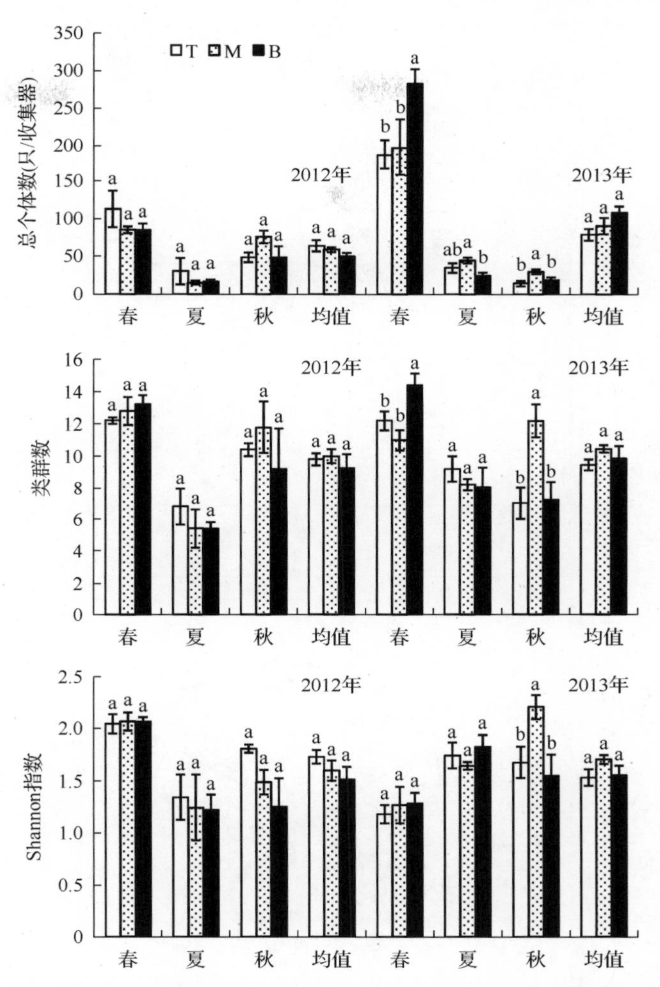

图 5-5　2012 年和 2013 年沙丘微地形中地面节肢动物总个体数、类群数和 Shannon 指数季节分布
T. 坡顶；M. 坡中；B. 坡底。不同小写字母表示显著性差异(P<0.05)

到了 2013 年秋季，地面节肢动物总多度、类群数和 Shannon 指数均表现为沙丘中部显著高于丘底和丘顶(P<0.05)(图 5-5)。沙丘中部的生态效应凸显出来，有利于节肢动物多样性的提高。同时，小尺度不同沙丘微地形生境中可能存在边缘效应，即随季节变化，丘顶和丘底微生境条件发生急剧的变化，而沙丘中部可以补偿丘顶和丘底微生境条件变化而带来的对地面节肢动物分布的影响。

四、地面节肢动物群落分布和环境因子的相关性分析

在 2012 年，冗余分析(RDA)结果(图 5-6)表明，10 个环境因子累计解释了

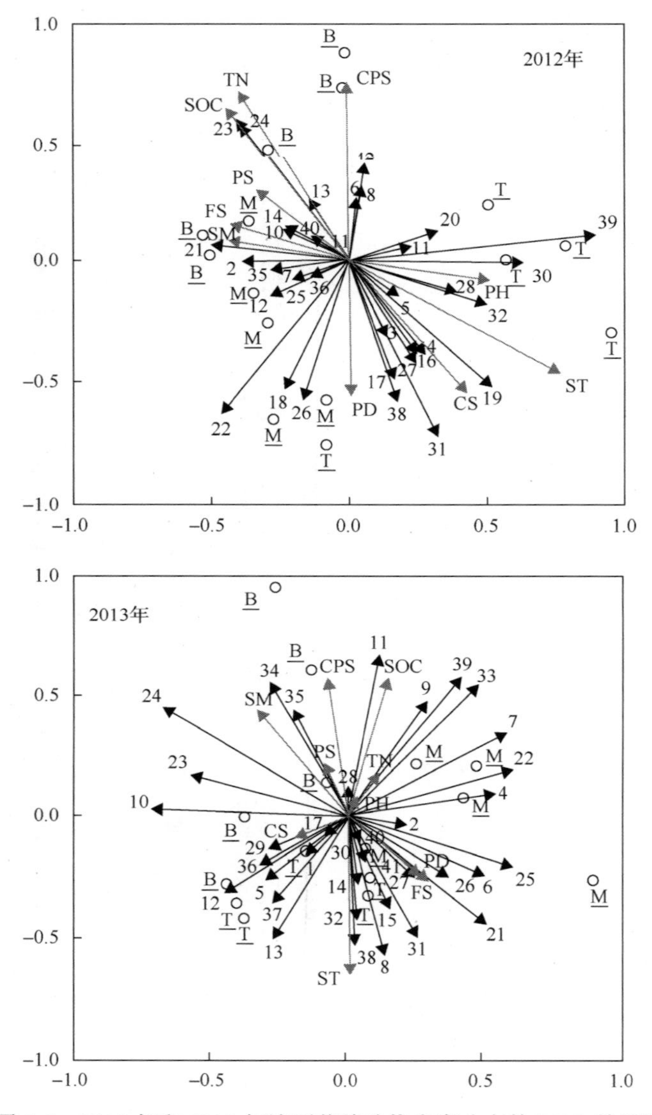

图 5-6　2012 年和 2013 年地面节肢动物多度分布的 RDA 结果图

蒙特卡罗置换检验，2012 年：轴 1，F=1.66，P=0.046；所有轴，F=1.421，P=0.05；2013 年，所有轴 F=1.553，P=0.044。T.坡顶；M.坡中；B.坡底。ST.土壤温度(℃)；SM.土壤含水量(%)；CS.土壤粗沙(%)；FS.土壤细沙(%)；CPS.土壤黏粉粒(%)；SOC.土壤有机碳(%)；TN.土壤总氮(%)；PD.植物个体数(株/m^2)；PH.植物平均高度(cm)；PS.植物物种数。数字代表节肢动物类群：1.蚰蜒科；2.盲蛛科；3.球蛛科；4.蟹蛛科；5.跳蛛科；6.狼蛛科；7.光盔蛛科；8.逍遥蛛科；9.平腹蛛科；10.盾蝽科；11.缘蝽科；12.蛛缘蝽科；13.长蝽科；14.盲蝽科；15.蝼蛄科；16.螽斯科；17.斑腿蝗科；18.剑角蝗科；19.叶蝉科；20.瘿绵蚜科；21.蠼螋科；22.步甲科成虫；23.鳃金龟科成虫；24.绒毛金龟科成虫；25.蜣螂科成虫；26.金龟科成虫；27.叶甲科成虫；28.吉丁甲科成虫；29.叩甲科成虫；30.埋葬甲科成虫；31.拟步甲科成虫；32.象甲科成虫；33.步甲科幼虫；34.瓢甲科幼虫；35.拟步甲科幼虫；36.象甲科幼虫；37.食虫虻科；38.鳞翅目幼虫；39.蚁科；40.泥蜂科；41.蜜蜂科；42.弹尾目

71.9%的地面节肢动物群落组成变异。其中第一排序轴、第二排序轴分别解释了24.9%和18.3%的地面节肢动物群落组成变异。偏RDA结果(表5-6)表明，不同的环境因子对地面节肢动物群落分布的影响不同。蒙特卡罗置换检验结果显示，仅土壤温度($P = 0.002$)和土壤黏粉粒($P = 0.03$)组成对地面节肢动物多度产生显著影响($P<0.05$)，贡献率分别为20%和11%，而其余环境因子对地面节肢动物多度的影响不显著($P>0.05$)。

表5-6　2012年和2013年地面节肢动物多度分布的偏RDA分析

变量		初始条件效应	贡献率(%)	F	P
2012年	ST	0.20	20	3.26	0.002**
	CPS	0.11	11	1.94	0.030*
	CS	0.07	7	1.26	0.202
	PD	0.06	6	1.16	0.336
	PH	0.06	6	1.09	0.386
	SM	0.06	6	1.12	0.360
	SOC	0.04	4	0.66	0.728
	TN	0.06	6	1.05	0.402
	PS	0.05	5	0.97	0.454
	合计		71		
2013年	ST	0.14	14	2.09	0.016*
	SM	0.14	14	2.32	0.028*
	CS	0.09	9	1.50	0.148
	TN	0.08	8	1.40	0.180
	SOC	0.08	8	1.47	0.154
	PD	0.06	6	1.22	0.280
	PH	0.06	6	1.27	0.288
	PS	0.04	4	0.83	0.570
	FS	0.05	5	0.86	0.532
	合计		74		

注：ST.土壤温度(℃)；SM.土壤含水量(%)；CS.土壤粗沙(%)；FS.土壤细沙(%)；CPS.土壤黏粉粒(%)；SOC.土壤有机碳(%)；TN.土壤总氮(%)；PD.植物个体数(株/m^2)；PH.植物平均高度(cm)；PS.植物物种数。* $P<0.05$；** $P<0.01$。2012年FS贡献很小，故删去

在2013年，RDA结果(图5-6)表明，10个环境因子累计解释了73.6%的地面节肢动物群落组成变异。其中第一排序轴、第二排序轴分别解释了23.7%和19.3%的地面节肢动物群落组成变异。偏RDA结果(表5-6)表明，不同的环境因子对地面节肢动物群落分布的影响不同。蒙特卡罗置换检验结果显示，仅土壤温度($P = 0.016$)和土壤含水量($P = 0.028$)组成对地面节肢动物多度产生显著影

响($P<0.05$)，贡献率均为 14%，而其余环境因子对地面节肢动物多度的影响不显著($P>0.05$)。

在沙丘生态系统中，随着降雨变化，植物生产力常发生波动变化，这也将通过上行效应影响食物网结构，而且节肢动物群落变化常滞后于植物群落变化。RDA 结果表明(图 5-6，表 5-6)，2012 年土壤温度和土壤黏粉粒成为地面节肢动物分布的主要驱动因素，而 2013 年土壤温度和土壤含水量则成为地面节肢动物分布的主要驱动因素。总之，土壤温度成为研究区不同沙丘微地形生境中地面节肢动物群落分布差异的主要影响因素。

综合分析表明，小尺度沙丘微生境地面节肢动物分布极易受到降雨变化的影响。不同地面节肢动物类群沙丘微生境分布差异较大，而且易受到年内季节变化的影响。地面节肢动物群落指数则受到沙丘微地形的影响较小，主要受年内、年际降雨变化的影响较大。随着降雨变化，类群分布与群落分布对于沙丘微生境产生不同的响应特征。在荒漠化草地生态系统中，需要重视不同沙丘微生境中地面节肢动物群落结构分布与降雨变化的关系，这对于恢复退化生态系统、保护生物多样性及应对降雨变化均具有重要参考价值(Liu et al., 2016a)。

第六章　放牧管理条件下草地地面节肢动物群落分布特征

盐池沙化草原易受到放牧干扰和气候变化影响发生退化、沙化，而采取围栏封育是一种重要的生态恢复措施。自 2003 年以来，盐池县开始在全县范围内实施严格的禁牧封育等措施，并结合人工补种树草，使封育区内草原荒漠化得到了有效遏制，草原植被得到了显著恢复，生态环境逐步走向良性发展的轨道。其中，随着围栏封育管理和生态恢复，退化草地土壤理化性质得到改善，地表植被盖度和多样性得到提高(边振等, 2008)。在封育草地生物多样性恢复过程中，植物通过调节进入土壤生态系统中资源的质量与数量来影响对地面节肢动物的营养物质供给；反过来，地面节肢动物通过分解有机质促进营养周转，为植物提供养分，还通过调节植物根系的营养吸收功能等作用影响植物的初级生产力(严珺和吴纪华, 2018)。植物多样性与地面节肢动物多样性成为生物多样性的两个重要方面，并且植物多样性与节肢动物多样性存在紧密的联系，这种联系会进一步作用于生态系统功能的改变(Tilman et al., 2014)。本章着重阐述放牧管理条件下草地地面节肢动物群落结构分布特征及封育条件下节肢动物多样性与植物多样性间的关系。

第一节　草地地面节肢动物群落对放牧管理的响应

一、环境特征

本试验选择宁夏盐池国家级草原资源生态监测站 2003 年建设的围栏封育草地为研究样地，于 2010 年开展相关调查。从表 6-1 可以看出，经过 5 年封育后，封育围栏内外植物密度(个体数)、高度、盖度和生物量差异显著($P<0.05$)，但土壤含水量及土壤容重均无显著差异($P>0.05$)。封育围栏内植物个体数和盖度是围栏外的 3～4 倍，而植物高度则是围栏外的 5 倍左右，植物生物量约是围栏外的 7 倍。虽然 5 年封育对土壤含水量和土壤容重的影响较小，但在封育 5 年后土壤含水量有所升高，土壤容重开始下降。

对于草地生态系统而言，家畜放牧活动显著影响草地上植物生长和物种组成，并通过缩短凋落物回收和土壤循环过程对营养通径产生深刻影响，因而是沙化草原主要的干扰形式之一，而且放牧增加了草地中凋落物的输入量。而采取封育措施是人类有意识地调节草地生态系统中食草动物与植物的关系及管理草地的手段，由于其投资少、见效快，其已成为当前退化草地恢复与重建的重要措施之一。本试验中，对沙化草原进行围栏封育，地表植被迅速恢复，植物个体数、高度、盖度和生物量均显著增加(表 6-1)，说明建立草原围栏有利于植被恢复和土壤环境改善。但是，围栏外的采食行为直接导致植物个体数、盖度和生物量的显著下降，并且家畜踩踏导致土壤表层裸露而水分散失和土壤容重降低(刘任涛等, 2012a)。

表 6-1 围栏内外环境特征变化

样地	植被特征				土壤性质	
	密度(株/m^2)	高度(cm)	盖度(%)	生物量(g/m^2)	土壤含水量(g/g)	土壤容重(g/cm^3)
放牧草地	38.33±3.76b	5.57±0.22b	11.00±2.08b	54.00±3.46b	0.37±0.02a	1.53±0.03a
封育草地	112.33±15.60a	29.33±2.78a	41.67±3.33a	369.94±66.90a	0.50±0.04a	1.47±0.01a

注：同列不同字母表示显著性差异($P<0.05$)

二、地面节肢动物群落组成

本研究采用陷阱法对封育草地和放牧草地地面节肢动物进行了调查(7 月底 8 月初完成调查)。调查样地共捕获的地面节肢动物分属于 7 目 26 科 28 个类群(表 6-2)，其中优势类群为掘穴蚁，个体数占总个体数的 10.62%；常见类群有 19 类，个体数占总个体数的 82.3%；稀有类群为光盔蛛科、平腹蛛科、天牛科、食虫虻科、食蚜蝇科、胡蜂科、泥蜂科、卷蛾科幼虫共 8 个类群，个体数占总个体数的 7.08%。封育围栏内地面节肢动物的优势类群为网翅蝗科和拟步甲科东鳖甲属，个体数占其个体总数的 25.81%；其他 23 个类群均为常见类群，个体数占其个体总数的 74.19%；无稀有类群。围栏外地面节肢动物的优势类群为拟步甲科琵甲属、蜣螂科、埋葬甲科、掘穴蚁共 4 个类群，个体数占总个体数的 50.97%；其他 16 个类群均为常见类群，个体数占总个体数的 49.03%；无稀有类群。共有的优势类群为拟步甲科琵甲属，共有的常见类群有 13 个类群，共有类群数占总类群数的 50%。

研究表明，地面节肢动物群落的组成极其复杂，其中某些类群可能对环境改变的反应特别敏感，对不同草地管理措施产生不同响应模式(表 6-2)，表现为：①仅在特定生境中出现的动物类群，如光盔蛛科、平腹蛛科、狼蛛科、网翅蝗科、天牛科、食虫虻科、蝇科、卷蛾科幼虫只在封育围栏内生境中出现，而食蚜蝇科、胡蜂科、泥蜂科仅在围栏外生境中出现，反映了这些动物类群对生境选择的严格性，为进一步研究地面节肢动物生境指示类群奠定了基础。②除这些特定动物类群外，其他动物类群对生境要求均不高，在围栏内外生境中均有分布，而且围栏内外个体数未表现出显著差异，说明这些动物类群在研究样地分布较为广泛和适应性较强。

表 6-2　不同放牧处理样地地面节肢动物个体数分布(平均值±标准误)

类群	功能群	封育草地(只/收集器)	放牧草地(只/收集器)	优势度
光盔蛛科	Pr	6.79±6.79 (1.61)	0.00±0.00	+
蟹蛛科	Pr	13.59±13.59 (3.23)	13.59±13.59 (3.92)	++
平腹蛛科	Pr	6.79±6.79 (1.61)	0.00±0.00	+
跳蛛科	Pr	6.79±6.79 (1.61)	6.79±6.79 (1.96)	++
狼蛛科	Pr	20.38±0.00 (4.84)	0.00±0.00	++
红蝽科	Ph	6.79±6.79 (1.61)	13.59±6.79 (3.92)	++
剑角蝗科	Ph	40.76±40.76 (9.68)	6.79±6.79 (1.96)	++
网翅蝗科	Ph	61.15±31.13 (14.52)	0.00±0.00	++
叶蝉科	Ph	6.79±6.79 (1.61)	6.79±6.79 (1.96)	++
步甲科成虫	Pr	20.38±20.38 (4.84)	20.38±11.77 (5.88)	++
东鳖甲属	Ph	47.56±27.18 (11.29)	6.79±6.79 (1.96)	++
琵甲属	Ph	6.79±6.79 (1.61)	40.76±23.54 (11.76)	++
吉丁甲科	Ph	6.79±6.79 (1.61)	6.79±6.79 (1.96)	++
蜣螂科	Sa	27.18±6.79 (6.45)	40.76±40.76 (11.76)	++
象甲科	Ph	6.79±6.79 (1.61)	6.79±6.79 (1.96)	++
埋葬甲科	Sa	6.79±6.79 (1.61)	40.76±31.13 (11.76)	++
天牛科	Ph	6.79±6.79 (1.61)	0.00±0.00	+
芫菁科幼虫	Ph	6.79±6.79 (1.61)	6.79±6.79 (1.96)	++
食虫虻科	Pr	6.79±6.79 (1.61)	0.00±0.00	+
蝇科	Sa	27.18±6.79 (6.45)	0.00±0.00	++
食蚜蝇科	Pr	0.00±0.00	6.79±6.79 (1.96)	+
针毛收获蚁	Ph	27.18±6.79 (6.45)	13.59±6.79 (3.92)	++
掘穴蚁	Pr	27.18±27.18 (6.45)	54.35±29.61 (15.69)	+++
隧蜂科	Ph	13.59±13.59 (3.23)	33.97±33.97 (9.80)	++
胡蜂科	Ph	0.00±0.00	6.79±6.79 (1.96)	+
泥蜂科	Pr	0.00±0.00	6.79±6.79 (1.96)	+
夜蛾科幼虫	Ph	6.79±6.79 (1.61)	6.79±6.79 (1.96)	++
卷蛾科幼虫	Ph	6.79±6.79 (1.61)	0.00±0.00	+
总个体数		421.23±59.23a	346.49±77.16a	
总类群数		12.00±1.00a	9.00±3.00a	

注：括号中的数字为占总个体数的百分数(%)。+.稀有类群，个体数百分比<1%；++.常见类群，个体数百分比为1%～10%；+++.优势类群，个体数百分比>10%。Ph.植食性；Pr.捕食性；Sa.腐食性

从表 6-3 可以看出，光盔蛛科个体数分布与土壤含水量呈正相关($P<0.05$)；狼蛛科个体数分布与植物盖度、高度和生物量均呈显著正相关($P<0.01$)，与植物密度和土壤含水量均呈正相关($P<0.05$)；网翅蝗科个体数分布与植物高度呈正相关($P<0.05$)；东鳖甲属与植物密度呈正相关($P<0.05$)；食虫虻科与土壤含水量呈正相关($P<0.05$)；蝇科与植物盖度、高度均呈正相关($P<0.05$)，而与植物生物量和土壤含水量均呈显著正相关($P<0.01$)；针毛收获蚁与土壤容重呈显著负相关($P<0.01$)；胡蜂科、泥蜂科均与植物物种数呈显著负相关($P<0.05$)。结果表明，光盔蛛科、食虫虻科对土壤含水量响应敏感。狼蛛科除对封育生境的土壤含水量表现出敏感性外，更重要的是对植被恢复反应敏感。对网翅蝗科来说，仅对植被恢复反应敏感，尤其是对植物高度的恢复反应敏感。而胡蜂科、泥蜂科均仅与植物物种数呈显著负相关，反映了这两个类群对植物种类的强烈选择性，可能与围栏外植物种类分布较少而更适宜其活动有关。以上研究表明这些结果都是由动物类群本身的生物学特性所决定的。

表 6-3　不同动物类群个体数与环境因子间的相关系数

类群	植物物种数	植物密度	植物高度	植物盖度	植物生物量	土壤含水量	土壤容重
光盔蛛科	0.158	0.118	0.476	0.527	0.643	0.810*	–0.139
蟹蛛科	–0.500	–0.067	0.115	–0.216	–0.270	–0.424	–0.282
平腹蛛科	0.158	0.395	0.588	0.245	0.070	0.070	–0.269
跳蛛科	–0.125	0.187	–0.159	0.007	0.087	–0.318	–0.515
狼蛛科	0.707	0.917*	0.973**	0.969**	0.921**	0.809*	–0.725
红蝽科	–0.354	–0.579	–0.306	–0.232	–0.146	–0.089	–0.022
剑角蝗科	0.188	0.333	0.524	0.195	–0.001	0.016	–0.241
网翅蝗科	0.248	0.427	0.843*	0.580	0.509	0.625	–0.332
叶蝉科	–0.500	–0.067	0.115	–0.216	–0.270	–0.424	–0.282
步甲科成虫	–0.306	–0.061	0.141	–0.201	–0.336	–0.428	–0.253
东鳖甲属	0.589	0.793*	0.401	0.634	0.638	0.284	–0.727
琵琶甲属	–0.806	–0.478	–0.603	–0.629	–0.488	–0.645	0.207
吉丁甲科	0.250	–0.015	0.114	–0.060	–0.282	–0.201	–0.057
金龟科	–0.574	–0.170	–0.201	–0.232	–0.129	–0.426	–0.374
象甲科	–0.125	0.187	–0.159	0.007	0.087	–0.318	–0.515
埋葬甲科	–0.366	–0.304	–0.483	–0.483	–0.393	–0.247	0.770
天牛科	0.632	0.717	0.242	0.527	0.522	0.204	–0.564
芫菁科幼虫	0.250	–0.234	0.025	0.164	0.170	0.385	0.046
食虫虻科	0.158	0.118	0.476	0.527	0.643	0.810*	–0.139

续表

类群	植物物种数	植物密度	植物高度	植物盖度	植物生物量	土壤含水量	土壤容重
蝇科	0.553	0.675	0.891*	0.914*	0.939**	0.948**	–0.556
食蚜蝇科	0.158	–0.414	–0.444	–0.320	–0.427	–0.324	0.198
针毛收获蚁	0.612	0.680	0.427	0.638	0.593	0.232	–0.920**
掘穴蚁	0.425	–0.038	–0.450	–0.157	–0.221	–0.227	0.236
隧蜂科	0.221	–0.367	–0.254	–0.109	–0.170	0.000	0.142
胡蜂科	–0.791*	–0.481	–0.442	–0.518	–0.412	–0.606	–0.087
泥蜂科	–0.791*	–0.481	–0.442	–0.518	–0.412	–0.606	–0.087
夜蛾科幼虫	0.250	–0.015	0.114	–0.060	–0.282	–0.201	–0.057
卷蛾科幼虫	0.158	0.395	0.588	0.245	0.070	0.070	–0.269

* $P<0.05$，** $P<0.01$

三、地面节肢动物群落指数

地表植被和土壤可以为地面节肢动物提供食物来源与栖居地，直接影响地面节肢动物的存活。从表 6-2 和图 6-1 可以看出，经过 5 年封育后，封育围栏内外地面节肢动物总个体数、总类群数、Shannon 指数、均匀度指数(图中为 Evenness 指数)和优势度指数(图中为 Simpson 指数)及密度-类群指数均无显著差异($P>0.05$)，但

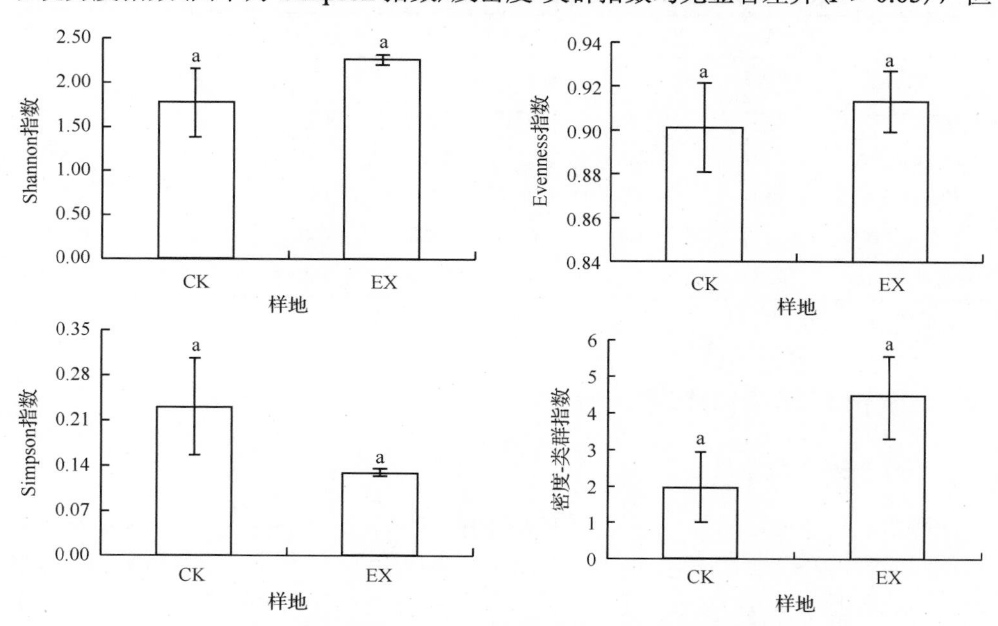

图 6-1　不同放牧处理样地地面节肢动物群落多样性指数

EX、CK 分别代表封育草地与放牧草地。不同小写字母表示显著性差异($P<0.05$)

沙地草场封育对地面节肢动物多样性也产生了较大影响，表现为地面节肢动物总个体数、总类群数、Shannon 指数、均匀度指数和密度-类群指数围栏内均高于围栏外，地面节肢动物优势度指数围栏内低于围栏外。这一方面说明地面节肢动物对封育后环境条件的改善产生了积极响应，地面节肢动物种类和数量增加，围栏封育可以提高生物多样性，另一方面说明 5 年封育时间并不能显著影响地面节肢动物的群落结构，还需要较长时间的封育才能显著提高地面节肢动物多样性。

由表 6-4 分析可知，土壤动物多样性与土壤容重间存在显著相关关系，表现为土壤动物类群数和 Shannon 指数均与土壤容重呈显著负相关($P<0.05$)，土壤动物优势度指数与土壤容重呈显著正相关($P<0.05$)。这表明放牧干扰导致的土壤容重增加不利于土壤动物活动，进而直接影响土壤动物的生境选择和分布，而封育草地土壤结构疏松多孔，为土壤动物提供了良好的生活环境，更为适宜土壤动物的生存。至于其他环境因子变化对土壤动物群落指数的影响，尤其是封育后植被特征变化对土壤动物产生的影响均未达到显著水平，一方面表明封育后恢复过程中土壤动物群落变化滞后于植物群落变化，另一方面说明土壤动物首先选择的是适宜栖居地，而不是食源的多寡及其质量，这与土壤动物的生物生态学特性有关(刘任涛等, 2012a)。此外，土壤动物恢复对封育时间的响应及其与植被间的关系仍需要深入探索。

表 6-4　地面节肢动物群落指数与环境因子间的相关系数

	植物物种数	植物密度	植物高度	植物盖度	植物生物量	土壤含水量	土壤容重
动物个体数	0.058	0.339	0.392	0.223	0.104	–0.178	–0.754
动物类群数	0.133	0.350	0.492	0.390	0.314	0.059	–0.850*
Shannon 指数	0.222	0.390	0.526	0.492	0.440	0.189	–0.892*
均匀度指数	–0.092	0.132	0.230	0.250	0.423	0.567	0.260
优势度指数	–0.273	–0.409	–0.530	–0.530	–0.483	–0.233	0.904*
密度-类群指数	0.182	0.473	0.740	0.499	0.394	0.265	–0.706

* $P<0.05$

四、地面节肢动物功能群结构

(一) 个体数和类群数

地面节肢动物之间及其与其他生物之间的关系非常复杂，不同种类节肢动物有着不同的食性，某些节肢动物在生命的不同时期可能还有不同的活动场所和摄食对象。所以基于地面节肢动物区系种类复杂、系统分类难度大等特点及研究水平的限制，目前尚无法将各类群中每种动物的生态习性进行细致划分，只能按各类群的总体特征将节肢动物进行功能群划分。虽然这种分类方法从表面上看不够精确，但为具体的研究过程特别是为物质循环和能量流动的研究提供了方便(肖以华等, 2010)。而且，由于食源不同，生活在地下与生活在地面的土壤动物区系各功能类群的组成和结构均有较大差异，即地上动物区系最初的食物来源是绿色植物，地下动物区系最初的食物来源是以凋落物为主体的生物残体。本研究中，围栏内外地面节肢动物可划分为4种不同营养功能群：捕食性(Pr)、植食性(Ph)、腐食性(Sa)和杂食性(Om)(图6-2)，其个体数分别占总个体数的28.3%、46.0%、18.6%和7.1%，其类群数分别占总类群数的35.7%、50.0%、10.7%和3.6%，说明本研究中地面节肢动物区系兼有地上动物区系和地下动物区系的食性特征，既有以植食性和捕食性为主的节肢动物，又富有以腐食性为主的节肢动物(刘任涛等, 2011a)。

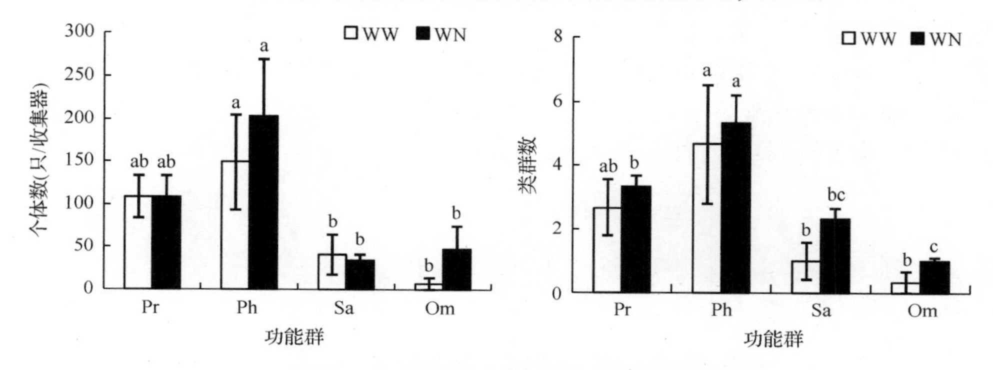

图6-2　节肢动物功能群的个体数和类群数

Ph. 植食性；Pr. 捕食性；Sa. 腐食性；Om. 杂食性。WW. 放牧草地；WN. 封育草地。
不同小写字母表示显著性差异(P<0.05)

在围栏外，节肢动物平均个体数和类群数均表现为植食性＞捕食性＞腐食性＞杂食性；植食性显著高于腐食性和杂食性(P<0.05)，而捕食性居中。在围栏内，节肢动物平均个体数表现为植食性＞捕食性＞杂食性＞腐食性，节肢动物平均类群数表现为植食性＞捕食性＞腐食性＞杂食性；节肢动物个体数和类群数均表现为植食性显著高于腐食性和杂食性(P<0.05)，而捕食性居中(图6-2)。这说明在围栏内外，节肢动物个体数和类群数捕食性、植食性占有较高的比例，所以，沙化草原地面节肢动物植食性和捕食性在数量上占优势，尤其是植食性动物占绝对优势地位。从功能群物种多样性的分布来看，植食性动物的多样性高于捕食性动物，也说明了植食性动物的优势地位，即沙化草原地面节肢动物区系以植食性动物分布为其主要特征。

并且，围栏封育对4种功能群的个体数和类群数均没有产生显著影响(P>0.05)，但在围栏内外仍表现出一定的差异性(图6-2)。对于个体数来说，植食性动物和杂食性动物个体数均为围栏内高于围栏外，而捕食性动物个体数围栏内外节肢动物个体数无差异，腐食性动物个体数围栏内低于围栏外。对于类群数来说，

4 种营养功能群的节肢动物类群数均表现为围栏内高于围栏外。这说明沙化草原围栏封育后，植食性动物个体数、类群数开始增加，并且捕食性动物类群数有所增加，而腐食性动物个体数出现下降。对于腐食性动物而言，围栏封育排除了家畜放牧活动和排泄物的释放，直接导致以排泄物为主要食源的埋葬甲科和金龟科个体数量的减少，使围栏内腐食性动物个体数略低于围栏外，这与节肢动物的生物生态学特性密切相关。

（二）生物量

总体来看，捕食性、植食性、腐食性和杂食性等 4 种营养功能群的生物量分别占总生物量的 3.3%、43.1%、40.3%和 13.3%。其中，对于同一样地来说，在围栏外，节肢动物生物量均表现为腐食性＞植食性＞杂食性＞捕食性；在围栏内，节肢动物生物量表现为植食性＞杂食性＞腐食性＞捕食性（图 6-3）。但围栏内外节肢动物生物量不同功能群间均无显著差异（$P>0.05$）。

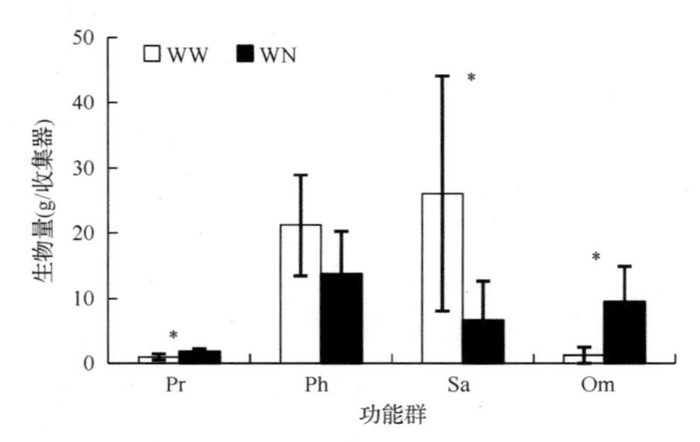

图 6-3 节肢动物不同功能群生物量

*表示两个调查样地间存在显著差异（$P<0.05$）。Ph. 植食性；Pr. 捕食性；Sa. 腐食性；Om. 杂食性。WW. 放牧草地；WN. 封育草地

沙化草原围栏封育对节肢动物不同功能群生物量有不同的影响（图 6-3）。围栏封育对捕食性、腐食性和杂食性节肢动物生物量均产生显著影响（$P<0.05$），而对植食性类群生物量无显著影响（$P>0.05$），表现为捕食性和杂食性节肢动物生物量均为围栏内显著高于围栏外（$P<0.05$），而腐食性节肢动物生物量表现为围栏内显著低于围栏外（$P<0.05$）。对植食性动物生物量来说，表现为围栏外高于围栏内。总体来看，捕食性和杂食性节肢动物生物量均为围栏内高于围栏外，腐食性节肢动物生物量表现为围栏内低于围栏外，这与捕食性、杂食性和腐食性节肢动物的数量变化趋势一致。但植食性节肢动物生物量表现为围栏内低于围栏外，这与围栏外拟步甲科琵甲属动物类群生物量较高有关，原因可能是围栏外放牧活动增加了地表枯枝落叶数量，导致以枯枝落叶为主要食源的琵甲属动物类群生物量增加。

（三）功能群多样性

由于杂食性节肢动物只获得一个类群，因此只计算捕食性、植食性和腐食性节肢动物物种多样性（图 6-4）。对于同一样地来说，围栏内外节肢动物 Shannon 指数均表现为植食性＞捕食性＞腐食性，均匀度指数均表现为捕食性＞植食性＞腐食性。但在围栏内节肢动物 Shannon 指数和均匀度指数捕食性、植食性、腐食性类群间均表现出显著差异，而且腐食性类群均显著低于捕食性和植食性类群（$P<0.05$）。

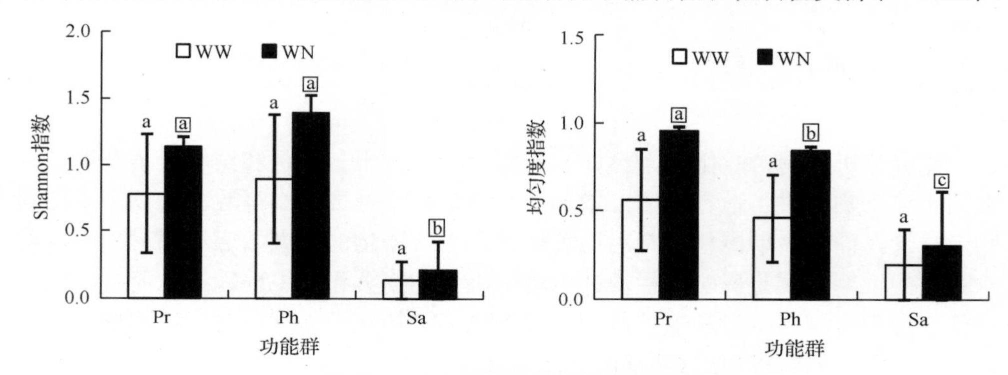

图 6-4　节肢动物不同功能群物种多样性

Ph. 植食性；Pr. 捕食性；Sa. 腐食性。WW. 放牧草地；WN. 封育草地。
无方框和方框内不同字母分别表示围栏外、内的显著差异性

结果还表明，围栏封育对不同功能群物种多样性（Shannon 指数和均匀度指数）产生了一定的影响，但均没有达到显著水平（$P>0.05$）（图 6-4），表现为节肢动物捕食性和植食性的物种多样性一定程度上围栏内均高于围栏外。植食性动物的数量变化与围栏封育后植被恢复及土壤环境的改善密切相关。土壤容重降低（表 6-1），食物资源与环境条件改善吸引更多的植食性动物定居和生存，增加其个体数量，个体数分布更为均匀，围栏内植食性动物物种多样性高于围栏外，而且围栏内捕食性动物类群数和多样性亦表现出增加趋势，这体现了一种“上行效应”，即植被会通过改变植食动物而影响捕食者的多样性（童春富和陆健健, 2001, 2002）。

（四）功能群数量特征与环境因子的相关性分析

由于杂食性节肢动物个体数较少（图 6-2），本研究只考察了捕食性、植食性节肢动物与环境因子间的相关性。从表 6-5 可以看出，捕食性节肢动物个体数、类群数与围栏内外环境因子间无显著相关性（$P>0.05$），而其 Shannon 指数和均匀度指数与土壤容重呈现负相关性（$P<0.05$）。植食性节肢动物个体数、类群数及 Shannon 指数与围栏内外环境因子间无显著相关性（$P>0.05$），而其均匀度指数与土壤容重呈现负相关性（$P<0.05$）。

表 6-5 不同地面节肢动物功能群数量特征与环境因子间的相关系数

	Pr				Ph			
	个体数	类群数	Shannon 指数	均匀度指数	个体数	类群数	Shannon 指数	均匀度指数
植被盖度	–0.060	0.242	0.293	0.554	0.185	0.116	0.460	0.663
植被高度	–0.006	0.367	0.372	0.530	0.438	0.229	0.471	0.583
植物密度	0.139	0.219	0.234	0.423	0.120	0.020	0.299	0.496
植物生物量	–0.241	0.168	0.276	0.526	0.027	–0.011	0.333	0.567
土壤含水量	–0.487	–0.084	–0.004	0.265	0.009	–0.125	0.231	0.415
土壤容重	–0.491	–0.776	–0.812*	–0.915*	–0.444	–0.558	–0.691	–0.813*

注：Ph. 植食性；Pr. 捕食性。* $P<0.05$

综合分析表明，沙化草原封育 5 年后，土壤含水量条件和结构改善及植被恢复为土壤动物提供了适宜生境，增加了土壤动物个体数、类群数，提高了土壤动物多样性，而且短期围栏封育对地表植被和土壤动物的生态效应不同。与土壤结构相关的土壤容重是影响围栏内外生境中土壤动物分布的主要因素。而且，围栏内外生境中土壤含水量和植被特征差异导致某些特殊动物类群对生境的选择性而表现出了不同的响应模式(刘任涛等, 2012a)。

地面节肢动物功能群数量和生物量特征是沙化草原生态系统结构与功能研究的重要内容(刘任涛等, 2011a)。沙化草原地面节肢动物群落可划分为捕食性、植食性、腐食性和杂食性等 4 种营养功能群。其中，地面节肢动物区系以植食性动物分布为其主要特征。沙化草原围栏封育对不同功能群的数量和生物量均产生了明显的影响。围栏内捕食性、植食性、杂食性动物个体数量、类群数增加，而且捕食性和植食性物种多样性也增加，说明沙化草原围栏封育后地面节肢动物功能群的多样性和复杂性增加。而腐食性动物个体数量和生物量围栏内均低于围栏外，以拟步甲科琵甲属为代表的植食性节肢动物生物量围栏内低于围栏外，反映了某些特殊节肢动物类群对放牧草地生境的选择性和依赖性。

第二节 草地植物多样性对地面节肢动物多样性的影响

一、植物群落多样性与生物量

由图 6-5 可知，封育草地生境中，不同季节间植物个体数、物种数和 Shannon 指数均存在显著差异($P<0.05$)。其中，植物个体数表现为春季高于秋季，而夏季居中($P<0.05$)。植物物种数和植物 Shannon 指数均表现为夏季高于春季，而秋季居中($P<0.05$)。秋季，在 50 个样方中采到的植物生物量为 15.14～66.35g/m^2，平均生物量为 40.46g/m^2，变异系数为 0.28。

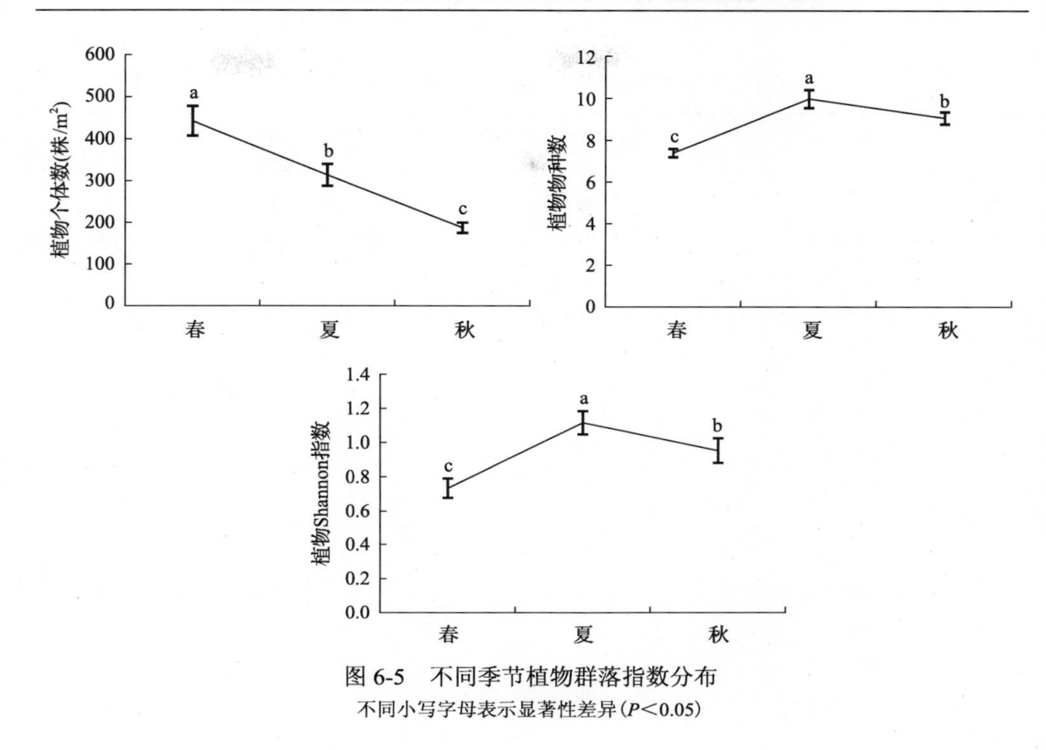

图 6-5　不同季节植物群落指数分布

不同小写字母表示显著性差异($P<0.05$)

二、地面节肢动物功能群组成特征

由表 6-6 可知，样地中收集到的地面节肢动物可划分为植食性、捕食性、杂食性和腐食性 4 种不同营养功能群。春季，4 种营养功能群个体数分别占总个体数的 43.8%、15.8%、39.8%、0.6%，其类群数分别占总类群数的 51.4%、22.9%、20.0%、5.7%。夏季，4 种营养功能群个体数分别占总个体数的 14.2%、14.1%、71.0%、0.7%，其类群数分别占总类群数的 53.3%、26.7%、13.3%、6.7%。秋季，4 种营养功能群个体数分别占总个体数的 25.4%、39.8%、34.2%、0.6%，其类群数分别占总类群数的 52.8%、32.1%、9.4%、5.7%。这说明 3 个季节中，植食性和杂食性动物个体数、类群数与捕食性、腐食性动物相比占有较高的比例，尤其是植食性动物占绝对优势地位(表 6-6)。这说明在宁夏沙化草原生态系统中，地面节肢动物区系的分布以植食性动物分布为其主要特征(陈薇等, 2019)。

综合上述分析表明，随季节更替，植食性动物个体数所占比例均表现为先降低后增加。捕食性动物个体数所占比例表现为先降低后增加，而类群数所占比例表现为增加趋势。杂食性动物个体数所占比例表现为先增加后降低，类群数所占比例表现为降低趋势。而腐食性动物个体数所占比例则表现为相对稳定，类群数所占比例表现为夏季略高于春季和秋季。

表 6-6　不同季节地面节肢动物群落组成及其相对多度　　(单位：%)

类群	功能群	春	夏	秋
管巢蛛科	Pr		0.13	
光盔蛛科	Pr		0.27	
巨蟹蛛科	Pr			0.05
狼蛛科	Pr	0.20	1.07	0.46
类球蛛科	Pr			0.09
长奇盲蛛科	Pr			0.60
皿蛛科	Pr	0.02		
平腹蛛科	Pr	0.02		0.14
球体蛛科	Pr			0.05
球蛛科	Pr			0.41
跳蛛科	Pr	0.02		0.14
逍遥蛛科	Pr	0.65	4.41	0.78
蟹蛛科	Pr	0.02	0.80	2.44
园蛛科	Pr	0.05		
蚰蜒科	Pr			0.09
褐蛉科幼虫	Ph			0.05
蝗科	Ph			0.55
网翅蝗科	Ph			0.14
蟋蟀科	Ph			0.14
螽斯科	Ph	1.39	0.93	0.05
蠼螋科	Om	0.05	0.53	0.64
盾蝽科	Ph	2.09	0.80	0.09
红蝽科	Ph		0.13	
盲蝽科	Ph			1.33
土蝽科	Ph	0.05		0.09
网蝽科	Ph		0.13	
缘蝽科	Ph	6.76	0.27	
长蝽科	Ph	1.24	1.06	0.18
蛛缘蝽科	Ph			0.37
个木虱科	Ph			0.14
球蚜科	Ph			0.05
象蜡蝉科	Ph			0.05
蚜科	Ph		0.40	1.79
叶蝉科	Ph	0.02		2.57
瘿绵蚜科	Ph			0.23
步甲科	Pr	1.47	7.21	34.70
步甲科幼虫	Pr			0.64

续表

类群	功能群	春	夏	秋
蜉金龟科	Sa	0.05		
吉丁甲科	Ph	8.05	0.13	0.05
金龟科	Sa	0.02		0.51
叩甲科	Ph	0.02		
埋葬甲科	Sa	0.17	0.67	
拟步甲科	Om	14.81	10.15	12.96
拟步甲科幼虫	Ph	0.07		0.09
皮蠹科	Ph	0.02		
瓢甲科幼虫	Pr		0.13	0.05
平唇水龟科	Ph			0.05
绒毛金龟科	Ph	10.61		
鳃金龟科	Ph	27.34	7.61	0.14
象甲科	Ph	7.95	1.6	5.16
象甲科幼虫	Ph		0.13	0.23
叶甲科	Ph	0.05	0.27	1.29
叶甲科幼虫	Ph		0.27	0.05
隐翅甲科	Sa			0.05
芫菁科幼虫	Ph		0.67	
鳞翅目幼虫	Ph	0.07	0.67	0.83
木虻科	Ph		0.13	
食虫虻科	Pr			0.05
钩土蜂科	Ph	0.02		
蜜蜂科	Ph	0.10		0.23
泥蜂科	Pr		0.40	0.32
切叶蜂科	Ph	0.02		
青蜂科	Ph			0.05
土蜂科	Ph	0.02		0.28
小蜂科	Ph			0.09
蚁蜂科	Om		0.05	
蚁科	Om	16.41	58.21	28.21
蛛蜂科	Pr			0.05

注：Ph. 植食性；Pr. 捕食性；Om. 杂食性；Sa. 腐食性

三、地面节肢动物功能群结构

(一)植食性功能群个体数、类群数和多样性指数及生物量

由图 6-6 可知，不同食性的地面节肢动物个体数和类群数随季节变化具有一

定的差异性。其中，不同季节间植食性动物的个体数和类群数差异显著，均表现为春季高于夏季，秋季居中($P<0.05$)。从春季到夏季，植食性动物个体数与植物个体数变化相一致(图 6-5)，这体现了一种自下而上的上行控制效应(白耀宇等, 2018)。从夏季到秋季，植食性动物个体数增加，而植物个体数减少，说明了植食性动物个体数与植物个体数非协调一致的变化特征。这可能是由于从夏季到秋季随着一年生蒿属类植物完成生长周期个体数逐渐减少，降低了对某些植食性动物个体的抑制作用，植食性动物个体数增加，同时也说明了植食性动物个体数与植物个体数间的关系受到季节变化的调控(Eisenhauer et al., 2011)。

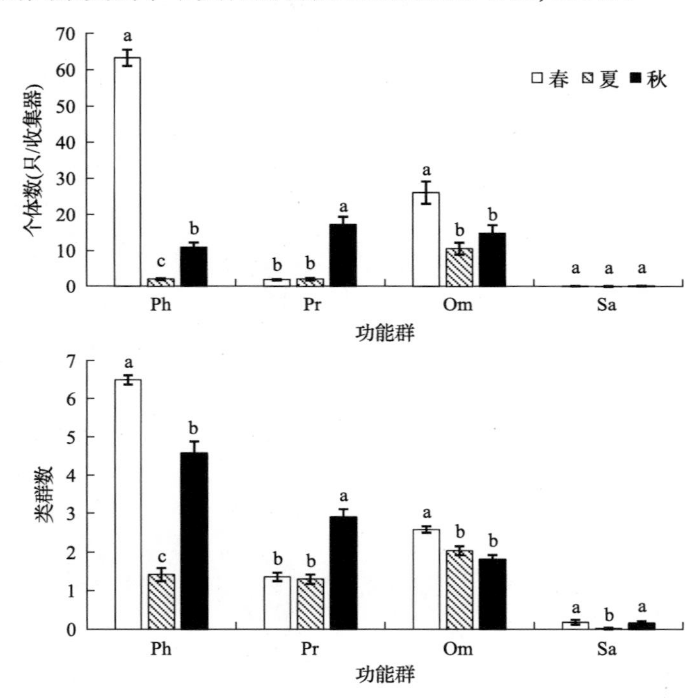

图 6-6 地面节肢动物功能群个体数和类群数

Ph. 植食性；Pr. 捕食性；Om. 杂食性；Sa. 腐食性。同功能群内不同小写字母表示有显著性差异($P<0.05$)

由图 6-7 可知，植食性动物 Shannon 指数表现为春季高于夏季，秋季居中($P<0.05$)。并且，植食性动物类群数与植物物种数、Shannon 指数与植物 Shannon 指数随季节变化呈相反分布趋势，两者之间呈线性负相关(图 6-8)，这可能与以植物为食物资源的密度分布密切相关，即“食物稀释效应”(郭健康等, 2008)。从春季到夏季，植物丰富度增加，植物多样性升高，可能会导致某些植食性动物类群相应的食物资源密度减少，从而导致植食性动物类群数降低，植食性动物多样性降低，但是从夏季到秋季，一年生草本植物的退出使得植物类群数降低，植物 Shannon 指数降低，可能会导致某些植食性动物类群相应的食物资源密度增加，

结果植食性动物类群数和 Shannon 指数增加。

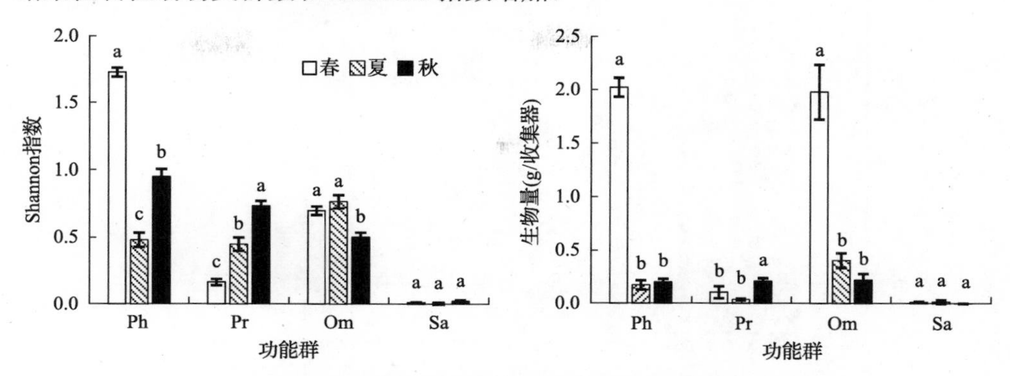

图 6-7　地面节肢动物功能群多样性与生物量

Ph. 植食性；Pr. 捕食性；Om. 杂食性；Sa. 腐食性。同功能群内不同小写字母表示有显著性差异(P<0.05)

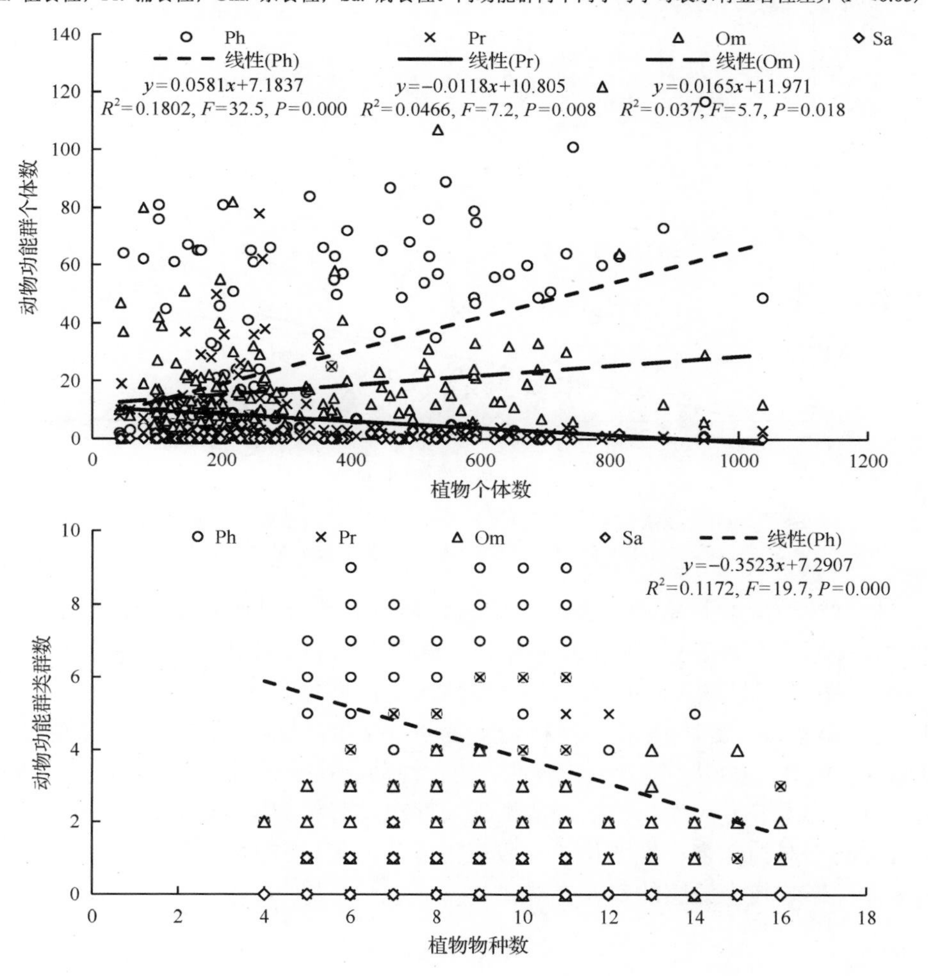

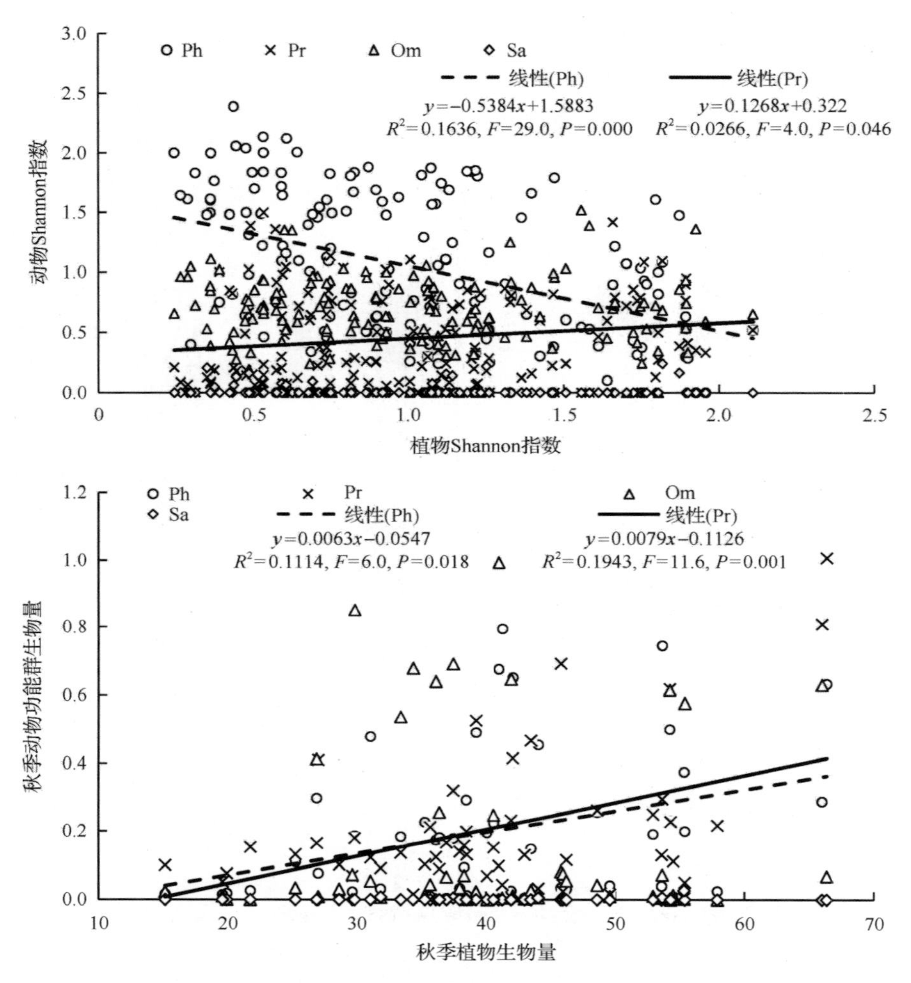

图 6-8　地面节肢动物功能群多样性及秋季生物量与植物多样性的拟合分析

Ph. 植食性；Pr. 捕食性；Om. 杂食性；Sa. 腐食性

植食性节肢动物生物量表现为春季显著高于夏季和秋季(P<0.05)，而夏季和秋季之间无显著差异(图 6-7)。并且，植食性动物生物量与植物生物量呈线性正相关(图 6-8)，说明了植物能为植食性动物提供更好的食物资源，二者之间存在能量流动上的密切联系，有利于食物网结构的形成和生产力稳定性的维持(Keesing et al., 2006)。综合分析表明，植食性动物在个体数、类群数甚至 Shannon 指数及生物量等方面均与植物群落指标间存在显著相关性(图 6-8)。这一方面说明植食性动物对植物多样性变化的反应表现显著，另一方面说明植食性动物是对植物多样性影响较为敏感的营养类群。

(二)捕食性功能群个体数、类群数和多样性指数及生物量

捕食性地面节肢动物个体数、类群数均表现为秋季高于春季和夏季，而春季和夏季差异不显著(图 6-6)。从春季到夏季，捕食性动物个体数与类群数均没有显著差异，这与植食性动物个体数和类群数季节分布显著不同，说明从春季到夏季，植食性动物对捕食性动物的影响并不显著，这与朱慧(2012)在草甸草原的研究结果不一致，原因可能是沙化草地恢复过程需要一个较长时间才能表现出与节肢动物间紧密的食物链关系。从夏季到秋季，捕食性动物个体数与类群数均显著增加，这与植物个体数和类群数变化相反，但与植食性动物个体数与类群数的变化趋势保持一致，说明秋季捕食性动物(如步甲科)的显著增加可能是因为食物资源的变化，这反映了一种草地生态系统食物链中典型的上行效应，体现了营养级之间的“食性联结”(Hunter and Price, 1992)。

捕食性动物 Shannon 指数则表现为秋季显著高于春季，夏季居中($P<0.05$)(图 6-7)，说明从春季到夏季，捕食性动物 Shannon 指数与植物 Shannon 指数变化趋势相似，而且两者之间呈线性正相关(图 6-8)。从春季到夏季，捕食性动物 Shannon 指数与植食性动物 Shannon 指数变化趋势相反(图 6-7)，说明捕食性动物多样性可以通过改变植食性动物种群数量间接影响植物多样性及营养循环与生产力；同时，捕食性动物多样性增加能够影响植食性动物的采食行为，间接增加植物多样性。基于食物链角度，捕食性动物多样性增加而导致植食性动物多样性下降，这体现了一种自上而下的下行控制效应(白耀宇等, 2018)。从夏季到秋季，捕食性动物 Shannon 指数与植物 Shannon 指数变化相反(图 6-8)，这主要是由于秋季捕食性动物丰富度增加。捕食性动物生物量与植物生物量也表现出显著线性正相关(图 6-8)，同植食性动物生物量与植物生物量变化一致，这体现了营养级之间的“能量—营养代谢格局”。

(三)杂食性功能群个体数、类群数和多样性指数及生物量

杂食性地面节肢动物个体数、类群数均表现为春季高于夏季和秋季，而夏季和秋季之间差异不显著(图 6-6)。并且，从春季到夏季，杂食性动物个体数与植物个体数变化相一致，两者之间呈线性正相关(图 6-8)，主要是因为基于食物链角度植物个体数与植食性动物个体数均减少(图 6-6)，在环境资源有限的情况下，导致杂食性动物个体数与类群数减少。而从夏季到秋季，杂食性动物个体数与类群数均没有显著差异，这与植物、植食性动物和捕食性动物三者之间表现出的营养级效应显著不同，可能是因为植食性动物和捕食性动物个体数与类群数均增加，食物资源与竞争压力同时存在，而杂食性动物本身又具有较宽的生态位，从而能够在这种环境中保持相对稳定的个体数与类群数。

由图 6-7 可知，杂食性动物 Shannon 指数表现为春季和夏季显著高于秋季($P<0.05$)，而春季和夏季之间无显著差异，说明从春季到夏季，杂食性动物 Shannon 指数分布变化较小。杂食性动物的食物来源包括植物和一些小型动物，在食物链中处于多种营养级水平，受多种不同功能群类群的相互作用的影响较大，而导致春季和夏季杂食性类群较多的情况下 Shannon 指数变化较小。已有研究结果显示，不同功能群之间复杂的相互作用会抵消植物多样性对高营养水平多样性的影响(Gastine et al., 2003)。但从春季、夏季到秋季，杂食性动物 Shannon 指数呈显著下降趋势，这与杂食性优势类群较少且优势类群个体数比例降低有关。秋季，杂食性动物只有 3 个类群，并且蚂蚁个体数占比降低至 28.21%，成为杂食性动物的优势类群，导致 Shannon 指数较小。另外，杂食性动物生物量与植物生物量之间未表现出相关性(图 6-8)，这可能是由于杂食性动物营养水平和杂食性程度提高，而植物生物量分布的影响作用减弱，因此二者之间无相关性。

(四)腐食性功能群个体数、类群数和多样性指数及生物量

由图 6-6 和图 6-7 可知，腐食性地面节肢动物个体数、Shannon 指数在 3 个季节中差异均不显著，类群数则表现为春季和秋季显著高于夏季，而春季和秋季之间差异不显著。这主要与腐食性动物的个体数和类群数较少有关。3 个季节中腐食性动物个体数分别占总个体数的 0.6%、0.7%、0.6%，且夏季只有 2 个类群。另外，腐食性动物个体数、类群数、Shannon 指数及生物量均与植物个体数、物种数、Shannon 指数及生物量无相关性(图 6-8)，是因为腐食性动物主要以腐败的动植物遗体为食，类群少且全部为稀有类群，与植物之间的作用较弱，从而没有表现出相关性。

综合分析表明，植物多样性对地面节肢功能群分布的影响呈现出显著的季节节律性，特别是植食性动物和捕食性动物多样性分布受到季节变化的影响较大。地面节肢动物群落不同营养级之间通过强烈的上行效应和下行效应相联系，进而调控食物链组成和结构。宁夏沙化草原地面节肢动物多样性与植物多样性关系非常复杂，而这有助于维持宁夏沙化草原脆弱生态系统的内稳性、促进结构与功能的有效恢复(陈蔚等, 2019)。

第三篇　灌丛林土壤节肢动物生态分布研究

目前，灌丛作为沙化草原区的一种主要植被类型，对其生态效应的研究受到广泛关注。灌丛常形成“沃岛”而导致土壤高度异质化，成为食草动物、软体动物和微生物区系的主要栖息地。灌丛“沃岛”已成为干旱生态系统中生物地球化学过程最活跃的地方，在人工林建设、沙地固定和退化生态系统结构功能恢复过程中扮演着不可替代的角色(赵哈林等, 2007)。并且，随着灌丛林地的生长发育，“沃岛”对于灌丛外土壤-植被系统产生重要的辐射作用，使得单一的灌丛生态系统逐渐演变成为较为复杂的灌草复合生态系统，并且伴随着灌丛外节肢动物多样性和食物网结构复杂性的增加(Su and Zhao, 2003)。另外，放牧是干旱风沙区生态系统的一种主要干扰活动，是灌丛林地最重要的利用形式和经营活动之一。运用平茬措施对柠条进行更新复壮，同时在柠条林间进行本地牧草品种补播，可以促进柠条林地中草地系统的有效恢复(李生荣, 2007)，这些均将对土壤节肢动物群落分布产生深刻影响。本篇以地面土居和地下土居节肢动物为例着重从土壤立地条件、林龄及林地管理对灌丛土壤节肢动物群落分布的影响方面进行阐述。

第七章　灌丛林土壤节肢动物群落分布特征及其与土壤立地条件的关系

在空间尺度上，灌丛斑块分布对微生境产生重要的影响，而节肢动物空间分布依赖于灌丛斑块的微生境。从行为学的观点来看，在既定的小尺度空间尺度上，节肢动物的移动取决于斑块微生境及其对这种微生境的非随机性利用，而不是这种微生境的可利用性(刘继亮等, 2010b)。节肢动物可能更喜欢生存于植被稀疏的灌丛外生境中：其一，这些节肢动物需要植被稀疏的环境来减少其自由移动的阻力，其二，灌丛外植被稀疏生境的土壤温度和水分条件可能更适于它们的繁殖、虫卵孵化(Crist et al., 1992)。总而言之，灌丛斑块小尺度上微生境差异性可以导致地面/土壤节肢动物空间分布的不同，对于沙地生态系统恢复过程具有直接的作用(刘任涛等, 2016b)。另外，由于土壤表层流沙覆盖情况、微地形等差异性，在不同立地条件下灌丛林的适应性生长特征常不同。其中，活动能力强的动物类群将会随机选择不同立地条件来获取更多的食物资源，进而表现出较强的选择性和适应性，直接导致土壤动物群落的空间分布发生变化(刘任涛等, 2018b; 郗伟华等, 2018a)。本章着重阐述灌丛林土壤节肢动物群落分布及其与土壤立地条件的关系。

第一节　灌丛微生境土壤节肢动物群落分布特征

一、灌丛内外地面/地下土居节肢动物群落分布特征

根据在土壤中的栖息层次，土壤动物可分为地上土居、地面土居和地下土居3类动物类群(刘任涛, 2012)。其中，地上土居动物区系最初的食物来源是通过光合作用形成的绿色植物，地下土居动物区系的最初食物来源是以凋落物为主体的生物残体，而生活在地面的土壤动物区系兼有地上土壤动物区系和地下土壤动物区系的成分及食性特征(肖以华等, 2010)。所以，不同的节肢动物类群可能占据不同的空间生态位，这既有节肢动物类群生物生态学特性的内部因素，又是它们适应不同环境的结果。本试验基于2013年夏季开展的地面土居和地下土居两类节肢动物类群调查，来研究灌丛微生境土壤节肢动物群落分布特征。地面土居节肢动物采用陷阱诱捕法进行调查，地下土居节肢动物采用直接挖土手拣法进行调查。利用相对数量响应比率(*R*)来表示灌丛“虫岛”定量结果，即 *R*=灌丛内

平均值/灌丛外平均值(刘任涛, 2016)。

(一) 节肢动物群落组成与优势类群的灌丛内外比率

从表 7-1 可以看出，共调查的 43 个节肢动物类群中有 42 个类群只出现在灌丛内生境，说明灌丛对于土壤节肢动物类群的聚集作用，原因在于灌丛的小气候效应和“肥岛”效应，其降风滞尘、遮蔽暴晒、改善土壤质地和养分条件的作用是导致流动沙地灌丛“虫岛”效应形成的主要机制(赵哈林等，2012)。并且，由于地面土居动物与地下土居动物生存于不同的环境中，具有不同的生物生态学特性，对灌丛微生境也产生不同的响应特征。研究结果发现，地面土居动物有些类群在灌丛内外均有分布，如蠼螋科、步甲科、琵甲属等具有较强的移动能力，并且具有较强的耐干旱适应特性，可以在灌丛内外自由移动取食。并且，地面土居动物类群如蠼螋科、步甲科、琵甲属、皮蠹科等的个体数呈现出灌丛内显著高于灌丛外，这与灌丛“虫岛”效应密切相关。灌丛内土壤湿度、温度、营养环境及根系等均为这些地下土居动物提供了适宜的生存条件和食源。而对于地下土居类群来说，大多数类群只栖居于灌丛内，灌丛外只有东鳖甲属动物。这反映了地下土居动物对灌丛内土壤环境的依赖。另外，东鳖甲属动物类群在地面和地下均有分布，更多的是在灌丛外生境中存活，反映了沙质草地生境中这类动物在高温干旱的流动沙地中的广布性特征。

表 7-1 节肢动物类群组成与数量特征(平均值±标准误)

目	类群	地面土居动物(只/收集器)			地下土居动物(只/m^2)		
		流动沙地	油蒿	花棒	流动沙地	油蒿	花棒
弹尾目	跳虫科	0.00±0.00	0.00±0.00	0.00±0.00	0.00±0.00	1.33±1.33	0.00±0.00
蜈蚣目	蜈蚣科	0.00±0.00	0.00±0.00	0.00±0.00	0.00±0.00	0.00±0.00	1.33±1.33
蜘蛛目	光盔蛛科	0.00±0.00	2.67±1.20	1.67±1.67	0.00±0.00	8.00±2.31	4.00±0.00
	平腹蛛科	0.33±0.33	1.00±0.58	0.33±0.33	0.00±0.00	12.00±4.00	0.00±0.00
	逍遥蛛科	0.00±0.00	0.33±0.33	0.67±0.33	0.00±0.00	0.00±0.00	0.00±0.00
	管巢蛛科	0.00±0.00	0.67±0.67	0.00±0.00	0.00±0.00	5.33±3.53	2.67±2.67
	蟹蛛科	0.00±0.00	1.33±0.33	0.33±0.33	1.33±1.33	2.67±1.33	5.33±5.33
	狼蛛科	0.00±0.00	1.67±0.88	1.67±1.67	0.00±0.00	1.33±1.33	0.00±0.00
	园蛛科	0.00±0.00	0.00±0.00	0.33±0.33	0.00±0.00	6.67±1.33	5.33±1.33
	跳蛛科	0.33±0.33	0.00±0.00	0.00±0.00	0.00±0.00	1.33±1.33	0.00±0.00
直翅目	蝼蛄科	0.00±0.00	0.67±0.33	0.00±0.00	0.00±0.00	0.00±0.00	0.00±0.00
半翅目	盲蝽科	0.00±0.00	0.33±0.33	0.00±0.00	0.00±0.00	5.33±2.67	2.67±1.33
	缘蝽科	0.00±0.00	0.33±0.33	0.00±0.00	0.00±0.00	4.00±2.31	0.00±0.00

续表

目	类群	地面土居动物(只/收集器)			地下土居动物(只/m²)		
		流动沙地	油蒿	花棒	流动沙地	油蒿	花棒
半翅目	红蝽科	0.00±0.00	0.00±0.00	0.00±0.00	0.00±0.00	5.33±3.53	1.33±1.33
	土蝽科	0.00±0.00	0.00±0.00	0.00±0.00	0.00±0.00	4.00±0.00	1.33±1.33
	长蝽科	0.00±0.00	0.00±0.00	0.00±0.00	0.00±0.00	1.33±1.33	8.00±2.31
	束长蝽科	0.00±0.00	0.00±0.00	0.00±0.00	0.00±0.00	0.00±0.00	4.00±4.00
	盾蝽科	0.00±0.00	1.00±1.00	0.33±0.33	0.00±0.00	0.00±0.00	1.33±1.33
	蝽科	0.00±0.00	0.00±0.00	0.33±0.33	0.00±0.00	0.00±0.00	0.00±0.00
同翅目	叶蝉科	0.00±0.00	0.00±0.00	0.33±0.33	0.00±0.00	2.67±2.67	0.00±0.00
革翅目	螋螋科	38.67±23.69	71.33±19.15	3.33±1.45	2.67±2.67	1.33±1.33	0.00±0.00
鞘翅目	步甲科	6.67±1.20	12.00±1.00	3.00±1.00	0.00±0.00	4.00±0.00	36.00±28.38
	叶甲科	0.00±0.00	0.00±0.00	0.00±0.00	0.00±0.00	0.00±0.00	0.00±0.00
	绒毛金龟科	0.00±0.00	1.00±0.71	0.00±0.00	0.00±0.00	9.33±1.33	1.33±1.33
	鳃金龟科	0.33±0.33	4.33±0.33	2.33±0.88	0.00±0.00	9.33±9.33	0.00±0.00
	花金龟科	0.00±0.00	0.33±0.33	0.00±0.00	0.00±0.00	0.00±0.00	0.00±0.00
	东鳖甲属	96.67±53.80	8.00±1.15	1.33±0.67	6.67±1.33	0.00±0.00	1.33±1.33
	琵甲属	1.00±0.58	7.33±0.33	5.33±1.67	0.00±0.00	0.00±0.00	0.00±0.00
	土甲属	1.33±1.33	3.00±2.52	1.00±0.58	0.00±0.00	5.33±2.67	1.33±1.33
	吉丁甲科	0.33±0.33	0.67±0.33	0.00±0.00	0.00±0.00	0.00±0.00	0.00±0.00
	瓢甲科	0.00±0.00	0.00±0.00	0.00±0.00	0.00±0.00	2.00±1.15	0.00±0.00
	象甲科	0.00±0.00	4.33±3.38	0.33±0.33	0.00±0.00	6.00±2.00	1.33±1.33
	葬甲科	0.00±0.00	2.00±1.00	0.00±0.00	0.00±0.00	0.00±0.00	0.00±0.00
	阎甲科	0.00±0.00	2.67±2.19	0.33±0.33	0.00±0.00	0.00±0.00	0.00±0.00
	皮蠹科	1.00±0.58	1.00±0.58	0.00±0.00	0.00±0.00	0.00±0.00	0.00±0.00
	步甲科幼虫	0.00±0.00	0.00±0.00	0.00±0.00	0.00±0.00	1.33±1.33	2.67±1.33
	鳃金龟科幼虫	0.00±0.00	0.00±0.00	0.00±0.00	0.00±0.00	22.67±11.39	2.67±2.67
	拟步甲科幼虫	0.00±0.00	0.00±0.00	0.67±0.33	0.00±0.00	13.33±4.81	3.00±1.91
	象甲科幼虫	0.00±0.00	0.00±0.00	2.75±2.43	0.00±0.00	0.00±0.00	0.00±0.00
双翅目	食虫虻科幼虫	0.00±0.00	0.00±0.00	0.00±0.00	0.00±0.00	1.33±1.33	8.00±4.00
	蝇科	0.00±0.00	5.33±2.33	7.67±7.67	0.00±0.00	0.00±0.00	0.00±0.00
膜翅目	蚁科	0.00±0.00	3.67±3.67	10.50±0.50	0.00±0.00	16.00±4.62	25.33±9.33
	蛛蜂科	0.33±0.33	0.00±0.00	0.00±0.00	0.00±0.00	0.00±0.00	0.00±0.00
鳞翅目	螟蛾科幼虫	0.00±0.00	0.00±0.00	0.00±0.00	0.00±0.00	0.00±0.00	2.67±2.67

不仅如此，灌丛种差异对灌丛内外土壤动物的空间分布也产生显著影响，这与灌丛形态结构及其生理特性产生的生态功能密切相关。豆科灌丛花棒平均高度为 2.5m，冠幅 2.5m×2.1m，而油蒿灌丛平均高度为 0.5m，冠幅 1.3m×1.1m，二者形态结构与生理特性存在显著差异，导致微气候和土壤条件也显著不同。从图 7-1 可知，基于灌丛内外动物个体数比率，研究发现，地面土居动物如蠼螋科、步甲科和东鳖甲属个体数灌丛内外相对比率表现为油蒿灌丛均高于花棒灌丛，特别是油蒿灌丛对步甲科具有较高的聚集作用($P<0.05$)，说明油蒿生境更有利于这些节肢动物类群的聚集和存活，这与油蒿灌丛生境下土壤温度较低、草本植物个体数较少有关。相关性分析表明(表 7-2)，灌丛内外步甲科个体数空间分布与灌丛内外草本植物个体数差异性分布呈显著负相关($r=-0.918$，$P<0.01$)。油蒿灌丛内较低的草本植物个体数分布可能减少了步甲科土壤动物的移动阻力，有利于其在油蒿灌丛生境中捕食和生存。

表 7-2　灌丛内外节肢动物个体数、类群数与环境因子间的相关系数

		地面土居动物					地下土居动物		
		总个体数	类群数	个体数			总个体数	类群数	东鳖甲属个体数
				蠼螋科	步甲科	东鳖甲属			
草本植被	物种数	−0.719	−0.859*	−0.002	−0.252	−0.603	−0.191	0.148	0.914**
	密度	−0.625	−0.565	−0.543	−0.918**	−0.264	−0.533	−0.702	0.090
	高度	0.403	0.525	0.576	0.649	0.466	−0.037	0.143	−0.459
土壤性质	地面温度	0.596	0.434	0.375	0.787	0.368	0.422	0.578	0.066
	0～10cm 土层温度	0.889*	0.698	−0.039	0.586	0.660	0.487	0.305	−0.294
	粗沙	−0.034	−0.187	−0.506	−0.633	0.472	−0.536	−0.724	0.089
	细沙	0.101	0.241	0.477	0.650	−0.413	0.561	0.719	−0.128
	黏粉粒	−0.574	−0.307	−0.112	−0.657	−0.181	−0.642	−0.691	−0.278

* $P<0.05$, ** $P<0.01$

由图 7-1 可知，地下土居动物如东鳖甲属个体数灌丛内外相对比率均小于 1，表现为花棒灌丛高于油蒿灌丛，说明东鳖甲属动物更多地生存于灌丛外生境中，但花棒与油蒿相比，地面土居动物与地下土居动物呈现出相反的变化趋势，在地面生存的东鳖甲属动物可能喜于油蒿灌丛，这与油蒿灌丛生境较低的草本植物个体数分布及适宜的温度条件相关。但对地下土居类群个体来说，可能更喜生存于花棒灌丛内生境中，这可能与花棒灌丛内草本植物类群数较高密切相关。相关性分析表明(表 7-2)，地下土居东鳖甲属动物个体数分布与灌丛内外草本植物物种数差异性分布显著相关。草本植物类群数较高的花棒可以提供多样性的食源，如较多的根系分布，可能有利于一些食根性动物个体前来定居、取食。对比地面土居动物与地下土居动物在不同种灌丛内的差异性分布，油蒿灌丛可能是东鳖甲属动物个体的暂时栖居地，而更多的东鳖甲属个体可能更喜生存于花棒灌丛内，这与花棒灌丛内有利于东鳖甲属动物个体的产卵、孵化等密切相关，如某些东鳖甲属类群个体的幼虫以植物根系为食源。

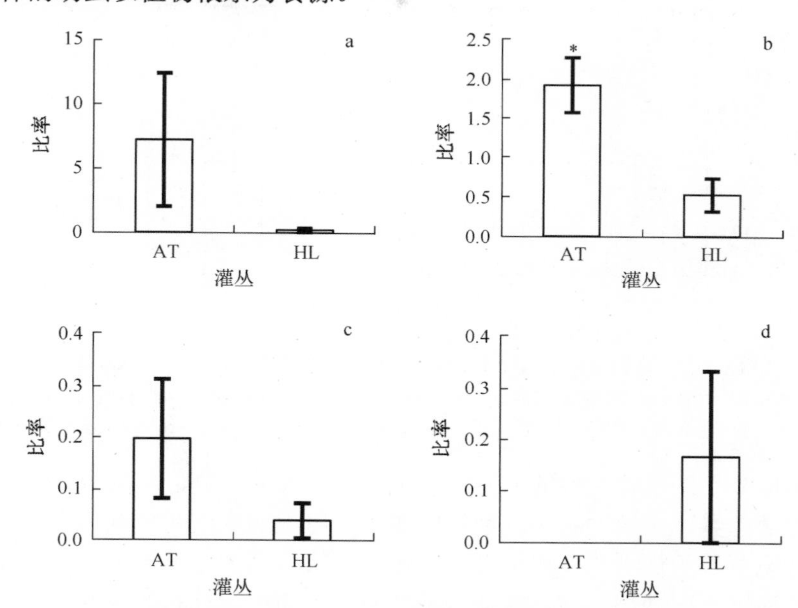

图 7-1　不同节肢动物类群灌丛内外个体数量特征比率(平均值±标准误)

比率(*R*)=灌丛内平均值/灌丛外平均值。a、b、c、d 分别代表地面土居类群蠼螋科、步甲科、东鳖甲属和地下土居类群东鳖甲属。AT、HL 分别代表油蒿灌丛和花棒灌丛。*表示显著性差异($P<0.05$)

(二)基于节肢动物个体数与类群数的灌丛“虫岛”特征

研究表明，灌丛“虫岛”应为干旱、半干旱区灌木冠幅下限制性土壤资源条件下节肢动物类群在灌丛内外的特定适应性空间分布，以及由此导致的节肢动物群落组成与结构在灌丛内外的差异性分布。从图 7-2 可以看出，地面土居动物个体数和类群数均表现为油蒿灌丛内外相对比率高于花棒($P<0.05$)。其中，个体数相对比率均小于 1，而类群数 R 值均高于 1.5。地下土居动物个体数和类群数的灌丛内外比值变化趋势和地面土居动物相似，相对比率均表现为油蒿灌丛高于花棒灌丛，并且无论是个体数还是类群数其 R 值均高于 8。整体来看，灌丛对地下土居动物的“虫岛”作用要远高于地面土居动物，油蒿灌丛要高于花棒灌丛。

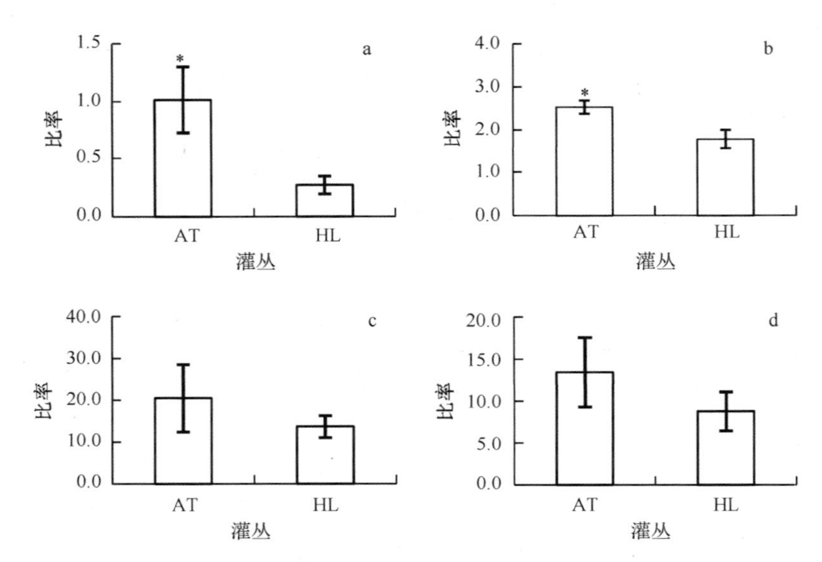

图 7-2　灌丛内外节肢动物个体数与类群数比率（平均值±标准误）

比率（*R*）=灌丛内平均值/灌丛外平均值。a、b 分别代表地面土居类群个体数和类群数；c、d 分别代表地下土居类群个体数和类群数。AT、HL 分别代表油蒿灌丛和花棒灌丛。*表示显著差异（$P<0.05$）

灌丛内外不同动物类群的差异性分布，导致土壤动物群落总个体数和类群数亦发生显著差异。土壤动物类群数量的多少、组成的变化和密度的大小通常取决于土壤环境条件的优劣与食物资源的有效性。从图 7-2 可以看出，无论是地面土居动物和地下土居动物，油蒿灌丛对于节肢动物的空间分布的影响都要高于花棒灌丛，灌丛内外节肢动物个体数和类群数比率均表现为油蒿灌丛高于花棒灌丛，说明油蒿灌丛对于土壤节肢动物群落的空间分布的作用要强于花棒灌丛，油蒿灌丛内较低的土壤温度和草本植物类群数可能是主要影响因素，为节肢动物选择栖居生境提供了更多的可能性。同时，地面土居动物个体数呈现出灌丛外高于灌丛内，这与灌丛外具有较多的东鳖甲属动物个体数密切相关，说明灌丛外较低的草本植被覆盖意味着较低的移动阻力，有利于诸如东鳖甲属动物的自由移动。但是，地面土居动物类群数及地下土居动物个体数和类群数均呈现出灌丛内高于灌丛外，即“虫岛”现象，并且地下土居动物表现得更为突出，灌丛内外相对比率均高于 8。这一方面说明灌丛可以有效提高节肢动物个体数和类群数，另一方面说明灌丛内微生境条件的改变更有利于更多节肢动物类群和个体的生存，不仅能促进灌丛内土壤食物网结构构建、加速物质循环和能量流动，更重要的是在生态系统退化过程中还具有“保种”（种即节肢动物）作用，在生态系统恢复过程中可能具有重要的“种源”作用，有利于沙化草地生态系统结构与功能的有效恢复（刘任涛, 2014）。

从表 7-2 可以看出，地面土居动物群落表现为地面土居动物个体数灌丛内外分布与灌丛内外地表层（0～10cm）土壤温度呈正相关（$r=0.889$，$P<0.05$），地面土

居动物类群数灌丛内外分布与灌丛内外草本植物物种数呈负相关(r=−0.859，P<0.05)，并且灌丛内外步甲科个体数空间分布与灌丛内外草本植物个体数差异性分布呈显著负相关(r=−0.918，P<0.01)。地下土居动物个体数和类群数灌丛内外分布与灌丛内外土壤机械组成、土壤温度间无明显相关性(P>0.05)，但灌丛内外东鳖甲属个体数分布与灌丛内外草本植物物种数差异性分布呈显著正相关(r=0.914，P<0.01)。

综合分析表明，灌丛对于大多数节肢动物类群(97.7%)来说极为重要，大部分节肢动物类群生存于灌丛内生境中。灌丛外流动沙地对地面土居动物个体数分布的影响较大，而灌丛内生境更有利于提高节肢动物的类群数，尤其对地下土居动物的聚集作用更强。无论是地面土居动物还是地下土居动物，油蒿灌丛对节肢动物个体数和类群数的空间分布的影响要高于花棒灌丛(刘任涛等, 2016b)。

二、小尺度灌丛斑块生境中地面节肢动物群落分布特征

(一)节肢动物群落组成与分布

本试验基于距离柠条灌丛 0m(即灌丛内)、1.5m、7.5m、15m 处调查样点，于 2012 年开展地面节肢动物的调查。本研究中共捕获地面节肢动物 1353 只，属于 11 目 4 科 71 个类群。优势类群为步甲科、鳃金龟科、绒毛金龟科、拟步甲科和蚁科，其个体数占总个体数的 76.74%；常见类群为逍遥蛛科、缘蝽科、盾蝽科、吉丁甲科和象甲科，其个体数占总个体数的 13.49%；其余 61 个类群为稀有类群，其个体数仅占总个体数的 9.77%。

已有研究表明，在柠条灌丛林生长的过程中，柠条灌丛不仅对林下土壤具有“肥岛”效应和“虫岛”效应，而且对灌丛外土壤性质、地表植被及土壤节肢动物产生辐射作用，柠条灌丛外土壤肥力增加、草本植物个体数和物种数增加，这些均有利于沙化草地生态系统结构与功能的有效恢复(Su and Zhao, 2003)。其中，柠条灌丛对于灌丛外地面节肢动物群落空间分布的影响，在局部小尺度上直接关系到土壤食物网结构、沙化土地恢复过程(刘任涛和朱凡, 2015a)。从图 7-3 可以看出，随着距离柠条灌丛距离的增加，优势类群多度在距离灌丛 7.5m 处达到最低值，这与优势类群组成变化密切相关。除共有鳃金龟科和蚁科 2 个优势类群外，当开始远离柠条灌丛时优势类群从步甲科、绒毛金龟科和拟步甲科变为步甲科、拟步甲科，在距离灌丛 7.5m 处优势类群又变成绒毛金龟科。步甲科和拟步甲科属于典型的地面节肢动物，可以在柠条灌丛及其周围地表自由移动来寻找食物资源，但在距离灌丛 7.5m 处这 2 个类群不再成为优势类群，可能是因为这 2 个类群的主要空间移动范围一般小于 7.5m，这与关于某些地表甲虫类节肢动物的空间分布距离不超过 10m 的研究结果(Stapp, 1997)相吻合。但是，在距离灌丛 7.5m 处绒毛金

龟科又成为优势类群，这与绒毛金龟科本身具有较强飞行能力的生物学特性相关，其能够在远离柠条灌丛 7.5m 处周围活动。随着距离的持续增加，优势类群多度呈现出增加趋势，而常见类群呈现出下降趋势，在距离柠条灌丛 15m 处的沙质草地生境中地面节肢动物优势类群组成和柠条灌丛内地面节肢动物优势类群组成基本相似(除捕食性步甲科外)，即植食性绒毛金龟科、拟步甲科、鳃金龟科和杂食性蚁科，这反映了以植食性动物为特征的沙化草原区草地生境地面节肢动物的群落组成，同时也表明柠条灌丛对地面节肢动物优势类群的影响范围可能仅局限于 7.5m 左右。

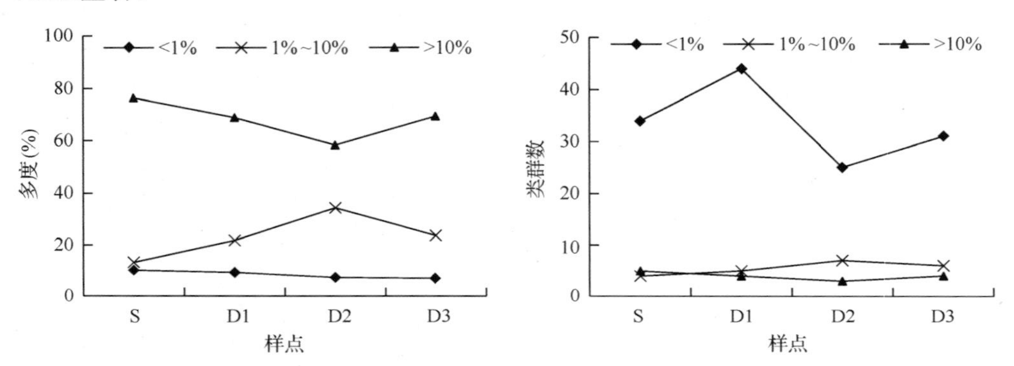

图 7-3　地面节肢动物不同类群的多度及其类群数空间分布

>10%代表优势类群，1%～10%代表常见类群，<1%代表稀有类群。S、D1、D2、D3 分别代表距离柠条灌丛 0m(即灌丛内)、1.5m、7.5m、15m 处调查样点

随着空间距离的增加，稀有类群数在 1.5m 处出现最高值，具有 44 个类群(图 7-3)，这主要与地面节肢动物频繁来往于柠条灌丛有关，增加了陷阱诱捕的频度和可能性，另外优势类群多度的降低缓解了该处生境生存条件的竞争压力，从而为其他更多类群活动于此提供可能性，这也是一个重要原因。但在距离柠条灌丛 7.5m 处稀有类群数降到最低，说明了更多的地面节肢动物类群喜生存于柠条灌丛及其附近，这些地面节肢动物类群的活动半径可能远小于 7.5m，而只有那些活动能力比较强的节肢动物如善于飞行的鳃金龟科和绒毛金龟科才在距离柠条灌丛 7.5m 处较多出现。随着距离的持续增加，在远离柠条灌丛 15m 处地面节肢动物稀有类群数为 31，与柠条灌丛内稀有类群数(34 个类群)比较相近，表明柠条灌丛具有与自然恢复草地同样的生态作用，有利于维持地面节肢动物的类群数和土壤食物网结构的形成与发育，同时也说明在距离柠条灌丛 15m 处其对地面节肢动物群落几无影响。

(二) 节肢动物群落密度与类群数

从图 7-4 可以看出，在距离柠条灌丛 7.5m 以内节肢动物总个体数变化较小，总个体数为109～130只/收集器，灌丛内和其7.5m以内节肢动物总个体数无显著差异($P>0.05$)，这与柠条灌丛具有“虫岛”效应的研究结果并不完全一致。这一方面说明在对柠条灌丛林封育围栏后进行沙化草地生态系统恢复过程中，柠条灌丛的局部“虫岛”效应开始减弱，另一方面说明了柠条灌丛对周围沙质草地生境的辐射作用，更多地面节肢动物个体数可以在远离柠条灌丛的范围内活动、生存，这也增加了局部空间生境斑块中土壤食物网结构的复杂性，有利于局部空间生境的物质循环和能量流动。

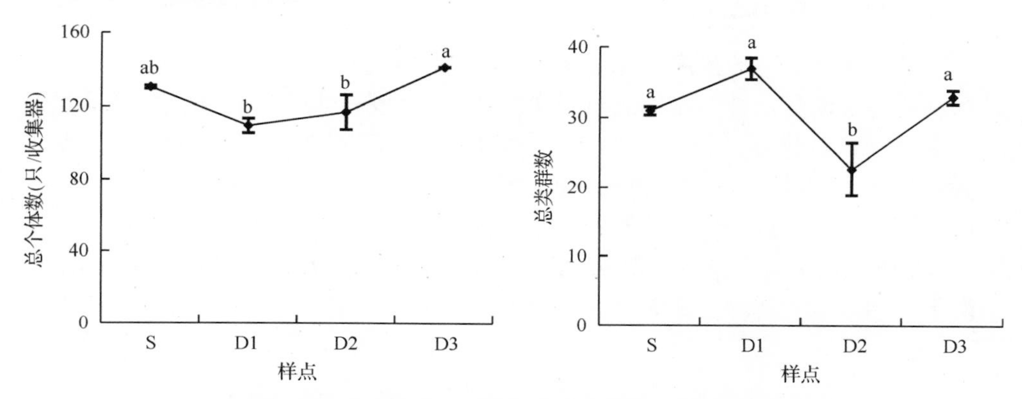

图7-4　节肢动物总个体数与总类群数的空间分布(平均值±标准误)

S、D1、D2、D3分别代表距离柠条灌丛0m(即灌丛内)、1.5m、7.5m、15m处调查样点。不同小写字母表示显著性差异($P<0.05$)

由图7-4可知，节肢动物总类群数呈现出距离柠条灌丛7.5m处显著低于其他空间位置处节肢动物总类群数($P<0.05$)，只有22个动物类群，而距离柠条灌丛15m处节肢动物总类群数与灌丛内及其附近1.5m处节肢动物总类群数间均无显著差异($P>0.05$)，类群数为31～37。这说明灌丛对地面节肢动物类群分布的影响范围小于7.5m。另外，7.5m处地面节肢动物群落和远离灌丛的草地生境地面节肢动物相似性较高(表7-3)，说明7.5m处地面节肢动物群落的类群更多来源于周围草地生境，而不是灌丛生境。

表7-3　不同空间位置地面节肢动物群落组成的Sorenson相似性指数

	S	D1	D2	D3
D1	0.792(38)			
D2	0.718(28)	0.727(32)		
D3	0.643(27)	0.617(29)	0.763(29)	

注：括号内为共有类群数。S、D1、D2、D3分别代表距离柠条灌丛0m(即灌丛内)、1.5m、7.5m、15m处调查样点

但是，地面节肢动物总个体数和总类群数在距离柠条灌丛 15m 处均与柠条灌丛内生境无显著差异，其中总个体数显著高于中间 2 个空间位置样点，总类群数显著高于距离柠条灌丛 7.5m 处空间位置样点(图 7-4)。这进一步说明了柠条灌丛对于沙化草地地面节肢动物群落恢复和食物网结构维持具有与自然恢复草地同等的重要生态作用，另外也验证了上述的关于柠条灌丛对于地面节肢动物的影响范围可能仅局限于 7.5m 内这一结论。

(三)地面节肢动物群落与土壤环境的关系

已有研究表明，柠条灌丛斑块导致沙化草地生境的空间异质性，反映出土壤理化性质的空间异质性。对地面节肢动物类群多度分布与土壤因子间的关系进行冗余分析(RDA)排序，结果发现(图 7-5)，第一排序轴和所有排序轴在统计学上达到极显著水平(第一排序轴：F=5.918，P=0.002；所有排序轴：F=2.977，P=0.026)，说明排序分析能够较好地反映地面节肢动物群落分布与土壤环境因子间的关系。第一排序轴(Axis 1)、第二排序轴(Axis 2)分别解释了总变量的 59.7%和 11.8%，前两个排序轴累计解释了地面节肢动物群落分布 71.5%的变异。

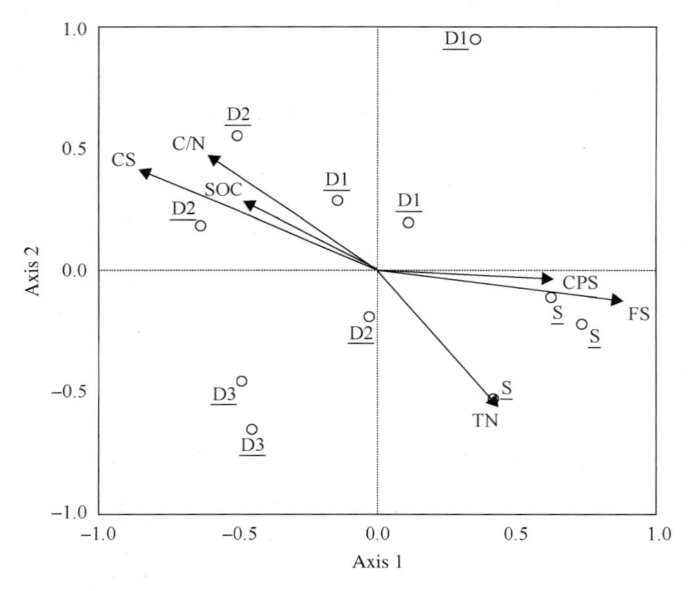

图 7-5　地面节肢动物群落空间样点分布与 6 个关键解释变量关系的 RDA 二维排序图

S、D1、D2、D3 分别代表距离柠条灌丛 0m(即灌丛内)、1.5m、7.5m、15m 处调查样点。CS、FS、CPS、TN、SOC、C/N 分别代表土壤粗沙、细沙、黏粉粒、土壤总氮、土壤有机碳和碳氮比

由图 7-5 和表 7-4 可知，沿第一排序轴，土壤粗沙(CS)和细沙(FS)含量对地面节肢动物群落结构的影响显著，其与第一排序轴的相关系数分别为 r(CS)=−0.856

($P<0.01$)、r(FS)=0.884($P<0.01$)。同时，沿第一排序轴将不同样点分隔开来，从左到右依次为D2、D1和S，而D3则和上述空间位置完全分开自成独立一组。这说明土壤粗沙和细沙含量空间分布的差异性是影响地面节肢动物小尺度空间分布的土壤因子。同时，利用前置选择项(forward selection)和蒙特卡罗置换检验(Monte Carlo permutation test)分析，结果显示，土壤细沙含量对地面节肢动物群落的空间分布的贡献率为47%，表明土壤细沙含量是影响地面节肢动物小尺度空间分布的主要因素。

表7-4　不同土壤因子对地面节肢动物群落的空间分布的影响

变量	条件影响特征值	单个因子解释贡献率(%)	F	P
FS	0.47	47	8.11	0.002**
SOC	0.11	11	2.12	0.066
C/N	0.10	10	2.13	0.106
CPS	0.05	5	1.21	0.298
CS	0.05	5	1.06	0.392
TN	0.03	3	0.73	0.594
合计	0.81	81		

注：CS、FS、CPS、TN、SOC、C/N分别代表土壤粗沙、细沙、黏粉粒、土壤总氮、有机碳和碳氮比。** $P<0.01$

柠条灌丛具有“肥岛”效应，具有改善土壤理化性质的生态功能，柠条灌丛内土壤粗沙含量较低，而土壤细沙含量较高。随着离柠条灌丛距离的增加，土壤细沙含量降低，粗沙含量增加，将空间位置样地沿排序轴分成不同群组。其中距离柠条15m处样点单独划分成一组，说明了自然恢复草地对地面节肢动物的影响与柠条灌丛的差异性，这需要下一步深入分析有别于自然恢复的人工种植柠条灌丛林对于沙化草地生态系统恢复的生态作用。另外，冗余分析(RDA)结果显示，前两个排序轴累计解释了地面节肢动物群落分布71.5%的变异，这表明除土壤机械组成和养分含量对地面节肢动物群落产生影响外，其他因子如植被特征和土壤含水量、温度等同样会对地面节肢动物群落的演变产生一定影响。

综合分析表明，柠条灌丛对地面节肢动物群落的空间分布的影响依赖于小尺度空间上微生境中的生存条件。柠条灌丛对地面节肢动物的空间分布的影响仅局限于7.5m范围内，而距离柠条灌丛15m处封育草地地面节肢动物群落受灌丛的影响较小，其中土壤细沙含量是影响地面节肢动物小尺度空间分布的主要因素(刘任涛和朱凡, 2015a)。

第二节　不同立地条件下灌丛地面节肢动物群落分布特征

一、不同立地条件下灌丛地面节肢动物群落数量特征

（一）节肢动物群落组成与数量特征

本试验是以有流沙覆盖和无流沙覆盖柠条灌丛林地为研究样地，于 2012 年采用陷阱诱捕法对地面节肢动物进行调查所获得的数据。本次调查共获得地面节肢动物 1593 只，隶属于 10 目 38 科且包括 3 个幼虫类群 41 个类群（表 7-5）。其中，优势类群为鳃金龟科、拟步甲科和蚁科，其个体数分别占总个体数的 21.47%、16.26%和 30.19%。优势类群拟步甲科反映了沙化草原干旱少雨的生境特征。优势类群鳃金龟科表征沙区林地存在农林害虫，其幼虫（蛴螬）在土内越冬，需要从植物保护的角度注意控制害虫的发生和柠条灌丛林地的管理（韩国君等, 2002）。蚁科种群生物量大，分布广泛且营高度社会组织生活而成为现代昆虫区系中的优势类群，是陆地生态系统中分布最为广泛的生物之一，也是生态系统的重要组成元素，是生态系统的"工程师"，在干旱区具有重要的生态功能（郭东艳等, 2007）。

表 7-5　地面节肢动物群落组成与数量特征

类群	个体数（只/收集器）	百分比（%）	优势度
盲蛛科	18	1.13	++
潮虫科	2	0.13	+
园蛛科	1	0.06	+
光盔蛛科	21	1.32	++
平腹蛛科	13	0.82	+
狼蛛科	10	0.63	+
逍遥蛛科	7	0.44	+
蟹蛛科	6	0.38	+
蠼螋科	1	0.06	+
叶蝉科	1	0.06	+
盾蝽科	12	0.75	+
缘蝽科	4	0.25	+
长蝽科	19	1.19	++
盲蝽科	1	0.06	+
蝼蛄科	5	0.31	+
蝗科	1	0.06	+

续表

类群	个体数(只/收集器)	百分比(%)	优势度
步甲科	135	8.47	++
叶甲科	23	1.44	++
芫菁科	1	0.06	+
隐翅甲科	4	0.25	+
吉丁甲科	7	0.44	+
金龟甲科	4	0.25	+
花金龟科	2	0.13	+
蜉金龟科	1	0.06	+
绒毛金龟科	55	3.45	++
鳃金龟科	342	21.47	+++
象甲科	73	4.58	++
埋葬甲科	7	0.44	+
阎甲科	6	0.38	+
皮蠹科	5	0.31	+
叩甲科	12	0.75	+
拟步甲科	259	16.26	+++
鞘翅目幼虫	1	0.06	+
蚁科	481	30.19	+++
蜜蜂科	1	0.06	+
泥蜂科	11	0.69	+
姬蜂科	2	0.13	+
叶蜂科	1	0.06	+
鳞翅目幼虫	33	2.07	++
食虫虻科	2	0.13	+
双翅目幼虫	3	0.19	+

注：+表示稀有类群，++表示常见类群，+++表示优势类群。因数字修约，百分比之和不是 100%

不同类群地面节肢动物在灌丛内外的个体数分布既受到立地条件的影响，又受到季节变化的调控(图 7-6)。鳃金龟科个体数呈现出明显的季节分布，春季(5 月)是鳃金龟的发生盛期，之后产卵，初孵幼虫，到夏季(7～8 月)幼虫开始入土化蛹，秋季(9～10 月)成虫羽化后在原处越冬，导致春季鳃金龟科个体数较多，夏季和秋季较少，特别是秋季，温度较低导致几乎没有鳃金龟科成虫个体在地面活动。这种较强的季节分布格局体现了鳃金龟科的生活史过程和生态生物学特征。春季，

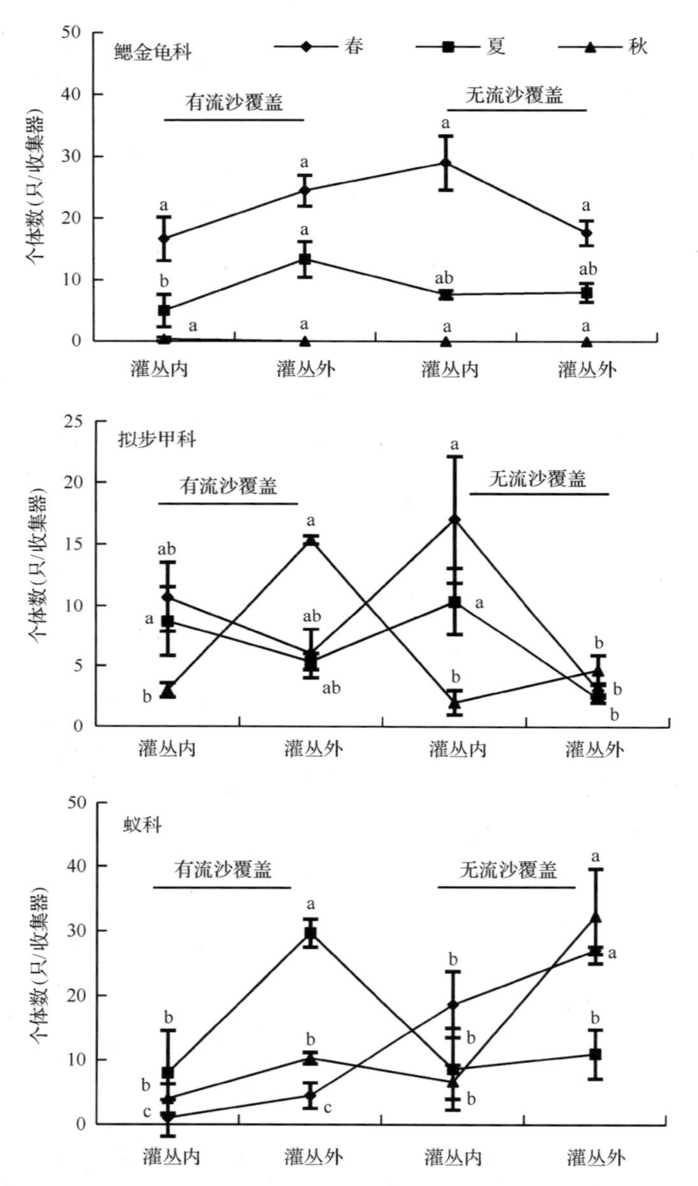

图 7-6　不同立地条件下灌丛内外地面节肢动物优势类群的个体数分布(平均值±标准误)
不同小写字母表示显著性差异(P<0.05)

鳃金龟科成虫在越冬后呈现发生盛期，鳃金龟科呈现出较多的数量分布，直接掩盖了生境状况的影响，结果显示，春季灌丛内外微生境及其立地条件对鳃金龟科个体数的影响较小。但在夏季，有流沙覆盖柠条林地灌丛外生境鳃金龟科个体数显著高于灌丛内生境，这与有流沙覆盖柠条林地疏松的土壤结构条件为鳃金龟科幼虫的入土化蛹提供了适宜的土壤条件有关，特别是相对于灌丛内来说灌丛外流沙土壤疏松、温度较高，更有利于鳃金龟科幼虫的入土化蛹行为活动。而无流沙覆盖的柠条林地灰钙土土壤紧实、结构致密，通气性、渗透性较差，不利于鳃金龟科幼虫入土化蛹，导致无流沙覆盖柠条林地灌丛内外鳃金龟科个体数分布无显著差异。

拟步甲科个体数在柠条林地灌丛内外空间分布表现为春季和夏季相似，而与秋季相反(图 7-6)。春季和夏季温度较高，属于拟步甲科羽化为成虫及其交配、产卵的季节，而秋季温度开始降低，拟步甲科以成虫或幼虫的形态陆续潜土越冬，从而导致春季、夏季和秋季利用陷阱诱捕法捕获柠条林地灌丛内外生境中拟步甲科个体数的差异性分布。其中，从春季、夏季到秋季，有无流沙覆盖柠条灌丛林地灌丛内外拟步甲科个体数分布差异较大，这些结果均说明柠条林地的立地条件直接影响拟步甲科个体数在灌丛内外的空间分布。有流沙覆盖的灌丛内外微生境条件，特别是灌丛外流动沙地生境，土壤结构疏松，通气、渗透性较好，有利于拟步甲科个体活动、产卵和孵化，秋季灌丛外生境中拟步甲科个体数显著高于灌丛内生境。而在无流沙覆盖生境中，灌丛内土壤结构、土壤温度和食源等较好的微生境条件对拟步甲科个体产生聚集效应，直接导致春季和夏季灌丛内拟步甲科个体数显著高于灌丛外生境。

蚁科个体数不同季节柠条林地灌丛内外呈现出相似的空间分布特征，表现为灌丛外个体数要高于灌丛内(图 7-6)，这主要与蚁科群居性活动特征及其行为生态学密切相关(李秋霞等, 2000)。相对于灌丛外微生境，柠条灌丛内不仅富集了大量的枯枝落叶，而且也伴生有大量的草本植被，为活动能力较强的蚁科类群的取食活动增加了阻力，进而导致蚁科类群更喜于在活动阻力较小的灌丛外微生境中活动。但是，不同季节蚁科类群个体数在不同立地条件下灌丛内外空间分布表现程度又存在差异性。春季属于植物的萌发期，而秋季属于植物的结实期，相对于有流沙覆盖柠条林地，无流沙覆盖柠条林地灌丛外生境地表植被盖度较高，草本植物分布较多，为蚁科的取食和筑巢活动提供了适宜的食源条件，特别是在秋季，蚁科类群的个体数表现为灌丛外是灌丛内的近 5 倍，达到灌丛内外差异的最高值。夏季，相对于无流沙覆盖柠条林地，有流沙覆盖柠条林地灌丛外生境土壤细沙含量高、土壤疏松且土壤硬度较低，有利于蚁科群居性活动和筑巢活动。

(二) 节肢动物群落指数

从图 7-7 可以看出，春季地面节肢动物群落个体数表现为无流沙覆盖柠条林地灌丛内显著高于灌丛外生境，而有流沙覆盖林地灌丛内外微生境无显著差异，这主要与春季拟步甲科个体数在无流沙覆盖柠条林地灌丛内分布较多有关。夏季地面节肢动物群落个体数表现为有流沙覆盖柠条林地灌丛外显著高于灌丛内生境，而无流沙覆盖林地灌丛内外微生境无显著差异，这与夏季灌丛外鳃金龟科和

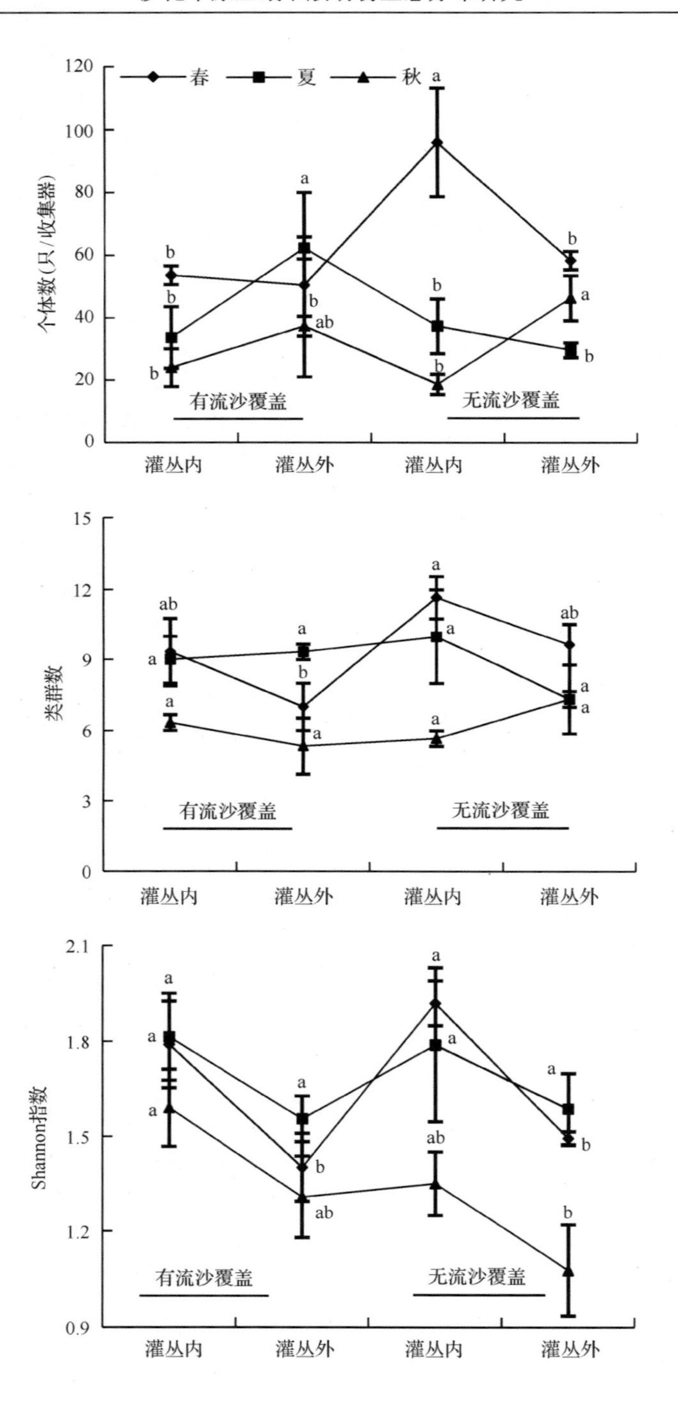
春
夏
秋
个体数(只/收集器)
类群数
Shannon指数
有流沙覆盖
无流沙覆盖
灌丛内
灌丛外
灌丛内
灌丛外

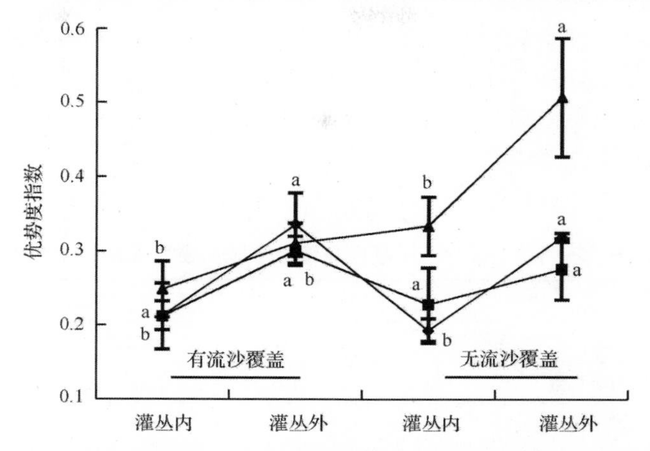

图 7-7　不同立地条件下灌丛内外地面节肢动物群落指数分布（平均值±标准误）

不同小写字母表示显著性差异（$P<0.05$）

蚁科类群个体数在有流沙覆盖柠条林地分布较多有关。秋季地面节肢动物群落个体数表现为无流沙覆盖柠条林地灌丛外显著高于灌丛内生境，而有流沙覆盖林地灌丛内外微生境无显著差异，这与秋季蚁科类群个体数无流沙覆盖柠条林地灌丛外分布较多有关。研究表明，地面节肢动物类群特别是优势类群个体数的生物生态学特征和生活史习性，决定了地面节肢动物群落个体数分布既受到季节变化的影响，又受到立地条件和灌丛微生境的深刻影响。

地面节肢动物类群数的时空分布完全不同于个体数分布，表现为只在春季有流沙覆盖柠条林地灌丛内类群数显著高于灌丛外（图 7-7），说明有流沙覆盖柠条林地灌丛在春季表现出对地面节肢动物的聚集作用。春季属于植物萌发期，随着温度升高，也是大多数地面节肢动物解除休眠开始活动、取食的时期，特别是在有流沙覆盖的柠条林地，灌丛内相对适宜的微生境条件为大多数地面节肢动物前来定居存活提供了理想栖息场所。地面节肢动物多样性指数表现为只在春季 2 种立地条件下灌丛内均显著高于灌丛外分布（图 7-7），这与地面节肢动物在春季的分布情况相似，说明立地条件对灌丛内外地面节肢动物多样性的影响较小，而季节影响较大。地面节肢动物群落优势度指数表现为春季 2 种立地条件下灌丛内均显著低于灌丛外分布，而秋季只在无流沙覆盖柠条林地灌丛内显著低于灌丛外分布（图 7-7），这与灌丛内地面节肢动物个体数分布相对较多密切相关；但夏季 2 种立地条件下灌丛内外无显著变化，说明夏季立地条件对灌丛内外地面节肢动物群落优势度的影响较小。

（三）节肢动物群落相似性指数

从表 7-6 可以看出，从灌丛内外生境地面节肢动物群落共有类群数来看，随着季节变化，在有流沙覆盖柠条林地呈现出增加趋势，而在无流沙覆盖柠条林地呈现出降低趋势，说明从春季到夏季和秋季，有流沙覆盖柠条林地的土壤结构条件导致地面节肢动物行为动态变得更为活跃，灌丛内外共有类群数增加，而无流沙覆盖柠条林地表现出灌丛对地面节肢动物的“虫岛”效应，更多的地面节肢动物更喜于在灌丛内生境中存活，而导致灌丛内外共有类群数减少。灌丛内外生境地面节肢动物群落相似性指数也证明了这一点。

表 7-6　不同立地条件下灌丛内外地面节肢动物群落 Sorenson 指数

		有流沙覆盖		无流沙覆盖	
		灌丛内	灌丛外	灌丛内	灌丛外
	共有类群数				
有流沙覆盖	灌丛内		5[a]，9[b]，7[c]	9，11，8	8，8，7
	灌丛外			7，9，4	7，10，7
无流沙覆盖	灌丛内				12，10，6
	灌丛外				
	相似性指数				
有流沙覆盖	灌丛内		0.42，0.56，0.67	0.58，0.65，0.76	0.50，0.52，0.54
	灌丛外			0.56，0.56，0.44	0.54，0.69，0.61
无流沙覆盖	灌丛内				0.73，0.65，0.52
	灌丛外				

注：a、b、c 分别表示春季、夏季和秋季，其余类同

另外，在 4 种灌丛微生境中，同一种灌丛微生境间(例如，无流沙覆盖柠条灌丛内与有流沙覆盖柠条灌丛内)地面节肢动物群落共有类群数和相似性指数均高于不同灌丛微生境间(例如，灌丛内与灌丛外)(表 7-6)，表明灌丛微生境对地面节肢动物群落组成和结构产生了深刻影响，这与地面节肢动物的行为生态、生物学特性对灌丛内外微生境的适应性选择密切相关(刘任涛等, 2018b)。

二、不同立地条件下灌丛“虫岛”比较

相对互相作用强度指数(relative interaction intensity，RII)是能够在种群和群落 2 个水平上表达灌丛“虫岛”的量化特征(刘任涛, 2016b)。故本部分采用 RII 来分析灌丛的“虫岛”强度。相对互相作用强度指数公式为：$RII=(S-O)/(S+O)$，式中，S 为测定的灌丛内量值；O 为测定的灌丛外量值。该公式的生态学意义包括：①当灌丛内外均有节肢动物分布且量值相同(即 $A=B$)时，RII=0，表示节肢动物对灌丛内外微生境存在广适性。②当灌丛内外均有节肢动物分布且灌丛内数值 A 大于灌丛外 B(即 $A>B$)时，即 RII>0，表示灌丛“虫岛”具有正效应。③当灌丛内有节肢动物分布而灌丛外无节肢动物分布(即 $A\neq0$，$B=0$)时，RII=1，表示节肢动物对灌丛内微生境具有特定选择性而产生灌丛“虫岛”正效应。④当灌丛内外均

有节肢动物分布且灌丛内数值 A 小于灌丛外 B（即 $B>A$）时，RII<0，表示节肢动物更喜于在灌丛外微生境中生存而表现出灌丛“虫岛”负效应。⑤当灌丛外存在节肢动物分布而灌丛内无分布（即 $B\neq0$，$A=0$）时，RII=–1，表示节肢动物对灌丛外微生境具有特定选择性而表现出灌丛“虫岛”负效应。本研究基于有流沙覆盖和无流沙覆盖柠条灌丛林地为研究样地，于 2012 年采用陷阱诱捕法对地面节肢动物进行调查以获得数据。

（一）类群水平

从表 7-7 可以看出，在 3 个季节 2 种立地条件生境中，只有 11 个节肢动物类群表现出“虫岛”特征。其中，盾蝽科、叶甲科、吉丁甲科、埋葬甲科只在单季节单个样地生境中出现“虫岛”特征，表现为盾蝽科出现在夏季无沙覆盖柠条林地中（RII<0），叶甲科出现在春季无沙覆盖柠条林地中（RII>0），吉丁甲科（RII<0）和埋葬甲科（RII>0）出现在春季有沙覆盖柠条林地中。象甲科在春季 2 种立地条件下均呈现出“虫岛”特征，而且两种立地条件间灌丛“虫岛”RII 无显著差异（$P>0.05$），RII>0；泥蜂科在夏季有沙覆盖柠条林地和秋季无沙覆盖柠条林地中才呈现出“虫岛”特征，而且 RII>0；鳞翅目幼虫在春季和夏季的无沙覆盖柠条林地中呈现出“虫岛”特征，而且 RII>0。绒毛金龟科在春季 2 种立地条件生境及夏季有沙覆盖柠条林地生境中均呈现出“虫岛”特征。以上说明不同季节不同立地条件生境中，不同节肢动物类群表现出相似或相反的灌丛“虫岛”分布特征，反映了地面节肢动物对随季节改变的不同立地条件生境的选择性和适应性。

表 7-7　不同立地条件下节肢动物类群灌丛“虫岛”效应（RII）随季节的变化（平均值 ± 标准误）

动物类群	春季		夏季		秋季	
	有沙	无沙	有沙	无沙	有沙	无沙
盾蝽科				–0.20±0.61		
步甲科	0.50±0.50ab	0.93±0.07a	–0.05±0.22b	0.71±0.29a	0.00±0.28b	0.22±0.23ab
叶甲科		0.33±0.07				
吉丁甲科	–1.00±0.00					
绒毛金龟科	0.77±0.01a	0.61±0.53a	–0.33±1.15a			
鳃金龟科	–0.14±0.43ab	0.23±0.11a	–0.50±0.19b	–0.01±0.11ab		
象甲科	0.30±0.70a	0.29±0.30a				
埋葬甲科	1.00±0.00					
拟步甲科	0.40±0.16ab	0.62±0.18a	0.15±0.25ab	0.59±0.09a	–0.68±0.05b	–0.40±0.28b
蚁科	–1.00±0.00a	–0.18±0.07a	–0.65±0.27a	–0.26±0.37a	–0.50±0.26a	–0.66±0.09a
泥蜂科			1.00±0.00a			0.33±0.67a
鳞翅目幼虫		0.90±0.10a		0.67±0.33a		

注：不同小写字母表示显著性差异（$P<0.05$）。有沙.有流沙覆盖土壤地表；无沙.无流沙覆盖土壤地表

已有研究表明，灌丛内外微生境的差异性导致节肢动物的空间分布差异性，从而导致不同节肢动物类群的灌丛“虫岛”作用方向和作用强度。从表 7-7 可知，鳃金龟科类群在春季和夏季 2 种立地条件下均呈现出灌丛“虫岛”特征，而且两种立地条件间灌丛“虫岛”RII 均无显著差异($P>0.05$)，但在春季无沙覆盖柠条林地呈现出正效应(RII>0)，而在春季有沙覆盖林地及夏季 2 种立地条件生境中均呈现出负效应(RII<0)。以上说明在春季无沙覆盖柠条林地中鳃金龟科类群主要分布在灌丛内微生境中，而在有沙覆盖林地中鳃金龟科类群主要分布在灌丛外微生境中，进而说明立地条件对灌丛内外的空间分布产生了深刻影响，这与不同立地条件下不同节肢动物类群的生活史过程、生态生物学特性及对微生境的强烈选择性和适应性特征密切相关。春季是鳃金龟科成虫越冬后的发生盛期，无沙覆盖灌丛内和有沙覆盖灌丛外土壤环境诸如土壤孔隙度、土壤透水、透气性等条件较好，更有利于鳃金龟科幼虫的取食孵化和定居。

由表 7-7 可知，随着季节更替，立地条件对节肢动物类群的灌丛“虫岛”分布也产生显著影响。例如，步甲科类群灌丛“虫岛”RII 表现为春季和秋季两种立地条件生境间无显著差异，但是在夏季则呈现出显著差异，并且灌丛“虫岛”从正效应变为负效应。这一方面说明灌丛“资源岛”效应能够为步甲科类群提供充足的食源条件，吸引这些类群前来定居生存，特别是在夏季无沙覆盖的柠条林地中表现出较高灌丛“虫岛”强度；另一方面说明随着季节条件的变化，灌丛内外微生境的改变对步甲科类群个体数分布也产生了深刻影响，在有沙覆盖柠条林地中更多的步甲科类群选择在灌丛外生存。在夏季有沙覆盖柠条林地中，灌丛内土壤温度较低、水分条件较好，吸引较多的节肢动物类群包括捕食性动物类群前来定居生存，在有限的食源条件下产生竞争力，进而导致这些移动能力较强的步甲科类群更多地选择在灌丛外活动、生存。

但是，拟步甲科和蚁科类群灌丛“虫岛”RII 分布则与步甲科类群的情况完全不同(表 7-7)。在春季和夏季，两种立地条件下拟步甲科类群灌丛“虫岛”均呈现出正效应，而在秋季均表现为负效应。这一方面说明立地条件对灌丛内外拟步甲科类群个体数分布的影响较小，另一方面说明拟步甲科类群个体数在灌丛内外的空间分布更多地受到季节变化的调控。拟步甲科是沙化草原生态系统中重要的碎屑性节肢动物类群，春季和夏季灌丛内积累较多的枯枝落叶吸引拟步甲科前来定居，而经过秋季，灌丛外枯枝落叶的增多又导致更多的拟步甲科个体前来取食，这些均有利于沙化草原区地面枯落物的分解和物质循环过程。蚁科类群灌丛“虫岛”受立地条件和季节变化的影响较小，均呈现出负效应。这一方面说明蚁科类群在沙化草原区分布的广布性，另一方面说明更多的蚁科类群个体数主要分布在灌丛外微生境中，这表征了灌丛结构特征及其灌丛内植被分布不利于或阻碍了蚁科的群居性活动，导致蚁科更喜欢在灌丛外裸露生境中筑巢、生存。

(二)群落水平

从图 7-8 可以看出，在季节变化和立地条件的双重影响下，地面节肢动物群落水平的灌丛“虫岛”也呈现出不同的表现形式和强度。本研究中，只有夏季且只有节肢动物个体数灌丛“虫岛”RII 在两种立地条件生境间存在显著差异。在夏季，节肢动物个体数灌丛“虫岛”RII 表现为无沙覆盖柠条林地显著高于有沙覆盖林地，并且从灌丛“虫岛”的正效应变为负效应，这与步甲科类群个体数的灌丛“虫岛”RII 分布情况相似。步甲科是沙化草原区的优势类群之一，其个体数分布表征了地面节肢动物群落的个体数量特征。根据岛屿生物地理学理论(邬建国，1989)，干旱风沙区生境中灌丛斑块充当土壤动物“生境岛屿”的关键性角色。在夏季有沙覆盖柠条林地土壤生境条件易受风蚀等外界干扰情况下，无沙覆盖林地灌丛内土壤生境条件(包括温度、水分、养分)对土壤动物的存活、定居和繁殖就具有更为突出的作用，基于地面节肢动物个体数的灌丛“虫岛”效应表现为无沙覆盖林地显著高于有沙覆盖林地，这说明了无沙覆盖林地灌丛对地面节肢动物个体数具有较强的保育效应，有利于生物多样性保护与生态系统恢复过程。但是，在春季和秋季，节肢动物个体数灌丛“虫岛”表现出相反的作用方向。春季两种立地条件生境中节肢动物个体数主要分布在灌丛内微生境中，这与灌丛的“资源岛”效应密切相关。但是在秋季，两种立地条件生境中节肢动物个体数主要分布在灌丛外微生境中，这与拟步甲科类群个体数在灌丛内外的分布情况相似。

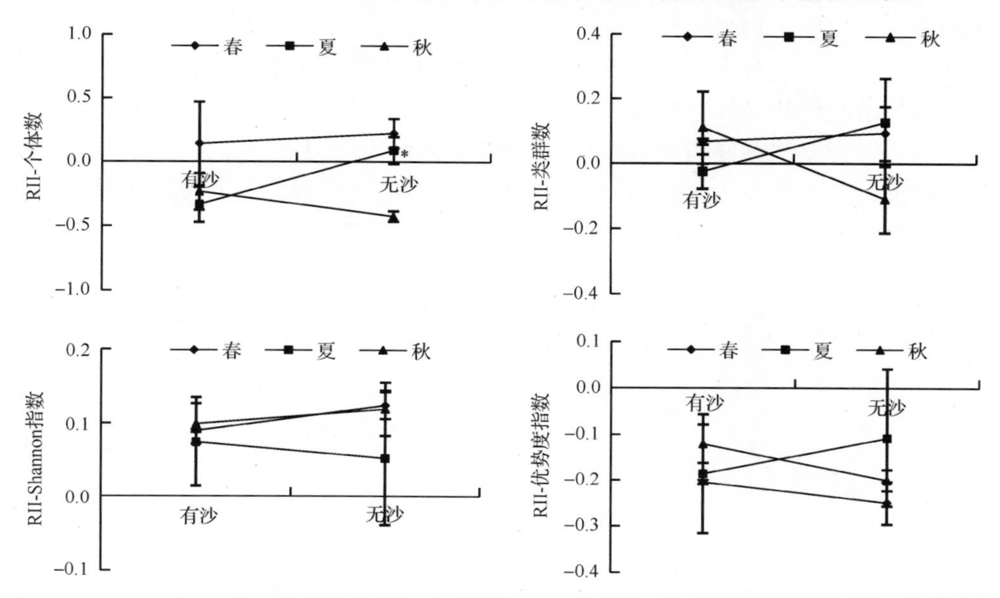

图 7-8 基于群落指数的 2 种立地条件下柠条灌丛“虫岛”效应(RII)比较(平均值±标准误)

*$P<0.05$。有沙.有流沙覆盖土壤地表；无沙.无流沙覆盖土壤地表

两种立地条件下节肢动物类群数、Shannon 指数和优势度指数灌丛“虫岛”均受到季节改变的影响较大(图 7-8)。在春季，两种立地条件生境灌丛对节肢动物类群数呈现出聚集作用，这与节肢动物个体数在灌丛内外的分布情况相似，主要原因在于灌丛“资源岛”效应吸引较多的节肢动物类群在灌丛内定居、存活，表征了较为明显的灌丛“虫岛”特征。到了夏季，无沙覆盖柠条林地灌丛内微生境中分布有较多的节肢动物类群数，而有沙覆盖柠条林地灌丛外微生境中分布有较多的节肢动物类群数，并且秋季和夏季两种立地条件表现出相反的灌丛“虫岛”作用方向，这与前人在科尔沁沙地(赵哈林等, 2012)和黑河流域戈壁生态系统(刘继亮等, 2010b)中对灌丛微生境中土壤动物的研究结果相悖。这说明在调查灌丛微生境中土壤动物的空间分布时，需要同时考虑立地条件和季节变化的双重因素。但是，基于 Shannon 指数和优势度指数的灌丛“虫岛”作用方向则完全相反，并且不受立地条件和季节变化的影响，反映了灌丛对地面节肢动物多样性具有正效应，有利于地面节肢动物多样性恢复和维持。

综合分析表明，地面节肢动物群落优势类群包括鳃金龟科、拟步甲科和蚁科，反映了沙化草原节肢动物对干旱风沙区特殊生境的选择性和适应性。立地条件、灌丛微生境和季节变化不但对地面节肢动物类群的个体数产生深刻影响，而且影响地面节肢动物群落总个体数和优势度的时空分布(刘任涛等, 2018b)。并且，立地条件和季节变化导致不同节肢动物类群灌丛“虫岛”的作用方向和作用强度产生差异性。立地条件对节肢动物个体数灌丛“虫岛”的影响较大，并受到季节变化的调控。节肢动物多样性指数灌丛“虫岛”效应主要受到季节变化的影响，而受立地条件的影响较小。研究表明，灌丛对地面节肢动物多样性具有正效应，有利于地面节肢动物多样性恢复和维持。另外，灌丛微生境对地面节肢动物的聚集作用同时受到立地条件和季节的双重影响(郗伟华等, 2018a)。因此，在研究立地条件对灌丛“虫岛”效应及其对生物多样性分布的影响时，需要考虑地面节肢动物群落结构的季节分布特征。

第八章　灌丛林地面节肢动物群落分布和林龄的关系

在沙化草原区土地沙化地段大面积种植人工灌木柠条林已被证明是防风固沙、改良土壤结构、促进退化草地恢复的有效措施，但灌丛“资源岛”功能与林地发育过程密切相关(刘任涛, 2014)。已有研究表明，随着柠条林生长和林龄的增加，土壤质地改善，土壤肥力增加，地表植被物种数和密度显著增加，不但表现为灌丛内斑块微生境土壤环境条件的改善，而且随着灌丛林地的生长发育，“沃岛”对于灌丛外土壤-植被系统产生重要的辐射作用，结果单一的灌丛生态系统逐渐演变成较为复杂的灌草复合生态系统(Su and Zhao, 2003)。研究表明，灌丛斑块是土壤动物重要的栖息和繁殖场所，灌丛斑块微生境的生物和非生物环境因子对土壤动物群落的分布及其物种类群数具有显著的影响(刘继亮等, 2010c)。随着林龄增加和林地发育过程，灌丛内外微生境中土壤和地表植被特征会发生显著变化(刘任涛等, 2012ab)，将对生存于其中的土壤动物的分布产生显著影响，且伴随着灌丛外节肢动物多样性和食物网结构复杂性的增加(刘任涛等, 2014b)。地面节肢动物有其自身的生物学特性和生活史过程，随着季节的更替及环境的改变，其种类和数量将发生深刻的变化，这将直接影响沙化草原生态系统的结构和功能。本章着重阐述不同林龄灌丛林地面节肢动物群落分布及其月动态特征。

第一节　不同林龄灌丛林地面节肢动物群落分布特征

一、土壤性质

(一)柠条形态特征

本节研究内容是基于2011年在6年生、15年生、24年生和36年生人工柠条林地开展的相关调查所获得的数据结果。从表8-1可以看出，柠条生长年龄对其灌丛特性产生了显著影响($P<0.01$)。15年生柠条冠幅、高度、分枝数和地径均显著高于6年生柠条($P<0.05$)。9年后，除分枝数外，24年生柠条冠幅、高度和地径均显著低于15年生柠条($P<0.05$)，而其分枝数显著高于15年生柠条($P<0.05$)。再过12年后，除分枝数外，36年生柠条冠幅、高度和地径均显著高于24年生柠条($P<0.05$)，而其分枝数与24年生柠条无显著差异($P>0.05$)。整体上看，随着柠条生长发育和林龄增加，柠条冠幅、高度、分枝数和地径均呈显著增加趋势，但存在一定的波动性，这说明在流动沙地固定后人工林生长发育过程中，柠条冠幅、高度和分枝数及地径等灌丛形态发生显著变化，将显著影响土壤性质的演变过程(刘任涛等, 2012b)。

表 8-1 不同年龄林地柠条冠层形态特征(平均值±标准误)

林龄	冠幅(m^2)	高度(cm)	分枝数	地径(cm)
6 年	0.50±0.11c	41.73±5.15d	12.83±1.33c	0.63±0.17d
15 年	4.13±0.74a	131.67±13.76b	23.73±3.01b	2.20±0.09b
24 年	2.03±0.10b	92.48±4.12c	36.52±4.10a	1.61±0.05c
36 年	4.07±0.15a	167.18±6.05a	29.54±2.54ab	2.87±0.15a
F	20.68^{***}	43.01^{***}	11.76^{**}	58.59^{***}

** $P<0.01$, *** $P<0.001$。同列不同小写字母表示显著性差异($P<0.05$)

(二) 土壤机械组成

从表 8-2 可以看出，柠条林龄变化对土壤粒级组成产生了显著影响($P<0.0001$)。从 6 年生柠条林地到 15 年生柠条林地，土壤粗沙含量显著增加，细沙和极细沙含量显著减少，而黏粉粒含量无显著变化，这与科尔沁沙地的研究结果(Su and Zhao, 2003; 赵哈林等, 2007)差别较大。已有研究表明，在科尔沁流动沙地上人工柠条林种植 13 年后土壤粗沙含量显著下降，土壤极细沙和黏粉粒增加(Su and Zhao, 2003)。存在差异的原因可能是调查的 15 年生柠条林地处于较高坡梁上，易受风蚀影响而导致细沙减少，特别是极细沙减少而粗沙增加。

表 8-2 不同年龄林地土壤机械组成和土壤容重(平均值±标准误)

林龄	不同粒级组成(%)				土壤容重(g/m^3)
	粗沙 ＞0.25mm	细沙 0.25～0.10mm	极细沙 0.10～0.05mm	黏粉粒 ＜0.05mm	
6 年	14.67±1.62b	33.42±1.52a	41.72±0.77c	10.20±0.44c	1.48±0.03
15 年	25.53±2.18a	30.88±1.27b	34.31±1.48d	9.28±1.41c	1.43±0.07
24 年	1.16±0.28c	19.15±3.13c	63.64±1.57a	16.05±2.24b	1.31±0.07
36 年	6.44±1.01d	21.21±0.88d	49.87±1.50b	22.47±1.20a	1.34±0.05
F	53.35^{***}	13.70^{***}	84.25^{***}	17.27^{***}	1.82

*** $P<0.001$。同列不同小写字母表示显著性差异($P<0.05$)

但是从 15 年生柠条林地到 24 年生柠条林地，土壤粗沙和细沙含量显著降低，极细沙和黏粉粒含量显著增加；到 36 年生柠条林地，土壤极细沙含量减少，但黏粉粒含量显著增加(表 8-2)，说明和 6 年生柠条林地相比，15 年生林地土壤质地并没有明显改善，反而有一定恶化趋势；但从 15 年生柠条林地之后，土壤质地显著改善，土壤极细沙和黏粉粒含量显著增加，特别是到 36 年，柠条林地黏粉粒含量增加到一个较高水平。这说明柠条林可以改变土壤机械组成，改善土壤质地，这与在固沙区内风速降低、植被盖度较大使大量的风积物质沉降在土壤表层有关(Cao et al., 2008)。结果显示，土壤机械组成的变化及风蚀减弱和风积物的堆积，有利于促进柠条林地土壤表层发育，致使 0～20cm 处的土壤容重呈现降低趋势(表 8-2)。虽然柠条年龄增加对土壤容重并没有产生显著影响($P>0.05$)，不同林龄柠条林地间土壤容重无显著差异，但随着柠条林龄增加和生长，土壤容重整体上呈现下降趋势。综合分析表明，土壤质地和容重的变化有利于土壤肥力的改善与植被的恢复，但人工植被建立后土壤机械组成的变化是由多种因素决定的，如地形和地理位置的影响，导致这种变化呈现出一定的波动现象。

(三) 土壤养分

从表 8-3 可以看出，柠条生长年龄对土壤养分含量产生显著影响($P<0.05$)。土壤有机碳、全 N 含量均表现为 36 年生林地显著高于 6 年生和 15 年生林地；24 年生林地居中，与前面 3 种林地间均无显著差异。而 C/N 随着柠条林龄增加呈逐渐下降趋势，而且不同林龄间无显著差异。这说明随着柠条林生长，柠条林地土壤有机碳积累量要低于全氮积累量。土壤全 P、速效 K 含量均表现为 24 年生林地和 36 年生林地显著高于 6 年生林地；15 年生林地居中，与前面 3 种林地间均无显著差异。这说明柠条林地土壤有机碳和全 N 含量的积累比全 P、速效 K 含量的积累需要更长时间。土壤全 K、速效 N 和速效 P 含量不同柠条林龄间无显著差异，但呈现波动变化。土壤有机碳和 N、P、K 被认为是土壤肥力与生产力的主要指示性指标。综合分析表明，随着柠条林的生长发育，林地土壤粗沙、细沙成分的减少和极细沙与黏粉粒的增加(表 8-2)，土壤有机碳、全 N、全 P 和速效 K 的含量均显著增加(表 8-3)。

表 8-3　不同年龄林地土壤养分(平均值±标准误)

林龄	有机碳含量(%)	全 N 含量(%)	C/N	全 P 含量(%)	全 K 含量(%)	速效 N 含量(mg/kg)	速效 P 含量(mg/kg)	速效 K 含量(mg/kg)
6 年	0.23±0.02b	0.01±0.01b	13.97±1.82	0.02±0.01b	0.18±0.01a	444.64±102.95a	1.47±0.15a	90.85±7.69b
15 年	0.23±0.03b	0.01±0.03b	13.74±1.15	0.03±0.01ab	0.19±0.01a	788.11±275.48a	1.29±0.24a	126.30±16.13ab
24 年	0.31±0.05ab	0.03±0.01ab	13.46±1.58	0.03±0.01a	0.17±0.01a	515.45±137.16a	1.59±0.22a	145.38±6.06a
36 年	0.37±0.02a	0.03±0.01a	11.41±0.42	0.03±0.01a	0.17±0.01a	610.03±144.35a	1.25±0.19a	145.88±15.24a
F	4.31^*	3.40^*	0.75	4.81^*	2.97	0.71	0.62	4.54^*

* $P<0.05$。同列不同小写字母表示显著性差异($P<0.05$)

在柠条林生长发育过程中，随着柠条林冠幅、高度、分枝数的增加(表 8-1)，植被盖度增大，导致风沙流活动减弱，空气中的尘埃及细粒物质逐渐沉积到土壤表层，同时每年有大量枯枝落叶的输入及微生物和动物的作用，土壤表层发生物理化学变化，逐渐形成了灰褐色的结皮层(赵哈林等, 2011)。经过长时间的腐殖质化过程，土壤有机质、全 N 和全 P 含量等提高，土壤的养分状况得到改善。土壤有机质的含量与土壤肥力水平是密切相关的，对于植物生长发育和土壤物理性质进一步改善具有显著作用；土壤肥力改善和植被恢复反过来进一步促进沙化草地生态系统恢复。但是随着柠条林的发育和林龄的增加，土壤 C/N 呈下降趋势，说明土壤 N 的积累量高于土壤有机碳的积累量。作为豆科植物的柠条，本身的固氮作用及枯落物分解过程的氮释放是土壤 N 积累量较高的重要原因。土壤速效 N 和速效 P 含量不同年龄林地间无显著差异，说明柠条林生长发育过程对这些指标的影响相对较小，具体原因尚需深入研究分析。

（四）土壤 pH 和电导率

从图 8-1 可以看出，柠条林龄对土壤 pH 产生显著影响($P<0.001$)，表现为 6 年生林地土壤 pH 显著高于 24 年生林地和 36 年生林地；15 年生林地居中，而且和 6 年生、24 年生、36 年生林地间无显著差异。这说明随着柠条林地环境改善，土壤 pH 呈现下降趋势，特别是在 24 年之后土壤 pH 显著降低，而土壤电导率呈现增加趋势(图 8-1)，这与 Su 和 Zhao(2003)的研究结果相吻合，而与曹成有等(2004)的研究结果相悖。在柠条林发育过程中，根系有机酸的分泌及和微生物的相互作用均可能导致土壤 pH 的下降。但柠条林生长发育年龄对土壤电导率没有显著影响($P>0.05$)，不同林龄间无显著差异。土壤电导率的变化可能与枯落物中可溶性盐的积累和沉积有关。本研究中由于土壤电导率在相对较低的范围内(75～132μS/cm)变化，这种枯落物中盐分的积累并没有导致土壤盐渍化。整体上看，随着柠条林龄增加，土壤 pH 显著下降，而土壤电导率呈增加趋势。

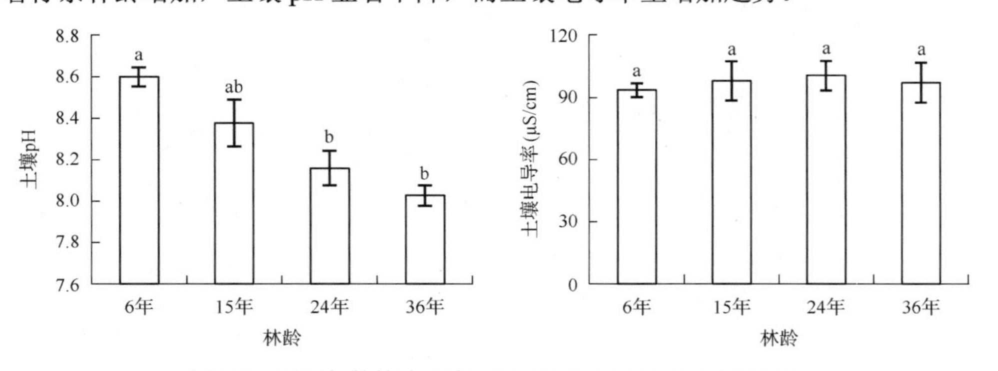

图 8-1　不同年龄林地土壤 pH 和电导率(平均值±标准误)

不同小写字母表示显著性差异($P<0.05$)

(五) 土壤含水量和温度

随着柠条林地生长发育过程和土壤质地与营养成分的改善，土壤含水量和温度也发生了显著变化(图 8-2)。从图 8-2 可以看出，生长季柠条林年龄对土壤含水量产生显著影响(P=0.05)，表现为 24 年生和 36 年生林地土壤含水量显著高于 6 年生林地；15 年生林地居中，而且与 6 年生、24 年生和 36 年生林地间无显著差异。这说明柠条林发育过程中随着土壤颗粒成分的变化，有利于土壤含水量的保持，进而有利于地表植被的恢复。

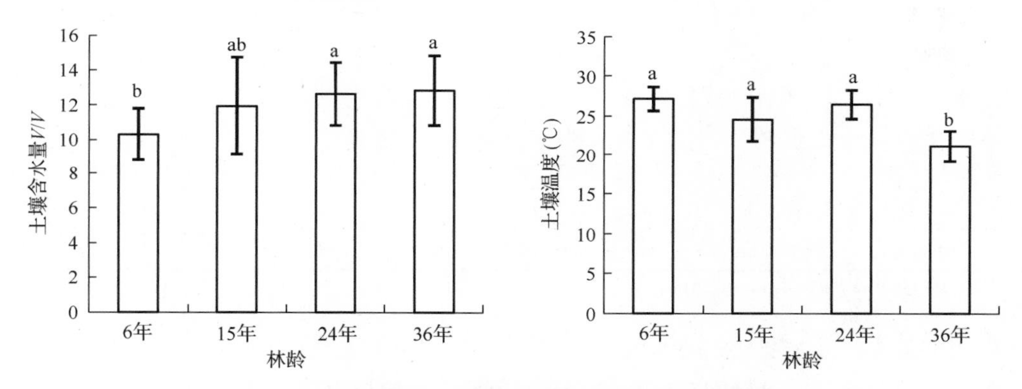

图 8-2　不同林龄柠条林地土壤含水量和土壤温度分布

不同小写字母表示显著差异(P<0.05)

生长季不同年龄林地间土壤温度也存在显著差异，表现为 36 年生林地土壤温度显著低于 6 年生、15 年生和 24 年生林地。土壤温度的变化则与柠条灌丛特征直接相关，而且与土壤黏粉粒存在极显著负相关(表 8-4)，说明柠条林的发育和土壤质地的改变，有利于降低土壤表层温度，这种土壤微生境的产生有助于土壤生物(动物和微生物)的活动和促进枯落物的分解过程，进而促进土壤环境的改善和植被的恢复。另外，土壤含水量和土壤温度在 24 年生柠条林地才开始发生变化，说明在沙化草原区柠条林对土壤微环境的影响需要较长的时间才能表现出来。整体上看，随着柠条生长发育和林龄增加，生长季土壤含水量增加，而土壤温度降低。

(六) 土壤颗粒组成与土壤因子间相关关系

从表 8-4 可以看出，土壤粗沙、细沙含量与土壤有机碳、全 N、全 P 和速效 K 均呈负相关(P<0.05)，而且土壤细沙含量与土壤含水量间存在显著负相关关系(P<0.01)；但土壤粗沙(P<0.01)和细沙(P<0.05)含量均与土壤全 K 含量存在

表 8-4　土壤机械组成与土壤因子间的相关系数

指标	土壤颗粒不同粒级组成			
	粗沙＞0.25mm	细沙 0.25～0.10mm	极细沙 0.10～0.05mm	黏粉粒＜0.05mm
土壤有机碳	−0.484*	−0.712***	0.453*	0.787***
土壤全 N	−0.473*	−0.676***	0.441*	0.748***
土壤 C/N	0.248	0.278	−0.147	−0.453*
土壤全 P	−0.417*	−0.715***	0.441*	0.707***
土壤全 K	0.526**	0.480*	−0.514*	−0.465*
土壤速效 N	−0.015	−0.111	0.009	0.140
土壤速效 K	−0.453*	−0.527**	0.500*	0.432*
土壤速效 P	−0.067	0.077	0.108	−0.184
土壤 pH	0.352	0.560**	−0.400	−0.493*
土壤电导率	0.150	−0.055	−0.061	−0.058
土壤含水量	−0.157	−0.523**	0.234	0.445*
土壤温度	0.103	0.295	0.065	−0.632***

* $P<0.05$, ** $P<0.01$, *** $P<0.001$

正相关关系，土壤细沙与土壤 pH 间存在显著负相关关系($P<0.01$)。其中，土壤粗沙含量与全 K 含量间($P<0.01$)及土壤细沙含量与土壤有机碳($P<0.001$)、全 N($P<0.001$)、全 P($P<0.001$)和速效 K($P<0.01$)及土壤 pH($P<0.01$)和含水量($P<0.01$)间的相关关系均达到显著或极显著水平。

与此相反，土壤极细沙($P<0.05$)和黏粉粒($P<0.001$)含量均与土壤有机碳、全 N、全 P 和速效 K 呈正相关，而且土壤黏粉粒含量还与土壤含水量间存在显著正相关关系($P<0.05$)(表 8-4)。但土壤极细沙和黏粉粒含量均与土壤全 K 间存在显著负相关关系($P<0.05$)，而且土壤黏粉粒含量还与土壤 C/N($P<0.05$)和 pH($P<0.05$)及土壤温度($P<0.001$)间存在负相关关系。其中，土壤黏粉粒含量与土壤有机碳、全 N 和全 P 及土壤温度间的相关关系均达到极显著水平($P<0.001$)。

综合结果来看，从 6 年生柠条林地到 15 年生柠条林地，土壤粗沙和细沙成分显著升高而没有降低，但从 24 年生柠条林地开始土壤粗沙和细沙显著下降，土壤极细沙和黏粉粒也开始显著增加。并且从 24 年生柠条林地开始，土壤养分(主要是土壤有机碳、全 N 和全 P)含量显著升高，土壤 pH 和温度显著下降，土壤电导率和含水量增加，而且土壤全 N 的积累量要高于土壤有机碳。在沙化草原区，人工柠条林生长发育过程有利于土壤肥力的提高和土壤环境的改善，而且需要的时间较长(刘任涛等, 2012b)。

二、地表植被特征

(一)基于灌丛林龄的不同季节地表植被特征

在6年生柠条林地中(表8-5),季节变化显著影响地表草本植被盖度($P<0.001$)和高度($P<0.01$),而对草本植被物种数和密度未产生显著影响($P>0.05$)。地表草本植被盖度表现为10月显著高于8月和5月($P<0.01$),5月和8月间无显著差异($P>0.05$);植被高度表现为8月显著高于5月($P<0.05$),10月居中。

表8-5　柠条林地地表植被季节变化(平均值±标准误)

	林龄	5月	8月	10月	F	CV
物种数	6年	6.33±0.61a	7.00±0.52a	6.67±0.42a	0.41	0.19
	15年	6.83±0.40a	6.67±0.95a	7.50±0.96a	0.29	0.27
	24年	4.83±0.31b	8.50±0.72a	6.83±0.40a	13.09**	0.29
	36年	6.17±0.60b	7.67±0.84b	10.50±0.34a	12.21**	0.29
密度(株/m^2)	6年	75.67±16.73a	66.17±10.27a	53.00±4.17a	0.96	0.44
	15年	63.00±14.79b	56.50±13.47b	348.17±73.15a	14.47**	1.11
	24年	56.33±15.82b	165.17±30.70ab	403.17±147.45a	4.12*	1.20
	36年	70.00±17.31b	108.17±9.10b	568.00±186.33a	6.57**	1.37
盖度(%)	6年	3.77±1.38b	7.50±0.67b	18.17±2.09a	24.91***	0.73
	15年	8.28±2.56b	10.50±2.68b	18.83±1.40a	5.91*	0.56
	24年	3.32±0.69c	8.67±1.36b	31.00±2.00a	102.24***	0.89
	36年	6.50±2.30b	9.67±1.17b	16.33±1.43a	8.69**	0.53
高度(cm)	6年	5.23±0.58b	9.50±0.92a	7.48±0.94ab	6.61**	0.35
	15年	5.86±1.52b	9.00±1.13ab	11.22±0.95a	4.86*	0.41
	24年	4.22±0.80b	8.48±0.96ab	12.70±3.13a	4.75*	0.68
	36年	2.93±0.54c	10.72±1.21a	5.19±0.49b	24.29***	0.61

* $P<0.05$, ** $P<0.01$, *** $P<0.001$。同行不同字母表示显著性差异($P<0.05$)

在15年生林地中,季节变化对地表草本植被密度($P<0.01$)、盖度和高度($P<0.05$)均产生显著影响,而对地表草本植被物种数未产生显著影响($P>0.05$)。地表草本植被密度、盖度和高度均表现为10月显著高于5月($P<0.05$),5月和8月无显著差异。

在24年生和36年生林地中,季节改变显著影响地表草本植被物种数、密度、盖度和高度($P<0.05$)。地表草本植被物种数、密度和盖度均表现为5月最低,8月居中,而10月最高;植物高度表现为24年生林地5月最低,8月居中,而10月最高,但36年生林地5月和10月显著低于8月。

从地表草本植被特征的季节性变异系数（CV）来看，地表草本植被物种数变异系数较低（CV：0.19～0.29；平均值：0.26），其次为草本植被平均高度（CV：0.35～0.68；平均值：0.51），再次为草本植被盖度（CV：0.53～0.89；平均值：0.68），草本植被密度变异系数最高（CV：0.44～1.37；平均值：1.03）。这说明季节改变对柠条林地草本植被密度的影响最大，草本植被高度和盖度居中，而对草本植被物种数影响较小。另外，比较不同年龄林地地表草本植被特征的季节性变异系数，总体上除地表草本植被盖度外，草本植被物种数、密度和平均高度的变异系数均随着林龄增加而变大。这说明随着柠条林生长过程和林龄增加，地表草本植被的季节性变化过程变得更为复杂。

综合 4 种林地地表植被季节变化特征，在柠条林龄 6 年和 15 年时地表草本植被物种数受季节改变的影响较小，但在林龄 24 年之后受到的影响较大。已有调查发现，6 年生和 15 年生柠条林地土壤条件较差，粗沙成分含量较高，营养含量较低，不利于土壤种子库的激活，只有一些固沙先锋种子萌发，而在 24 年及其之后的柠条林地中土壤极细沙和黏粉粒含量增加，土壤营养成分含量显著增加，并且 24 年生和 36 年生柠条林高度、地径较大，更有利于土壤微生境的改善，进而有利于土壤库中更多种类的草本植物种子萌发和生长。另外，研究也说明了在 24 年生及其之后的柠条林地中地表植被种类数能够随着季节变化而表现出季节节律性，草地生态系统能够维持一定的相对稳定性。

（二）基于季节的不同年龄柠条林地地表植被变化特征

在 5 月，林龄对柠条林地地表植被物种数产生显著影响（P=0.05），而对地表草本植物密度、盖度和高度的影响较小（P＞0.05）。地表草本植被物种数表现为 24 年生林地显著低于 6 年和 15 年生林地，而 36 年生林地居中。地表草本植被密度、盖度和高度随林龄增加则无显著变化，说明在春季（5 月）地表草本植被物种数随着柠条林龄增加而发生显著改变（图 8-3）。

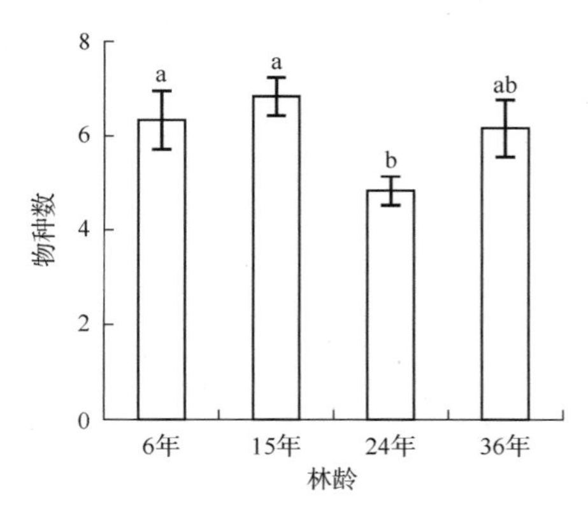

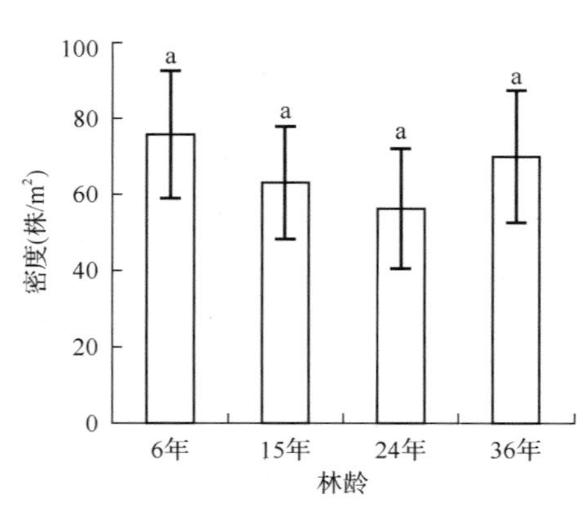

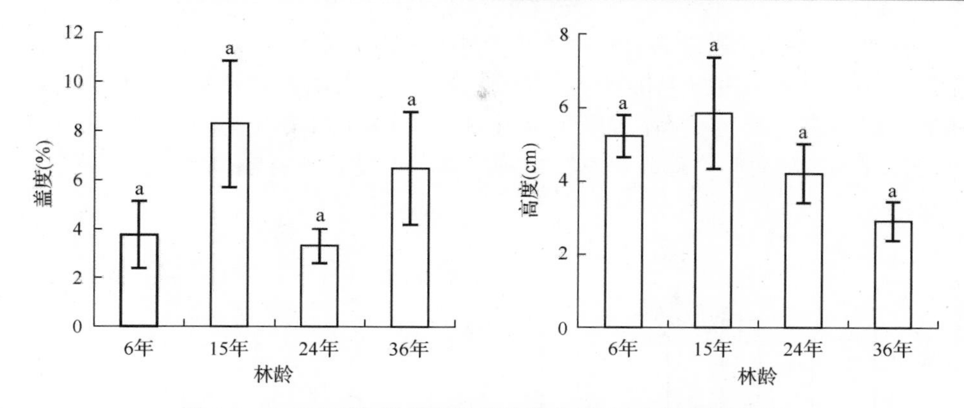

图 8-3 5 月不同年龄林地地表植被特征(平均值±标准误)

不同小写字母表示显著性差异(P<0.05)

在 8 月，林龄对柠条林地间地表草本植被密度产生显著影响(P<0.01)，而对草本植被物种数、盖度和高度的影响较小(P>0.05)。草本植被密度表现为 24 年、36 年生林地显著高于 6 年和 15 年生林地，说明在夏季(8 月)柠条林龄只对草本植被密度有显著影响，而对草本植被物种数、盖度和高度无显著影响(图 8-4)。

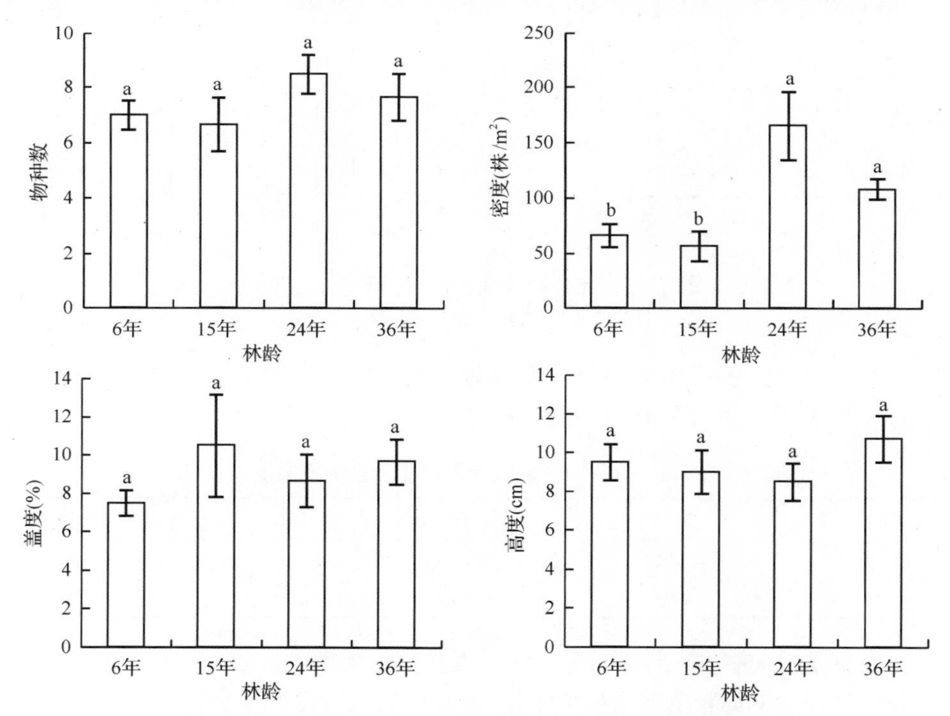

图 8-4 8 月不同年龄林地地表植被特征(平均值±标准误)

不同小写字母表示显著性差异(P<0.05)

在 10 月，不同年龄柠条林地间地表草本植被物种数（$P<0.01$）、密度（$P=0.05$）、盖度（$P<0.01$）和高度（$P<0.05$）均存在显著差异，表现为地表草本植被物种数和密度均为 36 年生林地最高，而草本盖度和高度均为 24 年生林地最高，说明秋季（10 月）柠条林龄对整个地表草本植被特征均产生显著影响（图 8-5）。

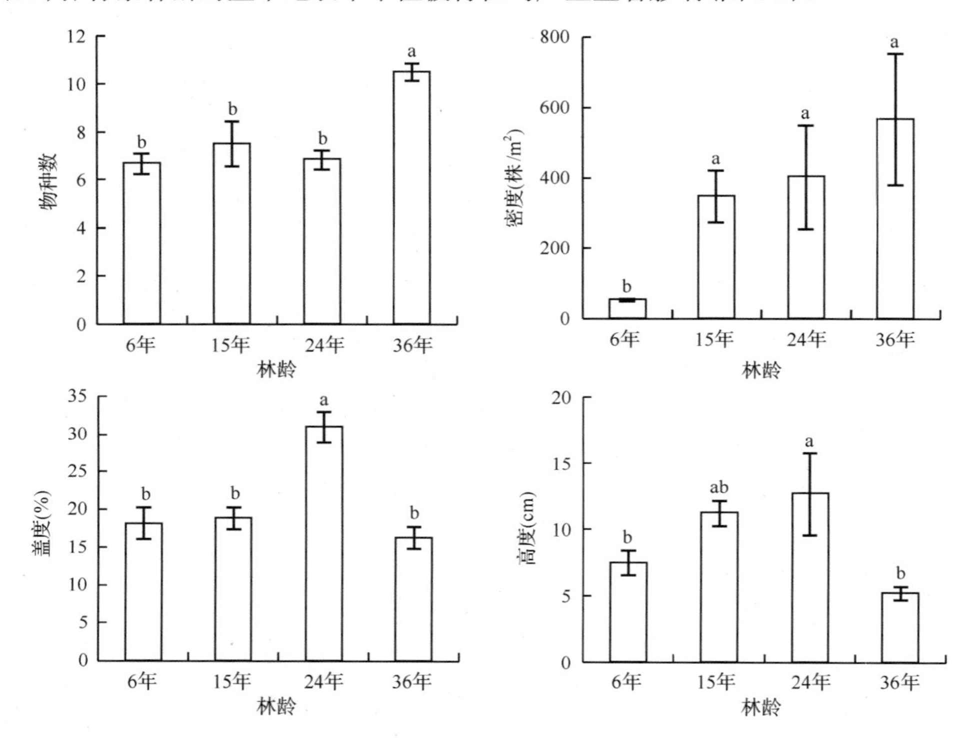

图 8-5　10 月不同年龄林地地表植被特征（平均值±标准误）

不同小写字母表示显著性差异（$P<0.05$）

综合 5 月、8 月和 10 月不同林龄草地植被特征，说明季节变化和林龄共同作用，影响地表草本植被的分布，表 8-6 的分析结果也说明了这一点。

表 8-6　季节和林龄对地表植被特征的双重影响

季节×林龄	物种数	密度	盖度	高度
F	123.26	23.88	111.84	81.14
P	0.000	0.000	0.000	0.000

地表草本植被密度在柠条林龄 6 年时受季节改变的影响较小，但在 15 年之后，季节变化显著影响地表草本植被个体数，而且均呈现出随季节改变逐渐增加的趋势，在 10 月具有最多的植物个体数。这说明 6 年生柠条林地土壤条件限制植物的个体数，同时也说明在 15 年生及其之后的柠条林地中地表植被个体数能够随着季节变化

而表现出季节节律性。在 6 年生柠条林地中，土壤条件较差，不利于地表植被的生长，地表植被个体更多地呈现出“机会性”植物特征，地表草本植被稳定性较差而不能表现季节节律性。但在柠条生长 15 年之后，其冠幅和高度显著变大，能够提供比 6 年生柠条林地更好的微气候条件，地表草本植被个体数呈现出相对的稳定性；10 月土壤含水量条件较好，更有利于某些植物个体的存活，使得 10 月植物个体数较多。相关分析表明，地表草本植被个体数与土壤含水量间存在正相关关系，地表草本植被个体数与柠条灌木形态特征也存在正相关关系，表 8-7 也说明了这一点。

表 8-7　地表草本植被与土壤温湿度及柠条灌木形态特征间的相关系数

	物种数	密度	盖度	高度
土壤湿度	0.138	0.417*	0.567**	0.294
土壤温度	0.253	–0.045	0.235	0.718***
柠条冠幅	0.683	0.808*	–0.283	–0.065
柠条高度	0.841*	0.914**	–0.272	–0.232
柠条分枝数	0.280	0.811*	0.651	0.393
柠条地径	0.837*	0.933**	–0.231	–0.216

* $P<0.05$, ** $P<0.01$, *** $P<0.001$

地表草本植被盖度和高度受柠条林龄的限制较小，而均受到季节变化的显著影响($P<0.05$)。在 6 年生、15 年生和 24 年生柠条林地中，地表草本植被盖度、高度均表现为 10 月和 8 月高于 5 月，这与研究区季节变化引起的太阳辐射和土壤温度的改变密切有关。在春季(5 月)，土壤温度低，春季植物集中在较低的一个层面上，随着 8 月和 10 月土壤温度的升高，再加上光照充足和土壤含水量增加，地表草本植被盖度和高度明显增加。相关分析表明，地表草本植被盖度和土壤含水量呈显著正相关，地表草本植被高度和土壤温度呈极显著正相关(表 8-7)，反映了季节改变引起的土壤温湿度条件变化及太阳光照的差异性影响地表草本植被高度和盖度的季节性变化。

分析 3 个季节不同林龄间地表植被特征，在 5 月 6 年生、15 年生林地地表草本植被物种数高于 24 年生和 36 年生林地。春季土壤温度和水分较低，再加上 6 年生和 15 年生柠条林地较差的营养条件，只有适应性强的地表植被物种存活和生长，反映了这些地表植被物种对季节变化的适应性。例如，牛心朴子、沙生棘豆出现在 6 年生和 15 年生柠条林地中。8 月太阳光照充足，降雨量丰富，草本植物个体数增加，但由于不同年龄林地土壤微生境条件的差异性，再加上柠条灌木形态特征的不同，不同年龄柠条林地地表草本植被密度出现显著差异。10 月不同年龄柠条林对气温和土壤温度的响应存在差异性，24 年生和 36 年生柠条林冠幅较大，土壤温度虽有降低，但仍能保持一定的温度水平，再加上土壤含水量条件，地表草本植被在秋季的定居情况出现显著差异。在 10 月 24 年生和 36 年生林地保持了较高的土壤含水量与温度，具有较高的地表草本植被物种数、密度、盖度和高度。其中，是否选择 10 月进行地表草本植被调查来反映林龄差异对地表植被特征的影响，尚需进行多年的季节性调查。

(三) 地表草本植被与土壤温湿度及柠条灌丛形态特征间的相关性分析

从表 8-7 可以看出，地表草本植被密度与土壤湿度间存在正相关关系($P<0.05$)，地表草本植被盖度与土壤湿度间存在显著正相关关系($P<0.01$)，而地表草本植被高度与土壤温度间存在极显著正相关关系($P<0.001$)。

另外，地表草本植被与柠条灌木形态特征间也存在正相关关系(表 8-7)，表现为地表草本植被物种数与柠条高度和地径存在正相关关系($P<0.05$)；地表草本植被密度与柠条冠幅和分枝数间存在正相关关系($P<0.05$)，与柠条高度与地径间存在显著正相关关系($P<0.01$)。

综合分析表明，不同年龄柠条林地地表草本植被具有不同的季节适应性生长情况。地表草本植被物种数在柠条林龄 6 年和 15 年时受季节改变的影响较小，在 24 年之后受到季节变化的显著影响。地表草本植被密度在柠条林龄 6 年时受季节改变的影响较小，但在 15 年之后受到季节变化的显著影响，而且均呈现出随季节改变逐渐增加的趋势。地表草本植被盖度和高度不受林龄的限制而均受到季节变化的显著影响，在 8 月和 10 月较高，而在 5 月较低。春季和夏季柠条林地地表植被特征受林龄的影响较小，只有在秋季时林龄才表现出对地表植被特征的显著影响。在沙化草原人工林固沙区，柠条林龄增加和灌木形态特征的改变调控土壤温湿度条件的季节变化，再加上不同林龄柠条林地土壤营养条件的差异性，显著影响地表草本植被特征的季节性变化和沙化草地生态系统的恢复(刘任涛等, 2014a)。

三、地面节肢动物群落特征

(一) 节肢动物群落组成与多样性分布

从表 8-8 可以看出，6 年生柠条林灌丛内优势类群为步甲科、拟步甲科、蚁科和泥蜂科，占个体总数的 81.29%；灌丛外优势类群为步甲科、拟步甲科和蚁科，占总个体数的 87.50%；灌丛内外共有类群为长奇盲蛛科、蠼螋科、步甲科、象甲科、蚁科和泥蜂科共 6 个类群，占该林地所有类群总数(共 19 个类群)的 31.57%。15 年生柠条林灌丛内优势类群为步甲科和蚁科，占总个体数的 53.65%；灌丛外优势类群为蚁科，占个体总数的 23.33%；灌丛内外共有类群为网翅蝗科、长蝽科、步甲科、拟步甲科和蚁科共 5 个类群，占该林地所有类群总数(共 26 个类群)的 19.23%。24 年生柠条林灌丛内优势类群为步甲科、拟步甲科和蚁科，占总个体数的 93.75%；灌丛外优势类群为步甲科、拟步甲科和蚁科，占总个体数的 87.11%；灌丛内外共有类群为狼蛛科、蠼螋科、步甲科、蜉金龟科、阎甲科、拟步甲科和蚁科共 7 个类群，占该林地所有类群总数(共 11 个类群)的 63.63%。36 年生柠条林灌丛内优势类群为步甲科和金龟科，占总个体数的 75.52%；灌丛外优势类群为步甲科、拟步甲科和蚁科，占总个体数的 79.65%；灌丛内外共有类群为瘤潮虫科、逍遥蛛科、光盔蛛科、网翅蝗科、步甲科、拟步甲科和蚁科共 7 个类群，占该林地所有类群总数(共 23 个类群)的 30.43%。

表 8-8　不同林龄柠条灌丛内外地面节肢动物群落组成(平均值 ± 标准误)

类群	编码	林龄							
		6 年				15 年			
		U(只/收集器)	占比(%)	O(只/收集器)	占比(%)	U(只/收集器)	占比(%)	O(只/收集器)	占比(%)
瘤潮虫科	1	0.00±0.00	0.00	0.00±0.00	0.00	0.67±0.67	0.93	0.00±0.00	0.00
长奇盲蛛科	2	1.33±0.88	2.88	0.33±0.33	2.08	1.67±1.67	2.34	0.00±0.00	0.00
园蛛科	3	0.33±0.33	0.72	0.00±0.00	0.00	0.33±0.33	0.47	0.00±0.00	0.00
逍遥蛛科	4	0.33±0.33	0.72	0.00±0.00	0.00	0.33±0.33	0.47	0.00±0.00	0.00
蟹蛛科	5	0.67±0.33	1.44	0.00±0.00	0.00	0.67±0.33	0.93	0.00±0.00	0.00
狼蛛科	6	0.00±0.00	0.00	0.33±0.33	2.08	2.33±0.33	3.27	0.00±0.00	0.00
光盔蛛科	7	0.00±0.00	0.00	0.00±0.00	0.00	2.00±1.00	2.80	0.00±0.00	0.00
平腹蛛科	8	0.00±0.00	0.00	0.00±0.00	0.00	0.33±0.33	0.47	0.00±0.00	0.00
蠼螋科	9	0.33±0.33	0.72	0.33±0.33	2.08	0.33±0.33	0.47	0.00±0.00	0.00
网翅蝗科	10	0.33±0.33	0.72	0.00±0.00	0.00	0.67±0.33	0.93	0.33±0.33	1.67
红蝽科	11	0.00±0.00	0.00	0.00±0.00	0.00	0.33±0.33	0.47	0.00±0.00	0.00
长蝽科	12	0.33±0.33	0.72	0.00±0.00	0.00	1.33±0.67	1.87	0.33±0.33	1.67
虎甲科	13	0.00±0.00	0.00	0.00±0.00	0.00	0.00±0.00	0.00	0.33±0.33	1.67
步甲科	14	10.33±4.37	22.30	2.33±0.67	14.58	28.00±15.57	39.25	6.00±1.73	30.00
隐翅虫科	15	1.00±1.00	2.16	0.00±0.00	0.00	0.00±0.00	0.00	0.00±0.00	0.00
金龟科	16	0.00±0.00	0.00	0.00±0.00	0.00	2.33±1.33	3.27	0.00±0.00	0.00
蜉金龟科	17	3.00±2.08	6.47	0.00±0.00	0.00	1.33±0.67	1.87	0.00±0.00	0.00
鳃金龟科	18	0.33±0.33	0.72	0.00±0.00	0.00	0.00±0.00	0.00	0.33±0.33	1.67
埋葬甲科	19	0.00±0.00	0.00	0.33±0.33	2.08	1.00±0.58	1.40	0.00±0.00	0.00
阎甲科	20	0.00±0.00	0.00	0.00±0.00	0.00	1.00±1.00	1.40	0.00±0.00	0.00
叶甲科	21	0.33±0.33	0.72	0.00±0.00	0.00	1.67±0.67	2.34	0.00±0.00	0.00
拟步甲科	22	7.66±3.33	16.55	5.00±1.00	31.25	7.00±2.65	9.81	8.00±0.58	40.00
象甲科	23	0.33±0.33	0.72	0.33±0.33	2.08	0.67±0.67	0.93	0.00±0.00	0.00
皮蠹科	24	0.00±0.00	0.00	0.00±0.00	0.00	0.33±0.33	0.47	0.00±0.00	0.00
蚁科	25	14.67±13.67	31.65	6.67±4.18	41.67	10.33±9.84	14.49	4.67±2.03	23.33
泥蜂科	26	5.00±4.04	10.79	0.33±0.33	2.08	6.00±3.21	8.41	0.00±0.00	0.00
土蜂科	27	0.00±0.00	0.00	0.00±0.00	0.00	0.67±0.67	0.93	0.00±0.00	0.00

续表

类群	编码	林龄								总计/种	多度
		24 年				36 年					
		U(只/收集器)	占比(%)	O(只/收集器)	占比(%)	U(只/收集器)	占比(%)	O(只/收集器)	占比(%)		
瘤潮虫科	1	0.00±0.00	0.00	0.00±0.00	0.00	0.33±0.33	0.35	1.00±0.58	5.08	6	+
长奇盲蛛科	2	0.00±0.00	0.00	0.33±0.33	1.43	5.33±1.33	5.59	0.00±0.00	0.00	27	++
园蛛科	3	0.00±0.00	0.00	0.00±0.00	0.00	0.33±0.33	0.35	0.00±0.00	0.00	3	+
逍遥蛛科	4	0.00±0.00	0.00	0.00±0.00	0.00	1.00±1.00	1.05	0.33±0.33	1.69	6	+
蟹蛛科	5	0.00±0.00	0.00	0.00±0.00	0.00	0.33±0.33	0.35	0.00±0.00	0.00	5	+
狼蛛科	6	0.33±0.33	1.25	0.67±0.33	2.86	1.00±1.00	1.05	0.00±0.00	0.00	14	++
光盔蛛科	7	0.00±0.00	0.00	0.00±0.00	0.00	0.33±0.33	0.35	0.33±0.33	1.69	8	+
平腹蛛科	8	0.33±0.33	1.25	0.00±0.00	0.00	0.33±0.33	0.35	0.00±0.00	0.00	3	+
蠼螋科	9	0.33±0.33	1.25	0.33±0.33	1.43	0.00±0.00	0.00	0.00±0.00	0.00	5	+
网翅蝗科	10	0.00±0.00	0.00	0.00±0.00	0.00	0.33±0.33	0.35	0.33±0.33	1.69	6	+
红蝽科	11	0.00±0.00	0.00	0.00±0.00	0.00	0.00±0.00	0.00	0.33±0.33	1.69	2	+
长蝽科	12	0.00±0.00	0.00	0.67±0.67	2.86	0.00±0.00	0.00	0.00±0.00	0.00	8	+
虎甲科	13	0.00±0.00	0.00	0.00±0.00	0.00	0.00±0.00	0.00	0.67±0.33	3.39	3	+
步甲科	14	11.33±6.06	42.50	9.67±3.33	41.43	62.33±23.38	65.38	3.67±1.76	18.64	401	+++
隐翅虫科	15	0.00±0.00	0.00	0.00±0.00	0.00	0.33±0.33	0.35	0.00±0.00	0.00	4	+
金龟科	16	0.00±0.00	0.00	0.33±0.33	1.43	9.67±3.33	10.14	0.00±0.00	0.00	37	++
蜉金龟科	17	0.33±0.33	1.25	0.33±0.33	1.43	3.33±1.67	3.50	0.00±0.00	0.00	25	++
鳃金龟科	18	0.00±0.00	0.00	0.00±0.00	0.00	0.00±0.00	0.00	0.33±0.33	1.69	3	+
埋葬甲科	19	0.00±0.00	0.00	0.00±0.00	0.00	0.67±0.67	0.70	0.00±0.00	0.00	6	+
阎甲科	20	0.33±0.33	1.25	0.33±0.33	1.43	1.00±0.58	1.05	0.00±0.00	0.00	8	+
叶甲科	21	0.00±0.00	0.00	0.00±0.00	0.00	0.33±0.33	0.35	0.00±0.00	0.00	7	+
拟步甲科	22	7.67±3.48	28.75	6.67±3.48	28.57	2.33±0.67	2.45	3.00±0.01	15.25	142	+++
象甲科	23	0.00±0.00	0.00	0.00±0.00	0.00	0.00±0.00	0.00	0.67±0.67	3.39	6	+
皮蠹科	24	0.00±0.00	0.00	0.00±0.00	0.00	0.33±0.33	0.35	0.00±0.00	0.00	2	+
蚁科	25	6.00±2.52	22.50	4.00±2.31	17.14	5.67±2.33	5.94	9.00±4.73	45.76	183	+++
泥蜂科	26	0.00±0.00	0.00	0.00±0.00	0.00	0.00±0.00	0.00	0.00±0.00	0.00	34	++
土蜂科	27	0.00±0.00	0.00	0.00±0.00	0.00	0.00±0.00	0.00	0.00±0.00	0.00	2	+

注：+++. 优势类群(占总个体数的 10%以上)；++. 常见类群(1%～10%)；+. 稀有类群(＜1%)。U. 灌丛内；O. 灌丛外。因数字修约，加和不是 100%

随着柠条灌丛及其发育过程对土壤性质的作用，对生活于其中的地面节肢动物群落分布产生了显著的影响。6 年生林地灌丛内地面节肢动物个体数和类群数相对高于灌丛外(表 8-8，图 8-6)，特别是步甲科和蚁科个体数灌丛内均高于灌丛外。而且比较灌丛内外地面节肢土壤动物群落组成可以看出，虽然灌丛内外的优势类群均有步甲科、拟步甲科和蚁科动物，但其群落组成存在很大差别，灌丛内外共有类群数所占比例不到类群总数的一半。这说明干旱区灌丛能够起到聚集局部土壤动物类群的作用而形成“虫岛”效应，这与灌丛内的小气候、土壤环境或食物资源和灌丛外的裸地生境存在显著差异有关。

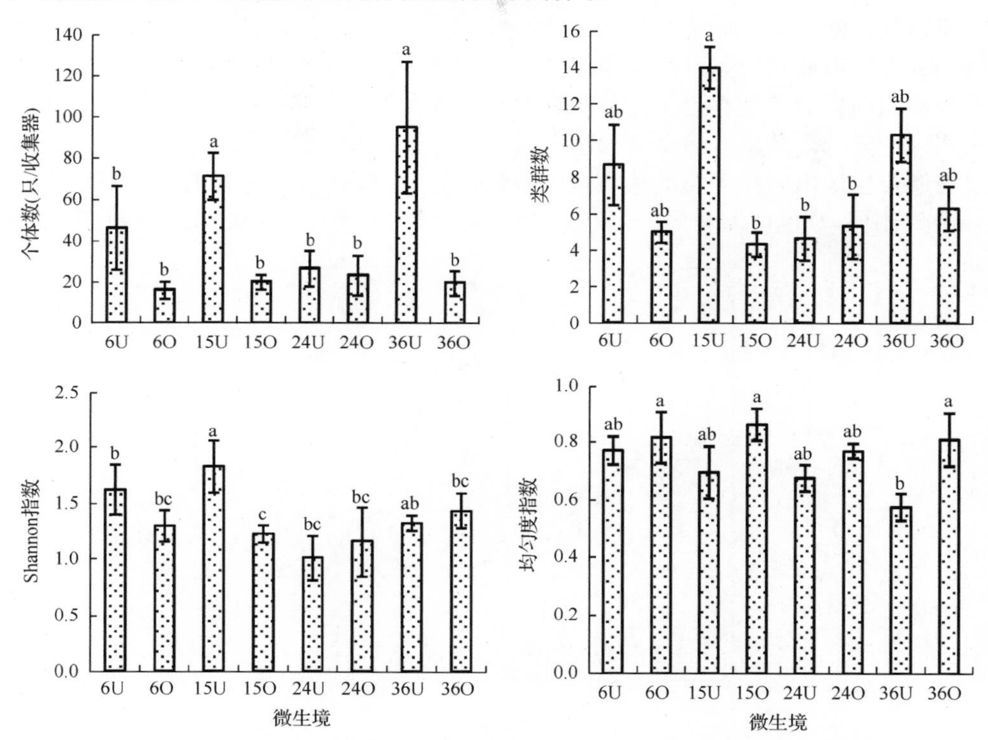

图 8-6　不同林龄灌丛内和灌丛外地面节肢动物群落多样性(平均值±标准误)

6、15、24 和 36 分别代表不同年龄的灌丛林地。U.灌丛内；O.灌丛外。不同小写字母表示显著性差异($P<0.05$)

从 6 年生林地到 15 年生林地，柠条灌丛内地面节肢动物优势类群从步甲科、拟步甲科、蚁科和泥蜂科 4 个类群减少为步甲科和蚁科 2 个类群，而灌丛外优势类群只有蚁科(表 8-8)。而且灌丛内外类群数和个体数开始出现显著差异，这说明从 6 年生林地到 15 年生林地，灌丛内土壤有机质含量提高，为更多种类的地面节肢动物个体存活创造了适宜的条件，导致优势类群数减少，而常见类群数增多(从 7 个变为 12 个)(表 8-8)，多样性显著增加(图 8-6)，灌丛内外地面节肢动物群落结构差异性达到显著水平。到 24 年生林地灌丛内外地面节肢动物优势类群相同，均为步甲科、拟步甲科和蚁科，这与随着柠条林地的发育和灌丛内外土壤质地的持续改善(表 8-8)灌丛内外微生境异质性趋于降低有关。特别是 24 年生林地土壤质地灌丛内外无显著差异，可能是导致灌丛内外优势类群个体数无显著差异的重要因素，共有类群数所占比例显著升高，灌丛内外群落多样性无显著差异，这与生境的均质性导致较低的群落多样性有关。另外，也说明随着灌丛林地的发育，灌丛内地面节肢动物群落对林间产生一定的辐射作用，导致灌丛内外地面节肢动物群落结构趋于相似。

从 24 年生林地到 36 年生林地，随着柠条林地灌丛内外土壤条件的持续改善和生态系统的相对稳定，地面节肢动物聚集强度增加，灌丛内地面节肢动物优势类群变为金龟总科(蜣螂科)和步甲科，灌丛内个体数又开始显著高于灌丛外，但均匀度指数表现为灌丛内显著低于灌丛外，这与 36 年生林地灌丛内生境更适宜某些特殊种类的动物类群生存有关，导致灌丛内地面节肢动物群落中不同动物类群分布的均匀性降低。例如，灌丛内出现的较多的蜣螂类动物属于腐食性类群，它的出现与调查样地出现较多的动植物残体和较低的土壤 pH 及容重有关。从 RDA 排序分析图(图 8-7)也可以看到，金龟科与土壤电导率呈正相关，而与土壤 pH 和容重

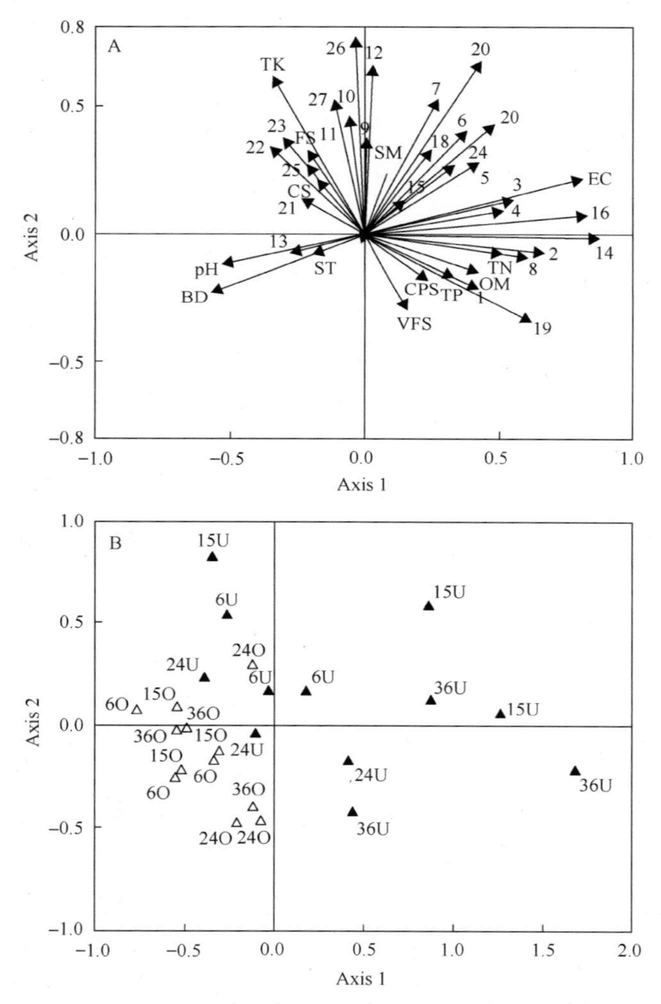

图 8-7　地面节肢动物分布与环境间关系的冗余分析

A 图. 地面节肢动物类群与环境因子间关系排序图；B 图. 研究样地排序图。6、15、24 和 36 分别代表不同年龄的灌丛林地。A 中数字表示动物类群，同表 8-8 编码。CS.粗沙；FS. 细沙；VFS.极细沙；CPS.黏粉粒；SM.土壤含水量；BD.土壤容重；TK.土壤总 K；TP.土壤总 P；TN.土壤总 N；OM.土壤有机质；EC.土壤电导率；ST.土壤温度

呈负相关。这些特殊类群的出现导致食物网结构更为复杂，促进食物网中物质循环和能量流动，加速能量的周转过程，可能对凋落物分解和土壤养分循环产生影响(王祖艳等, 2017)，进一步说明了柠条灌丛的生长发育更有利于退化生态系统结构与功能的恢复。

(二) 节肢动物群落与土壤性质间的关系

从图 8-6 可知，灌丛对地面节肢动物聚集作用的大小，随着林龄的变化和生境的改变而存在较大差别。从 RDA 排序分析图(图 8-7)可以看出，不同林龄灌丛外样地地面节肢动物类群分布的差异性较小，但不同林龄灌丛内样地对地面节肢动物类群分布的影响较大。这一方面反映了不同林龄灌丛外土壤微生境的相似性，另一方面说明了干旱区灌丛对土壤性质和地面节肢动物分布产生的显著影响。从地面节肢动物群落与土壤性质间的相关分析结果也可以证明这一点，从表 8-9 可知，地面节肢动物密度、类群数均与土壤容重和 pH(类群数除外)呈负相关关系，而与土壤电导率呈显著正相关关系。与此相反，均匀度指数与土壤容重和 pH 呈正相关关系，而与电导率呈负相关关系。群落 Shannon 指数则与土壤全 K 含量呈正相关关系。

表 8-9　地面节肢动物群落数量与土壤性质间的相关系数

	粗沙	细沙	极细沙	黏粉粒	土壤含水量	土壤容重	全 K	全 N	全 P	有机质	土壤 pH	电导率	温度
动物密度	−0.10	−0.01	0.01	0.13	0.11	−0.52**	−0.11	0.35	0.18	0.26	−0.41*	0.65***	−0.17
动物类群数	0.07	0.10	−0.17	0.08	0.17	−0.43*	0.14	0.23	0.14	0.15	−0.35	0.54**	−0.17
动物 Shannon 指数	0.25	0.24	−0.34	−0.06	−0.01	0.04	0.41*	−0.07	−0.22	−0.07	−0.09	0.08	−0.11
动物均匀度指数	0.39	0.17	−0.29	−0.28	−0.28	0.68***	0.34	−0.46	−0.28	−0.32	0.44*	−0.60**	0.02

* $P<0.05$，** $P<0.01$，*** $P<0.001$

6 年生和 24 年生林地灌丛内外地面节肢动物分布差异最小，特别是 24 年生林地灌丛内外样地分布存在一定交叉(图 8-7)，灌丛内外土壤质地的改善和微生境的异质性降低是导致 24 年生林地灌丛内外差异性降低的主要因素。15 年生和 36 年生林地灌丛内外地面节肢动物分布差异最大。土壤容重、pH 和电导率是 15 年生与 36 年生林地灌丛内外地面节肢动物分布存在显著差异的主要因素，但原因不同。15 年生林地灌丛内土壤物理化学性质的改善有利于地面节肢动物的生存、繁殖，能够维持灌丛内地面节肢动物的多样性，而在 36 年生林地灌丛内土壤条件的改善更有利于某些特殊类群如步甲科动物的存活，导致食物网结构复杂化和功能强化。随着 36 年生林地地面节肢动物数量的增加，特别是植食性动物类群的增加，为这些处于食物链上端的捕食性类群的个体数量增加提供了更为充足的食源条件，再加上土壤条件的进一步改善，如土壤极细沙含量和电导率、土壤粗沙含量和土壤容重的降低，为这些地面节肢动物的定居和存活提供了良好的生境条件，有利于促进沙化草地土壤动物多样性的恢复及其演替进程的发展。

综合分析表明，干旱区柠条灌丛对土壤的“肥岛”效应存在一个逐渐演变的过程，而且不同的时间段对土壤性质产生的影响不同。柠条灌丛对地面节肢动物的聚集效应也随着灌丛的生长发育而发生了深刻变化，从 6 年生到 15 年生林地灌丛对地面节肢动物表现出显著的聚集效应，类群数、个体数和多样性指数灌丛内均显著高于灌丛外；到 24 年生林地灌丛内对灌丛外产生辐射作用，灌丛内外地面节肢动物群落结构显著差异消失；但 36 年生林地灌丛内个体数又开始显著高于灌丛外，灌丛内均匀度指数低于灌丛外，进一步改善的微生境条件更适宜某些特殊功能群的生存与繁殖，导致食物网结构的复杂化，有利于沙化草地生态系统的有效恢复(刘任涛等, 2014b)。

四、灌丛“虫岛”分布特征

(一)灌丛“虫岛”的计算公式

根据灌丛内外响应比率(RR)与相对互相作用强度指数(RII)分别进行计算，分析灌丛的“虫岛”效应强度(刘任涛, 2016)。其中，响应比率公式为

$$\mathrm{RR}=S/O \tag{8-1}$$

式中，S 为灌丛内数值(mean shrub canopy value)；O 为灌丛外数值(mean intershrub value)。其中，当灌丛外无节肢动物分布(即 $O=0$)时，该公式将无表达意义，RR 不存在。当灌丛外存在(即 $O\neq0$)而灌丛内无节肢动物分布(即 $S=0$)时，RR=0；当灌丛内外均有节肢动物分布且数值相同(即 $O=S$)时，RR=1；当灌丛内外均有节肢动物分布且灌丛内小于灌丛外数值(即 $O>S$)时，RR＜1，即 $0\leqslant \mathrm{RR}\leqslant 1$ 表示灌丛没有聚集作用。但是，当灌丛内外均有节肢动物分布且灌丛内数值大于灌丛外数值(即 $S>O$)时，即 RR＞1，表示灌丛对节肢动物具有聚集作用。

相对互相作用强度指数公式为

$$\mathrm{RII}=(S-O)/(S+O) \tag{8-2}$$

式中，S、O 表征含义与上式(8-1)相同。当灌丛内外均有节肢动物分布且其数值相同(即 $S=O$)时，RII=0；当灌丛内外均有节肢动物分布且灌丛内数值小于灌丛外数值(即 $S<O$)时，RII＜0；当灌丛内无节肢动物分布而灌丛外有节肢动物分布(即 $S=0$)时，RII=−1，即 $-1\leqslant \mathrm{RII}\leqslant 0$ 时，表示灌丛对节肢动物不产生聚集作用。但是，当灌丛内外均有节肢动物分布且灌丛内数值高于灌丛外数值(即 $S>O$)时，RII＞

0，即 RII＞0 时，灌丛对节肢动物产生聚集作用，其中包括灌丛外无节肢动物分布(即 O=0)时，RII=1。

从这两个数学计算模式本身表达的含义来看，当灌丛外无节肢动物分布但灌丛内有节肢动物分布时，RR 不存在，这掩盖了实际中灌丛内节肢动物分布的部分“虫岛”现象，并不能如实反映节肢动物在灌丛内外的空间分布情况。已有研究表明，灌丛微生境对节肢动物空间分布的影响可以产生以下几种模式：①节肢动物只出现在灌丛内微生境中；②节肢动物只出现在灌丛外微生境中；③节肢动物在灌丛内外均有分布，但可能是在某一种微生境中分布较多；④节肢动物在灌丛内外均有分布，且在灌丛内外分布相对较为均匀。前 3 种分布模式反映了节肢动物对特定灌丛微生境的选择性、适应性及指示性，后一种模式则更多反映了这类节肢动物的广适性，而受灌丛微生境的影响较小。因此，与 RII 相比较，RR 对于节肢动物类群在灌丛内外分布格局的揭示更为完整。

(二)灌丛“虫岛”的群落水平

从地面节肢动物个体数、类群数、Shannon 指数和均匀度指数(图 8-8)来看，随着林龄增加，RR 与 RII 的变化趋势趋于一致。其中，基于节肢动物个体数与类群数的 RR 和 RII 在不同林龄间的差异性变化完全相同。基于节肢动物个体数的 RR 和 RII 均受到林龄的显著影响(P＜0.05)，表现为从 6 年到 15 年时逐渐降低，在 15 年林龄时灌丛内外节肢动物个体数趋于相同，RR、RII 分别近等于 1 和 0，随后 24 年生、36 年林龄灌丛 RR 和 RII 均显著增加(P＜0.05)。但是，基于节肢动物类群数的 RR 和 RII 受到林龄的影响较小(P＞0.05)，均表现为 RR、RII 值分别在近等于 1 和 0 的较低水平上波动变化。这说明采用 RR 和 RII 来表征不同年龄柠条灌丛“虫岛”间的差异性时，前 2 个群落特征指数(即个体数、类群数)与后 2 个群落特征指数(即 Shannon 指数与均匀度指数)呈现的结果存在较大差异性。在灌丛内外数量值均大于 0 的情况下，基于节肢动物个体数和类群数的 RR、RII 在不同年龄灌丛外的差异性变化相同，这说明在表征节肢动物个体数或类群数的柠条灌丛“虫岛”时采用 RR 或 RII 均可行，具有相同的效果。

但是，基于节肢动物 Shannon 指数与均匀度指数的 RR 和 RII 在不同林龄间的差异性变化较大(图 8-8)，均表现为 RR 受到林龄的显著影响(P＜0.05)，而 RII 受到林龄的影响较小(P＞0.05)。这一方面说明 RII 并未能真正反映出不同年龄灌丛外的“虫岛”差异性，另一方面表明不同年龄灌丛具有不同的灌丛形态结构和生物量(王新云等, 2013)，更为重要的是不同年龄灌丛内土壤温度、水分、养分及草本植物、土壤种子库和微气候等均存在显著差异，这些都显著影响了节肢动物群落在灌丛内外的空间分布。所以，当表征节肢动物多样性变化的柠条灌丛“虫岛”时应用 RR 更为直接、准确，这与灌丛“肥岛”分析中采用土壤聚集作用的表达模式(Su and Zhao, 2003)相似。

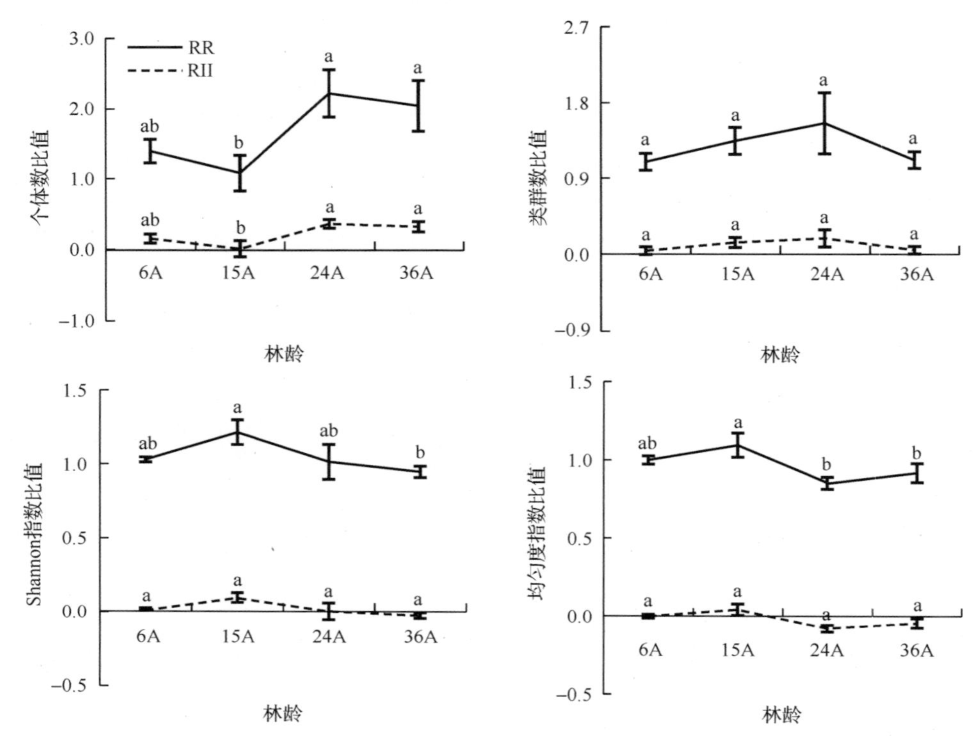

图 8-8　群落水平上灌丛“虫岛”效应随林龄的变化(平均值±标准误)

RR、RII 分别代表灌丛内外的响应比率和相对互相作用强度指数。6A、15A、24A、36A 分别代表 6 年、15 年、24 年、36 年生柠条灌丛。不同字母表示显著性差异($P<0.05$)

(三)灌丛“虫岛”的种群水平

6 年生灌丛内、外各有节肢动物类群数分别为 23 个和 28 个(表 8-10)。其中，RR＞1 和 RII＞0 的类群数占总类群数的 39.28%，0≤RR≤1 和–1≤RII≤0 的类群数占总类群数的 42.86%。只有 RII 值而无 RR 值的类群数占总类群数的 17.86%。6 年生灌丛对 16 个动物类群产生“虫岛”效应，包括 RR＞1 和 RII＞0 的类群及只有 RII 值而无 RR 值的类群，类群数占总类群数的 57.14%。

表 8-10　种群水平上灌丛“虫岛”效应随林龄的变化

类群	6A		15A		24A		36A	
	RR	RII	RR	RII	RR	RII	RR	RII
瘤潮虫科	—	—	—	—	—	1.0	0.8	–0.1
蜈蚣科	—	—	—	—	—	—	—	1.0
长奇盲蛛科	1.5	0.2	6.5	0.7	3.0	0.5	1.3	0.1
园蛛科	—	—	—	—	—	1.0	0.5	–0.3

续表

类群	6A		15A		24A		36A	
	RR	RII	RR	RII	RR	RII	RR	RII
球蛛科	—	—	—	—	—	—	0.0	–1.0
狼蛛科	1.5	0.2	1.0	0.0	1.3	0.1	0.8	–0.1
蟹蛛科	—	1.0	—	1.0	—	1.0	—	1.0
逍遥蛛科	—	—	—	1.0	—	1.0	3.3	0.5
平腹蛛科	1.3	0.1	1.5	0.2	0.0	–1.0	2.0	0.3
光盔蛛科	0.0	–1.0	0.6	–0.3	1.0	0.0	1.4	0.2
管巢蛛科	0.0	–1.0	—	—	—	—	—	—
蠼螋科	0.4	–0.4	0.0	–1.0	—	—	—	1.0
缘蝽科	—	—	0.0	–1.0	—	—	0.0	–1.0
姬蝽科	—	1.0	—	1.0	0.0	–1.0	—	—
盲蝽科	—	—	—	—	0.5	–0.3	—	—
蝽科	—	—	—	—	—	1.0	—	1.0
盾蝽科	—	—	—	—	—	—	1.3	0.1
长蝽科	—	—	0.2	–0.7	—	—	—	1.0
红蝽科	—	—	—	—	0.0	–1.0	—	—
树蟋科	—	—	—	1.0	—	—	—	—
网翅蝗科	—	—	0.0	–1.0	—	1.0	—	—
蝼蛄科	0.0	–1.0	0.0	–1.0	—	—	—	—
叶蝉科	—	—	—	1.0	—	—	—	1.0
步甲科	1.7	0.3	1.5	0.2	10.7	0.8	6.5	0.7
叶甲科	0.8	–0.1	2.0	0.3	3.0	0.5	5.7	0.7
叩甲科	4.5	0.6	—	1.0	—	—	2.0	0.3
隐翅虫科	—	1.0	0.5	–0.3	—	—	—	—
吉丁甲科	0.5	–0.3	0.0	–1.0	—	—	0.5	–0.3
芫菁科	—	—	—	1.0	—	—	—	—
粪金龟科	0.0	–1.0	0.0	–1.0	—	—	—	—
绒毛金龟科	4.7	0.6	2.7	0.5	—	1.0	2.0	0.3
鳃金龟科	0.8	–0.1	0.8	–0.1	0.8	–0.1	1.1	0.0
蜣螂科	0.5	–0.3	1.7	0.3	7.0	0.8	2.0	0.3
蜉金龟科	—	—	—	—	1.3	0.1	0.8	–0.1
花金龟科	—	—	0.0	–1.0	—	—	—	—
金龟科	—	—	—	—	0.0	–1.0	3.0	0.5

续表

类群	6A		15A		24A		36A	
	RR	RII	RR	RII	RR	RII	RR	RII
阎甲科	2.0	0.3	—	1.0	—	1.0	8.0	0.8
埋葬甲科	0.7	–0.2	0.5	–0.3	—	—	0.0	–1.0
皮蠹科	0.0	–1.0	—	1.0	0.0	–1.0	0.5	–0.3
拟步甲科	1.4	0.2	1.3	0.1	2.3	0.4	2.4	0.4
象甲科	1.3	0.1	1.2	0.1	1.0	0.0	1.0	0.0
步甲科幼虫	—	—	—	—	—	—	0.0	–1.0
拟步甲科幼虫	0.5	–0.3	—	1.0	—	—	0.0	–1.0
蚁科	2.0	0.3	0.5	–0.3	1.9	0.3	2.1	0.4
叶蜂科	—	—	—	—	—	—	—	1.0
土蜂科	—	1.0	—	—	—	1.0	0.0	–1.0
泥蜂科	4.0	0.6	—	1.0	—	1.0	—	—
姬蜂科	—	1.0	0.0	–1.0	—	1.0	—	1.0
蜜蜂科	—	—	—	—	—	1.0	—	—
青蜂科	—	—	—	—	0.0	–1.0	3.0	0.5
蜾蠃科	—	—	—	—	—	—	—	1.0
食虫虻科	—	—	—	—	—	—	—	1.0
鳞翅目幼虫	—	—	—	—	0.0	–1.0	—	—
总类群数	28		34		31		39	

注：RR、RII 分别代表灌丛内外的响应比率和相对互相作用强度指数。6A、15A、24A、36A 分别代表 6 年、15 年、24 年、36 年生柠条灌丛。“—”表示不存在

15 年生灌丛内外各有节肢动物类群数 27 个和 23 个（表 8-10）。其中，RR＞1 和 RII＞0 的类群数占总类群数的 23.53%，0≤RR≤1 和–1≤RII≤0 的类群数占总类群数的 44.12%。只有 RII 值而无 RR 值的类群数占总类群数的 32.35%。15 年生灌丛对 19 个动物类群产生“虫岛”效应，包括 RR＞1 和 RII＞0 的类群及只有 RII 值而无 RR 值的类群，类群数占总类群数的 55.88%。

24 年生灌丛内外各有节肢动物类群数 25 个和 20 个（表 8-10）。其中，RR＞1 和 RII＞0 的类群数占总类群数的 25.81%，0≤RR≤1 和–1≤RII≤0 的类群数占总类群数的 35.48%。只有 RII 值而无 RR 值的类群数占总类群数的 38.71%。24 年生灌丛对 20 个动物类群产生“虫岛”效应，包括 RR＞1 和 RII＞0 的类群及只有 RII 值而无 RR 值的类群，类群数占总类群数的 64.52%。

36 年生灌丛内外各有节肢动物类群数 34 个和 30 个（表 8-10）。其中，RR＞1 和 RII＞0 的类群数占总类群数的 41.03%，0≤RR≤1 和–1≤RII≤0 的类群数占总

类群数的 33.33%。只有 RII 值而无 RR 值的类群数占总类群数的 25.64%。36 年生灌丛对 26 个动物类群产生“虫岛”效应，包括 RR＞1 和 RII＞0 的类群及只有 RII 值而无 RR 值的类群，类群数占总类群数的 66.67%。

(四)柠条灌丛“虫岛”与林龄的关系

土壤动物类群数量的多少、组成的变化和密度的大小通常取决于土壤环境条件的优劣与食物资源的有效性。沙地灌丛内能够比灌丛外流沙地聚集较多的土壤动物类群和数量，显然也与灌丛内土壤环境的改善和食物资源的增加有关。本研究中，在流动沙地种植柠条灌丛后的 6 年时间里，随着灌丛内土壤性质的改善和草本植被的恢复，在灌丛内聚集了较多的地面节肢动物个体数，灌丛内节肢动物个体数是灌丛外的 1.4 倍之多，表现出基于个体数的沙地灌丛“虫岛”效应。但是，地面节肢动物类群数、Shannon 指数和均匀度指数灌丛内外基本相同，说明柠条灌丛定居沙地 6 年时间对节肢动物种类和多样性的影响非常有限。

随着灌丛年龄的增加和冠幅的扩展，灌丛林地的发育改变了灌丛内微气候及其土壤微生境，当然也包括土壤种子库和土壤微生物等生物因素，这些均对节肢动物持续生存于灌丛内产生深刻影响，导致灌丛“虫岛”效应发生变化。本研究中，从 6 年生灌丛到 15 年生灌丛，基于个体数的灌丛“虫岛”效应急剧下降，而基于类群数、Shannon 指数和均匀度指数的灌丛“虫岛”效应呈现增强趋势。一方面，灌丛年龄的增加和环境条件的改变促使更多种类的节肢动物类群聚集在灌丛内生存，灌丛“虫岛”效应能够有效地提高节肢动物的多样性，另一方面，说明在沙地环境灌丛内限定的资源条件下，物种数量的增加必然导致个体间对食源条件的竞争，进而导致节肢动物个体数减少。

但是，从 15 年生灌丛到 24 年生和 36 年生灌丛，基于个体数的灌丛“虫岛”效应急剧增强，而基于 Shannon 指数与均匀度指数的灌丛“虫岛”效应开始减弱。从 15 年生灌丛到 24 年生和 36 年生灌丛，基于个体数的灌丛“虫岛”效应加强是与某些节肢动物类群在灌丛内外的空间分布变化密切相关的。其中，超过 50%节肢动物类群表现出灌丛“虫岛”效应并受到灌丛年龄的影响，从 15 年生灌丛到 24 年生和 36 年生灌丛，具有灌丛“虫岛”效应的节肢动物类群数已经超过了 65%。这是由沙地生境中节肢动物类群本身的生物学特性与生态适应性决定的。例如，从 15 年生灌丛到 24 年生和 36 年生灌丛，灌丛内拟步甲科个体数显著增加，说明 24 年生、36 年生灌丛土壤性质和食物资源的改善有利于拟步甲科个体前来定居存活、繁殖，反映了沙地生境灌丛的种植与生长有利于拟步甲科个体的生存。但是拟步甲科及其幼虫作为植食性昆虫，是主要的草地害虫，这类节肢动物数量的增加可能增加灌丛-草地系统的虫害风险，需要引起高度重视和关注。

基于 Shannon 指数与均匀度指数的灌丛“虫岛”效应从 15 年生灌丛到 24 年生和 36 年生灌丛开始减弱，这可能与柠条灌丛对其灌丛外裸地的辐射作用有关。随着灌丛的生长，灌丛“肥岛”效应逐渐扩展到灌丛外裸地，灌丛外土壤性质逐渐得到改善、草本植被逐渐得到恢复，由原来的简单的沙地生态系统演化成一个较为复杂的灌丛-草地复合半天然生态系统，为更多种类的节肢动物在灌丛外生存提供了良好的生存环境，灌丛外节肢动物个体数和类群数逐渐增多，如 24 年生灌丛基于节肢动物类群数的灌丛“虫岛”效应略有增加，而灌丛内外节肢动物多样性差异性逐渐缩小，灌丛“虫岛”效应趋于弱化。特别是在 36 年生灌丛林地，随着灌丛-草地生态系统趋于相对稳定和结构趋于复杂化，尽管灌丛内节肢动物个体数仍然是灌丛外的 2 倍，但是灌丛内外节肢动物类群数、多样性较为接近，也无明显的灌丛“虫岛”效应。作为反馈，节肢动物类群数增多和多样性增加，促使食物网结构复杂化，有利于土壤系统中的物质循环与能量流动，将进一步促进柠条灌丛-草地生态系统的发育和退化生态系统的恢复。

综合分析表明：①在分析不同年龄灌丛“虫岛”效应的群落水平时采用响应比率(RR)较好，而在分析其种群水平时采用相对互相作用强度指数(RII)能更为完整地揭示出灌丛与节肢动物间的作用关系。在定量研究沙地灌丛“虫岛”及其效应时，需根据实际情况选取数学模型。②沙地柠条灌丛“虫岛”效应与其林龄密切相关。随着柠条灌丛年龄增加和冠幅生长，从 6 年生到 15 年生灌丛基于多样性指数的“虫岛”效应增强，随后 24 年生和 36 年生灌丛基于节肢动物个体数的“虫岛”效应增强而基于多样性指数的“虫岛”效应逐渐弱化甚至消失。随着沙地灌丛发育与林龄增加，灌丛内外节肢动物个体数与多样性指数会呈现不同的变化规律，在“虫岛”效应方面表现不一。③柠条灌丛生长过程对灌丛外裸地地面节肢动物分布产生生态辐射作用，有利于促进节肢动物多样性增加、食物网结构复杂化及灌丛-草地半天然复合生态系统的加速恢复(刘任涛和朱凡, 2015b)。

第二节 不同林龄灌丛地面节肢动物群落结构月动态特征

一、地面节肢动物群落组成与主要类群

本研究共捕获地面节肢动物 5939 只，分属于 5 纲 13 目 58 科 66 类群(表 8-11)。其中，步甲科(13.3%)和鳃金龟科(14.7%)是优势类群，其个体数占总个体数的 28.0%；有 12 个类群(即长奇盲蛛科、网翅蝗科、琵甲属、脊漠甲属、鳖甲属、叶甲科、绒毛金龟科、蜣螂科、土甲属、象甲科、鳞翅目幼虫、收获蚁属)为常见类群，其个体数占总个体数的 46.2%；其他 52 个类群为稀有类群，其个体数占总个体数的 25.8%。按照食性差异将地面节肢动物划分为捕食性、植食性、腐食性、

粪食性和杂食性及寄生性 6 个营养功能群(表 8-11)。根据类群数统计，不同功能群间的比例为 19(捕食性)∶37(植食性)∶3(腐食性)∶3(粪食性)∶3(杂食性)∶1(寄生性)，其中以捕食性和植食性为主要营养功能群。

表 8-11　地面节肢动物群落组成

目	科	属	功能群
等足目	瘤潮虫科		植食性
盲蛛目	长奇盲蛛科		捕食性
蜈蚣目	蜈蚣科		捕食性
蜘蛛目	园蛛科		捕食性
	跳蛛科		捕食性
	球蛛科		捕食性
	光盔蛛科		捕食性
	管巢蛛科		捕食性
	平腹蛛科		捕食性
	逍遥蛛科		捕食性
	狼蛛科		捕食性
	蟹蛛科		捕食性
革翅目	蠼螋科		捕食性
直翅目	网翅蝗科		植食性
	蝼蛄科		植食性
	树蟋科		植食性
同翅目	叶蝉科		植食性
半翅目	蝽科		植食性
	姬蝽科		植食性
	姬缘蝽科		植食性
	缘蝽科		植食性
	蛛缘蝽科		植食性
	盾蝽科		植食性
	长蝽科		植食性
	盲蝽科		植食性
	土蝽科		植食性
毛翅目			植食性
鞘翅目	虎甲科		植食性
	步甲科		植食性
	拟步甲科	琵甲属	植食性
		脊漠甲属	植食性
		鳖甲属	杂食性
		土甲属	植食性

续表

目	科	属	功能群
鞘翅目	芫菁科		植食性
	叶甲科		植食性
	吉丁甲科		植食性
	叩甲科		植食性
	隐翅虫科		捕食性
	鳃金龟科		植食性
	绒毛金龟科		植食性
	蜣螂科		粪食性
	蜉金龟科		粪食性
	花金龟科		植食性
	粪金龟科		粪食性
	阎甲科		腐食性
	埋葬甲科		腐食性
	龟甲科		植食性
	象甲科		植食性
	姬花甲科		植食性
	皮蠹科		腐食性
鳞翅目	叶蛾科		植食性
	尺蛾科		植食性
双翅目	食虫虻科		捕食性
膜翅目	切叶蜂科		植食性
	姬蜂科		捕食性
	青蜂科		寄生性
	土蜂科		植食性
	泥蜂科		捕食性
	蜜蜂亚科		植食性
	蜾蠃科		捕食性
	叶蜂科		植食性
	蚁科	收获蚁属	植食性
		铺道蚁属	杂食性
		箭蚁属	杂食性
		原蚁属	捕食性
		弓背蚁属	捕食性

注：同翅目、半翅目根据《昆虫分类》(郑乐怡和归鸿, 1999) 分开划分

在 5 月，6 年生林地优势类群为鳖甲属、鳃金龟科和象甲科，到 15 年生林地变为鳃金龟科和象甲科，24 年生林地变为琵甲属、收获蚁属和铺道蚁属，36 年生

林地变为收获蚁属和铺道蚁属(表 8-12)。6 月，6 年生林地优势类群为步甲属、琵甲属、蜣螂属和象甲科，到 15 年生林地变为琵甲属、鳃金龟科、绒毛金龟科和象甲科，24 年生林地变为琵甲属、鳃金龟科和金龟科，36 年生林地变为琵甲属、鳃金龟科和蜣螂属。7 月，6 年生林地优势类群为步甲属、琵甲属、鳃金龟科和铺道蚁属，到 15 年生林地变为鳃金龟科和铺道蚁属，到 24 年生林地为琵甲属和鳃金龟科 2 类，而到 36 年生林地变为步甲科、东鳖甲属、鳃金龟科和铺道蚁属。到 8 月，6 年生林地优势类群为步甲科、琵甲属、收获蚁属和铺道蚁属，到 15 年生林地变为网翅蝗科、步甲科和铺道蚁属，到 24 年生林地变为步甲科、琵甲属和收获蚁属，而到 36 年生林地只有步甲科。在 9 月，6 年生林地优势类群为步甲科和铺道蚁属，到 15 年生和 24 年生林地变为步甲科、土甲属和收获蚁属，而到 36 年生林地变为步甲科和收获蚁属。这说明随着月份的改变，各种年龄柠条林地地面节肢动物优势类群的种类和数量均发生变化，并且同一月份不同年龄林地间地面节肢动物优势类群也存在显著差异，表明地面节肢动物有其自身的生物学和生活史特性，随着环境条件的变化，地面节肢动物种类和数量发生了显著的改变。

表 8-12　节肢动物优势类群及其多度的月动态变化

林地	5 月	多度(%)	6 月	多度(%)	7 月	多度(%)	8 月	多度(%)	9 月	多度(%)
6 年	东鳖甲属	20.1	琵甲属	12.9	琵甲属	14.2	步甲科	20.2	步甲科	63.2
	鳃金龟科	24.8	步甲科	11.5	步甲科	15.8	琵甲属	11.2	铺道蚁属	10.9
	象甲科	16.2	蜣螂科	15.2	鳃金龟科	27.9	收获蚁属	10.6		
			象甲科	12.6	铺道蚁属	20.8	铺道蚁属	23.4		
合计		61.1		52.2		78.7		65.4		74.1
15 年	鳃金龟科	38.3	琵甲属	11.6	鳃金龟科	21.8	网翅蝗科	22.4	步甲科	32.6
	象甲科	16.3	鳃金龟科	35.6	铺道蚁属	32.3	步甲科	15.5	土甲属	19.5
			绒毛金龟科	10.9			铺道蚁属	12.3	收获蚁	17.8
			象甲科	13.1						
合计		54.6		71.2		54.1		50.2		69.9
24 年	琵甲属	11.0	琵甲属	23.3	琵甲属	50	步甲科	42.0	步甲科	22.5
	收获蚁属	15.2	鳃金龟科	33.8	鳃金龟科	10.3	琵甲属	16.7	土甲属	27.5
	铺道蚁属	42.7	金龟科	10.4			收获蚁属	10.7	收获蚁属	18.8
合计		68.9		67.5		60.3		69.4		68.8
36 年	收获蚁属	11.8	琵甲属	10.1	步甲科	11.3	步甲科	56.6	步甲科	25.7
	铺道蚁属	30.9	鳃金龟科	25.4	鳖甲属	20.1			收获蚁属	34.3
			蜣螂属	18.1	鳃金龟科	15.2				
					铺道蚁属	13.7				
合计		42.7		53.6		60.3		56.6		60.0

柠条林地的主要类群为网翅蝗科、步甲科、鳖甲属、琵甲属、土甲属、鳃金龟科、绒毛金龟科、金龟科、蜣螂科、象甲科、收获蚁属和铺道蚁属。从功能群的角度来看，在 5 月，从 6 年生到 15 年生林地，地面节肢动物优势类群均以植食性类群为主，从 24 年开始除植食性类群外又出现杂食性类群。到 6 月除植食性类群外，6 年、24 年和 36 年生林地均开始出现粪食性类群，这与 6 月某些地面节肢动物完成生活史过程而大量死亡有关。某些动物类群完成生活史过程后的残存尸体，为这些腐食性类群(如蜣螂)的出现提供了食源上的可能。实际调查过程中发现大量鳃金龟科残体也可以说明这一点。到 7 月，除上述植食性类群和杂食性类群外，从 36 年生林地开始出现捕食性类群。分析原因可能是在 7 月只有 36 年生林地才能够为这种捕食性类群的出现提供适宜的生境条件，36 年生林地地表草本植物丰富，吸引这些类群前来定居、存活与繁殖。从 8 月开始，发展到各个林地均开始出现捕食性类群，说明 8～9 月地面草本植被密度的增加和植食性类群的增多，为更多类群的捕食性类群出现提供了充足的食源，同时也说明草地生态系统食物网结构趋于复杂化，这将影响柠条林地恢复草地生态系统的物质循环和能量流动过程。但这与宁夏灵武生态恢复区人工柠条林调查中步甲科在 4 月出现高峰期的结果(王巍巍, 2013)不一致。尽管本研究在 4 月未进行调查取样，但研究中 7～9 月出现步甲科的高峰期，可能与柠条林年龄不同而造成的生态系统结构存在差异性有关，同时也与研究样地基质环境存在密切关系。宁夏灵武生态恢复区人工柠条林属于荒漠环境，而本研究样地属于沙化草原生境。

不仅如此，地面节肢动物月动态也受到柠条林龄的影响(表 8-12)，6 年生林地 5～9 月地面节肢动物优势类群相对密度呈现波动增加趋势，优势类群高峰期出现在 9 月，而 15 年生林地优势类群高峰期出现在 6 月和 9 月，24 年生林地优势类群高峰期出现在 6 月、8 月和 9 月，36 年生林地优势类群高峰期出现在 6 月、7 月、8 月和 9 月。这一方面说明柠条林龄的增加和柠条林的发育可以导致地面节肢动物月动态模式发生明显改变，这种月动态模式的改变可能会使其更好地适应环境的变化，另一方面说明了随着草地的恢复，地面节肢动物群落趋于稳定而受季节的影响逐渐降低，在较稳定的柠条林地生境中地面节肢动物月分布趋于相似。在草地恢复过程中，地面节肢动物群落正是通过不断调整各个类群在群落中的地位或作用使群落优势类群逐步发生改变，从而导致群落发生演替。

二、地面节肢动物不同类群数量分布特征

从不同林地地面节肢动物最大类群密度和平均类群密度的月动态变化中可以看出(表 8-13)，随着林龄的增加，6 年生林地的最大类群密度以 5 月和 9 月最高，8 月最低；从 15 年生到 24 年生林地逐步转变为 5 月最高而其他月份相对较低的模式；到 36 年生林地转变为 5 月最高，8 月次之，而其他月份相对较低的模式。

这一方面说明，在类群水平上，对于最大类群数量来说，利用人工种植柠条来恢复草地生态系统对 8 月的影响较大；另一方面说明，随着草地的恢复，地面节肢动物群落通过调整其最大类群大小的月动态变化模式来适应柠条林恢复草地的发展，如通过 8 月增加最大类群个体数量，以适应草地恢复的影响。柠条林地最大类群密度和平均类群密度的高峰值均出现在 5 月，说明 5 月是研究区柠条林地某些地面节肢动物的活跃期，这与春季土壤温度逐渐升高有利于这些类群越冬后卵(幼虫)的快速孵化生长密切相关。

表 8-13　节肢动物不同类群数量特征的月动态变化　(单位：只/收集器)

指标		6 年	15 年	24 年	36 年
最大个体数	5 月	227	139	155	255
	6 月	67	98	42	55
	7 月	67	83	34	41
	8 月	44	62	63	198
	9 月	225	62	38	60
最小个体数	5 月	1	1	1	1
	6 月	1	1	1	1
	7 月	1	1	1	1
	8 月	1	1	1	1
	9 月	1	1	1	1
平均个体数	5 月	41	17	13	22
	6 月	13	12	7	9
	7 月	15	10	4	9
	8 月	9	9	11	11
	9 月	18	11	6	9

三、地面节肢动物群落总类群数和个体数分布

随着林龄的增加，每月地面节肢动物群落个体数均呈现先降低后增加趋势(图 8-9)，最小值均出现在 24 年生林地；而且除 8 月外，其他 4 个月不同林龄间均存在显著差异($P<0.05$)。6 年生林地地面节肢动物群落个体数表现为 5 月>9 月>6 月>7 月>8 月；随着林龄的增加，15 年生林地地面节肢动物群落个体数表现为 5 月>8 月>6 月>7 月>9 月，24 年生林地变为 5 月>8 月>9 月>6 月>7 月，36 年生林地变为 5 月>8 月>6 月>7 月>9 月。随着林龄的增加，总体上每

月地面节肢动物群落类群数呈现先降低后增加趋势。前 3 个月（5～7 月）不同林地间地面节肢动物类群数分布存在显著差异（$P<0.05$）。其中 5 月和 9 月最大值出现在 36 年生林地，而 6 月、7 和 8 月最大值出现在 15 年生林地。6 年生林地地面节肢动物群落类群数表现为 5 月＞6 月＞8 月＞7 月＞9 月，15 年生林地表现为 8 月＞5 月＞6 月＞7 月＞9 月，24 年生林地表现为 5 月＞9 月＞8 月＞6 月＞7 月，36 年生林地表现为 5 月＞8 月＞7 月＞9 月＞6 月。结果说明，草地恢复对于地面节肢动物群落的影响以 8 月影响最大，5～7 月影响较小，也证明了上述的分析结果。

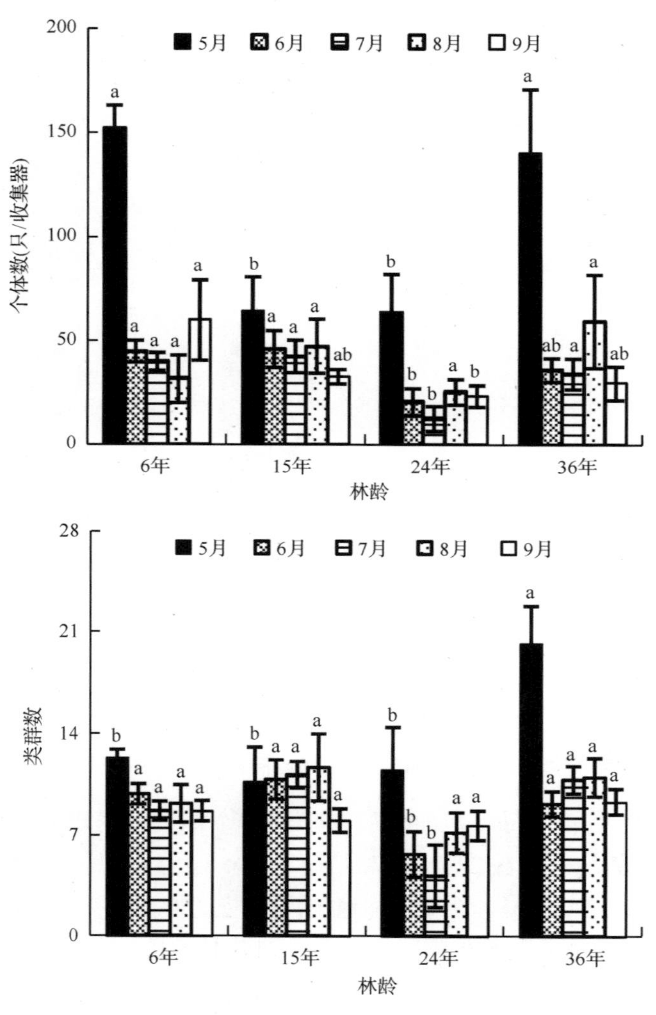

图 8-9　节肢动物群落个体数和类群数分布（平均值±标准误）

综合分析表明，宁夏沙化草原区人工柠条林地面节肢动物以反映该干旱生境的甲虫类为优势类群。随着林龄的增加和柠条林地的发育，在7月36年生林地首次出现捕食性优势类群，8～9月每个林地均出现捕食性优势类群。地面节肢动物营养功能群既受到月份改变的季节变化的影响，又受到柠条林龄的限制。从不同林地最大类群密度和平均类群密度、群落类群数和个体数的月动态来看，8月地面节肢动物数量特征受到林龄的影响较大，说明地面节肢动物月动态变化受到柠条林龄的深刻影响，直接影响草地生态系统的结构功能及其恢复过程(刘任涛和朱凡，2014)。

第九章　灌丛林管理措施对地面节肢动物群落分布的影响

放牧是干旱风沙区生态系统主要的干扰活动，是灌丛林地最重要的利用形式和经营活动。在放牧活动中，牛羊等牲畜选择性采食、践踏及粪尿归还等行为对灌丛林地植被和土壤环境产生直接影响(杨志敏等, 2016)。另外，固沙灌丛柠条在生长6～8年后，就会出现生长缓慢、枯枝等衰退现象，随之病虫害现象加重，它的经济效益、生态效益不断下降。因此，需要采取有效管理措施包括平茬、在林间补播牧草等，才能发挥柠条林地的生态效益与经济效益，实现柠条林地的可持续发展和利用。平茬在改变灌丛林本身的同时，也改变了太阳辐射、温度、水分等条件；同时，补播通过改变灌丛林间草本植被结构来影响地表植被分布特征(刘任涛等, 2013b, 2013c)。由于放牧管理、平茬和补播对柠条林地土壤与草本植物群落产生显著影响，生活于其中的地面节肢动物对微生境的改变将产生一定响应和适应性，地面节肢动物群落组成和结构将发生改变，进而影响沙化草原生态系统的结构与功能。本章着重阐述放牧管理、林地平茬及林间牧草补播对地面节肢动物群落分布的影响。

第一节　放牧管理对柠条林地地面节肢动物群落分布的影响

一、环境因子

本节研究内容是基于 2015 年在围封(封育)和放牧柠条林地开展相关调查所获得的数据结果。众多学者的研究表明，过度放牧导致地表植被、土壤的破坏和生产力的降低。从图 9-1 可以看出，在 3 个季节中，地表植被物种数和个体数在放牧与封育柠条林地样地间均无显著差异($P>0.05$)。并且，春季地表植被高度在放牧和封育样地间也无显著差异($P>0.05$)，但是夏季和秋季，地表植被高度表现为放牧样地显著低于封育样地($P<0.05$)。这与在半干旱气候区研究放牧对植物多样性的影响结果(刘晓妮等, 2014)相吻合。研究表明，牲畜优先采食位于植物群落上层结构的物种，直接导致地表植被高度显著降低。但在放牧和封育样地间，植物物种数和个体数在 3 个季节均无显著差异，这是牲畜的选择性采食作用抑制了赖草等禾本科植物的竞争能力，促使牲畜不喜食的蒿属植物入侵定居的缘故。本

研究发现猪毛蒿和白草成为 2 个生境样地的优势种，导致放牧管理对地表植被物种数和个体数分布的影响较小。另外，灌丛对地表物种的保护作用，削弱了牲畜采食和践踏的负面影响，可能也是一个重要原因。

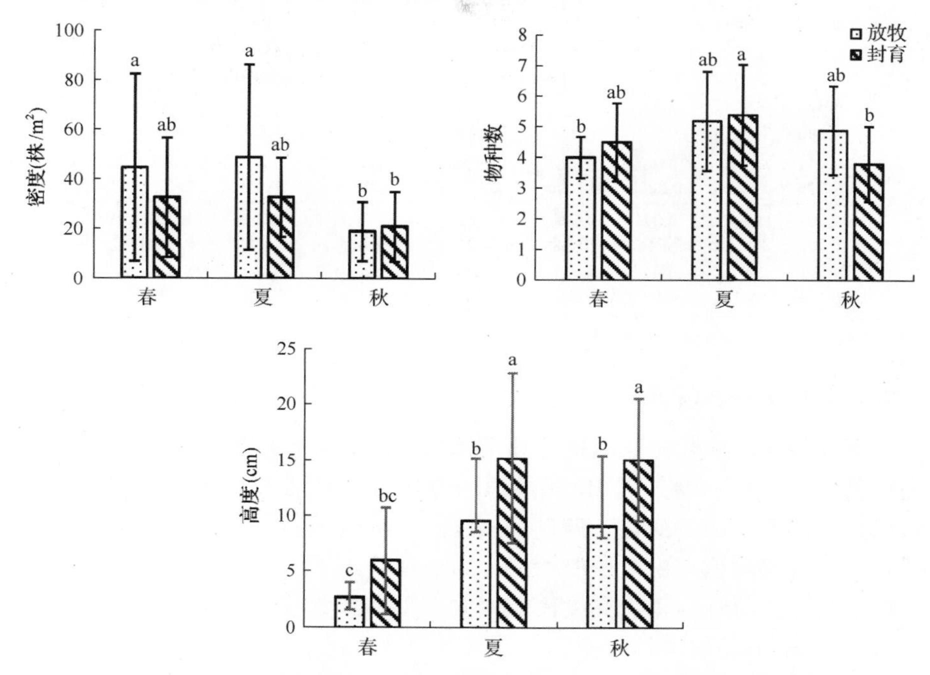

图 9-1 不同放牧管理林地地表植被特征(平均值±标准误)

不同小写字母表示显著性差异($P<0.05$)

从表 9-1 可以看出，土壤电导率仅在秋季表现为放牧样地显著低于封育样地($P<0.05$)，这与孙海燕等(2015)在内蒙古荒漠草原中的研究结果相似。夏末秋初为该研究区域降雨较多时期，牲畜啃食与践踏导致土壤表层裸露，持水能力下降，表层土壤中离子态盐分溶解于雨水，并随雨水渗透入深层土壤，致使表层土壤电导率降低。土壤容重在夏季表现为放牧样地显著高于封育样地，这是因为夏季放牧频繁、牲畜践踏，土壤总孔隙度减少，土壤容重升高。土壤粗沙含量在春季和秋季表现为放牧样地显著高于封育样地，而土壤细沙含量表现为放牧样地显著低于封育样地。研究表明，放牧过程中，牲畜践踏导致部分土壤表层出现裸露而表面土层风蚀增大，土壤粗沙含量增多，细沙含量减小，破坏了表层土壤的机械组成(通乐嘎等, 2018)。同时，封育样地灌丛林地地表地衣结皮出现，为降尘等细粒物质的截存提供了有利条件，促使封育灌丛林地土壤细沙含量较高。

表 9-1　不同放牧管理林地土壤性状(平均值±标准误)

处理		pH	电导率 (μS/m)	全氮 (g/kg)	有机碳 (g/kg)	土壤温度 (℃)	土壤含水量 (%)	容重 (g/m^3)	粗沙 (%)	细沙 (%)	黏粉粒 (%)
春	放牧	8.27±0.06a	125.00±12.61d	0.06±0.02ab	0.65±0.11b	24.72±0.75b	1.07±0.49b	1.33±0.08b	29.41±7.06b	69.70±7.11b	0.88±0.14c
	封育	8.32±0.11a	165.70±71.92cd	0.06±0.02ab	0.62±0.19bc	25.31±1.06b	1.15±0.34b	1.23±0.16b	19.34±5.61c	79.74±5.55a	0.92±0.10c
夏	放牧	7.91±0.14b	213.50±31.98ab	0.05±0.02b	0.52±0.08c	30.30±2.80a	1.79±1.43b	1.44±0.06a	24.68±5.46bc	66.68±5.56b	8.64±2.45a
	封育	7.93±0.07b	213.10±43.25ab	0.06±0.02ab	0.60±0.16bc	30.12±3.19a	1.49±1.09b	1.31±0.06b	20.07±4.49c	71.33±4.55b	8.61±2.00a
秋	放牧	7.79±0.15c	194.90±28.15bc	0.07±0.03ab	0.69±0.13ab	15.05±1.45c	7.31±1.23a	1.39±0.20ab	36.43±4.52a	59.74±5.06c	3.83±0.92b
	封育	7.88±0.13c	243.60±73.37a	0.08±0.04a	0.78±0.16a	15.55±1.75c	7.67±1.71a	1.33±0.20ab	27.81±4.87b	67.14±4.50b	5.06±1.24b

注：不同小写字母表示显著性差异(P<0.05)

二、地面节肢动物群落组成

干旱风沙区，放牧在影响植被和土壤的同时，也对栖居其内的地面节肢动物产生显著影响。从表 9-2 可知，在春季和秋季中，放牧和封育灌丛林地地面节肢动物优势类群的组成无变化，但夏季放牧灌丛林地地面节肢动物优势类群的类群数减少，这与实际调查中夏季盾蝽科分布对环境因子的响应有关。盾蝽科是植食性动物，其分布特征与植物高度密切相关。夏季频繁放牧导致植物高度显著降低(图 9-1)，影响盾蝽科类群分布，因此放牧样地相对于封育灌丛林地少 1 个类群。

表 9-2　不同放牧管理林地地面节肢动物平均个体数　　(单位：只/收集器)

动物类群	春季		夏季		秋季		优势度
	放牧	封育	放牧	封育	放牧	封育	
光盔蛛科	1.20(0.49)	—	0.40(0.74)	0.80(1.56)	—	0.80(1.40)	+
逍遥蛛科	1.20(0.49)	—	0.80(1.48)	0.80(1.56)	1.33(1.50)	2.40(4.20)	+
平腹蛛科	1.60(0.65)	2.00(1.24)	1.60(2.96)	0.80(1.56)	—	0.40(0.70)	+
管巢蛛科	—	0.40(0.25)	—	—	—	—	+
园蛛科	—	—	1.20(2.22)	—	—	—	+
狼蛛科	—	1.20(0.75)	0.40(0.74)	—	0.88(1.00)	1.60(2.80)	+
蟹蛛科	—	0.40(0.25)	0.40(0.74)	0.40(0.78)	1.33(1.50)	1.20(2.10)	+
跳蛛科	—	—	0.40(0.74)	—	—	—	+
长奇盲蛛科	—	—	—	—	0.45(0.50)	1.20(2.10)	+
蜱螨目	—	—	0.40(0.74)	0.40(0.78)	—	—	+
潮虫科	—	—	—	—	0.88(1.00)	—	+
地蜈蚣科	—	—	—	0.80(1.56)	2.23(2.50)	1.20(2.10)	+
网翅蝗科	—	—	—	—	—	1.20(2.10)	+
蠼螋科	—	—	0.40(0.74)	—	—	—	+

续表

动物类群	春季		夏季		秋季		优势度
	放牧	封育	放牧	封育	放牧	封育	
叶蝉科	—	—	—	—	0.45(0.50)	0.40(0.70)	+
盲蝽科	0.40(0.16)	7.20(4.48)	—	—	—	—	++
盾蝽科	—	—	0.80(1.48)	5.60(10.94)	—	—	+
蝽科	—	—	—	0.40(0.78)	—	—	+
蛛缘蝽科	—	—	—	—	—	0.40(0.70)	+
土蝽科	—	—	—	—	—	0.40(0.70)	+
象甲科	18.80(7.68)	9.60(5.97)	2.00(3.70)	0.40(0.78)	0.88(1.00)	2.40(4.20)	++
拟步甲科	168.80(68.95)	105.60(65.67)	28.80(53.33)	20.80(40.63)	20.00(22.50)	9.20(16.07)	+++
步甲科	8.80(3.59)	9.60(5.97)	4.00(7.41)	2.00(3.91)	12.45(14.00)	8.00(13.98)	++
吉丁甲科	0.80(0.33)	3.20(1.99)	0.40(0.74)	—	0.45(0.50)	0.40(0.70)	+
绒毛金龟科	32.80(13.40)	16.40(10.20)	0.40(0.74)	—	—	—	++
叩甲科	0.80(0.33)	—	—	—	—	—	+
阎甲科	0.40(0.16)	—	—	—	—	—	+
鳃金龟科	2.00(0.82)	0.40(0.25)	0.40(0.74)	1.20(2.34)	—	—	+
叶甲科	0.40(0.16)	—	—	0.40(0.78)	0.45(0.50)	—	+
金龟科	0.80(0.33)	0.40(0.25)	—	0.40(0.78)	0.45(0.50)	0.80(1.40)	+
埋葬甲科	—	—	—	—	—	1.20(2.10)	+
粪金龟科	—	—	—	0.40(0.78)	—	—	+
步甲科幼虫	0.40(0.16)	1.20(0.75)	—	—	—	—	+
拟步甲科幼虫	—	0.80(0.50)	—	—	—	—	+
鳞翅目幼虫	—	—	—	—	0.88(1.00)	1.60(2.80)	+
蝇科	—	0.40(0.25)	—	0.40(0.78)	1.33(1.50)	0.80(1.40)	+
摇蚊科	—	—	—	—	0.45(0.50)	—	+
蚁科	5.60(2.29)	2.00(1.24)	11.20(20.74)	14.40(28.13)	44.00(49.50)	21.20(37.05)	+++
泥蜂总科	—	—	—	0.40(0.78)	—	0.40(0.70)	+
土蜂科	—	—	—	0.40(0.78)	—	—	+
多度	244.80a	160.80b	54.00c	51.20c	88.89c	57.20c	

注：不同小写字母表示显著性差异(P<0.05)。“—”表示无此类地面节肢动物出现。+. 稀有类群，个体数百分比<1%；++. 常见类群，个体数百分比为 1%～10%；+++. 优势类群，个体数百分比>10%。括弧内数据表示个体数占群落个体数的百分比(%)

相对于封育灌丛林地，3 个季节中放牧后常见类群数均明显减少(表 9-2)，这是由于常见类群对环境改变十分敏感，放牧样地的强烈干扰导致更多的地面节肢动物迁移到封育样地。春季和秋季放牧后灌丛林地稀有类群增多，但夏季放牧处理后稀有类群减少，这与放牧管理条件下某些特定节肢动物的生物生态学特性密切相关。地面节肢动物首要选择的是适宜的栖息地，如叩甲科、阎甲科、摇蚊科、跳蛛科、蠼螋科、园蛛科和潮虫科仅在放牧样地出现，反映了这些地面节肢动物类群对生境选择的严格性和较强的适应性。更重要的是，夏季是放牧的高峰期，放牧压力要远高于春季和秋季，牲畜强烈的采食、践踏活动导致植物高度显著降低和加速土壤表层裸露，植被下垫面对降雨的缓冲作用减弱，降雨对放牧样地的影响强烈，影响地面节肢动物的繁殖、产卵和孵化等生活史过程，致使夏季放牧样地稀有类群减少。

三、地面节肢动物群落指数

由表 9-2 可知，地面节肢动物多度仅在春季表现为放牧样地显著高于封育样地($P<0.05$)，这与在高寒草地中的研究结果(武崎等, 2016)相似。在高寒草地中的研究发现，地面节肢动物多度随放牧强度增加呈先下降后上升的趋势。本研究结论可能是放牧管理和降雨变化共同作用下的结果。干旱风沙区，春季干燥少雨，地面节肢动物受降雨影响较小，而受放牧管理影响强烈。牲畜采食促使植物产生更多的幼嫩组织，吸引更多象甲科等植食性地面节肢动物，导致春季放牧样地地面节肢动物多度显著高于封育样地。而夏季和秋季降雨增多，且放牧管理导致土壤表层裸露，从而受降雨影响更为强烈，导致夏季和秋季地面节肢动物多度在放牧样地与封育样地间无显著差异。

从图 9-2 可知，放牧管理对灌丛林地地面节肢动物群落多样性无显著影响，

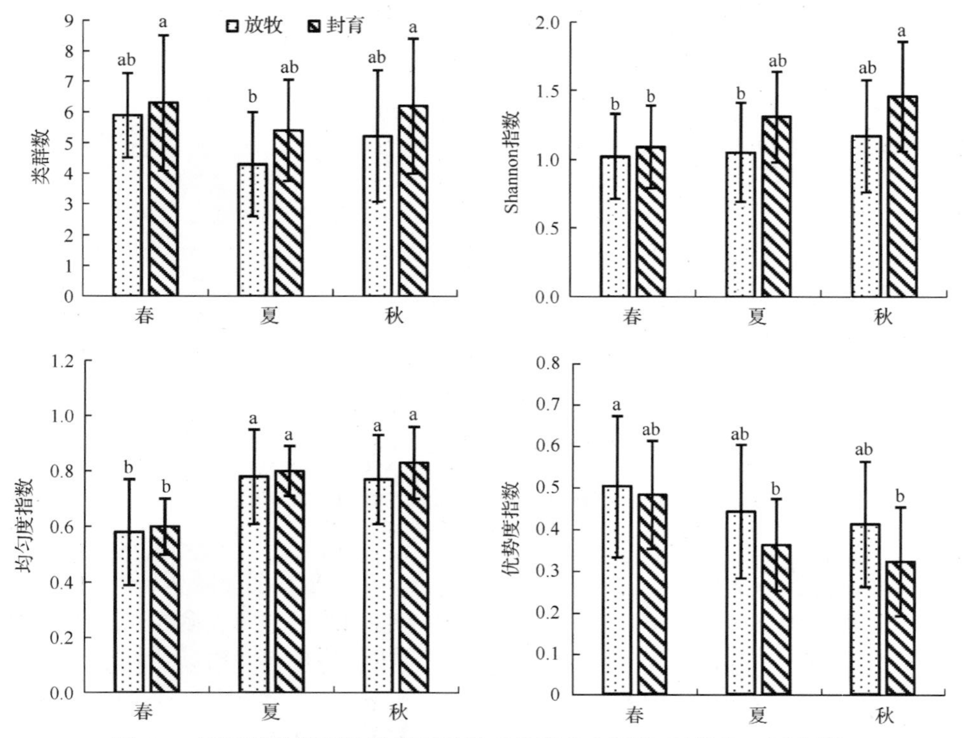

图 9-2 不同放牧管理林地地面节肢动物群落多样性(平均值±标准误)

不同小写字母表示显著性差异($P<0.05$)

表现为地面节肢动物类群数、Shannon 指数、均匀度指数和优势度指数 3 个季节中放牧样地与封育样地间均无显著差异($P>0.05$)，这与灌丛具有生物多样性保育等生态效应密切相关。即使在放牧干扰的条件下，灌丛也能为地面节肢动物提供良好的栖息场所和食物资源条件，对更多的地面节肢动物类群起着保护作用，导致放牧样地与封育样地间地面节肢动物多样性无显著差异。

四、地面节肢动物群落分布和环境因子的相关性分析

已有研究表明，地表植被和土壤为地面节肢动物提供食物来源及栖息地，与地面节肢动物类群组成紧密相关。本研究中，放牧干扰导致地表植被特征和土壤性状发生显著改变，进而直接影响地面节肢动物的采食、生境选择及其群落组成和多样性分布。由图 9-3 可以看出，地面节肢动物多度与植物多度及土壤 pH 间呈

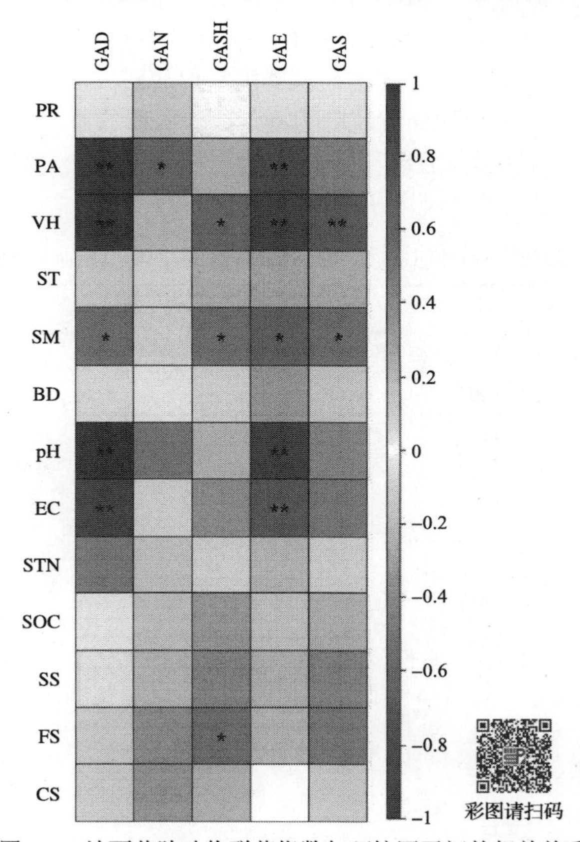

图 9-3　地面节肢动物群落指数与环境因子间的相关关系

蓝色表示正相关，红色表示负相关，并且颜色越深负相关系数越大。* $P<0.05$，** $P<0.01$。GAD.地面节肢动物多度；GAN.地面节肢动物类群数；GASH.地面节肢动物 Shannon 指数；GAE.地面节肢动物均匀度指数；GAS.地面节肢动物优势度指数。PR.植物物种数；PA.植物个体数；VH.植物高度；ST.土壤温度；SM.土壤含水量；BD.土壤容重；pH.土壤 pH；EC.土壤电导率；STN.土壤全氮；SOC.土壤有机碳；SS.土壤粗沙；FS.土壤细沙；CS.土壤黏粉粒

正相关($P<0.05$)，而与植物高度、土壤含水量、土壤电导率间呈负相关($P<0.05$)。地面节肢动物 Shannon 指数与植物高度及土壤含水量间呈正相关($P<0.05$)，而与土壤细沙呈负相关($P<0.05$)。地面节肢动物均匀度指数与植物高度、土壤含水量和土壤电导率间呈正相关($P<0.05$)，而与植物多度及土壤 pH 间呈负相关($P<0.05$)。地面节肢动物优势度指数与植物高度、土壤含水量间呈负相关($P<0.05$)。地面节肢动物类群数仅与植被多度间呈正相关($P<0.05$)。

RDA 和偏 RDA 分析结果表明(表 9-3，图 9-4)，土壤 pH、植物多度、土壤温度和土壤含水量是影响地面节肢动物多度的主要因素。牲畜通过选择性采食、践踏和粪尿归还改变土壤 pH、植物个体数、土壤温度和含水量水平，进而影响地面节肢动物多度。本研究中，相关环境因子对地面节肢动物多度的总贡献率仅为 65%，说明仍有其他重要因素如土壤全 K、全 P 和有机质含量等因子对地面节肢动物多度产生深远影响。在干旱区不同林龄灌丛内的研究表明(刘任涛等, 2014b)，土壤容重、pH 和电导率对地面节肢动物群落结构的影响显著，同时，土壤全 K、全 P 和有机质含量与地面节肢动物类群组成密切相关，下一步需要对土壤全 K、全 P 和有机质含量等其他环境因子进行调查。

表 9-3　环境因子对地面节肢动物群落组成分布的相对贡献偏 RDA 分析

变量	λ	贡献率(%)	P	F
pH	0.35	35	0.002	30.83
PA	0.29	16	0.002	18.93
SM	0.19	5	0.006	6.86
ST	0.05	4	0.026	4.23
BD	0	1	0.186	1.55
FS	0.01	1	0.378	0.91
CS	0.01	1	0.43	0.79
VH	0.26	1	0.472	0.76
PR	0	1	0.514	0.62
SOC	0.01	0	0.516	0.6
EC	0.22	1	0.606	0.5
SS	0.01	0	0.78	0.27
STN	0.12	0	0.842	0.24

注：λ.边际效应。PR.植物物种数; PA.植物个体数; VH.植物高度; ST.土壤温度; SM.土壤含水量; BD.土壤容重; pH.土壤 pH; EC.土壤电导率; STN.土壤全氮; SOC.土壤有机碳; SS.土壤粗沙; FS.土壤细沙; CS.土壤黏粉粒

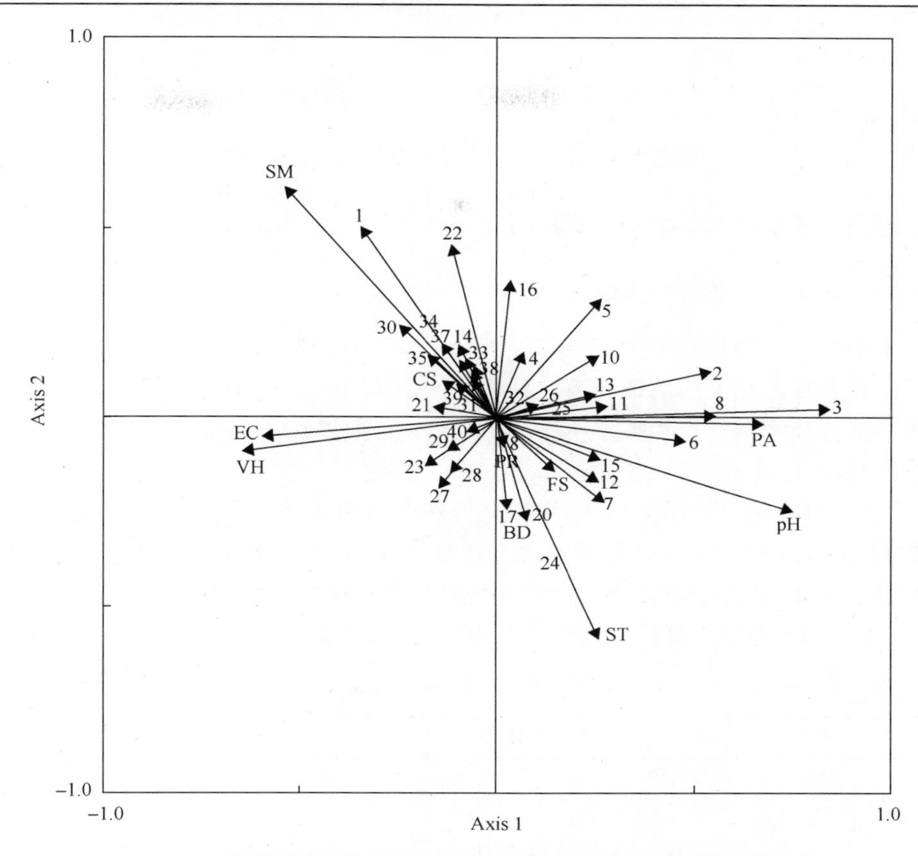

图 9-4　地面节肢动物群落与环境因子关系的 RDA 二维排序图

PR. 植物物种数；PA. 植物个体数；VH. 植物高度；ST. 土壤温度；SM. 土壤含水量；BD. 土壤容重；pH. 土壤 pH；EC. 土壤电导率；FS. 土壤细沙；CS. 土壤黏粉粒。1. 蚁科；2. 象甲科；3. 拟步甲科；4. 光盔蛛科；5. 步甲科；6. 平腹蛛科；7. 吉丁甲科；8. 绒毛金龟科；9. 逍遥蛛科；10. 叩甲科；11. 阎甲科；12. 鳃金龟科；13. 盲蝽科；14. 叶甲科；15. 步甲科幼虫；16. 金龟科；17. 管巢蛛科；18. 狼蛛科；19. 蟹蛛科；20. 拟步甲科幼虫；21. 蝇科；22. 跳蛛科；23. 盾蝽科；24. 蠼螋科；25. 蜱螨目；26. 园蛛科；27. 粪金龟科；28. 蝽科；29. 地蜈蚣科；30. 泥蜂总科；31. 土蜂科；32. 鳞翅目幼虫；33. 长奇盲蛛科；34. 潮虫科；35. 叶蝉科；36. 埋葬甲科；37. 蛛缘蝽科；38. 土蝽科；39. 网翅蝗科；40. 摇蚊科

研究表明，放牧活动对灌丛林地土壤粒径组成、土壤电导率和容重及地表植被高度分布均产生显著影响，尤其对地表植被高度的影响更为深刻。在放牧管理和季节变化作用条件下，植物高度、土壤 pH、土壤含水量和土壤温度的显著差异导致地面节肢动物类群对生境的选择性表现出不同的响应模式，放牧和封育灌丛林地地面节肢动物群落组成变化较大，在某个特定季节时间放牧活动能够促进灌丛林地地面节肢动物多度的增加。但是，灌丛对节肢动物多样性的保育效应能够削弱放牧干扰的负向作用(张安宁等, 2019)。

第二节　平茬和林间牧草补播对柠条林地地面节肢动物群落分布的影响

一、地面节肢动物群落结构分布特征

(一)地面节肢动物群落组成

本节研究内容是基于 2011 年在 25 年生人工柠条林地开展调查所获得的数据结果。调查样地共捕获的地面节肢动物分属于 11 目 28 科 34 个类群(表 9-4)，其中优势类群为鳃金龟科和拟步甲科(琵甲属)，其个体数分别占总个体数的 15.49%和 35.21%。常见类群有光盔蛛科、狼蛛科、蠼螋科、步甲科、叩甲科、拟步甲科(土甲属、琵甲属、鳖甲属)、象甲科、埋葬甲科和蚁科(收获蚁属、铺道蚁属)，共 9 科 10 个类群，其个体数共占总个体数的 41.56%。优势类群和常见类群个体数占总个体数的 92.26%，成为研究样地地面节肢动物的主要组成部分。其余 21 科 22 个类群为稀有类群，其个体数仅占总个体数的 7.74%。

表 9-4　地面节肢动物群落组成

类群	个体数(只)	百分比(%)	优势度
螨类	5	0.88	+
长奇盲蛛科	4	0.70	+
园蛛科	1	0.18	+
光盔蛛科	13	2.29	++
狼蛛科	11	1.94	++
蟹蛛科	3	0.53	+
平腹蛛科	2	0.35	+
逍遥蛛科	1	0.18	+
蠼螋科	12	2.11	++
蜈蚣科	3	0.53	+
蝼蛄科	1	0.18	+
盲蝽科	1	0.18	+
蝽科	1	0.18	+
长蝽科	1	0.18	+
步甲科	51	8.98	++

续表

类群	个体数(只)	百分比(%)	优势度
叩甲科	16	2.82	++
叶甲科	1	0.18	+
鳃金龟科	88	15.49	+++
金龟科	1	0.18	+
粪金龟科	1	0.18	+
龟甲科	1	0.18	+
土甲属	5	0.88	+
琵甲属	200	35.21	+++
鳖甲属	39	6.87	++
鳖甲属幼虫	1	0.18	+
象甲科	17	2.99	++
埋葬甲科	18	3.17	++
阎甲科	2	0.35	+
鳞翅目幼虫	5	0.88	+
收获蚁属	8	1.41	++
铺道蚁属	51	8.98	++
泥蜂科	2	0.35	+
姬蜂科	1	0.18	+
蝇科	1	0.18	+
合计	568	100.00	—

注：+. 稀有类群，个体数百分比＜1%；++. 常见类群，个体数百分比为 1%～10%；+++. 优势类群，个体数百分比＞10%。因数字修约，加和不是 100%

(二)柠条林地林间与林下地面节肢动物分布的比较

目前，对柠条林后期进行抚育管理已成为实现沙化草地有效恢复和资源可持续利用的重要途径。已有研究表明，对于人工柠条林地进行平茬和牧草补播处理，对柠条林地土壤含水量和草本植物群落均产生显著影响，进而影响了生活于其中的地面节肢动物的分布。从图 9-5 和表 9-5 可知，非平茬非补播林地中地面节肢动物个体数($P<0.001$)和类群数($P<0.05$)在林间与林下之间存在显著差异，表现为林下地面节肢动物个体数和类群数均显著高于林间。这与柠条灌丛在干旱区形成“肥岛”效应有关，良好的微生境和更多的食物资源吸引大量地面节肢动物在

灌木下聚集。但是经过平茬或补播或双重处理后，地面节肢动物在林间和林下之间的分布已无显著差异，说明对柠条林地进行平茬和牧草补播处理对于地面节肢动物的局部分布产生了显著影响。

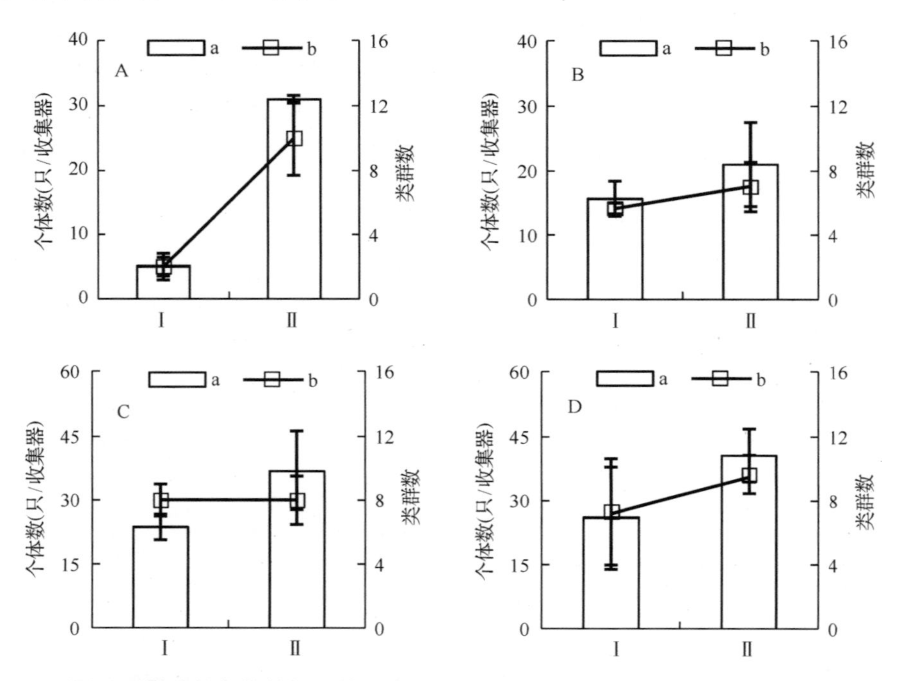

图 9-5　不同处理样地柠条林林间和林下地面节肢动物个体数与类群数比较（平均值±标准误）

Ⅰ. 林间；Ⅱ. 林下。a. 个体数；b. 类群数。A. 非平茬非补播林地；B. 补播非平茬林地；C. 平茬非补播林地；D. 平茬补播林地

表 9-5　不同处理下林地地面节肢动物个体数和类群数的统计结果 *F* 值

	样地	个体数	类群数
Ⅰ×Ⅱ	A	12.04***	3.36*
	B	0.76	0.85
	C	1.37	0
	D	1.09	0.66
A×			
B	Ⅰ	3.11*	5.50**
	Ⅱ	1.53	1.08
C	Ⅰ	5.16**	5.19**
	Ⅱ	0.65	0.72

续表

	样地	个体数	类群数
D	Ⅰ#	1.96*	1.99*
	Ⅱ	1.57	0.13
C×B	Ⅰ	1.99	2.21
	Ⅱ	1.42	0.46
C×D	Ⅰ	0.18	0.19
	Ⅱ	0.33	0.86
B×D	Ⅰ	0.84	0.49
	Ⅱ	2.20	1.37

* $P<0.05$, ** $P<0.01$, *** $P<0.001$。# 为非参数检验值，其余为独立样本 t 检验值。Ⅰ. 林间；Ⅱ. 林下。A.非平茬非补播林地；B.补播非平茬林地；C.平茬非补播林地；D.平茬补播林地

由图 9-6 和表 9-5 可知，在非平茬林地，与非补播林地相比，牧草补播处理可以显著增加柠条林间地面节肢动物个体数和类群数。柠条林间补播牧草后，地面草本植物密度增加，为地面节肢动物提供了充足的食物来源，吸引了生活于柠条林下的大量地面节肢动物前来取食，柠条林下地面节肢动物个体数和类群数均出现了下降趋势。

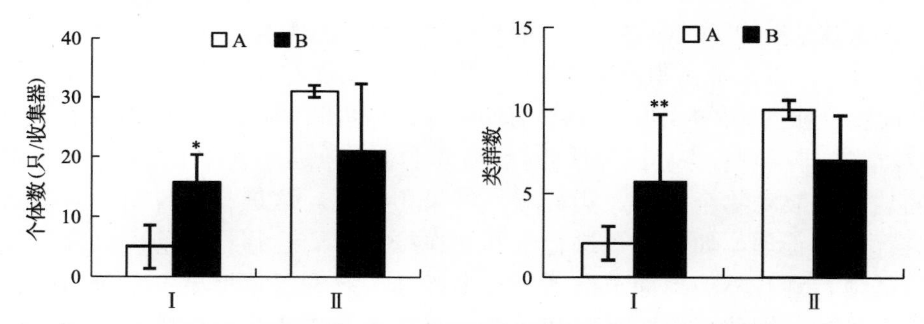

图 9-6 补播与非补播处理下非平茬林地地面节肢动物分布(平均值±标准误)

*、**表示两者之间存在显著差异(* $P<0.05$，** $P<0.01$)。Ⅰ.林间；Ⅱ.林下。

A.非平茬非补播林地；B.补播非平茬林地

在非补播林地，与非平茬林地相比，平茬可以显著增加林间地面节肢动物个体数和类群数(图 9-7)。平茬后柠条灌丛堆微生境的改变，使得一些生活于其中的地面节肢动物更喜欢在草本植物较为丰富的柠条林间生存。柠条林间虽然温度较高，但地面草本植物类群数和密度较高，为地面节肢动物提供了比柠条灌木下生境更为充足的食物资源。虽然柠条林下地面节肢动物个体数有一定增加、类群数有一定减少，但是并未达到显著水平，说明在非补播柠条林地，柠

条林下地面节肢动物分布受到平茬的影响较小，这与柠条灌丛堆本身形成肥力岛密切相关。

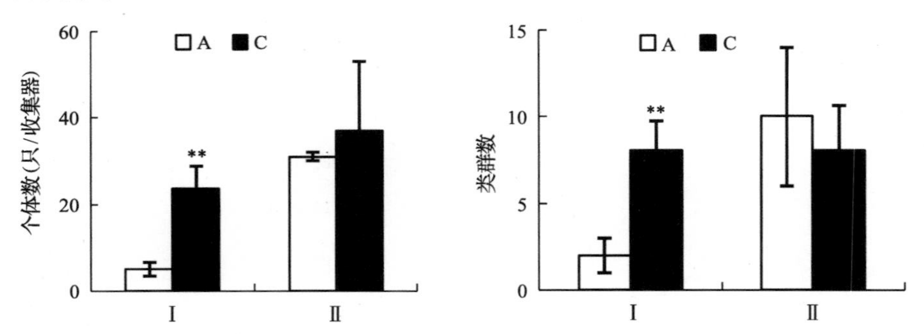

图 9-7　平茬与非平茬处理下非补播柠条林地地面节肢动物分布(平均值±标准误)

** 表示两者之间存在显著差异(P<0.01)。Ⅰ.林间；Ⅱ.林下。A.非平茬非补播林地；C.平茬非补播林地

(三)平茬和牧草补播处理间交互作用对地面节肢动物分布的影响

将仅补播处理与仅平茬处理(图 9-8ii)，或将仅平茬处理与既平茬又补播处理(图 9-8iii)，或将仅补播处理与既平茬又补播处理(图 9-8iv)林地进行比较，林间和林下地面节肢动物的分布均无显著变化。这说明平茬和补播 2 种处理对柠条林地地面节肢动物分布的影响具有类同效应，而且相互之间还可能存在一定的缓冲作用，尤其是缓冲了对柠条林间地面节肢动物分布的影响，具体原因需要进一步分析。但是，以非平茬非补播柠条林地为对照，发现对柠条林进行平茬的同时进行林间牧草补播(图 9-8i)，可以显著增加柠条林间地面节肢动物动物个体数和类群数，这与非平茬柠条林间补播(图 9-6)和非补播但进行平茬(图 9-7)显著增加林间地面节肢动物个体数、类群数的结果相吻合。这进一步说明了对柠条林地进行抚育管理，如对柠条进行平茬和在柠条林间进行补播均可以显著提高柠条林地特别是林间地面节肢动物的多样性，有利于草地生态系统的恢复和稳定性维护。因此，分析平茬和牧草补播处理及二者交互作用对地面节肢动物分布的影响，可以更深入地分析柠条林地管理抚育产生的生态效应。

与非平茬非补播柠条林地相比较，对于柠条林间来说，柠条平茬对地面节肢动物个体数(P<0.01)和类群数(P<0.01)均产生了显著影响，表现为平茬林地地面节肢动物个体数均显著高于非平茬林地(表 9-5，图 9-7)。对于柠条林下来说，虽然柠条林平茬后地面节肢动物个体数增加、类群数减少，但是均未达到显著水平(P>0.05)。这说明柠条林平茬处理对柠条林间地面节肢动物的分布具有显著影响，而对林下地面节肢动物的分布的影响较小。

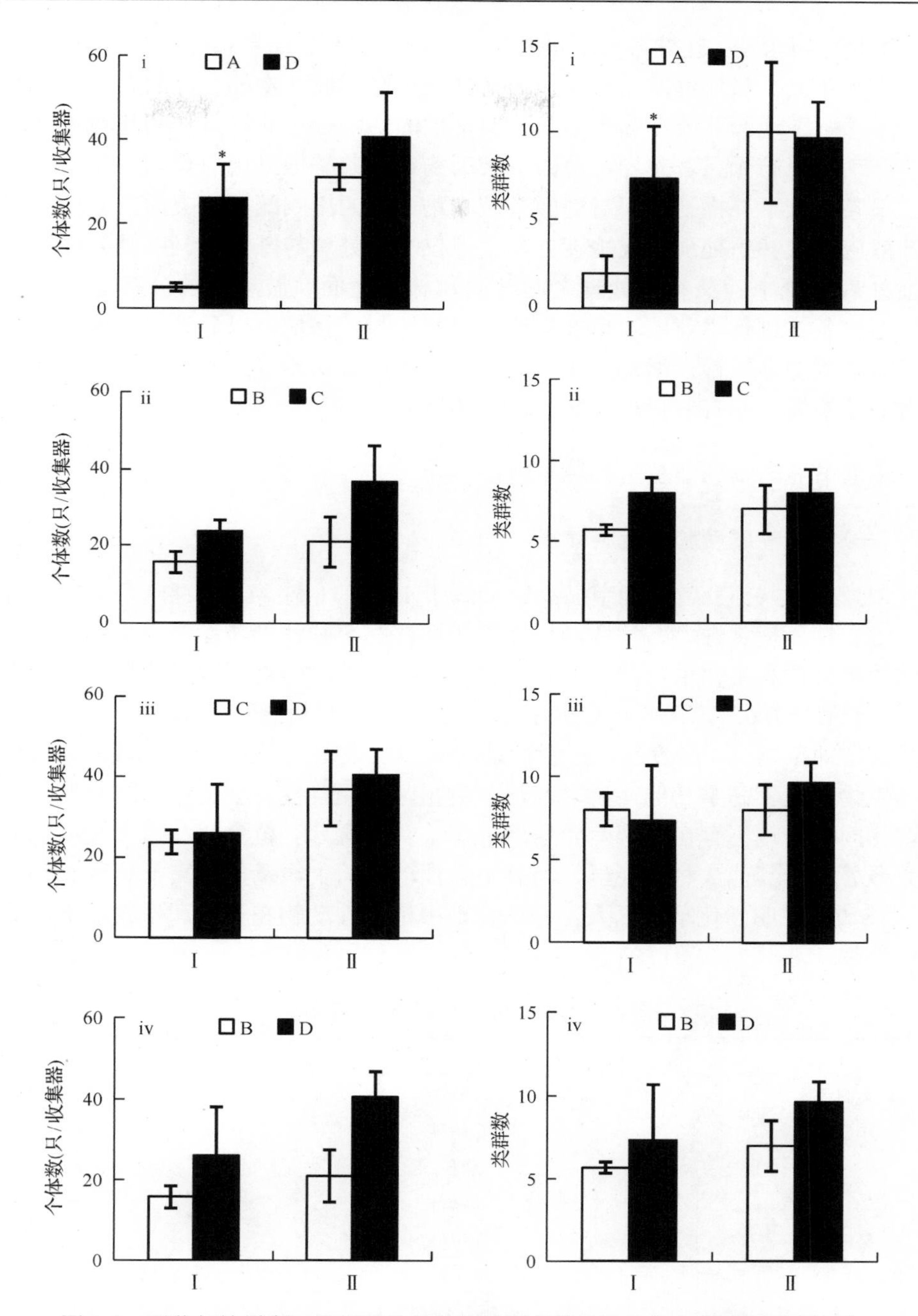

图 9-8　平茬与补播交互处理下柠条林地地面节肢动物分布(平均值±标准误)

i. 平茬补播与非平茬非补播处理比较；ii. 平茬非补播与补播非平茬处理比较；iii. 平茬非补播与平茬补播处理比较；iv. 补播非平茬与平茬补播处理比较。A. 非平茬非补播林地；B. 补播非平茬林地；C. 平茬非补播林地；D. 平茬补播林地。Ⅰ.林间；Ⅱ.林下。* 表示两者之间存在显著差异(P<0.05)

综合分析表明，在柠条林地只进行补播而不平茬，或者只进行平茬而不补播，或者既平茬又补播均可以显著增加柠条林间地面节肢动物的个体数和类群数，而对柠条灌木下地面节肢动物个体数和类群数的影响较小，柠条林间和林下之间地面节肢动物分布无显著差异，地面节肢动物在柠条林地呈现出均匀分布趋势。并且，平茬与牧草补播处理间对地面节肢动物分布的影响既具有类同效应，又具有缓冲效应，仅补播处理与仅平茬处理，或仅平茬处理与既平茬又补播处理，或仅补播处理与既平茬又补播处理之间林间和林下地面节肢动物的分布均无显著差异。对柠条林进行平茬或牧草补播或同时平茬与补播均可以显著提高柠条林地地面节肢动物的多样性，增加土壤生物多样性和群落结构复杂性，有利于柠条林地生态系统的恢复和有效管理(刘任涛等, 2013b)。

二、地面节肢动物功能群结构分布特征

(一)地面节肢动物功能群组成

调查样地共捕获的地面节肢动物分属于 11 目 31 科 34 个类群(表 9-6)，可划分为植食性、捕食性、腐食性、尸食性和杂食性 5 种营养功能群。不同营养功能群间的类群数和生物量均存在差异(图 9-9)，植食性动物类群数显著高于捕食性动物类群数($P<0.05$)，两者均显著高于其他 3 种营养功能群($P<0.05$)，而其他 3 种功能群即杂食性、腐食性和尸食性动物间类群数无显著差异($P>0.05$)。植食性动物生物量显著高于其他 4 种功能群生物量，而捕食性、杂食性、腐食性和尸食性动物间生物量不存在显著差异($P>0.05$)。结果显示，植食性和捕食性动物的类群数显著高于其他 3 种功能群，而且植食性动物的生物量显著高于其他 4 种功能群(图 9-9)，说明沙化草原区人工柠条林地中植食性动物在种类和生物量上占绝对优势地位。

表 9-6 地面节肢动物的功能群划分

目	科	功能群
直翅目	蝼蛄科	Ph
半翅目	盲蝽科	Ph
	蝽科	Ph
	长蝽科	Ph
鞘翅目	叩甲科	Ph
	叶甲科	Ph
	鳃金龟科	Ph
	土甲属(拟步甲科)	Ph
	琵甲属(拟步甲科)	Ph
	鳖甲属幼虫(拟步甲科)	Ph

续表

目	科	功能群
鞘翅目	龟甲科	Ph
	象甲科	Ph
鳞翅目	鳞翅目幼虫	Ph
膜翅目	收获蚁属(蚁科)	Ph
	铺道蚁属(蚁科)	Ph
	泥蜂科	Ph
	姬蜂科	Ph
盲蛛目	长奇盲蛛科	Pr
蜘蛛目	园蛛科	Pr
	光盔蛛科	Pr
	狼蛛科	Pr
	蟹蛛科	Pr
	平腹蛛科	Pr
	逍遥蛛科	Pr
革翅目	蠼螋科	Pr
蜈蚣目	蜈蚣科	Pr
鞘翅目	步甲科	Pr
蜱螨目	螨类	Om
鞘翅目	鳖甲属成虫(拟步甲科)	Om
鞘翅目	金龟科	Sa
	粪金龟科	Sa
	埋葬甲科	Sa
鞘翅目	阎甲科	Ne
双翅目	蝇科	Ne

注：Ph. 植食性；Pr. 捕食性；Om. 杂食性；Sa. 腐食性；Ne. 尸食性

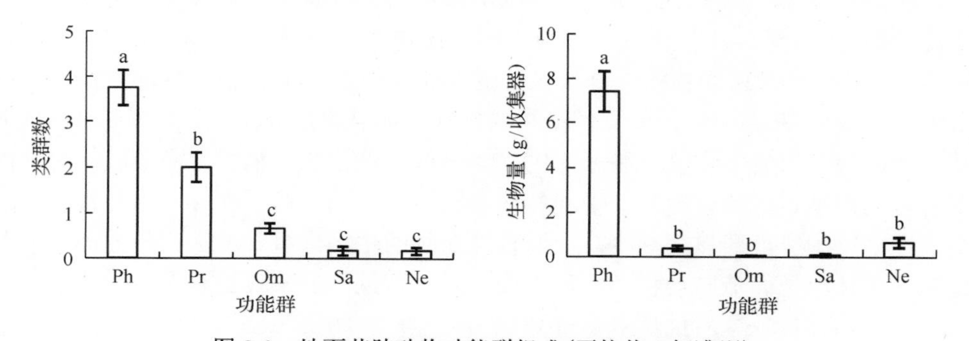

图 9-9　地面节肢动物功能群组成(平均值±标准误)

不同小写字母表示显著性差异($P<0.05$)。Ph. 植食性；Pr. 捕食性；Om. 杂食性；Sa. 腐食性；Ne. 尸食性

（二）非平茬柠条林地中补播处理对地面节肢动物功能群的影响

在非平茬柠条林地中，共获得 4 种营养功能群：植食性、捕食性、腐食性和杂食性。其中，非补播林地中为植食性、捕食性和杂食性 3 种营养功能群，补播林地中为植食性、捕食性、腐食性和杂食性 4 种营养功能群，补播处理增加了柠条林地营养功能群类别。并且，补播处理显著增加了植食性功能群的生物量（$P<0.05$），而对其他营养功能群的类群数和生物量无显著影响（$P>0.05$）（图 9-10）。这说明对柠条林地进行牧草补播后（密度为 115 株/m^2），地面草本植物为地面节肢动物提供了更为丰富的食物资源，吸引更多种类的地面节肢动物前来取食，并增加了食物网结构的复杂性，这有利于草地生态系统中的物质循环和能量流动，进而促进沙化草地生态系统的恢复。

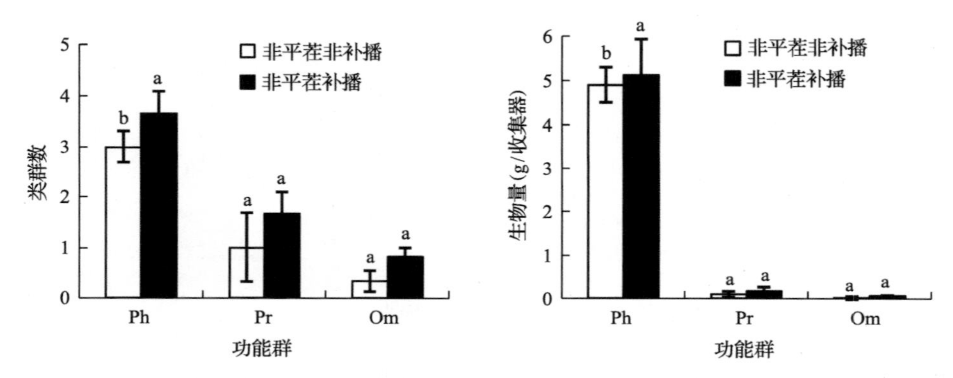

图 9-10　非平茬补播与非平茬非补播林地地面节肢动物功能群分布（平均值±标准误）

不同小写字母表示显著性差异（$P<0.05$）。Ph. 植食性; Pr. 捕食性; Om. 杂食性

（三）平茬柠条林地中补播处理对地面节肢动物功能群的影响

在平茬柠条林地中，共获得 5 种营养功能群：植食性、捕食性、腐食性、尸食性和杂食性（图 9-11）。其中，非补播和补播林地中均有 5 种营养功能群。并且，补播处理后，杂食性动物的类群数显著减少（$P<0.05$），而其他营养功能群的类群数无显著变化（$P>0.05$）；腐食性动物的生物量显著增加（$P<0.05$）（图 9-11），而其他营养功能群的生物量无显著变化（$P>0.05$）。这说明补播对地面节肢动物功能群的影响在平茬柠条林地和非平茬林地存在很大不同。在平茬林地中补播牧草后杂食性动物的类群数显著减少，而腐食性动物的生物量显著增加。一方面，平茬过的柠条林地地面节肢动物功能群组成与未平茬过的柠条林地存在很大的差别。另一方面，补播牧草后虽然食物资源增加，但是食物资源结构趋于简化，这可能促使专食性地面节肢动物逐渐增多，而杂食性动物逐渐减少。

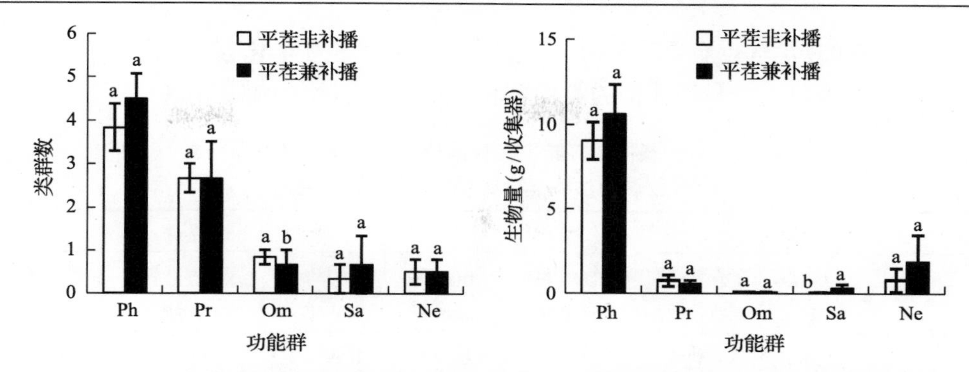

图 9-11 平茬兼补播与平茬非补播林地地面节肢动物功能群分布(平均值±标准误)

不同小写字母表示显著性差异($P<0.05$)。Ph. 植食性; Pr. 捕食性; Om. 杂食性; Sa. 腐食性; Ne. 尸食性

(四)平茬与非平茬处理对地面节肢动物功能群的影响

在未进行补播处理的柠条林地中(表 9-7),对柠条进行平茬处理可以显著增加植食性动物的生物量、捕食性和杂食性动物的类群数($P<0.05$),而对其他动物功能群的类群数和生物量无显著影响($P>0.05$)。植食性动物的生物量主要来源于鳃金龟科和琵甲属昆虫的增加,这可能是平茬后地表盖度降低,地表温差较大,土壤含水量降低及平茬后林地浅层根系生长迅速,更适于鳃金龟科和琵甲属昆虫定居、存活。鳃金龟类幼虫(蛴螬)多为食根性类群,琵甲属昆虫更喜于地面盖度较低、土壤含水量降低的生境中存活。而捕食性和杂食性动物的类群数增多则与平茬柠条林地植食性动物增多密切相关,后者为捕食性和杂食性动物的活动提供了食物资源种类上的可能。

表 9-7 平茬非补播与非平茬非补播处理下柠条林地不同地面节肢动物功能群分布(平均值±标准误)

功能群		Ph	Pr	Om	Sa	Ne
类群数	非平茬非补播	3.00±0.32a	1.00±0.68b	0.33±0.21b	0.00±0.00	0.00±0.00
	平茬非补播	3.83±0.54a	2.67±0.33a	1.00±0.00a	0.33±0.33	0.50±0.29
生物量(g/收集器)	非平茬非补播	4.90±0.40b	0.10±0.06	0.02±0.01	0.00±0.00	0.00±0.00
	平茬非补播	9.01±1.11a	0.74±0.33	0.07±0.03	0.01±0.01	0.79±0.70

注:同列不同字母表示显著性差异($P<0.05$)。Ph. 植食性; Pr. 捕食性; Om. 杂食性; Sa. 腐食性; Ne. 尸食性

在补播处理的柠条林地中(表 9-8),对柠条进行平茬可以显著增加植食性、捕食性和腐食性动物的生物量及腐食性动物的类群数。很明显,补播为植食性动物类群数和生物量的增多提供了丰富植物资源的可能,导致次级消费者数量增加,这反映了一种“上行效应”。但对柠条进行平茬处理显著减少了杂食性动物的类

群数($P<0.05$)，与补播导致食物资源结构的均质化和简单化有关。另外，对柠条进行平茬处理对于尸食性动物的类群数和生物量无显著影响($P>0.05$)。

表 9-8 平茬兼补播与非平茬补播处理下柠条林地不同地面节肢动物功能群分布(平均值±标准误)

功能群		Ph	Pr	Om	Sa	Ne
类群数	非平茬补播	3.67±0.42a	1.67±0.42a	0.83±0.17a	0.17±0.17b	0.00±0.00
	平茬兼补播	4.50±0.56a	3.20±0.80a	0.67±0.33b	0.67±0.67a	0.50±0.29
生物量(g/收集器)	非平茬补播	5.13±0.79b	0.17±0.10b	0.06±0.02a	0.01±0.01b	0.00±0.00
	平茬兼补播	10.60±1.72a	0.51±0.25a	0.03±0.02a	0.27±0.27a	1.82±1.63

注：同列不同字母表示显著性差异($P<0.05$)。Ph. 植食性; Pr. 捕食性; Om. 杂食性; Sa. 腐食性; Ne. 尸食性

(五)平茬与补播对地面节肢动物功能群的交互影响

与非平茬非补播处理柠条林地相比，平茬兼补播处理柠条林地共有 5 种营养功能群，比前者多了 2 个营养功能群，即腐食性和尸食性(表 9-9)。并且，平茬兼补播处理还增加了植食性、捕食性、杂食性动物的类群数和生物量，特别是显著增加了植食性和捕食性动物的生物量($P<0.05$)。这进一步说明了平茬和补播处理可以显著增加地面节肢动物的食物网结构的复杂性。

表 9-9 平茬兼补播处理下柠条林地地面节肢动物功能群的类群数和生物量分布(平均值±标准误)

功能群		Ph	Pr	Om	Sa	Ne
类群数	非平茬非补播	3.00±0.32a	1.00±0.68a	0.33±0.21a	0.00±0.00	0.00±0.00
	平茬兼补播	4.50±0.56a	3.20±0.80a	0.67±0.33a	0.67±0.67	0.50±0.29
生物量(g/收集器)	非平茬非补播	4.90±0.40b	0.10±0.06b	0.02±0.01a	0.00±0.00	0.00±0.00
	平茬兼补播	10.60±1.72a	0.51±0.25a	0.03±0.02a	0.27±0.27	1.82±1.63

注：同列不同字母表示显著性差异($P<0.05$)。Ph. 植食性; Pr. 捕食性; Om. 杂食性; Sa. 腐食性; Ne. 尸食性

综合分析表明，沙化草原区人工柠条林地中地面节肢动物区系以植食性动物分布为其主要特征。补播和平茬处理增加地面节肢动物功能群类别及食物网结构的复杂性(刘任涛等, 2013c)。并且，非平茬补播处理可以显著增加植食性动物的生物量；平茬非补播处理可以显著增加植食性动物的生物量、捕食性和杂食性动物的类群数；平茬兼补播处理将对植食性和捕食性动物产生显著影响。在沙化草原区对柠条林地进行平茬与补播处理有利于增加地面节肢动物食物网的复杂性和促进沙化草地生态系统的恢复。

第四篇　路域及地理气候带灌丛林土壤节肢动物生态分布研究

道路建设及运营过程中的重金属污染，由于具有范围广、持续时间长、污染物不易降解等特点，一直以来都是公路建设生态干扰作用的研究热点。青银高速盐池段穿越人工柠条灌丛林与半天然草地镶嵌的复合生态系统。公路建设及其运营过程中造成非生物环境和植物空间的异质性，成为导致灌丛林地土壤动物群落物种多样性及群落物种关系改变的重要驱动因素(郗伟华等, 2018a)。另外，不同地理气候带气候条件如温度和降雨格局的变化，不仅可以直接改变土壤温度和土壤含水量水平，影响土壤过程，还影响植物生理生态及地表植被分布(刘任涛等, 2015b)。基于地理气候带土壤环境和植被的变化，在影响土壤节肢动物个体的存活、发育与分布的同时，也影响土壤节肢动物的群落结构、多样性、功能群组成及其食物网结构(刘任涛等, 2015c)。本篇以地面土居和地下土居节肢动物为例着重从路域及地理气候带灌丛林地土壤节肢动物群落分布进行阐述，并总结了灌丛“虫岛”概念及其在沙化草原生态系统演替中的作用。

第十章　路域灌丛林地面节肢动物群落分布特征

豆科灌木柠条由于能够长期适应干旱的沙地环境，具有防风、固沙、固氮等功能，被广泛用于流动沙地的固定和退化生态系统的恢复。青银高速是横贯中国大陆北部的一条国道主干线，于2006年3月全线贯通，在宁夏盐池县长度51km，路面宽度23m，穿越盐池县人工柠条灌丛林与半天然草地镶嵌的复合生态系统。高速公路修筑及其运营对其周围环境产生了明显的生态效应，如地表植被遭到破坏、生物量减少、生物栖息生境丧失、路域内土壤受到扰动、气候和土壤条件发生巨变、土壤重金属污染等。公路建设造成非生物环境和植物空间的异质性，易导致灌丛林地土壤动物群落物种多样性及群落物种关系的改变(郗伟华, 2018)。本章以2016年青银高速盐池段柠条灌丛林地的调查数据结果为依托，着重阐述路域柠条灌丛林地土壤理化性质和植被分布及地面节肢动物群落结构及其功能群变化特征。

第一节　路域灌丛林土壤性质与重金属分布及与植被的关系

一、土壤重金属、土壤理化性质分布及与土壤分形维数的关系

(一)土壤重金属含量

由图10-1可以看出，不同采样点之间，土壤重金属含量存在显著差异。其中，土壤重金属Cd含量在0～60m呈下降趋势，在60m处达到最低值，随后上升，在150m处达到峰值。土壤重金属Cu含量在0～30m缓慢上升，在30m处达到峰值，随后剧烈下降，100m处达到最小值，100～200m出现一定程度的回升。土壤重金属Pb含量变化较为平缓，在0m处出现最大值，0～100m缓慢下降，100～200m缓慢上升。土壤重金属Zn含量在0～30m缓慢下降，30～60m剧烈上升，在60m达到峰值，随后在60～100m剧烈下降，在100m达到最小值，100～200m出现急剧回升。

高速公路是路域土壤重金属污染的直接来源，以往关于路域土壤重金属含量随与公路距离变化规律的研究有很多。相关研究表明，重金属含量在路旁土壤中随着与道路垂直距离的增加，其浓度先增加，达到一个最大值，随后下降趋于平稳(马建华等, 2007, 2009；李波等, 2005)。不同研究区域重金属含量峰值出现的位置也不尽相同，如河南省310国道郑州—开封段两侧的峰值含量出现在离路基10～50m(仝致琦，2013)，而连霍高速两侧的峰值含量出现在离路基25～50m(马建华

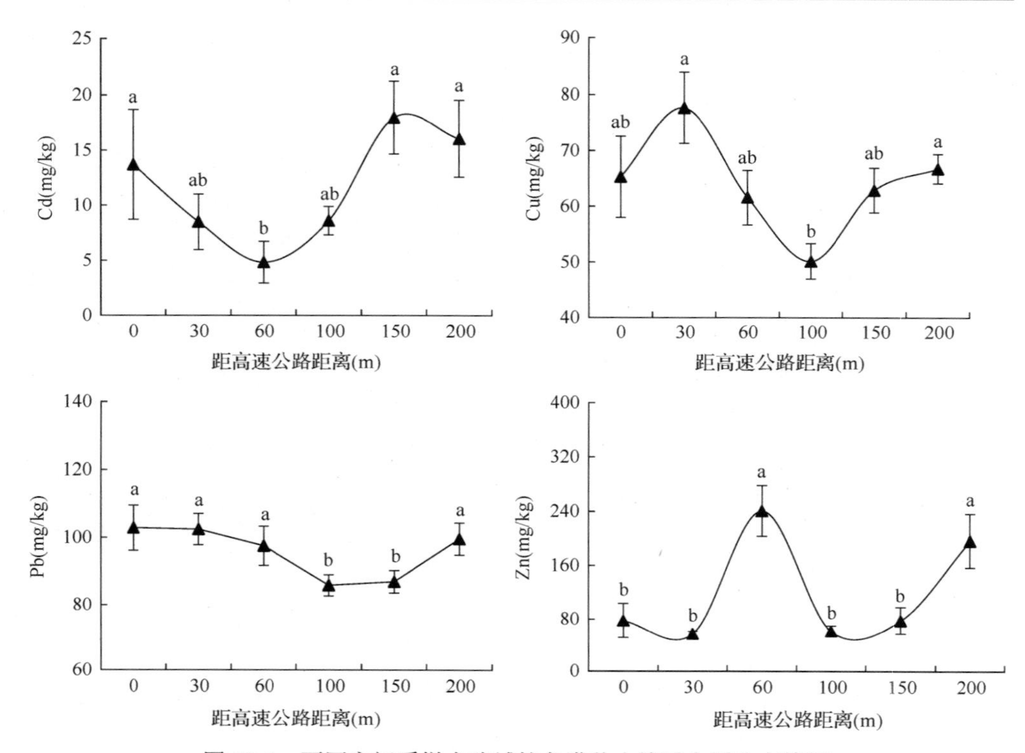

图 10-1　不同空间采样点路域柠条灌丛土壤重金属分布特征

不同小写字母表示显著差异($P<0.05$)

等，2009)。本研究中，在 0～200m 范围，土壤 Cd 含量先下降，后增加到峰值；土壤 Cu 含量先上升到峰值，再下降，随后上升趋于稳定；土壤 Zn 含量先下降，后增加到峰值，然后下降，之后再次上升；土壤 Pb 含量变化较为平缓，表现为先缓慢下降，后缓慢上升。相关研究显示，不同粒级大气颗粒物扩散距离不同，颗粒物粒径越大，扩散距离越近，反之扩散距离越远(马建华等，2009)。在汽车所排放的颗粒物中，Zn 主要赋存在<2.5μm 级的小颗粒物中，Pb 主要赋存在 2.5～5.0μm 级的颗粒物中，Cd 和 Cu 主要赋存在 5.0～10.0μm 级的颗粒物中(韩春梅，2006)。按照推测，重金属的峰值位置从远到近依次为 Zn、Pb、Cd 和 Cu。实际情况中既有相吻合的，如 Zn、Pb 和 Cu，峰值依次为 60m、30m、0m；又有不吻合的情况，如 Cd，峰值在 150m 处，这可能与周围环境等多种因素有关，还有待进一步研究。另外，当重金属进入土壤后，吸附在土壤颗粒表面，而汽车通过柠条林地带来的湍流，使路域土壤中粒径较小的土壤颗粒向更远的距离扩散(赵哈林等，2007)，这可能是重金属含量产生波动的重要原因。

值得注意的是，土壤重金属 Cd、Cu、Zn、Pb 含量分别在距离路基 60m、100m、100m、100m 处达到最低值之后又出现一定的上升，这与赵慧等(2007)的研究结果有一定差异，可能主要与重金属在土壤中的迁移有关。以往关于土壤重金属迁移的研究显示，交通源产生的重金属主要在水体与大气中迁移，而在进入土壤后相对稳定，不易发生长距离迁移(韩春梅，2006)。但以往研究多集中于农田、稻田、河流底泥等生境区域(李波等，2005；季辉等，2013；翟萌等，2010；冯秀娟等，2011)，而本次研究则位于干旱风沙区域，土壤中细小颗粒表现出较强的迁移性。所以重金属随尾气排放的颗粒物进入土壤后，吸附在土壤颗粒上，在汽车通过带来湍流的影响下，随着土壤颗粒进行迁移(马建华等，2009)，这可能是本次研究中土壤重金属在达到最低值后又再次上升的关键因素。

(二) 土壤粒径组成

调查结果表明，人工柠条林地中土壤组成主要有黏粒(<2μm)、粉粒(2～50μm)、极细沙(50～100μm)、细沙(100～250μm)、中沙(250～500μm)和粗沙(500～1000μm)。其中，由于中沙和粗沙含量较少，且各样点之间无显著差异(P>0.05)，所以图10-2中并未给出。从图10-2可以看出，土壤黏粒在0～200m呈现出波动上升的趋势，在0m采样点达到最小值，200m采样点达到最大值。土壤粉粒在0～200m呈现“W”型变化，在30m采样点达到最小值，60m和100m采样

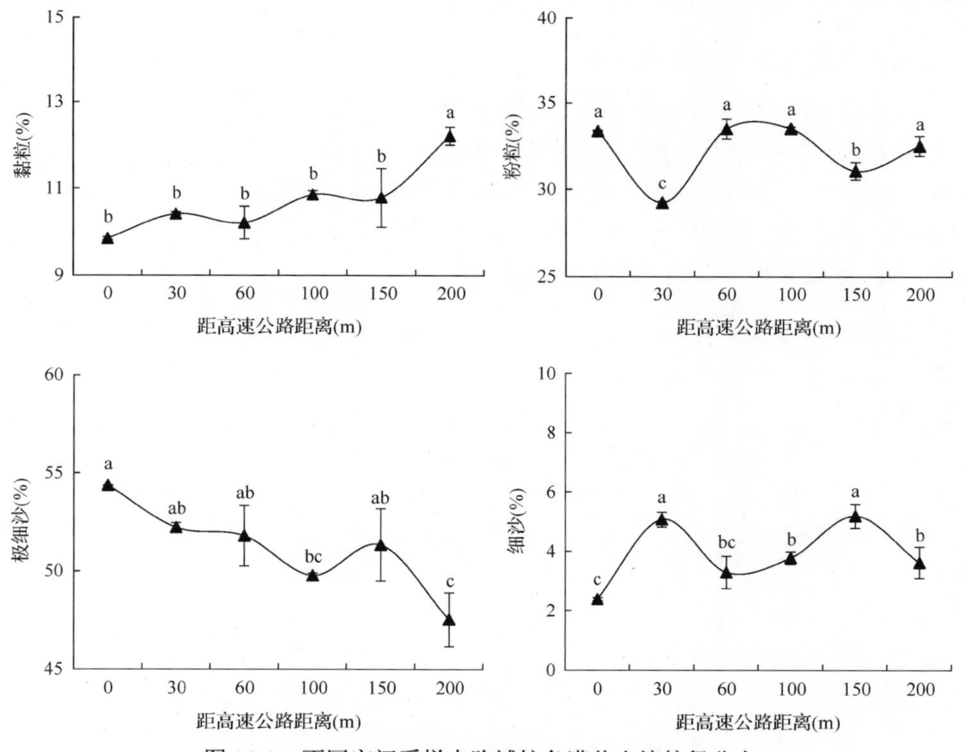

图10-2　不同空间采样点路域柠条灌丛土壤粒径分布

不同小写字母表示显著差异(P<0.05)

点达到最大值。土壤极细沙在 0m 采样点达到最大值，随后呈现出波动下降趋势，在 200m 采样点达到最小值。土壤细沙在 0～200m 呈现“M”型变化，在 0m 采样点达到最小值，30m 和 150m 采样点达到最大值。

土壤的粒径分布(PSD)是土壤重要的物理属性，可以反映土壤颗粒组成及大小，对土壤的水肥状况及土壤侵蚀等有明显的影响(桂东伟等，2010a)。本研究中，土壤组成主要为黏粒(＜2μm)、粉粒(2～50μm)、极细沙(50～100μm)和细沙(100～250μm)(图 10-2)。其中，土壤黏粒和极细沙表现出明显的线性变化趋势，0～200m 空间范围内土壤黏粒含量呈上升的趋势，在 200m 处达到最大值；而极细沙含量呈持续降低的变化趋势，在 200m 处出现最小值。祝遵凌等(2009)认为自然状态下土壤机械组成变化十分微弱，而在高速公路建设施工过程中大量客土的加入，是引起土壤机械组成变化的主要原因。但从实地调查的情况来看，高速公路的施工建设已完成多年，故排除施工干扰对表层土壤粒径分布的干扰。有研究显示柠条灌丛的生长能够改变土壤的机械组成，且柠条长势不同，其土壤颗粒的粒径分布和理化性质也不尽相同(刘任涛等，2012b)。此外，在高速公路运营过程中，由于车辆高速通过提高了地表风速形成湍流，也可能会使路域土壤中粒径较小的颗粒向较远的地方扩散(马建华等，2009)。

(三) 土壤粒径分形维数特征

不同采样点土壤粒径分形维数(D)平均值为 2.584～2.603(图 10-3)。从距离高速公路 0～200m 范围来看，土壤分形维数平均值分别是 2.586、2.584、2.597、2.608、2.599、2.670。随着距高速公路距离的增加，分形维数变化曲线呈现波动上升的趋势。其中，在 30m 采样点，土壤分形维数达到最小值(2.584)，在 200m 采样点，土壤分形维数达到最大值(2.670)。

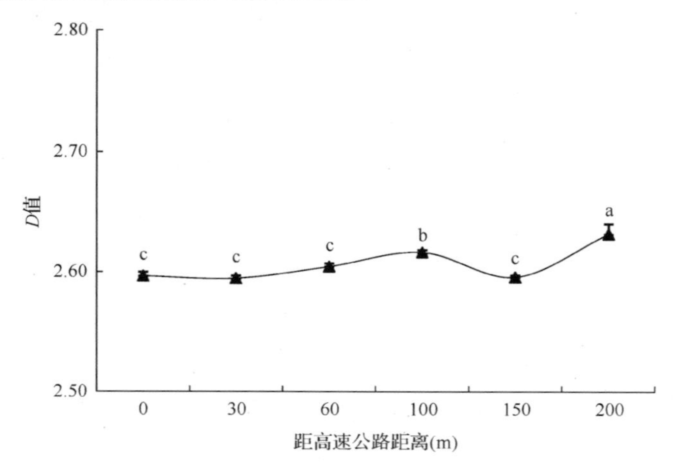

图 10-3 不同空间采样点路域柠条灌丛土壤分形维数

不同小写字母表示显著差异(P＜0.05)

(四)土壤粒径组成、土壤重金属与土壤分形维数的相关性分析

从表 10-1 可以看出，土壤黏粒与土壤 Cd 和 Zn 呈现正相关关系(r=0.65，P<0.05；r=0.59，P<0.05)，土壤极细沙与土壤 Cd 和 Zn 呈现负相关关系(r=–0.55，P<0.01；r=–0.53，P<0.05)，而土壤粉粒、细沙和中沙与土壤 Cd、Zn、Pb 和 Cu 间未呈现出相关性(P>0.05)。

表 10-1 土壤颗粒与重金属的相关系数

土壤重金属	土壤黏粒	土壤粉粒	土壤极细沙	土壤细沙	土壤中沙
Cd	0.65*	–0.29	–0.55**	–0.24	–0.03
Zn	0.59*	0.13	–0.53*	–0.52	–0.14
Pb	–0.15	–0.15	0.15	0.04	0.06
Cu	–0.28	–0.14	0.18	0.21	0.36

* 表示 P<0.05，**表示 P<0.01

从表 10-2 可以看出，土壤重金属 Cd、Zn、Cu、Pb 与土壤分形维数的相关系数分别为 0.12、0.29、–0.35、–0.21，但其相关性均未达到显著水平(P>0.05)。

表 10-2 土壤分形维数与土壤重金属含量回归分析拟合结果

土壤重金属	回归方程	相关系数	显著水平
Cd	y=0.000 1x+2.595 9	0.12	P>0.05
Cu	y=–0.000 3x+2.616 4	–0.35	P>0.05
Pb	y=–0.000 1x+2.611 4	–0.21	P>0.05
Zn	y=0.000 03x+2.593 4	0.29	P>0.05

前面的分析显示，路域柠条灌丛林地中土壤重金属的分布除了与其自身的沉降特点有关，还与其迁移也密切相关。常静等(2008)对上海市地表灰尘中重金属污染粒径效应的研究表明，重金属元素主要集中在灰尘颗粒物的细粒径颗粒物中。Wang 等(1998)对香港和伦敦地表灰尘的研究表明，颗粒物越细，金属富集能力越强。伍光和等(2007)认为因为细粒径土壤的比表面积较大，能吸附较多的重金属，而粗粒径土壤的表面积较小，所以对土壤重金属的固定作用较弱。这些研究表明重金属在较细粒级颗粒上的累积作用强于粗粒级颗粒。本次研究中，重金属与土壤粒径组成的相关性分析(表 10-1)表明，土壤重金属 Cd 和 Zn 与土壤黏粒呈显著正相关关系，说明土壤重金属 Cd 和 Zn 主要富集在黏粒中。而且黏粒含量随着距离高速公路距离的增加呈现出线性增加趋势，在 150m 与 200m 采样点达到最大值。土壤 Cd、Zn 分别在 60m 与 100m 达到谷值后也显著上升，这进一步证明黏粒的运动是影响土壤 Cd 和 Zn 迁移的关键因素(陈岩等，2014)。土壤 Pb 和 Cu 与不同粒径的土壤颗粒则未表现出显著相关性。陈岩等(2014)的研究结果显示土壤 Pb 在各粒径土壤上没有强烈的富集作用，致使土壤 Pb 与各粒径颗粒无显著相关性。

韩春梅等(2006)认为 Cu 有较大的迁移性，不易吸附在土壤颗粒中。这说明土壤颗粒的运动可能对 Pb 和 Cu 的迁移影响较小。土壤重金属积累是一个长期的过程，关于 Pb 和 Cu 的迁移特点有待进一步观测。

从图 10-4 可以看出，土壤黏粒和极细沙含量与土壤粒径分形维数之间存在线性相关关系。其中，土壤分形维数与土壤黏粒(<2μm)呈正相关关系(r=0.71，P<0.05)，而与土壤极细沙(50～100μm)呈负相关关系(r=0.73，P<0.05)。土壤粉粒、细沙和中沙与土壤分形维数未表现出相关性(P>0.05)。

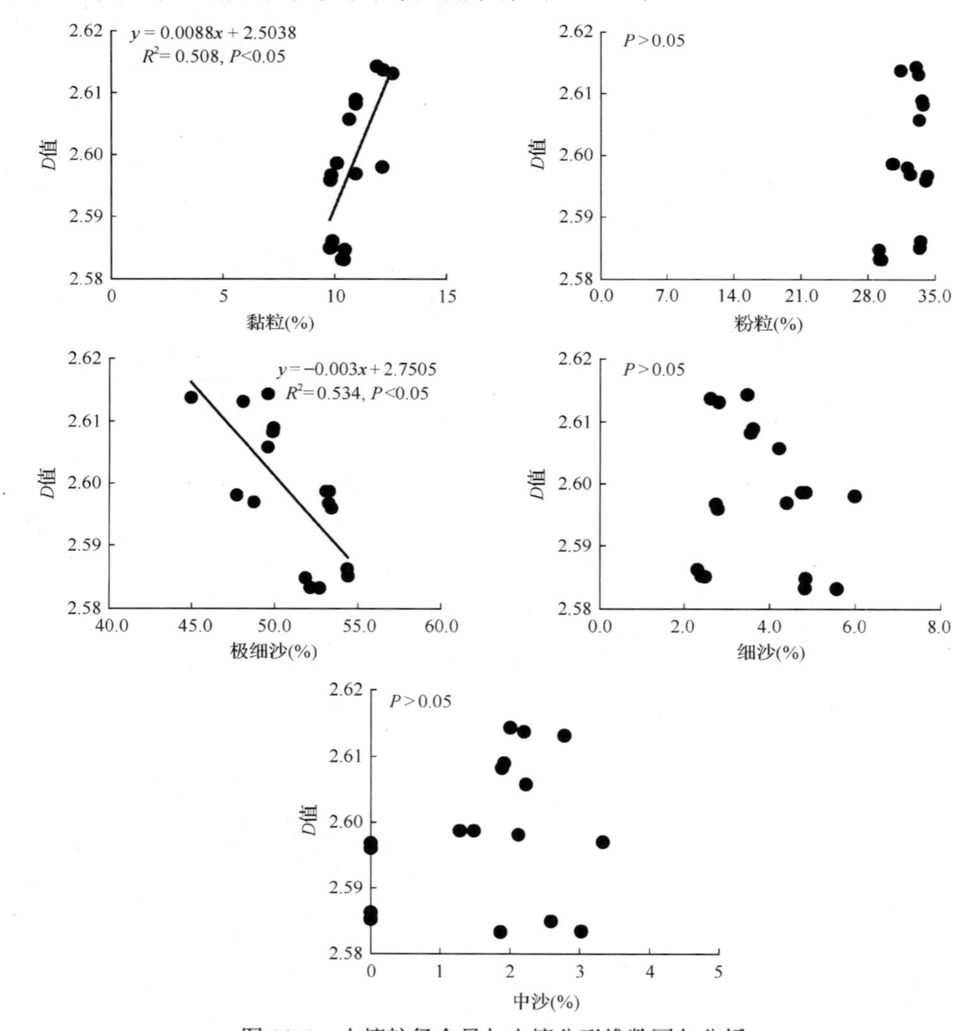

图 10-4　土壤粒径含量与土壤分形维数回归分析

土壤粒径分形维数能够很好地表征土壤颗粒的大小组成，可以作为评价土壤质地差异的重要指标(Wang et al., 1998)，而且通过对土壤分形维数的计算可知，土壤分形维数的计算与土壤粒径由小到大的累积含量有密切的关系。本研究中，土壤分形维数为 2.584～2.603，而且随着距高速公路距离的增加，有波动上升的趋势。相关分析显示，土壤分形维数与极细沙含量呈显著的负相关关系，而与黏粒含量呈显著的正相关关系。一方面说明分形维数随着极细沙含量的增多而不断减小，随着黏粒含量的增多而不断增大，这与其他研究结果(杨培岭等，1993)中土壤质地由粗到细变化、分形维数由小到大的结论相一致。同时，也说明土壤分形维数可以作为衡量路域土壤结构特征的一种定量化指标。

但是，从路域柠条灌丛土壤重金属与土壤分形维数的相关关系看出，土壤重金属 Pb、Cu、Cd、Zn 与土壤分形维数均未表现出相关性，这与刘永兵等(2015)的研究结果不同。已有研究表明，河流底泥中重金属含量分别与极细沙分形维数、细沙分形维数呈正相关关系，与黏粒分形维数和粉粒分形维数呈负相关关系(刘永兵等，2015)。研究结果存在差异可能是由多种因素造成的，一方面可能是由土壤重金属的赋存形态差异所造成的，在河流底泥中重金属多以离子形态存在(刘永兵等，2015)，而路域灌丛土壤重金属多以颗粒物的形式存在(康玲芬等，2006)，这种赋存形态的不同可能导致结果不同。另一方面河流底泥与本研究区域土壤的性质如颗粒组成、含水量等方面有较大差异，所以对土壤重金属的吸附能力可能会有不同。本研究是对干旱风沙区路域柠条灌丛林地土壤重金属分布的初步研究，关于土壤重金属分布与土壤分形维数的关系需要进一步探讨。

综合研究表明：①路域柠条灌丛土壤重金属 Cd 与土壤 Cu、Zn、Pb 在 0～200m 范围的空间分布存在较大差异性，且峰值和谷值均变化较大。②高速公路对路域柠条灌丛土壤黏粒、粉粒、极细沙和细沙的空间分布的影响较大，其中黏粒的运动是影响 Cd 和 Zn 迁移的关键因素。③路域土壤粒径分形维数可以作为衡量土壤粒径组成结构的定量指标，但作为土壤重金属含量分布的定量指标存在局限性(郗伟华等，2018b)。

二、草本植被特征

从表 10-3 可以看出，0～200m 采样点，各采样点之间草本植被物种数与平均高度无显著差异($P>0.05$)。植物密度表现为 100m＞30m＞0m＞200m＞60m＞150m，其中 0m、30m、100m 采样点植物密度显著高于 60m 和 150m($P<0.05$)。

表 10-3　不同采样点草本植被特征变化(平均值±标准误)

样地	物种数	密度(株/m^2)	平均高度(cm)
0m	15.00±2.52a	101.58±11.82a	21.75±2.13a
30m	15.67±1.33a	115.11±15.73a	18.03±1.9a
60m	16.33±2.03a	89.64±11.46b	17.97±1.3a
100m	15.33±0.67a	124.56±21a	19.68±2.04a
150m	13.33±0.88a	82±15.37b	18.34±1.08a
200m	15.33±0.33a	91.22±15.33ab	20.33±0.91a

注：不同小写字母表示显著性差异($P<0.05$)

0～200m 采样点，草本植被物种数、密度和平均高度的季节变化特征如图 10-5 所示。春季，0m 采样点草本植被物种数显著高于 150m 采样点(P<0.05)，其他采样点之间无显著差异(P>0.05)；60m 采样点草本植被密度显著低于 0m、100m 和 150m 采样点(P<0.05)；0m 与 30m 处草本植被平均高度显著高于其他采样点(P<0.05)。夏季，0m 采样点草本植被物种数最低，200m 采样点最高，但采样点

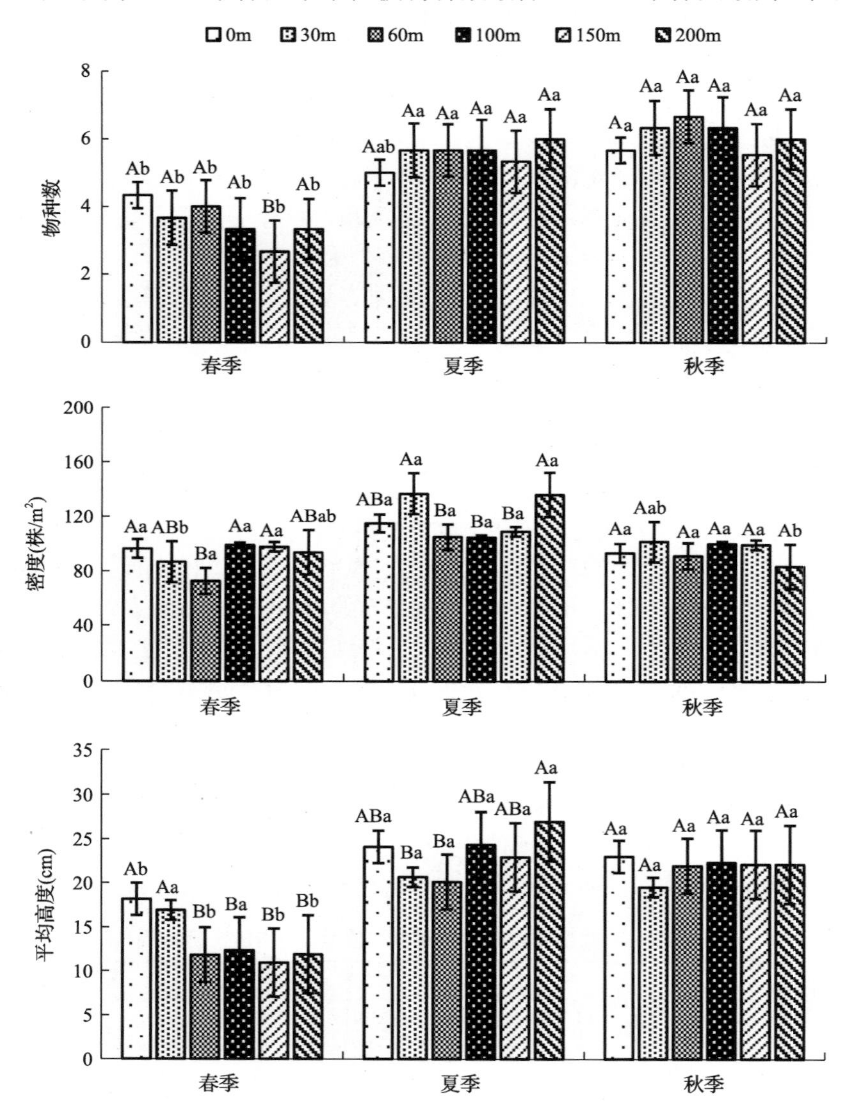

图 10-5　不同采样点之间草本植被特征比较(平均值±标准误)

不同大写字母表示同一季节不同采样点之间差异显著(P<0.05)。不同小写字母表示同一采样点各季节之间差异显著(P<0.05)

之间未产生显著差异；30m 与 200m 采样点植物密度显著高于其他采样点($P<0.05$)；30m 与 60m 采样点平均高度显著低于 200m($P<0.05$)。秋季，各采样点间植物物种数，密度与平均高度均未表现出显著差异($P>0.05$)。

从季节变化来看，各采样点植物物种数呈逐渐增加趋势(图 10-5)，表现为秋季＞夏季＞春季($P<0.05$)。0m、100m 和 200m 采样点植物密度表现为夏季＞春季＞秋季，30m、60m 和 150m 采样点植物密度表现为夏季＞秋季＞春季。60m 采样点植物平均高度表现为秋季＞夏季＞春季，其他采样点植物平均高度表现为夏季＞秋季＞春季。

分析表明，相对于采样点之间的差异，草本植物的物种数、平均高度和密度更易受到季节变化的显著影响。季节变化显著影响地表草本植物物种数，而且均呈现出随季节改变逐渐增加的趋势，在秋季具有最多的草本植物。草本植物物种数在 0m 采样点随季节变化，波动相对较小。这说明 0m 采样点柠条林地土壤条件限制植物的物种数，同时也说明在 0m 之后的柠条林地中地表植物物种数能够随着季节变化而表现出季节节律性。相关研究表明，宁夏沙化草原区土壤种子库以单子叶种子数量居多，当夏季水分充足、温度条件合适时，将会促使种子快速萌发。但本研究中，各采样点植物密度并未表现出相同的节律性，如 100m 和 150m 采样点植物密度在春夏秋三季并未表现出显著差异，而 30m 与 200m 则表现出显著的季节差异性。这可能与其土壤种子库密度及灌丛下微环境有关。之前有研究表明，公路产生交通干扰，释放矿物质和污染物等，改变微环境，会使部分植物受到胁迫，影响其种子的扩散途径。总体上看，草本植物平均高度表现出与物种数相似的季节性分布格局，春季植物高度较低，而夏季和秋季高度较高，这与植物生长的生活史过程密切相关。在宁夏沙化草原区，春季草本植物整体处于萌发期，植物个体高度较低，而在夏季和秋季植物处于生长的高峰期，植物体高度较高。但是，0m、30m、100m 和 200m 采样点植物平均高度在夏季高于秋季，这说明植物平均高度在受到季节性气候影响的同时也受到了高速公路的干扰(郗伟华，2018)。

三、植被分布与土壤性状的相关性分析

从表 10-4 可以看出，植物物种数与土壤细沙、土壤含水量呈显著正相关($P<0.05$)。植物密度与各项土壤理化性质均未表现出显著相关性。植物高度与土壤细沙呈显著正相关($P<0.05$)，而与土壤极细沙呈负相关($P<0.05$)。

相关性分析结果(表 10-4)显示，草本植物物种数、高度与土壤细沙、土壤极细沙和土壤含水量产生了显著相关性。其中，地表草本植物物种数、平均高度与土壤含水量间存在正相关关系，这说明土壤含水量的变化直接决定了地表植被的个体萌发、存活，同时也反映了干旱沙化草原区土壤种子适应缺水条件的一种“机会主义”萌发策略(余军等, 2007)。

表 10-4　地表草本植被特征与土壤理化性质的相关系数

变量	植物物种数	植物密度	植物高度
土壤粗沙	0.13	0.03	0.16
土壤细沙	0.53*	0.25	0.49*
土壤极细沙	−0.51*	−0.23	−0.50*
土壤黏粉粒	−0.35	−0.13	−0.28
土壤 pH	−0.02	0.06	0.24
土壤电导率	−0.34	0.02	−0.26
土壤含水量	0.49*	0.23	0.40*
土壤有机碳	0.15	0.14	0.07
土壤全氮	0.11	0.14	0.04

* $P<0.05$

综合分析表明，不同采样点柠条灌丛下地表草本植被具有不同的季节适应性生长情况。地表草本植被物种数在 0m 采样点时受季节改变的影响较小，在 100m、150m 和 200m 受到季节变化的影响显著。地表草本植物密度在 100m 和 150m 处未受到季节变化的显著影响，但 30m、60m 和 200m 处受到季节变化的显著影响，而且均呈现出随季节改变先增加后降低的趋势。60～200m 采样点地表草本植物高度受到季节变化的显著影响，在夏季和秋季较高，而在春季较低。春季草本植被的物种数、密度和平均高度受高速公路的影响显著。夏季，地面草本植物的物种数未受到高速公路的显著影响，而密度和平均高度受到高速公路的显著影响。秋季，高速公路对地表草本植被的物种数、密度和平均高度均未产生显著影响。在宁夏沙化草原区，高速公路在一定程度上干扰路域人工柠条林地中的水分分布，从而影响了土壤温湿度条件，再加上不同季节气候条件的差异性，进而显著影响了地表草本植被特征(郗伟华, 2018)。

第二节　路域灌丛地面节肢动物群落分布特征

一、地面节肢动物群落组成与数量特征

(一)地面节肢动物群落组成

从表 10-5 可以看出，在 2016 年 3 个季节的调查中，共获得 3 纲 11 目 25 科 29 个类群地面节肢动物。其中，蚁科和拟步甲科为优势类群，占总个体数的 59.31%；金龟甲科、蝽科、蟹蛛科、狼蛛科、步甲科、平腹蛛科、鳞翅目幼虫、象甲科为常见类群，占地面节肢动物总个体数的 35.89%；其余 15 科为稀有类群，

占地面节肢动物总个体数的 4.80%。其中，拟步甲科因其对荒漠环境的特殊适应能力被称为沙漠的“典型宿主”(张大治等, 2008)，而蚁科依靠其生活特性，以及繁殖迅速、食性多样性的生物学特征等成为广布类群。

表 10-5　不同采样点地面节肢动物群落组成(平均数±标准误)

科	0m (只/收集器)	30m (只/收集器)	60m (只/收集器)	100m (只/收集器)	150m (只/收集器)	200m (只/收集器)	百分比 (%)
潮虫科	1.33±0.88	0.00±0.00	0.00±0.00	0.33±0.33	0.00±0.00	0.00±0.00	0.53
长奇盲蛛科	0.33±0.33	0.00±0.00	0.00±0.00	0.67±0.67	0.00±0.00	0.67±0.67	0.40
光盔蛛科	0.00±0.00	0.00±0.00	1.00±1.00	0.67±0.67	0.33±0.33	0.33±0.33	0.44
狼蛛科	1.67±0.88	1.33±0.88	0.00±0.00	0.00±0.00	0.67±0.67	1.00±0.58	3.70
平腹蛛科	2.67±1.20	2.67±1.45	6.67±6.67	3.00±1.73	4.00±2.00	1.00±0.58	5.46
逍遥蛛科	0.00±0.00	0.00±0.00	0.33±0.33	0.00±0.00	0.33±0.33	0.00±0.00	0.09
蟹蛛科	1.00±1.00	1.00±1.00	0.33±0.33	1.33±0.33	0.33±0.33	0.00±0.00	2.07
长纺蛛科	0.00±0.00	0.00±0.00	0.67±0.67	0.00±0.00	0.00±0.00	0.00±0.00	0.09
蜈蚣科	0.33±0.33	0.00±0.00	0.00±0.00	0.33±0.33	0.00±0.00	0.00±0.00	0.35
蚰蜒科	0.00±0.00	0.00±0.00	0.00±0.00	0.33±0.33	0.00±0.00	0.00±0.00	0.09
蝽科	12.00±4.16	26.33±23.36	8.67±2.60	15.00±7.57	12.67±3.67	8.33±0.33	5.94
叶蝉科	0.33±0.33	0.00±0.00	0.00±0.00	0.00±0.00	0.00±0.00	0.00±0.00	0.09
蝗科	0.00±0.00	0.00±0.00	0.33±0.33	0.00±0.00	0.33±0.33	0.33±0.33	0.04
步甲科	1.00±1.00	0.67±0.67	1.67±1.67	2.33±2.33	1.00±1.00	2.33±2.33	4.62
蜉金龟科	0.00±0.00	0.00±0.00	0.00±0.00	0.33±0.33	0.00±0.00	0.00±0.00	0.04
吉丁甲科	1.33±0.88	0.00±0.00	0.33±0.33	0.33±0.33	0.33±0.33	1.00±1.00	0.18
金龟子科	4.67±2.91	5.33±1.76	7.33±2.91	6.00±2.08	9.33±3.76	5.67±3.48	1.67
叩甲科	1.33±0.67	1.00±0.58	2.00±1.15	0.00±0.00	1.00±1.00	0.67±0.67	0.31
拟步甲科	22.33±6.23	55.67±22.98	53.00±28.54	36.67±12.77	47.33±14.1	33.00±11.24	33.07
皮蠹科	0.00±0.00	0.00±0.00	0.00±0.00	0.33±0.33	0.00±0.00	0.33±0.33	0.13
瓢甲科	0.00±0.00	0.33±0.33	0.33±0.33	0.67±0.67	1.00±1.00	0.33±0.33	0.09
鞘翅目幼虫	6.67±3.18	4.33±2.60	3.33±1.76	7.00±3.61	4.67±1.33	5.00±2.65	0.97
象甲科	5.67±5.17	5.67±4.70	12.67±12.17	6.00±6.00	4.33±3.84	4.33±2.60	6.52
小蠹科	0.33±0.33	0.00±0.00	0.00±0.00	0.33±0.33	0.33±0.33	0.00±0.00	0.22
叶甲科	0.00±0.00	0.00±0.00	1.33±0.88	0.00±0.00	0.33±0.33	0.33±0.33	0.62
埋葬甲科	0.00±0.00	0.00±0.00	0.00±0.00	0.00±0.00	0.00±0.00	0.33±0.33	0.09
鳞翅目幼虫	4.33±2.40	2.67±2.19	3.67±2.03	3.00±1.15	19.00±16.09	22.67±15.84	5.90
蚊科	0.33±0.33	0.00±0.00	0.00±0.00	0.00±0.00	0.00±0.00	0.00±0.00	0.04
蚁科	48.33±22.75	48±26.21	20.67±9.94	32±21.07	24.33±1.86	25.33±17.13	26.24

0m 采样点，春、夏和秋季的优势类群分别有 2 个、3 个、3 个(表 10-6)，个体数分别占总个体数的 67.47%、85.26%、63.96%；常见类群分别有 10 个、7 个、

12 个，个体数分别占总个体数的 31.93%、14.73%、36.05%；稀有类群分别有 1 个、0 个、0 个，个体数分别占总个体数的 0.60%、0、0。

表 10-6　不同类群的类群数(个体数百分比)分布

季节	类群	0m	30m	60m	100m	150m	200 m
春	优势类群	2(67.47%)	3(89.10%)	3(84.79%)	2(69.79%)	3(75.40%)	3(84.43%)
	常见类群	10(31.93%)	2(6.93%)	4(10.60%)	9(29.68%)	8(22.99%)	7(15.09%)
	稀有类群	1(0.60%)	6(3.96%)	7(4.60%)	1(0.52%)	3(1.59%)	1(0.50%)
夏	优势类群	3(85.26%)	3(90.27%)	3(73.33%)	4(79.73%)	2(65.76%)	4(70.11%)
	常见类群	7(14.73%)	4(9.73%)	6(26.66%)	10(20.25%)	9(34.25%)	11(29.90%)
	稀有类群	0	0	0	0	0	0
秋	优势类群	3(63.96%)	2(62.22%)	4(76.11%)	3(63.52%)	4(82.96%)	3(66.07%)
	常见类群	12(36.05%)	9(37.77%)	6(22.12%)	9(36.48%)	4(15.54%)	8(33.95%)
	稀有类群	0	0	2(1.76%)	0	2(1.48%)	0

注：因数字修约，加和可能不等于 100%

30m 采样点，春、夏和秋季的优势类群分别有 3 个、3 个、2 个，个体数分别占总个体数的 89.10%、90.27%、62.22%；常见类群分别有 2 个、4 个、9 个，个体数分别占总个体数的 6.93%、9.73%、37.77%；稀有类群分别有 6 个、0 个、0 个，个体数分别占总个体数的 3.96%、0、0。

60m 采样点，春、夏和秋季的优势类群分别有 3 个、3 个、4 个，个体数分别占总个体数的 84.79%、73.33%、76.11%；常见类群分别有 4 个、6 个、6 个，个体数分别占总个体数的 10.60%、26.66%、22.12%；稀有类群分别有 7 个、0 个、2 个，个体数分别占总个体数的 4.60%、0、1.76%。

100m 采样点，春、夏和秋季的优势类群分别有 2 个、4 个、3 个，个体数分别占总个体数的 69.79%、79.73%、63.52%；常见类群分别有 9 个、10 个、9 个，个体数分别占总个体数的 29.68%、20.25%、36.48%；稀有类群分别有 1 个、0 个、0 个，个体数分别占总个体数的 0.52%、0、0。

150m 采样点，春、夏和秋季的优势类群分别有 3 个、2 个、4 个，个体数分别占总个体数的 75.40%、65.76%、82.96%；常见类群分别有 8 个、9 个、4 个，个体数分别占总个体数的 22.99%、34.25%、15.54%；稀有类群分别有 3 个、0 个、2 个，个体数分别占总个体数的 1.59%、0、1.48%。

200m 采样点，春、夏和秋季的优势类群分别有 3 个、4 个、3 个，个体数分别占总个体数的 84.43%、70.11%、66.07%；常见类群分别有 7 个、11 个、8 个，个体数分别占总个体数的 15.09%、29.90%、33.95%；稀有类群分别有 1 个、0 个、0 个，个体数分别占总个体数的 0.50%、0、0。

（二）地面节肢动物群落指数

春、夏、秋三季，距离高速公路远近不同的地面节肢动物个体数和类群数存在一定差异（图 10-6）。春季，各采样点地面节肢动物个体数在 30m 采样点最高，且显著高于 0m、60m 和 100m 采样点，各采样点地面节肢动物类群数无显著差异（$P>0.05$）。夏季，各采样点地面节肢动物个体数在 60m 采样点最低，且显著低于其他采样点（$P<0.05$），60m 采样点地面节肢动物类群数显著低于 100m、150m 和 200m 采样点。秋季，150m 处地面节肢动物个体数显著高于 0m、100m 和 200m（$P<0.05$），各采样点地面节肢动物类群数无显著差异（$P>0.05$）。这说明春、夏两季不同采样点地面节肢动物个体数无显著差异，而秋季不同采样点地面节肢动物个体数达到显著差异。这反映了地面节肢动物自身的生物生态学特性，即能够随着环境条件的变化而产生对微生境的选择性和适应性，同时也说明高速公路对地面节肢动物个体数的影响存在季节性的特点。

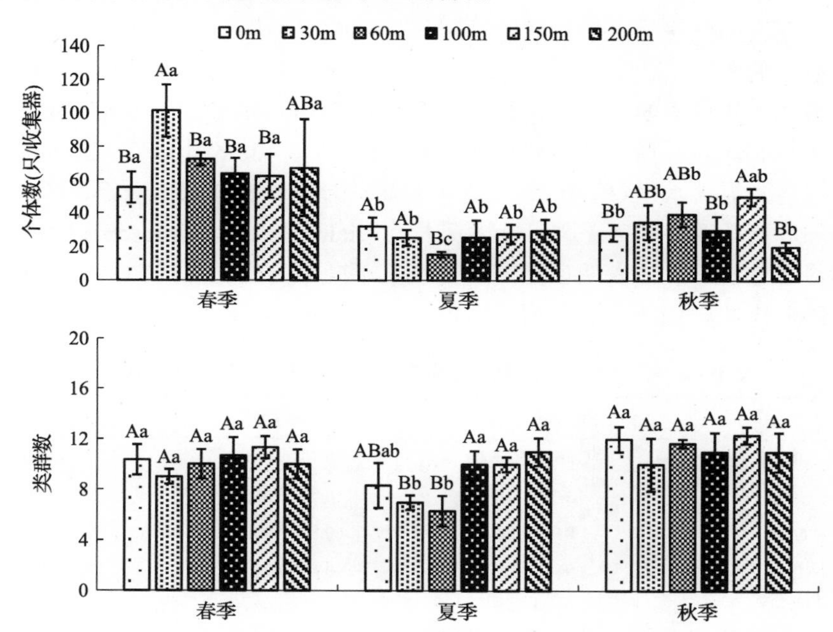

图 10-6　不同采样点地面节肢动物个体数和类群数变化（平均值±标准误）

不同大写字母表示同一季节不同采样点之间差异显著（$P<0.05$）。不同小写字母表示同一采样点各季节之间差异显著（$P<0.05$）

不同采样点地面节肢动物个体数季节动态也存在一定差异，0m 和 200m 采样点地面节肢动物的个体数随时间呈现出逐渐降低的趋势，表现为春季＞夏季＞秋季，0m 采样点春季地面节肢动物的个体数显著高于秋季（$P<0.05$）；30m、60m、100m 和 150m 采样点地面节肢动物的个体数随时间出现先降低后增加的趋势，

表现为春季＞秋季＞夏季。不同采样点地面节肢动类群数的季节动态也呈现出不同的特点，0m、30m 和 60m 采样点地面节肢动物的类群数随季节呈现出先降低后增加的趋势，其中 60m 采样点夏季的地面节肢动物类群数显著低于春季和秋季（P＜0.05），而 100m、150m 和 200m 采样点地面节肢动物的类群数随时间变化相对平缓，未产生显著差异（P＞0.05）。这说明地面节肢动物表现出明显的季节动态，同时也说明不同采样点由于受到高速公路的干扰程度不同，其地面节肢动物个体数和类群数的季节动态也受到了一定的影响。

多样性指数、均匀性指数和优势度指数是能够反映动物群落功能组织特征的重要生物指标。由于不同采样点距高速公路距离不同，受到高速公路的干扰程度不同，地面节肢动物个体数和类群组成分布发生显著变化，地面节肢动物群落指数也发生深刻变化。由表 10-7 可以看出，0～30m 地面节肢动物 Shannon 指数呈下降趋势，30～200m 呈逐渐上升趋势，200m 处地面节肢动物 Shannon 指数显著高于 30m 采样点（P＜0.05），表明 200m 采样点的微生境比较适于大部分地面节肢动物的生存。由此可见，多样性特征很好地反映了不同采样点地面节肢动物群落多样性方面的差异，也说明随着相对于高速公路垂直距离的增加，其对应采样点的地面节肢动物群落的多样性指数逐渐增加。Pielou 指数（E）、Simpson 指数（D）变化趋势与 Shannon 指数的变化呈现出相似性，且在 30m 处最低，200m 处最高，但差异未达到显著水平（P＞0.05）。这说明从其方差分析结果来看，不同采样点只有 Shannon 指数存在显著差异，而各采样点 Pielou 指数和 Simpson 指数的差异均未达到显著性水平。这表明虽然高速公路对不同距离采样点的微生境和地面节肢动物群落多样性产生了一定影响，但也表现出一定的局限性。

表 10-7　不同采样点地面节肢动物多样性比较（平均值±标准误）

样点	Shannon 指数	Pielou 指数	Simpson 指数
0m	1.80±0.20ab	0.77±0.06a	0.73±0.07a
30m	1.65±0.11b	0.77±0.05a	0.73±0.04a
60m	1.81±0.12ab	0.83±0.03a	0.78±0.03a
100m	1.96±0.15ab	0.84±0.04a	0.80±0.04a
150m	2.01±0.07ab	0.83±0.02a	0.81±0.02a
200m	2.06±0.09a	0.88±0.03a	0.84±0.02a

注：不同小写字母表示显著性差异（P＜0.05）

（三）各样点间地面节肢动物类群的相似性分析

相似性指数是衡量生境与地面节肢动物关系的一个重要指标。由表 10-8 可以看出，春季，0m 采样点与 200m 采样点的相似性指数最高，达到 0.92。60m 与

100m 采样点的相似性指数最低，为 0.62。夏季，60m 与 150m 采样点的相似性指数最高，达到 0.80。100m 与 30m 和 150m 采样点的相似性指数最低，为 0.50。秋季，150m 与 200m 采样点的相似性指数最高，达到 0.95。30m 与 200m 采样点的相似性指数最低，为 0.73。从整体上看，秋季各采样点之间的相似性指数最高，春季次之，夏季最小。

表 10-8　不同采样点地面节肢动物群落之间的相似性指数(共有类群数)

季节	采样点	0m	30m	60m	100m	150m	200m
春	0m		0.83(10)	0.67(9)	0.80(10)	0.81(11)	0.92(11)
	30m			0.64(8)	0.70(8)	0.80(10)	0.82(9)
	60m				0.62(8)	0.79(11)	0.64(8)
	100m					0.77(10)	0.70(8)
	150m						0.88(11)
	200m						
夏	0m		0.59(5)	0.53(5)	0.70(8)	0.48(5)	0.56(7)
	30m			0.75(6)	0.50(5)	0.67(6)	0.55(6)
	60m				0.55(6)	0.80(8)	0.75(9)
	100m					0.50(6)	0.57(8)
	150m						0.69(9)
	200m						
秋	0m		0.85(11)	0.81(11)	0.74(10)	0.8(10)	0.77(10)
	30m			0.87(10)	0.78(9)	0.95(10)	0.73(8)
	60m				0.83(10)	0.91(10)	0.78(9)
	100m					0.82(9)	0.87(10)
	150m						0.95(10)
	200m						

从整体上看 6 个采样点之间的地面节肢动物群落相似性，秋季各采样点之间的相似性指数最高，春季次之，夏季最小(表 10-8)。这说明秋季 6 个采样点在植被、土壤环境方面具有较高的相似性，而夏季各采样点在植被、土壤环境方面相似性较低。很多研究表明，在不同的研究尺度下，生境因素和景观因素能够对地表节肢动物多样性产生重要影响(赵爽等, 2015)。在空间小尺度上，局部的坡向和微地形条件主要通过影响局部小生境的生物和非生物因子组合特征而对土壤动物的空间分布格局产生重要影响。在时间尺度方面，春、夏、秋三季之间气候条件(温度、降水等)存在很大的差异，地面节肢动物受气候变化的显著影响，导致土壤动物群落结构和组成发生变化，进而影响土壤动物多样性。本次研究中所有样点选

择在距离青银高速公路 200m 区间，从海拔和地理位置来看，研究尺度较小，区域气候及降雨量基本相同，所以整体上看各采样点地面节肢动物群落的相似程度很高。同时，随着离公路距离的增加，植被特征有明显差异，再加上柠条灌丛等植被对大气温度下降及水分变化具有缓冲作用，这在一定程度上削弱了季节变化对地面节肢动物的影响，这可能是不同采样点之间相似性指数产生差异及地面节肢动物群落呈现不同季节动态变化的重要原因。

（四）地面节肢动物群落与环境因子的相关关系

对路域柠条灌丛林地面节肢动物群落与环境因子关系的 RDA 分析结果（表 10-9，图 10-7）表明，物种-环境关系方差累计贡献率达到 94.1%。环境变量与 Axis 1 的相关系数为 0.276，与 Axis 2 的相关系数为 0.077，均为显著相关（$P<0.05$），说明 RDA 排序能反映地面节肢动物群落多度变化与土壤理化性质和植被变化之间的相关关系。Axis 1 与 Axis 2 的特征值分别为 0.276 和 0.077，前 2 个排序轴累计解释了土壤动物群落组成 35.30%的变异。偏 RDA 分析表明，土壤电导率（P=0.002）、细沙含量（P=0.002）和草本植物平均高度（P=0.002）对地面节肢动物群落的影响显著。

表 10-9　RDA 的特征值、地面节肢动物群落与环境因子的相关系数

	Axis 1	Axis 2	Axis 3	Axis 4
特征值	0.276	0.077	0.044	0.021
动物类群与环境因子相关性	0.765	0.64	0.525	0.621
物种方差累计贡献率	27.6	35.3	39.7	41.7
物种-环境关系方差累计贡献率（%）	62.2	79.5	89.4	94.1
第一排序轴显著性的蒙特卡罗置换检验	F=14.481		P=0.008	
所有排序轴显著性的蒙特卡罗置换检验	F=2.020		P=0.004	

已有研究结果显示，在吉林中部左家自然保护区土壤含水量、pH、全氮含量对大型土壤动物类群的分布有重要影响，植被因素与土壤因素是影响地面节肢动物群落的重要环境因子（刘继亮和李锋瑞，2008）。对高速公路旁农田中的土壤动物群落的研究发现，土壤全磷对土壤动物的影响最大，土壤 pH 次之（李涛等，2010）。本次研究中，RDA 排序结果表明，地面节肢动物群落受细沙含量、土壤电导率、草本植物平均高度的影响显著，这与前面列举的研究结果有一定的差异。造成这种差异的原因主要是研究区域的差异，不同研究区域如森林、农田中节肢动物组成及数量存在一定差异，这也使得影响节肢动物群落的环境因子不尽相同。

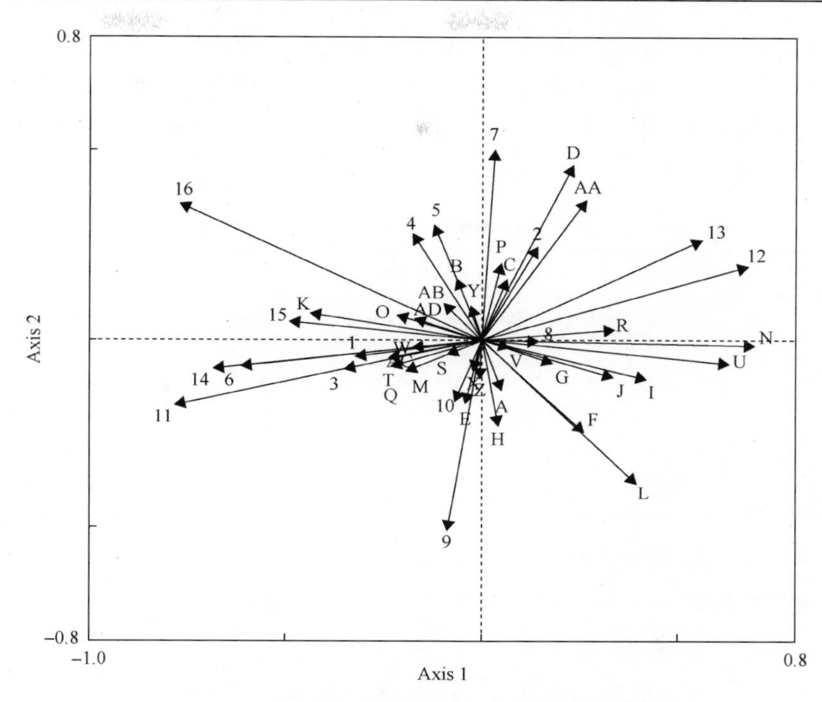

图 10-7　环境因子与地面节肢动物的 RDA 排序

字母 A～AD 分别代表：A. 步甲科；B. 潮虫科；C. 蝽科；D. 蝽科幼虫；E. 蜉金龟科；F. 光盔蛛科；G. 蝗科；H. 吉丁甲科；I. 金龟子科；J. 叩甲科；K. 狼蛛科；L. 鳞翅目幼虫；M. 盲蛛目；N. 拟步甲科；O. 皮蠹科；P. 瓢甲科；Q. 平腹蛛科；R. 鞘翅目幼虫；S. 蚊科；T. 蜈蚣科；U. 象甲科；V. 逍遥蛛科；W. 小蠹科；X. 蟹蛛科；Y. 叶蝉科；Z. 叶甲科；AA. 蚁科；AB. 蚰蜒科；AC. 埋葬甲科；AD. 长纺蛛科。数字 1～16 分别代表：1. 土壤 pH；2. 电导率；3. 土壤含水量；4. 土壤有机碳；5. 土壤全氮；6. Cd；7. Cu；8. Pb；9. Zn；10. 粗沙；11. 细沙；12. 极细沙；13. 黏粉粒；14. 草本植物类群数；15. 草本植物个体数；16. 草本植物平均高度

综合分析表明，0～200m 采样点，地面节肢动物的个体数受到高速公路和季节变化的显著影响；地面节肢动物的类群数在夏季受到高速公路的显著影响，60m 采样点的动物类群数表现出明显的季节动态性，其他采样点动物类群数未受到季节变化的显著影响；地面节肢动物群落的 Shannon 指数受到高速公路的显著影响，Pielou 指数和 Simpson 指数未受到高速公路的显著影响；地面节肢动物类群的相似性指数在春季和秋季较高，在夏季较低，这说明夏季高速公路对各采样点地面节肢动物组成的影响最大。不同采样点土壤机械组成、电导率和草本植被差异与季节变化，共同影响了地面节肢动物的个体数和多样性。

二、地面节肢动物功能群结构与生物量分布特征

(一) 地面节肢动物功能群组成及其生物量

从表 10-10 可以看出，依据地面节肢动物的食性和生活特征，将地面节肢动

物划分为 4 个功能群，即捕食性、植食性、杂食性、腐食性。结果显示，在研究地区地面节肢动物群落中，类群数以植食性功能群和捕食性功能群为主，其次为腐食性功能群和杂食性功能群，表现为捕食性（13 类）＞植食性（11 类）＞腐食性（4 类）＞杂食性（1 类）。

表 10-10　地面节肢动物功能群划分

功能群	动物类群	类群数
捕食性	步甲科、光盔蛛科、狼蛛科、盲蛛目、瓢甲科、平腹蛛科、蜈蚣科、逍遥蛛科、蟹蛛科、蚰蜒科、长纺蛛科、皮蠹科、小蠹科	13
植食性	蝽科、蝽科幼虫、蝗科、吉丁甲科、鳞翅目幼虫、鞘翅目幼虫、象甲科、叶蝉科、叶甲科、叩甲科、拟步甲科	11
杂食性	蚁科	1
腐食性	潮虫科、蜉金龟科、金龟子科、埋葬甲科	4

本研究中，地面节肢动物区系兼有地上动物区系和地下动物区系的食性特征，既有以植食性和捕食性为主的节肢动物，又富有以腐食性为主的节肢动物。虽然植食性动物的个体数和类群数与其他 3 种功能群未产生显著差异，但春、夏、秋 3 季植食性动物的生物量显著高于其他 3 种功能群（图 10-8），说明路域柠条灌丛林地中植食性动物在生物量上占绝对优势地位。

从图 10-8 可以看出，春季，杂食性、捕食性和腐食性动物个体数在各采样点之间虽有一定差异，但均未达到显著水平（$P>0.05$）。植食性动物个体数在 30m 采样点达到最大值，0m 采样点出现最小值，且表现出显著差异（$P<0.05$）。夏季，各采样点杂食性、植食性、捕食性和腐食性个体数均未表现出显著差异。秋季，杂食性动物在 150m 采样点达到最大值，而其他采样点较低，植食性动物在各采样点之间未表现出显著差异（$P>0.05$），捕食性动物在 60m 采样点达到最大值，且显著高于 30m 采样点（$P<0.05$），腐食性动物在 0m 采样点达到最大值，且显著高于 200m 采样点（$P<0.05$）。

从图 10-9 可以看出，春季，杂食性、植食性和捕食性动物类群数在各采样点之间未产生显著差异（$P>0.05$），腐食性动物类群数在 0m 采样点达到最大值，且显著高于 200m 采样点（$P<0.05$）。夏季，杂食性、捕食性和腐食性动物类群数在各采样点之间未表现出显著差异（$P>0.05$），植食性动物类群数在 200m 采样点达到最大值，且显著高于 0m、30m 和 60m 采样点（$P<0.05$）。秋季，杂食性、植食性和腐食性动物类群数在各采样点之间未表现出显著差异（$P>0.05$），捕食性动物类群数在 0m 与 100m 采样点较高，显著高于 30m 采样点（$P<0.05$）。

从图 10-10 可以看出，春季，杂食性、植食性、捕食性和腐食性动物生物量在各采样点之间未表现出显著差异（$P>0.05$）。夏季，杂食性、捕食性和腐食性动

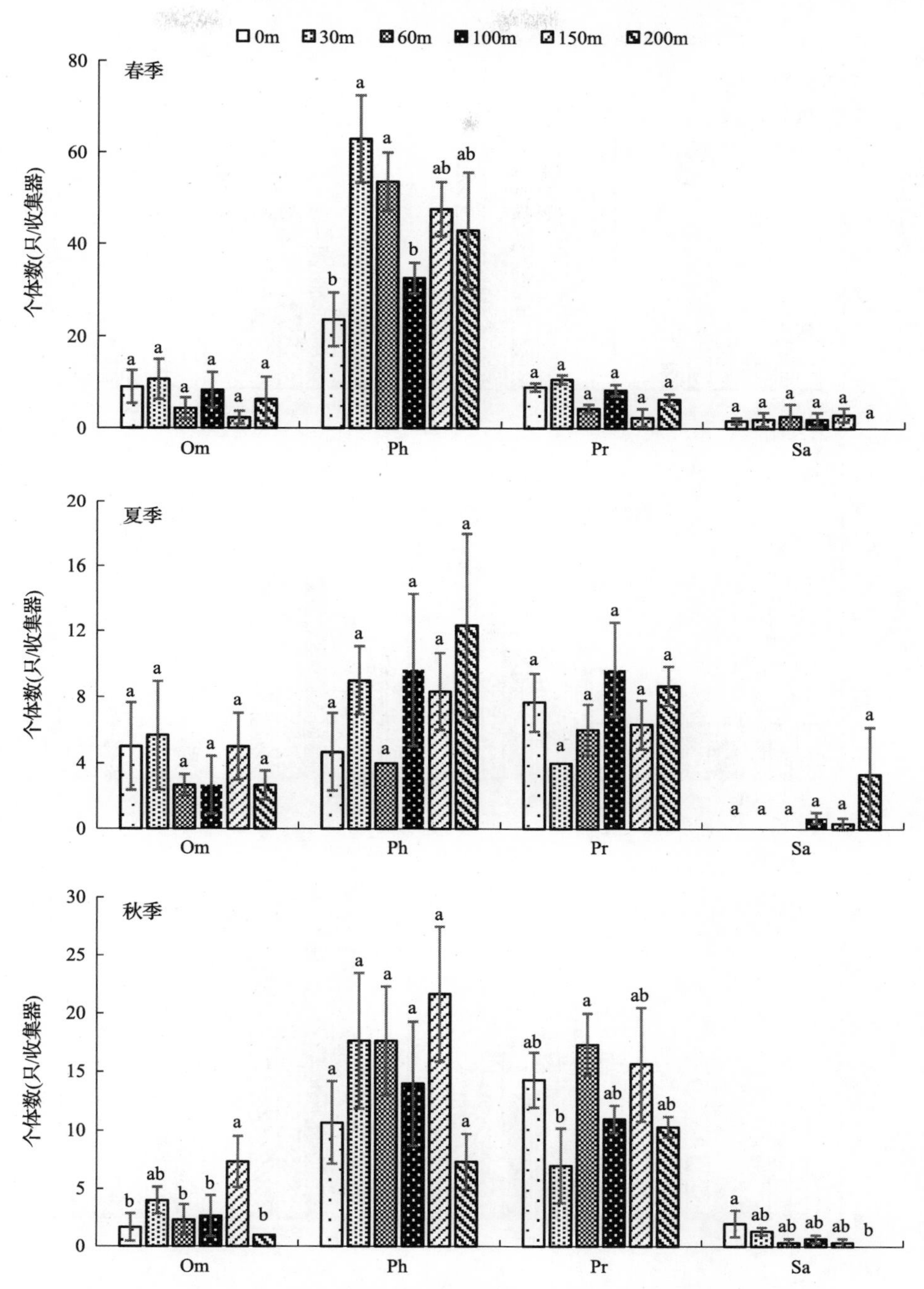

图 10-8　不同采样点地面节肢动物功能群个体数的变化(平均值±标准误)

不同小写字母代表同一功能群不同采样点之间差异显著($P<0.05$)。

Om. 杂食性；Ph. 植食性；Pr. 捕食性；Sa. 腐食性

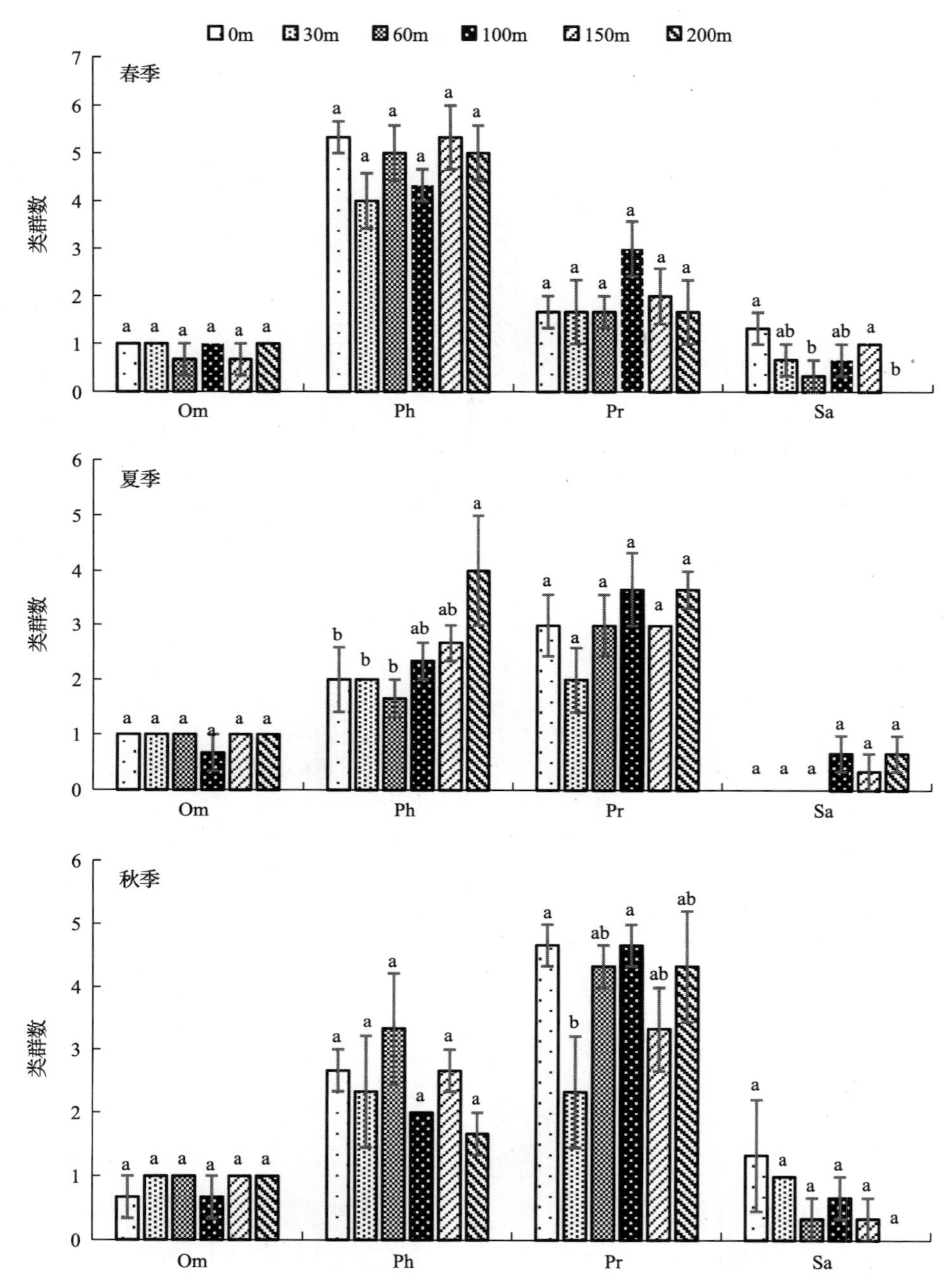

图 10-9　不同采样点地面节肢动物功能群类群数的变化(平均值±标准误)

不同小写字母代表同一功能群不同采样点之间差异显著($P<0.05$)。

Om. 杂食性；Ph. 植食性；Pr. 捕食性；Sa. 腐食性

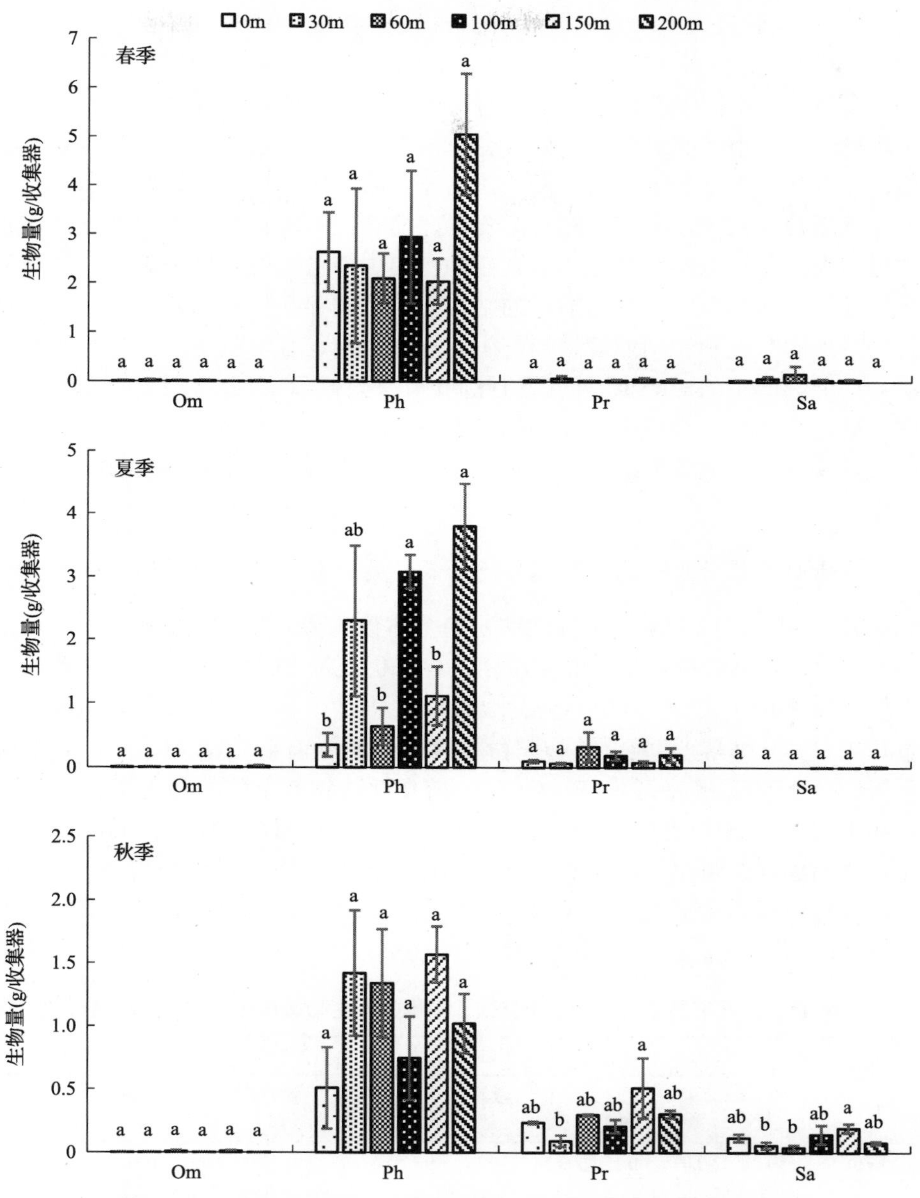

图 10-10　不同采样点地面节肢动物生物量变化（平均值±标准误）

不同小写字母代表同一功能群不同采样点之间差异显著（P<0.05）。

Om. 杂食性；Ph. 植食性；Pr. 捕食性；Sa. 腐食性

物生物量在各采样点之间未表现出显著差异（P>0.05），植食性动物生物量在200m 和 100m 采样点显著高于 0m、60m 采样点（P<0.05）。秋季，杂食性和植食性动物生物量在各采样点之间未表现出显著差异（P>0.05），捕食性动物生物量在

150m采样点达到最大值，且显著高于30m采样点($P<0.05$)，腐食性动物生物量在150m采样点达到最大值，且显著高于30m和60m采样点($P<0.05$)。

结果显示，不同季节，高速公路对地面节肢动物各功能群的个体数、类群数和生物量产生了不同的影响。例如，春季，高速公路对植食性动物个体数、腐食性动物类群数产生了显著影响；夏季，高速公路对植食性动物类群数和生物量产生了显著影响；秋季，高速公路对杂食性、捕食性和腐食性动物的个体数与捕食性动物的类群数，以及捕食性和腐食性动物的生物量产生了显著影响。这表明季节变化导致了地面节肢动物功能群的结构在季节间存在显著差异，另外也说明高速公路对地面节肢动物功能群结构产生了显著影响，且季节不同，其对地面节肢动物各功能群产生的影响也不同。与此同时，随着距高速公路距离的变化，各功能群无论是个体数、类群数，还是生物量方面均呈一定波动的状态，无明显递增或递减的规律性，这表明地面节肢动物不同功能类群对高速公路的影响有复杂的响应模式。

(二)地面节肢动物功能群与环境因子的相关关系

从表10-11可以看出，杂食性动物的个体数和类群数与环境因子无显著相关性，其生物量与黏粉粒含量呈显著正相关($P<0.05$)。植食性动物的个体数与极细沙含量呈显著正相关($P<0.05$)，与土壤Cd、细沙、草本植物类群数和高度呈显著负相关($P<0.05$)，其类群数与黏粉粒含量呈显著正相关($P<0.05$)，其生物量与环境因子无显著相关关系($P>0.05$)。捕食性动物的个体数与土壤含水量呈显著正相关($P<0.05$)，与电导率和极细沙呈显著负相关($P<0.05$)；其类群数与土壤含水量和细沙含量呈显著正相关($P<0.05$)，与电导率呈显著负相关($P<0.05$)；其生物量与电导率呈显著负相关($P<0.05$)。腐食性动物的个体数、类群数和生物量与环境因子均未呈现出显著相关性($P>0.05$)。

表10-11　地面节肢动物功能群个体数、类群数和生物量与环境因子的相关系数

	Om			Ph			Pr			Sa		
	个体数	类群数	生物量	个体数	类群数	生物量	个体数	类群数	生物量	个体数	类群数	生物量
土壤pH	−0.21	−0.07	−0.17	−0.18	−0.19	0.17	0.03	0.13	0.09	0.18	0.02	−0.04
土壤电导率	0.26	0.08	0.18	0.19	0.30	0.26	−0.64*	−0.55*	−0.52*	0.03	−0.05	−0.47
土壤含水量	−0.20	0.08	−0.18	−0.36	−0.42	−0.36	0.64*	0.53*	0.40	−0.10	0.07	0.32
土壤有机碳	0.07	0.08	−0.14	−0.13	−0.17	−0.17	0.02	−0.07	−0.12	−0.12	0.16	−0.10
土壤全氮	0.09	0.08	−0.09	−0.10	−0.15	−0.16	0.08	0.02	−0.06	−0.13	0.12	−0.09
土壤Cd	−0.20	0.06	−0.30	−0.51*	−0.57*	−0.29	0.30	0.31	0.45	−0.21	−0.09	0.10
土壤Cu	−0.04	−0.01	0.00	0.07	−0.04	−0.11	−0.10	−0.12	−0.14	−0.04	0.08	0.06

续表

	Om			Ph			Pr			Sa		
	个体数	类群数	生物量	个体数	类群数	生物量	个体数	类群数	生物量	个体数	类群数	生物量
土壤 Pb	0.08	0.00	–0.01	0.14	0.01	0.17	–0.09	–0.1	–0.22	0.17	0.02	–0.04
土壤 Zn	–0.19	–0.07	–0.25	–0.05	–0.10	–0.13	–0.16	–0.08	–0.09	–0.18	–0.19	–0.07
土壤粗沙	–0.23	–0.03	–0.07	–0.05	–0.04	–0.09	0.27	0.12	0.13	–0.03	0.03	–0.01
土壤细沙	–0.39	0.08	–0.35	–0.65*	–0.55*	–0.24	0.46	0.50*	0.33	–0.21	–0.22	–0.11
土壤极细沙	0.42	–0.08	0.25	0.54*	0.41	0.21	–0.51*	–0.48	–0.33	0.18	0.17	0.12
土壤黏粉粒	0.33	0.04	0.53*	0.49	0.62*	0.30	–0.39	–0.35	–0.25	0.14	0.14	–0.02
植物类群数	–0.27	0.21	–0.28	–0.58*	–0.52*	–0.27	0.29	0.34	0.14	–0.14	0.05	0.00
植物个体数	–0.03	0.18	–0.15	–0.41	–0.32	–0.08	–0.02	0.08	–0.18	–0.09	0.08	–0.02
植物高度	–0.01	0.10	0.05	–0.59*	–0.49	–0.29	0.39	0.34	0.37	–0.16	0.01	–0.02

* $P<0.05$。Om. 杂食性；Ph. 植食性；Pr. 捕食性；Sa. 腐食性

地面节肢动物功能群与环境因子的相关性分析发现，不同环境因子对不同地面节肢动物功能群的个体数、类群数、生物量具有不同的影响。本研究中，杂食性动物只有蚁科一个类群，因此主要从植食性动物和捕食性动物来分析。其中植食性动物的个体数与类群数与 Cd、细沙和草本植物类群数呈显著负相关。研究表明，Cd 对公路旁农田中的土壤动物产生了明显的影响(李涛等, 2010)，这与本研究结果相似。在植食性动物中，以拟步甲科、象甲科为主，这说明在这两个类群中可能存在对路域重金属较为敏感的指示性动物。同时，由于重金属积累及其对节肢动物的影响是一个漫长的过程，路域重金属分布及其对地面节肢动物的影响还需进一步研究。捕食性动物主要与电导率呈显著负相关，与土壤含水量呈显著正相关。捕食性动物以蜘蛛目和步甲科类群为主，其与土壤含水量和电导率表现出相关性，这与很多学者的研究结果相似，主要是由其生物学特性决定的。此外，捕食性动物类群数与生物量的变化依赖于食物网结构中的“上行效应”，即其变化受到低层次的植食性动物的影响，尤其是春季较多的植食性动物，为捕食性动物提供了充足的食物资源，使其在夏季和秋季的类群数明显增加。

综合分析表明，土壤 Cd、细沙、草本植物类群数、含水量、电导率对植食性和捕食性动物产生了显著影响。但各功能群无论是个体数、类群数，还是生物量方面均呈一定波动的状态，无明显递增或递减的规律性，这表明地面节肢动物不同功能类群对高速公路的影响有复杂的响应模式(郗伟华，2018)。

第十一章　不同地理气候带草地生境土壤节肢动物群落分布特征

降水与温度等气候因子的变化不仅可以直接改变土壤温度和土壤含水量水平，影响土壤氮素矿化速率、凋落分解速率、土壤呼吸、土壤微生物活动，还影响植物光合作用、个体生长、生物量分配及改变植物群落组成、多样性、初级生产力。不同地带沙地生境中水分、温度等气候因子的差异性，导致土壤性质和地表植被群落组成也产生深刻的变化(刘任涛等, 2015b)。土壤动物不仅对于水分和温度的改变响应敏感，还受到不同土壤性质和植物群落特征的影响。科尔沁沙地与毛乌素沙地均处于中国北方的农牧交错区，生态环境极其脆弱，易受人类活动干扰而发生沙漠化、草地灌丛化。营造灌丛林已经成为研究区域防沙治沙和生态恢复的重要措施。在不同水热地带气候条件下，灌丛对节肢动物空间分布的影响也可能不同，结果可能将产生不同的"虫岛"效应(刘任涛等, 2015c)。本章着重阐述不同地理气候带科尔沁沙地与毛乌素沙地草地土壤性质和植被分布特征及灌丛"虫岛"的差异性。

第一节　科尔沁沙地和毛乌素沙地草地土壤性质和植被特征比较

一、土壤理化性质

从表 11-1 可以看出，不同地带沙地间草地土壤理化性质存在显著差异。土壤含水量(t=7.32，P=0.000)、土壤有机碳(t=6.40，P=0.000)、全氮含量(t=4.53，P=0.003)及土壤 C/N(t=2.49，P=0.041)均表现为科尔沁沙地显著高于毛乌素沙地，科尔沁沙地分别是毛乌素沙地的 2.5 倍、2.5 倍、2.2 倍、1.2 倍。土壤 pH(t= –39.58，P=0.000)、电导率(t= –10.03，P=0.000)和土壤温度(t= –11.56，P=0.000)表现为科尔沁沙地显著低于毛乌素沙地，毛乌素沙地分别是科尔沁沙地的 1.2 倍、1.8 倍、1.1 倍。

表 11-1　不同地带沙地土壤性质比较(平均值±标准误)

样地	土壤含水量(%)	土壤温度(℃)	土壤 pH	土壤电导率(μS/m)	土壤有机碳(g/kg)	土壤全氮含量(g/kg)	土壤 C/N
H	1.50±0.28	22.53±0.52	7.69±0.03	42.83±4.39	4.23±0.73	0.37±0.08	11.57±1.62
M	0.60±0.02	25.45±0.21	9.02±0.06	78.90±5.98	1.69±0.46	0.17±0.05	9.71±0.44
t	7.32***	–11.56***	–39.58***	–10.03***	6.40***	4.53**	2.49*

注：H、M 分别代表科尔沁沙地和毛乌素沙地。*P＜0.05，**P＜0.01，***P＜0.001。t 表示配对 t 检验

降水和气温变化是全球气候变化的两个主要衡量标志，降水与温度等气候因子的变化不仅可以直接改变土壤温度和土壤含水量水平，影响土壤生物地球化学循环过程，还影响植物生态响应、植物生长及植物群落结构与功能(牛书丽等, 2009)。本研究中，从科尔沁沙地到毛乌素沙地，降雨量减少 26%，年均温升高 18%,年蒸发量增加35%,导致土壤含水量显著下降,而土壤温度显著升高(表11-1)。研究表明，土壤温度与降水间存在较好的统计相关，二者共同作用并影响下垫面土壤过程、生物活动、物质循环与能量流动,通过生态过程决定生态系统的功能(宋长春和王毅勇, 2006)。土壤 pH 和电导率的差异反映了沙地背景土壤质地的差异性，毛乌素沙地的土壤碱性更强，表征土壤含盐量的电导率更高，其中土壤蒸发量较高也是一个重要原因。土壤有机碳和全氮含量表现为科尔沁沙地显著高于毛乌素沙地。在内蒙古对不同水热梯度的土壤有机碳含量的研究表明(何燕宁和杨芳, 1992)，自北向南、自东向西，土壤有机碳具有随着降雨量增加而增加，随着温度的增加而下降的规律。研究指出，土壤有机质含量有随 pH 升高而降低的趋势，二者间呈极显著的负相关关系(戴万宏等, 2009)。温度、降水可能是导致两地土壤有机碳和其他养分含量存在差异的主要原因。土壤 C/N 也呈现出降雨量较高的科尔沁沙地显著高于偏干旱的毛乌素沙地，这与土壤有机碳的大幅度降低密切相关，这不仅意味着土壤固碳能力的降低，土壤有机碳矿化程度的加剧，土壤难以储存更多的碳(杨梅焕等, 2010)，还表明土壤有机碳在促进土壤团粒结构形成、维持土壤稳定、保障土壤养分供给中的作用明显降低，土壤的稳定性变差，因而更容易遭受风蚀，草地环境变得更为脆弱，不仅会严重影响土地的生产潜力，还会对环境产生负面影响，因此在较为干旱的毛乌素沙地区域加强对沙质草地生态系统的有效保护就显得尤为重要。

二、植被特征

从图 11-1 可以看出，不同地带沙地间植物个体数、高度及优势度和均匀度指数均存在显著差异。植物个体数($t=-7.774$，$P=0.000$)、优势度指数($t=-4.066$，$P=0.004$)表现为科尔沁沙地显著低于毛乌素沙地，毛乌素沙地分别是科尔沁沙地的 10 倍、2 倍之多，而植物高度($t=7.003$，$P=0.000$)和均匀度指数($t=2.829$，$P=0.025$)表现为科尔沁沙地显著高于毛乌素沙地，科尔沁沙地分别是毛乌素沙地的 1.7 倍、1.4 倍之多。尽管草地植物群落 Shannon 指数($t=2.223$，$P=0.061$)和物种丰富度平均值($t=0.084$，$P=0.934$)倾向于科尔沁沙地高于毛乌素沙地，但是 2 个沙地间未呈现出显著差异。

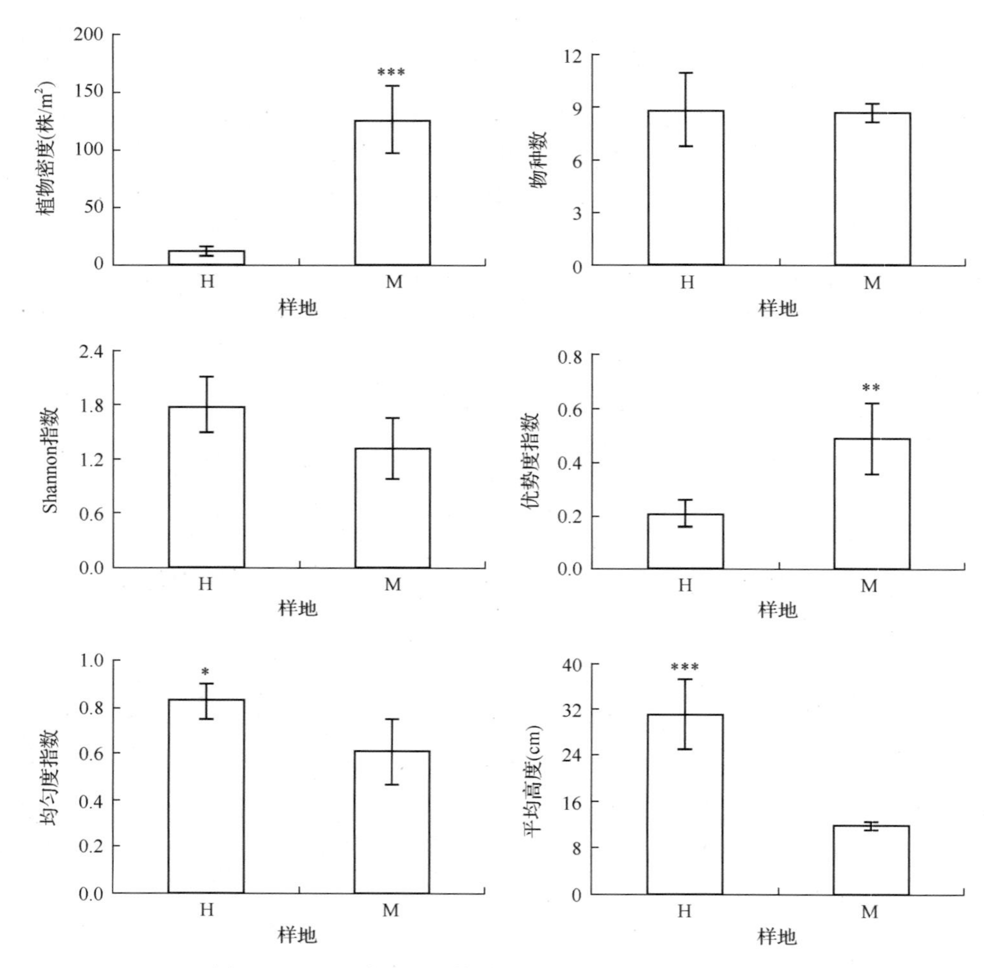

图 11-1　不同地带沙地植被特征比较(平均值±标准误)

H、M 分别代表科尔沁沙地和毛乌素沙地。$*P<0.05$，$**P<0.01$，$***P<0.001$

从表 11-2 可以看出，植物物种数、优势度指数均表现出与土壤含水量[r(植物个体数)= –0.893，P=0.001；r(优势度指数)= –0.804，P=0.008]、土壤有机碳[r(植物个体数)= –0.869，P=0.002；r(优势度指数)= –0.744，P=0.021]和全氮含量[r(植物个体数)= –0.821，P=0.006；r(优势度指数)= –0.715，P=0.030]间呈负相关，而与土壤 pH[r(植物个体数)=0.959，P=0.000；r(优势度指数)=0.862，P=0.002]、电导率[r(植物个体数)=0.867，P=0.002；r(优势度指数)=0.743，P=0.021]及土壤温度[r(植物个体数)=0.906，P=0.000；r(优势度指数)=0.806，P=0.008]间呈正相关。植物 Shannon 指数与土壤含水量[r(Shannon 指数)=0.667，P=0.049]、土壤全氮含量[r(Shannon 指数)=0.684，P=0.041]间呈正相关，而与土壤 pH[r(Shannon 指数)=

–0.680，P=0.043]、土壤温度[r(Shannon 指数)= –0.662，P=0.050]间呈负相关。植物高度均表现为与土壤含水量[r(植物高度)=0.976，P=0.000]、土壤有机碳[r(植物高度)=0.860，P=0.002]和全氮含量[r(植物高度)=0.894，P=0.001]间呈正相关，而与土壤 pH[r(植物高度)= –0.939，P=0.000]、电导率[r(植物高度)= –0.868，P=0.002]及土壤温度[r(植物高度)= –0.976，P=0.000]间呈负相关(P＜0.01)。植物均匀度指数与土壤有机碳[r(均匀度指数)=0.669，P=0.035]和全氮含量[r(均匀度指数)=0.669，P=0.048]间呈正相关，而与土壤 pH[r(均匀度指数)= –0.761，P=0.017]、土壤温度[r(均匀度指数)= –0.704，P=0.034]间呈负相关。但是，植物物种数与土壤性质间无相关性(P＞0.05)。

表 11-2　土壤性质与植物群落指数间的相关系数

指标	土壤含水量	土壤 pH	土壤电导率	土壤有机碳	土壤全氮	土壤 C/N	土壤温度
植物密度	–0.893*	0.959***	0.867**	–0.869**	–0.821**	–0.610	0.906***
植物物种数	0.267	–0.059	0.099	0.055	0.319	–0.638	–0.150
Shannon 指数	0.667*	–0.680*	–0.494	0.619	0.684*	0.179	–0.662*
优势度指数	–0.804**	0.862**	0.743*	–0.744*	–0.715*	–0.511	0.806**
均匀度指数	0.661	–0.761*	–0.616	0.699*	0.669*	0.465	–0.704*
植物高度	0.976***	–0.939***	–0.868**	0.860**	0.894**	0.405	–0.976***

*P＜0.05，**P＜0.01，***P＜0.001

温度和降水在对沙质草地土壤理化性质产生影响的过程中，也直接影响地表植物特征。陆地植被是联系土壤、大气和水分的自然纽带，在陆地表面能量交换、水分循环和生物地球化学循环过程中起着至关重要的作用，其变化与气候因子关系密切(张清雨等, 2013)。在中国北方农牧交错区分布的沙质草地，温度和水分是干旱半干旱区植物生长的主要限制因子。植物对水热变化的响应、适应将对植物的生理生态过程、干物质积累与分配及生态系统结构和功能产生深远影响。本研究中，植物密度和优势度指数均表现为降雨量较高的科尔沁沙地显著低于降雨量偏少的毛乌素沙地(图 11-1)。降水减少导致表土干旱从而直接降低土壤中的有效水分，并通过限制根际微生物的正常活动间接地影响植物对养分的吸收、运输和利用，导致植物群落组成和结构发生深刻变化(武建双等, 2012)。在较为干旱的毛乌素沙地，草本植物多以旱生性猪毛蒿为单优势种，耐干旱和瘠薄，在各种土壤上均能生长，其主根虽然单一、垂直，呈狭纺锤状，但地下部分经冬不死，当年生茎冬季枯死后，翌年春天又从根部萌发出新的地上茎，因此地上茎多两三枚或数枚，在研究样地中广泛存在，已成为阻碍草场优良牧草恢复与发展的重要竞争对手，值得草场管理人员引起重视。因此，毛乌素沙地植物个体数和优势度指数较高，这和植物个体数、优势度指数与土壤理化性质间的相关性分析结果相一致。

但是，科尔沁沙地植物高度和均匀度指数均高于毛乌素沙地(图 11-1)。植物高度大小表征了植物个体的生长状况，科尔沁沙地较高的降雨量导致其土壤含水量较高，再加上较高的土壤有机碳和全氮含量，植物的生长状况要好于偏干旱的毛乌素沙地草地植被。植物群落均匀度指数表现出与优势度指数相反的变化趋势，即随着降雨量减少，温度升高，一些耐旱性植物种在毛乌素沙地定居生存，将导致其他种类植物对有限水分、养分竞争性利用能力的降低，植物群落均匀度指数下降。

物种多样性反映了生物群落功能的组织特征，是群落中关于丰富度和均匀度的一个函数，用多样性可以定量地分析群落的结构和功能(王长庭等, 2003)。利用植物个体数和丰富度进行计算的 Shannon 指数在不同地带沙地间均无显著差异，并与丰富度指数的变化趋势一致。已有研究表明，降水增加，气温升高，有利于草原物种丰富度和多样性的增加。本研究中，从科尔沁沙地到毛乌素沙地，降雨量减少，温度升高，植物丰富度和多样性指数均呈现出下降趋势，在某种程度上与前人的研究结果(牛书丽等, 2009)吻合。植物 Shannon 指数与土壤含水量、土壤全氮含量间呈正相关而与土壤 pH、土壤温度间呈负相关，也说明了这一点。在科尔沁沙质草地自然恢复演替过程中，研究发现，暖湿气候有利于草地物种丰富度和多样性的增加，而持续暖干气候可以降低草地的物种丰富度和多样性(赵哈林, 2007)。但是，2 个沙地间植物群落多样性并未出现预期的显著差异，这和关于物种丰富度、多样性与降水呈正相关关系的研究结果(王长庭等, 2003; 武建双等, 2012)不完全一致，一方面说明了科尔沁沙地和毛乌素沙地间的水热差异性，可能并未达到影响植物群落多样性的阈值水平，为后面进行沙地水分梯度控制试验研究提供了参考，另一方面也反映了中国北方沙质草地封育状况下植物群落多样性的基本情况，即 Shannon 指数通常为 1～2。

综合分析表明，从科尔沁沙地到毛乌素沙地，随着降雨量减少与温度升高，土壤含水量随之下降，而土壤温度随之升高，土壤 pH 和电导率变大，但土壤有机碳、全氮含量及土壤 C/N 均呈现急剧下降趋势。植物个体数和优势度指数呈现急剧增加趋势，而高度和均匀度指数则呈现急剧下降趋势，植物丰富度和多样性指数受到的影响较小。水热等气候条件的改变不仅对土壤理化性质产生深刻影响，还影响植物群落组成与结构特征，但其对植物多样性的影响有限，可能存在一个水热条件阈值(刘任涛等, 2015c)。

第二节 科尔沁沙地和毛乌素沙地灌丛“虫岛”效应比较

一、灌丛“虫岛”计算公式

本节利用相对互相作用强度指数(relative interaction intensity, RII)分析灌丛的“虫岛”强度(刘任涛, 2016)。相对互相作用强度指数公式为

$$RII = (S - O) / (S + O)$$

式中，S 为测定的灌丛内量值；O 为测定的灌丛外量值。

其中，当灌丛间无节肢动物分布(即 B=0)而灌丛内有节肢动物分布(即 $A \neq 0$)时，RII=1；当灌丛间存在(即 $B \neq 0$)而灌丛内无节肢动物分布(即 A=0)时，RII= –1；当灌丛内外均有节肢动物分布且量值相同(即 A=B)时，RII=0；当灌丛内外均有节肢动物分布且灌丛内 A 小于灌丛间 B 数值(即 $B > A$)时，RII＜0；当灌丛内外均有节肢动物分布且灌丛内大于灌丛间数值(即 $A > B$)时，即 RII＞0，表示灌丛对节肢动物具有聚集作用。

二、土壤节肢动物群落组成比较

从表 11-3 可以看出，两种沙地共获得 44 个类群，其中科尔沁沙地获得 36 个类群，毛乌素沙地获得 29 个类群，平均个体数分别为 76 只/m^2 和 125 只/m^2。两种沙地共有 21 个相同的土壤动物类群，相似性指数为 0.65。

表 11-3　土壤节肢动物类群个体数(平均值±标准误)　(单位：只/m^2)

类群	科尔沁沙地			毛乌素沙地		
	裸沙地	小叶锦鸡儿	黄柳	裸沙地	油蒿	花棒
园蛛科	6.00±2.00	2.00±1.20	3.00±1.00	0.00±0.00	6.70±1.30	6.70±2.70
蟹蛛科	2.00±2.00	1.00±1.00	3.00±1.00	1.30±1.30	4.00±0.10	5.30±5.30
跳蛛科	0.00±0.00	1.00±1.00	0.00±0.00	0.00±0.00	2.70±2.70	0.00±0.00
狼蛛科	0.00±0.00	2.00±2.00	0.00±0.00	0.00±0.00	1.30±1.30	0.00±0.00
逍遥蛛科	0.00±0.00	2.00±2.00	0.00±0.00	0.00±0.00	0.00±0.00	2.70±2.70
平腹蛛科	0.00±0.00	6.00±2.50	0.00±0.00	0.00±0.00	16.00±4.60	0.00±0.00
光盔蛛科	0.00±0.00	2.00±2.00	1.00±1.00	0.00±0.00	8.00±2.30	6.70±1.30
管巢蛛科	0.00±0.00	0.00±0.00	1.00±1.00	0.00±0.00	5.30±3.50	2.70±2.70
蛛缘蝽科成虫	0.00±0.00	1.00±1.00	0.00±0.00	0.00±0.00	0.00±0.00	0.00±0.00
缘蝽科成虫	1.00±1.00	1.00±1.00	0.00±0.00	0.00±0.00	4.00±2.30	0.00±0.00
盲蝽科成虫	1.00±1.00	2.00±2.00	1.00±1.00	0.00±0.00	6.70±3.50	4.00±2.30
红蝽科成虫	0.00±0.00	0.00±0.00	0.00±0.00	0.00±0.00	6.70±4.80	1.30±1.30
长蝽科成虫	0.00±0.00	0.00±0.00	0.00±0.00	0.00±0.00	1.30±1.30	10.70±2.70
土蝽科成虫	0.00±0.00	0.00±0.00	0.00±0.00	0.00±0.00	8.00±0.10	1.30±1.30
束长蝽科成虫	0.00±0.00	0.00±0.00	0.00±0.00	0.00±0.00	0.00±0.00	5.30±5.30
盾蝽科成虫	0.00±0.00	0.00±0.00	0.00±0.00	0.00±0.00	1.30±1.30	1.30±1.30
蝽科成虫	0.00±0.00	1.00±1.00	0.00±0.00	0.00±0.00	0.00±0.00	0.00±0.00

续表

类群	科尔沁沙地			毛乌素沙地		
	裸沙地	小叶锦鸡儿	黄柳	裸沙地	油蒿	花棒
蟋蟀科成虫	1.00±1.00	0.00±0.00	0.00±0.00	0.00±0.00	0.00±0.00	0.00±0.00
叶蝉科成虫	0.00±0.00	7.00±3.00	3.00±1.90	0.00±0.00	2.70±2.70	0.00±0.00
蚁蛉科幼虫	2.50±1.00	0.00±0.00	0.00±0.00	0.00±0.00	0.00±0.00	0.00±0.00
蠼螋科成虫	0.00±0.00	0.00±0.00	3.00±1.90	2.70±2.70	1.30±1.30	0.00±0.00
步甲科成虫	1.00±1.00	4.00±1.60	1.00±1.00	0.00±0.00	8.00±2.30	38.70±31.00
叶甲科成虫	0.00±0.00	0.00±0.00	0.00±0.00	0.00±0.00	1.30±1.30	1.30±1.30
瓢甲科成虫	0.00±0.00	0.00±0.00	1.00±1.00	0.00±0.00	0.00±0.00	0.00±0.00
叩甲科成虫	0.00±0.00	0.00±0.00	1.00±1.00	0.00±0.00	0.00±0.00	0.00±0.00
蜉金龟科成虫	0.00±0.00	0.00±0.00	1.00±1.00	0.00±0.00	0.00±0.00	0.00±0.00
鳃金龟科成虫	0.00±0.00	0.00±0.00	1.00±1.00	0.00±0.00	9.30±9.30	1.30±1.30
绒毛金龟科成虫	0.00±0.00	0.00±0.00	0.00±0.00	0.00±0.00	10.70±2.70	2.70±2.70
象甲科成虫	0.00±0.00	1.00±1.00	0.00±0.00	0.00±0.00	8.00±0.10	1.30±1.30
拟步甲科成虫	4.50±1.70	62.00±21.70	14.00±3.80	6.70±1.30	6.70±3.50	2.70±2.70
步甲科幼虫	0.00±0.00	0.00±0.00	1.00±1.00	0.00±0.00	2.70±2.70	5.30±2.70
隐翅虫科幼虫	0.00±0.00	1.00±1.00	0.00±0.00	0.00±0.00	0.00±0.00	0.00±0.00
叶甲科幼虫	1.00±1.00	1.00±1.00	0.00±0.00	0.00±0.00	0.00±0.00	0.00±0.00
芫菁科幼虫	1.00±1.00	0.00±0.00	0.00±0.00	0.00±0.00	0.00±0.00	0.00±0.00
叩甲科幼虫	1.00±1.00	0.00±0.00	0.00±0.00	0.00±0.00	0.00±0.00	0.00±0.00
蜉金龟科幼虫	0.00±0.00	0.00±0.00	1.00±1.00	0.00±0.00	0.00±0.00	0.00±0.00
丽金龟科幼虫	0.00±0.00	2.00±1.20	1.00±1.00	0.00±0.00	0.00±0.00	0.00±0.00
鳃金龟科幼虫	2.50±0.50	16.00±1.60	4.00±1.00	0.00±0.00	26.70±7.40	5.30±5.30
象甲科幼虫	0.00±0.00	0.00±0.00	0.00±0.00	0.00±0.00	0.00±0.00	2.70±2.70
拟步甲科幼虫	15.50±3.20	3.00±1.90	8.00±2.80	0.00±0.00	16.00±4.60	5.30±3.50
食虫虻科幼虫	1.00±1.00	10.00±3.80	3.00±1.90	0.00±0.00	5.30±1.30	9.30±2.70
虻科幼虫	0.00±0.00	2.00±1.20	0.00±0.00	0.00±0.00	0.00±0.00	0.00±0.00
螟蛾科幼虫	0.00±0.00	0.00±0.00	1.00±1.00	0.00±0.00	0.00±0.00	0.00±0.00
蚁科	2.00±1.40	1.00±1.00	1.00±1.00	1.30±1.30	26.70±8.70	41.30±17.00

其中，科尔沁沙地土壤动物优势类群为拟步甲科及其幼虫，其个体数占总个体数的 46.9%；常见类群有 12 个类群，其个体数占总个体数的 41.7%；其余 22 个类群为稀有类群，其个体数占总个体数的 11.4%。毛乌素沙地土壤动物优势类群为步甲科和蚁科，其个体数占总个体数的 30.9%；常见类群有 20 个类群，

其个体数占总个体数的64.5%；其余7个类群为稀有类群，其个体数占总个体数的4.6%。

定居于沙地生境中的灌丛呈现出特殊的生境"岛屿"，为节肢动物的生存、繁殖提供了理想的栖息地，在沙漠化过程中产生"保种"（即保护节肢动物）作用，更重要的是在流动沙地的固定与恢复过程中可能起到"种源"（节肢动物扩散源）作用，成为沙化草地生态系统食物网结构构建、物质循环与能量流动过程中不可或缺的一环(刘任涛, 2014)。本研究中，两种沙地有21个相同的土壤动物类群，占总类群数的将近一半，相似性指数高达0.65，反映了沙地生境本身高温、少雨、昼夜温差大、沙质土壤基质及沙地灌丛化草地植被等特征对土壤动物群落组成产生了相似作用。并且，无论是群落水平还是种群水平，灌丛对土壤动物空间分布均产生深刻的影响，"虫岛"具有不同的表现形式和强度，直接关系到土壤生态过程的物质循环与能量流动，对于流动沙地的固定、生态系统的有效恢复具有重要的生态作用。但是，水热条件的差异性使不同地带沙地具有不同的灌丛内外微生境，直接导致土壤动物在灌丛内外呈现出不同的空间分布(刘任涛等, 2015c)。

本研究中，降雨量较高的科尔沁沙地节肢动物类群数高于降雨量较低的毛乌素沙地，但个体数低于毛乌素沙地(表11-3)。研究表明，荒漠化草原植被变化与降水的相关性大于温度，通常轻度土壤干旱不会导致植物生物量明显减少，而中度或更严重的干旱则使植物光合能力显著降低。与科尔沁沙地相比，毛乌素沙地的降雨量减少将近25%，蒸发量增加近35%，相对较为干旱的毛乌素沙地植物光合能力降低，光合产物积累量减少，植物物种丰度降低等因素均可能是导致节肢动物丰富度较低的主要因素。已有研究结果显示，土壤动物的丰富度与食物资源的丰度密切相关。另外，相对较为干旱的毛乌素沙地可能更有利于某些荒漠甲虫的生存、繁衍，导致毛乌素沙地土壤动物个体数较高，是科尔沁沙地的1.6倍，这反映了干旱荒漠生境土壤动物群落组成及其个体数分布对水热条件响应的基本特征。例如，发现科尔沁沙地有较多的土壤动物幼虫，包括优势类群拟步甲科幼虫，并具有22个稀有类群，而在毛乌素沙地土壤动物幼虫种类较少，稀有类群数仅为6个，更多的个体数反映在诸如步甲科成虫为主的荒漠性甲虫和较强适应性的杂食性种类蚂蚁类群上，表征了不同土壤动物类群对不同沙地生境的适应选择性而呈现出不同的生活史过程。在较为干旱的毛乌素沙地，土壤动物类群的生活史过程可能较为短暂，较多成虫个体的出现可能是干旱荒漠化生境生存的动物个体的生理学和生态学适应特性的需要。

三、基于群落水平的灌丛"虫岛"比较

从图11-2可以看出，利用土壤动物个体数、丰富度和Shannon指数计算的灌丛"虫岛"相对互相作用强度指数两种沙地间均存在显著差异($P<0.05$)，均表现

为毛乌素沙地显著高于科尔沁沙地，尤以土壤动物个体数表现最为突出(t= –7.6，P =0.000)。

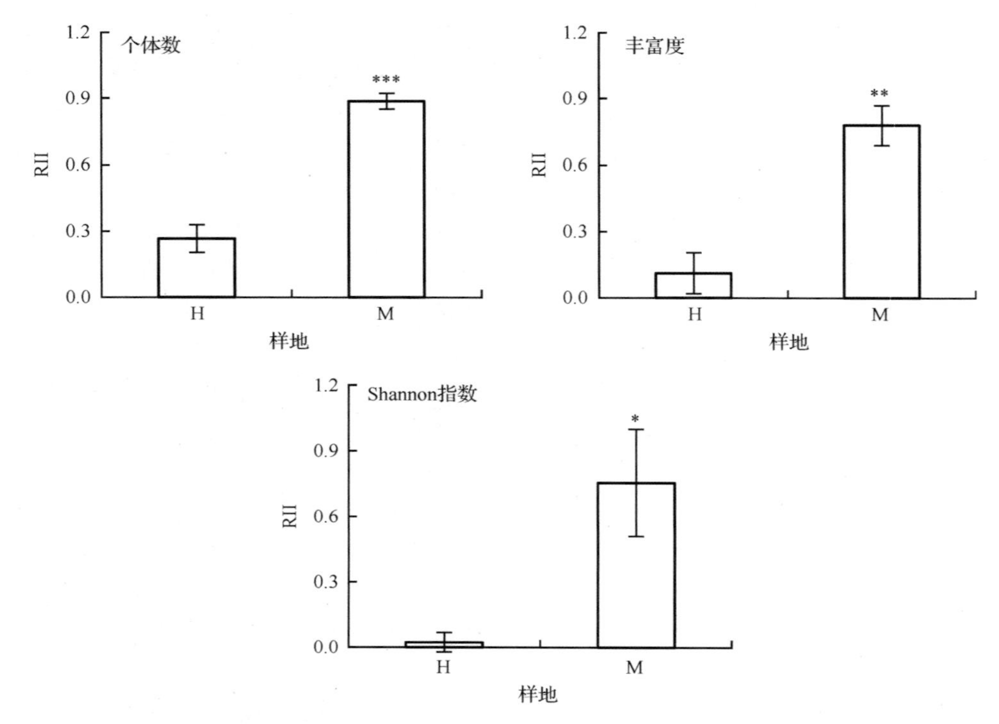

图 11-2　基于多样性指数的两种沙地灌丛“虫岛”比较(平均值±标准误)
H、M 分别代表科尔沁沙地与毛乌素沙地。RII 表示相对互相作用强度指数。
$*P<0.05$，$**P<0.01$，$***P<0.001$

结果发现，基于土壤动物个体数、丰富度和 Shannon 指数的灌丛“虫岛”RII 均呈现出毛乌素沙地显著高于科尔沁沙地(图 11-2)，这说明在相对较为干旱生境中的毛乌素沙地灌丛“虫岛”强度要高于半湿润性科尔沁沙地。根据岛屿生物地理学理论(邬建国, 1989)，裸沙地生境中灌丛充当土壤动物“生境岛屿”的关键性角色。当气候条件变得干旱时，灌丛生境下的微气候条件(包括温度、水分、养分)对土壤动物的存活、定居和繁殖就具有更为突出的作用。

已有研究表明，灌丛斑块是土壤动物重要的栖息和繁殖场所，灌丛斑块微生境的生物和非生物环境因子均对地面/土壤动物群落的分布及其物种丰富度具有显著的影响(刘继亮等, 2010b)。在干旱条件下，由灌丛引起的微气候、土壤环境条件改善可能对土壤动物空间分布的影响较大，而灌丛功能性状诸如豆科或非豆科等的内在特性对土壤动物多样性的空间分布的影响可能较小。从图 11-3 可以看出，利用土壤动物个体数、丰富度和 Shannon 指数计算的灌丛“虫岛”相对互相作用强度指数，无论是豆科灌丛还是非豆科灌丛，不同水热地带沙地间灌丛“虫岛”大小均存在显著差异($P<0.01$)，而且 RII 均呈现出毛乌素沙地显著高于科尔沁沙地。并且，在科尔沁沙地基于土壤动物个体数的 RII 豆科灌丛和非豆科灌丛间表现出显著差异($P<0.05$)，而毛乌素沙地两种功能性类型灌丛间 RII 无显著差异($P>0.05$)。在两种沙地生境中，基于土壤动物丰富度和 Shannon 指数计算的 RII 均表现为两种功能性类型灌丛间无显著差异($P>0.05$)。

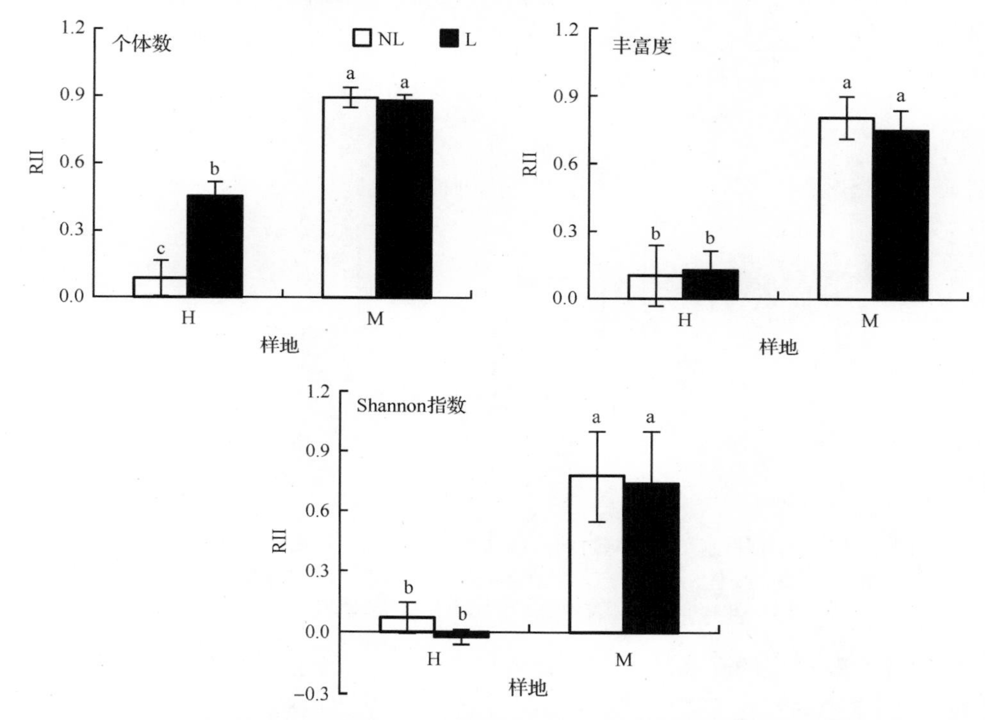

图 11-3　基于灌丛功能性状的两种沙地灌丛“虫岛”比较(平均值±标准误)
H、M 分别代表科尔沁沙地与毛乌素沙地。NL、L 分别代表非豆科灌丛与豆科灌丛。
RII 表示相对互相作用强度指数。不同小写字母表示显著性差异($P<0.05$)

四、基于类群水平的灌丛“虫岛”比较

由图 11-4 可知，在两种沙地所有样地中，表征灌丛“虫岛”RII 均存在的土壤动物类群只有园蛛科、鳃金龟科幼虫和拟步甲科幼虫 3 个类群。其中，园蛛科和拟步甲科幼虫的灌丛“虫岛”RII 在不同地带沙地中相同功能性灌丛表现出相似的格局，在同种功能性灌丛表现出两种沙地间 RII 均无显著差异($P>0.05$)，并且在两种沙地中，灌丛“虫岛”RII 均呈现出豆科灌丛具有负作用(RII<0)，非豆科灌丛产生正作用(RII>0)。

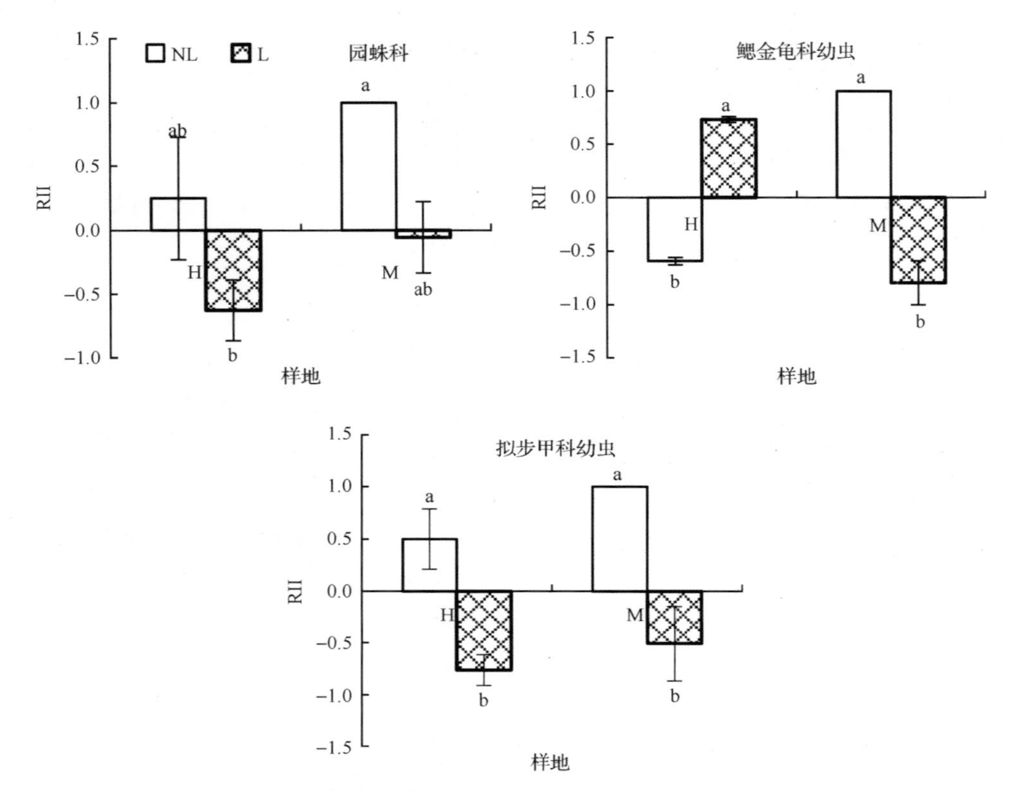

图 11-4　基于种群水平(个体数)的两种沙地灌丛“虫岛”比较(平均值±标准误)

H、M 分别代表科尔沁沙地与毛乌素沙地。NL、L 分别代表非豆科灌丛与豆科灌丛。
RII 表示相对互相作用强度指数。不同小写字母表示显著性差异(P<0.05)

鳃金龟科幼虫的灌丛“虫岛”RII 表现为无论是豆科灌丛还是非豆科灌丛，两种沙地间 RII 均存在显著差异(P<0.05)，豆科灌丛“虫岛”RII 表现为科尔沁沙地显著高于毛乌素沙地(P<0.05)，非豆科灌丛“虫岛”RII 表现为毛乌素沙地显著高于科尔沁沙地(P<0.05)(图 11-4)。并且，豆科灌丛与非豆科灌丛在不同地带沙地中的作用相反，在科尔沁沙地中豆科灌丛表现出正作用(RII>0)，非豆科灌丛表现出负作用(RII<0)，但在毛乌素沙地中豆科灌丛表现为负作用(RII<0)，而非豆科灌丛表现为正作用(RII>0)。

结果显示，在种群水平上灌丛“虫岛”对不同水热条件地带沙地生境也产生不同的响应。通常情况下，土壤动物对灌丛内外微生境差异性产生的响应模式有如下几种：①节肢动物只出现在灌丛内微生境中；②节肢动物只出现在灌丛外微生境中；③节肢动物在灌丛内外均有分布，但可能是仅在某一种微生境中(灌丛外或灌丛内)分布较多；④节肢动物在灌丛内外均有分布，且在灌丛内外分布相对较为均匀。前 3 种分布模式反映了节肢动物对特定灌丛微生境的选择性、适应性及指示性，后一种模式则更多地反映了这类节肢动物的广适性，而受灌丛微生境的影响较小。本研究中，两种沙地生境大部分土壤动物类群(占总类群数的 93.2%)均选择在其中某些类型生境样地中生存(表 11-3)，反映了对流动沙地灌丛微生境的选择性和适应性，而仅有 3 个动物类群(仅占总类群数的 6.8%)在所有调查样地中呈现出灌丛“虫岛”RII，并且在不同地带沙地生境及不同功能性灌丛中均表现不一。

根据相对互相作用强度指数的空间分布，这 3 个动物类群的响应模式又可以分成 2 个组：①园蛛科和拟步甲科幼虫为 1 组，同一种功能性灌丛(豆科/非豆科)在不同地带沙地间具有相似的灌丛“虫岛”RII，反映了这 2 个土壤动物类群的灌丛“虫岛”对水热条件响应的相似性。并且，豆科灌丛对这 2 个类群均呈现出负作用，而非豆科灌丛对这 2 个类群呈正作用，说明园蛛科和拟步甲科幼虫的适宜性生境可能是裸沙地中的非豆科灌丛微生境，而与水热等气候条件无关，同时也说明了这 2 个类群对于不同类型灌丛微生境的指示作用，可能起到“指示种”作用。例如，与非豆科黄柳灌丛相比，豆科灌丛小叶锦鸡儿相对较为郁闭，灌丛内聚集了较多的枯枝落叶，可能增加了园蛛科和拟步甲科移动的阻力而对其可能产生了一定的负作用，结果这 2 个动物类群在灌丛间分布有较多的个体数。②鳃金龟科幼虫为另外 1 组，这类动物对灌丛微生境的响应不仅与灌丛本身功能特性(固氮、降温、保水、增肥等)密切相关，而且还依赖于水热等气候条件的外部因素。豆科灌丛表现为科尔沁沙地 RII 显著高于毛乌素沙地，反映了在水分条件较好的科尔沁沙地生境中豆科灌丛微生境条件要优于非豆科灌丛，更有利于鳃金龟科幼虫的聚集生存。而在水分条件相对较差的毛乌素沙地生境中非豆科灌丛对鳃金龟科幼虫的“虫岛”优势作用更为突出，非豆科灌丛 RII 高于豆科灌丛。这种不同水热地带沙地灌丛对土壤动物类群的不同影响，与土壤动物类群自身的特定生物学和生态适应特性密切相关。当然，同时也需要指出的是，灌丛微生境中食根性鳃金龟科幼虫的聚集可能增加沙质草地恢复过程中发生虫害的风险，需要加以重视。

综合分析表明，水热条件较好的科尔沁沙地土壤动物类群数较多，较为干旱的毛乌素沙地土壤动物个体数较多。基于群落多样性指数的毛乌素沙地灌丛“虫岛”强度均高于科尔沁沙地，而与灌丛功能特性无关。在两种沙地生境所有样地中，只有 3 个节肢动物类群呈现出灌丛“虫岛”。并且，不同节肢动物类群的灌丛“虫岛”表现出对灌丛功能特性和水热等气候条件产生不同的响应特征(刘任涛等, 2015c)。

第十二章　灌丛“虫岛”特征及其在沙化草原生态系统演替中的作用

灌丛与土壤的关系即“肥岛”现象，常采用富集率(enrichment ratio)值(E)对数据进行处理，反映“肥岛”效应(即养分的富集程度)(苏永中等, 2002)。灌丛与草本植物间常存在“互利共生”或“竞争排斥”(何玉惠等, 2011)。灌丛与节肢动物间的作用关系可以用“虫岛”来表示(刘任涛, 2016)。由于草地灌丛化和流动沙地固定化均可促使灌丛“肥岛”和“虫岛”的形成，在沙化草原生态系统恢复过程中扮演着重要角色(刘任涛, 2014)。并且，灌丛与节肢动物间也存在定量的作用关系。沙地灌丛“肥岛”和“虫岛”是相伴而生、相辅相成的，而且作为反馈，灌丛“虫岛”可以进一步促成“肥岛”的形成。灌丛“肥岛”和“虫岛”均具有突出的生态功能，二者相互作用对于沙化草原生态系统的演化具有重要作用。本章着重阐述灌丛“虫岛”的形成特征、过程及其在沙化草原生态系统演替中的作用。

第一节　灌丛“虫岛”：概念、方法与模型构建

一、灌丛“虫岛”的概念与内涵

根据岛屿生物地理学理论(邬建国, 1989)，灌丛“虫岛”指干旱、半干旱区流动沙地生境中，灌丛成为节肢动物生存、繁殖生活的独特生境“岛屿”，从而导致节肢动物由于适应灌丛内外不同生境而产生生境选择性和空间分布性(Liu et al., 2016b)，其本质应为节肢动物类群在灌丛内外的特定适应性空间分布，以及由此导致的节肢动物群落组成与结构在灌丛内外的差异性分布。其中，基于灌丛种、年龄或者灌丛林管理对灌丛与节肢动物间的关系进行分析，灌丛“生境岛屿”对节肢动物的空间分布产生不同影响。另外，由于节肢动物的种类不同，如根据其在土壤中栖息的层次可分为地上土居、地面土居和地下土居类动物类群，对于灌丛内外生境的响应模式可能表现不一。这些因素都可能关系到灌丛“虫岛”的表现形式和作用程度。

灌丛“虫岛”的这种定性概念，实际上包括了节肢动物群落和种群 2 个水平，而不同研究水平可能得出不同的结论，同时这也需要对这种定性概念在不同研究水平上进行定量化明确。根据上述定义，灌丛“虫岛”的内涵应为灌丛内外空间分布的节肢动物的数量特征存在显著差异，无论是群落水平，还是种群水平，

这种差异性应均具有统计学意义，这将决定灌丛产生的“生境岛屿”对节肢动物产生的选择性，以及节肢动物对这种灌丛内外生境的强烈响应与适应性(刘任涛, 2016)。

二、计算方法与公式定义

本文综合富集率、相对竞争指数(relative competition index, RCI)、对数响应比率(log response ratio, lnRR)、相对邻近影响指数(relative neighbor effect, RNE)和RII(表12-1)，来分析它们在灌丛与节肢动物定量作用关系中的应用(刘任涛, 2016)。

表12-1　计算公式与表达结果

	条件	E(RR)=A/B	RCI=(B–A)/B	lnRR=ln(B/A)	RNE=(B–A)/max(A, B)	RII=(A–B)/(A+B)
1	$A\neq0$, $B=0$	—	—	—	–1	1
2	$A=0$, $B\neq0$	0	1	—	1	–1
3	$A=B$	1	0	0	0	0
4	$A<B$	<1	>0	>0	>0	<0
5	$A>B$	>1	<0	<0	<0	>0

注：A为灌丛内节肢动物分布平均量值($A>0$)，B为灌丛间节肢动物分布平均量值($B>0$)。“—”表示不存在

(一)计算公式

1. 富集率

富集率(enrichment ratio, E)，又称相对响应比率(relative response ratio, RR)，其公式为

$$E(\mathrm{RR}) = A / B \tag{12-1}$$

式中，A为灌丛内节肢动物分布平均量值；B为灌丛间节肢动物分布平均量值。

其中，当灌丛间无节肢动物分布(即B=0)而灌丛内有节肢动物分布(即$A\neq0$)时，该公式将无表达意义，E(RR)不存在。

当灌丛间存在(即$B\neq0$)而灌丛内无节肢动物分布(即A=0)时，E(RR)=0。

当灌丛内外均有节肢动物分布且数值相同(即A=B)时，E(RR)=1。

当灌丛内外均有节肢动物分布且灌丛内小于灌丛间数值(即$B>A$)时，E(RR)<1。

当灌丛内外均有节肢动物分布且灌丛内大于灌丛间数值(即$A>B$)时，即E(RR)>1，表示灌丛对节肢动物具有聚集作用。

2. 相对竞争(排斥)指数

相对竞争(排斥)指数(relative competition index, RCI)，其公式为

$$RCI = (B - A) / B \tag{12-2}$$

式中，A 为灌丛内节肢动物分布平均量值；B 为灌丛间节肢动物分布平均量值。

其中，当灌丛间无节肢动物分布（即 B=0）而灌丛内有节肢动物分布（即 A≠0）时，该公式将无表达意义，RCI 不存在。

当灌丛间存在（即 B≠0）而灌丛内无节肢动物分布（即 A=0）时，RCI=1。

当灌丛内外均有节肢动物分布且量值相同（即 A=B）时，RCI=0。

当灌丛内外均有节肢动物分布且灌丛内小于灌丛间数值（即 B>A）时，RCI>0。

当灌丛内外均有节肢动物分布且灌丛内大于灌丛间数值（即 A>B）时，即 RCI<0，表示灌丛对节肢动物具有聚集作用。

3. 对数响应比率

对数响应比率（log response ratio, lnRR），其公式为

$$\ln RR = \ln(B / A) \tag{12-3}$$

式中，A 为灌丛内节肢动物分布平均量值；B 为灌丛间节肢动物分布平均量值。

其中，当灌丛间无节肢动物分布（即 B=0）而灌丛内有节肢动物分布（即 A≠0）时，该公式将无表达意义，lnRR 不存在。

当灌丛间存在（即 B≠0）而灌丛内无节肢动物分布（即 A=0）时，lnRR 不存在。

当灌丛内外均有节肢动物分布且量值相同（即 A=B）时，lnRR=0。

当灌丛内外均有节肢动物分布且灌丛内 A 小于灌丛间 B 数值（即 B>A）时，lnRR>0。

当灌丛内外均有节肢动物分布且灌丛内大于灌丛间数值（即 A>B）时，即 lnRR<0，表示灌丛对节肢动物具有聚集作用。

4. 相对邻近影响指数

相对邻近影响指数（relative neighbor effect, RNE），其公式为

$$RNE = (B - A) / \max(A, B) \tag{12-4}$$

式中，A 为灌丛内节肢动物分布平均量值；B 为灌丛间节肢动物分布平均量值。

其中，当灌丛间无节肢动物分布（即 B=0）而灌丛内有节肢动物分布（即 A≠0）时，RNE= –1。

当灌丛间存在（即 B≠0）而灌丛内无节肢动物分布（即 A=0）时，RNE=1。

当灌丛内外均有节肢动物分布且量值相同（即 A=B）时，RNE=0。

当灌丛内外均有节肢动物分布且灌丛内 A 小于灌丛间 B 数值（即 B>A）时，RNE>0。

当灌丛内外均有节肢动物分布且灌丛内大于灌丛间数值（即 A>B）时，即

RNE＜0，表示灌丛对节肢动物具有聚集作用。

5. 相对互相作用强度指数

相对互相作用强度指数(relative interaction intensity, RII)，其公式为

$$RII = (A - B) / (A + B) \tag{12-5}$$

式中，A 为灌丛内节肢动物分布平均量值；B 为灌丛间节肢动物分布平均量值。

其中，当灌丛间无节肢动物分布(即 B=0)而灌丛内有节肢动物分布(即 A≠0)时，RII=1。

当灌丛间存在(即 B≠0)而灌丛内无节肢动物分布(即 A=0)时，RII=–1。

当灌丛内外均有节肢动物分布且量值相同(即 A=B)时，RII=0。

当灌丛内外均有节肢动物分布且灌丛内 A 小于灌丛间 B 数值(即 B＞A)时，RII＜0。

当灌丛内外均有节肢动物分布且灌丛内大于灌丛间数值(即 A＞B)时，即 RII＞0，表示灌丛对节肢动物具有聚集作用。

(二)公式定义分析

从表 12-1 可以看出，第 2、第 4 种情况(即 A=0，B≠0；A＜B)意味着灌丛对节肢动物种群分布产生不利的影响，其中后一种情况也包括节肢动物群落水平，节肢动物选择在灌丛间生境中生存、分布。第 3 种情况(即 A=B)意味着灌丛对节肢动物种群和群落的空间分布均无影响，这可能反映节肢动物的广布性特征。第 1、第 5 种情况(A≠0，B=0；A＞B)意味着灌丛对节肢动物的空间分布具有聚集作用，其中前一种情况与节肢动物种群具有指示种作用密切相关，而后一种情况包括群落和种群 2 个水平，经统计检验达到显著水平(P＜0.05)时则可称为“虫岛”现象。

综合分析公式(12-1)～(12-5)的表达结果(表 12-1)，当第 1 种情况(A≠0，B=0)发生时，公式(12-1)～(12-3)在种群水平上均无意义，说明它们均未能表达灌丛对节肢动物种群空间分布的影响，效果较差，呈现出很大的局限性。采用公式(12-4)和(12-5)表达灌丛对节肢动物种群空间分布的影响，并未出现缺失值，可能更为合适。

其中，对于公式(12-4)来说，综合第 1、第 5 种情况(A≠0，B=0；A＞B)(表 12-1)可以得出，–1≤RNE＜0，灌丛对节肢动物产生聚集作用，即有利(facilitation)的一面。相反，当 0＜RNE≤1 时，灌丛可能对节肢动物种群分布产生不利(unfavorable 或 repulsive)的一面，节肢动物更喜于在灌丛间生境中存活、繁殖。而当 RNE=0 时，灌丛对节肢动物种群的空间分布无影响。整体上来看，RNE 介于–1 与+1 之间，具有上下临界线。

对于公式(12-5)来说，综合第 1、第 5 种情况(A≠0，B=0；A＞B)可以得出，

0<RII≤1，灌丛对节肢动物产生聚集作用，即有利(facilitation)的一面。相反，当–1≤RII<0 时，灌丛可能对节肢动物分布产生不利(unfavorable 或 repulsive)的一面，节肢动物更喜于在灌丛间生境中存活、繁殖。而当 RII=0 时，灌丛对节肢动物种群的空间分布无影响。整体上来看，RII 介于–1 与+1 之间，具有上下临界线，正好与公式(12-4)表达的结果相反。

但是，在群落水平上，在实际情况中 $A\neq0$、$B\neq0$ 时，公式(12-1)～(12-5)均成立，而在反映灌丛“虫岛”大小变化时，不同指数反映的结果可能出现差别，因此在实际中应用时，需选择更能反映实际情况的指数。

（三）模型筛选与构建

为了简化上述公式运用，在此将灌丛对节肢动物的定量作用关系辅一新的变量 α，即 $\alpha=A-B$。

其中，$\alpha>0\rightarrow+\infty$，即 $A>B$，包括 $B=0$，表示灌丛对节肢动物的聚集作用，即正向作用；$\alpha=0$，即 $A=B$，表示灌丛对节肢动物无影响；$\alpha<0\rightarrow-\infty$，即 $A<B$，包括 $A=0$，表示灌丛对节肢动物具有负向作用。这里包括群落和种群 2 个水平。

公式(12-4)、(12-5)简化为

$$\text{RNE}=-\alpha/\max(\alpha+B,B) \tag{12-6}$$

$$\text{RII}=\alpha/(\alpha+2B) \tag{12-7}$$

式中，B 为灌丛间节肢动物分布平均量值，$B\geq0$。

公式(12-6)中，当 $\alpha>0$ 时，$\text{RNE}=\lim_{\alpha\to+\infty}(-\alpha/(\alpha+B))=-1$，而当 $\alpha<0$，$\text{RNE}=\lim_{\alpha\to-\infty}(-\alpha/B)=+\infty$，RNE 结果正好与 α 表示正(负)效应的逻辑性相反。当 $\alpha=0$，且 $B>0$ 时，RNE=0，但是当 $B=0$ 时，RNE 结果不存在，无法反映灌丛对节肢动物空间分布的效应。

公式(12-7)中，当 $\alpha>0$ 时，0<RII<1，其中当 $B>0$ 时，$\alpha<2B$ 时，$\lim_{\alpha\to+\infty}(\alpha/(\alpha+2B))=0$；当 $\alpha>2B$ 时，$\lim_{\alpha\to+\infty}(\alpha/(\alpha+2B))=1$；当 $\alpha=2B$ 时，RII=0.5；而当 $B=0$ 时，RII=1。当 $\alpha<0$ 且 $B\neq0$，$|\alpha|<2B$ 时，RII<0；当 $|\alpha|>2B$ 时，$\text{RII}=\lim_{\alpha\to-\infty}(\alpha/(\alpha+2B))=0$；当 $|\alpha|=2B$ 时，RII 不存在；而当 $B=0$ 时，RII=1。

综合公式(12-6)、(12-7)的比较分析结果，在表达灌丛与节肢动物间的定量作用关系时，从构建模型的逻辑性与简化角度来看，公式(12-7)相对较好，但也存在一定的缺陷。当灌丛对节肢动物产生的负效应是灌丛间节肢动物量值的 2 倍时，RII 不存在。因此，在实际运用时，需要考虑满足模型构建的前提条件。

研究表明，灌丛“虫岛”指干旱、半干旱区流动沙地生境中，节肢动物在灌丛内外的特定适应性空间分布，以及由此导致的节肢动物群落组成与结构在灌丛内外的差异性分布，并且无论是群落水平，还是种群水平，这种差异性应均具有统计学意义。在种群水平上，相对邻近影响指数(relative neighbor effect, RNE)与相对互相作用强度指数(relative interaction intensity, RII)表达的内涵更为全面、准确，相对于其他另外 3 种指数的效果要好。而在群落水平上，这 5 个指数均适用，但需考虑灌丛“虫岛”大小的实际情况。从构建模型的逻辑性与简化角度来看，相对互相作用强度指数(relative interaction intensity, RII)可能更为直观，并建立了包括群落和种群 2 个水平的灌丛与节肢动物间的定量作用模型：$\mathrm{RII} = \alpha / (\alpha + 2B)$，$\alpha$ 为灌丛对节肢动物的定量作用强度(刘任涛, 2016)。

第二节　灌丛“肥岛”和“虫岛”的形成特征及其与沙化草原生态系统演替的关系

一、灌丛“肥岛”的形成过程、特征及其与沙化草原生态系统演替的关系

(一)灌丛“肥岛”形成过程

干旱、半干旱区灌丛“肥岛”的形成有以下 3 个主要途径(图 12-1)。

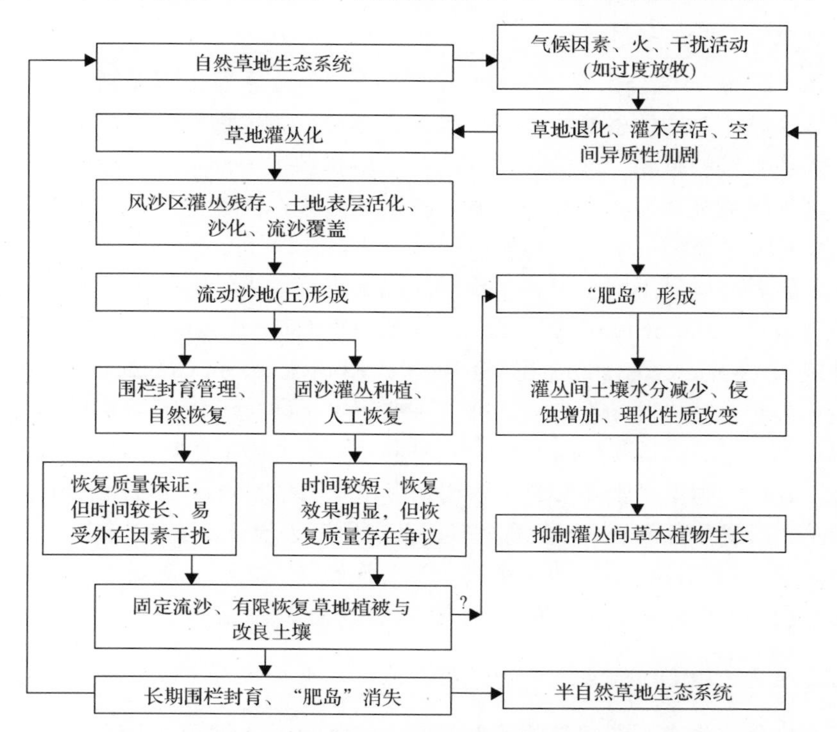

图 12-1　灌丛“肥岛”形成过程及草地生态系统恢复模式(陈广生等, 2003)

1) 假定无干扰的草地都具有相对均一的水分、养分和其他土壤资源空间分布特性的前提下，天然草地生态系统在气候因素、人为践踏、长期过度放牧或火干扰等影响下，草地退化，草本植物竞争力不断下降，而能够抵抗一定程度干扰或不适合牲畜取食的植物物种(主要是灌木)保留下来，养分循环逐渐局限于灌木下凋落物集中的区域，灌木间地表则由于风蚀和地表径流而变得逐渐贫瘠。结果灌丛内外资源量差异逐渐扩大，土壤资源水平分布异质性加剧，灌木下就形成一个资源量特别突出的“孤岛”(insular island)，即“肥岛”(陈广生等, 2003)。

2) 在气候条件适宜地区，如某些半湿润、半干旱区域，通过围栏封育等管理方式，采取自然恢复的方法促进退化草地生态系统的恢复，其中一些适应性强、竞争能力强的灌丛率先在退化生态系统中出现，也可能促使灌丛内外土壤资源存在空间异质性，导致灌丛“肥岛”的出现(岳兴玲等, 2005)。

3) 在极度退化地段，如流动沙地，人为种植一些适应极端环境的灌丛，促进其草地生态系统的恢复，在这些人工种植的灌丛定居存活之后，灌丛本身的物理、生物生态学特征能够促进养分在其下土壤中循环和改善土壤理化性质，导致灌丛内外土壤资源的显著性差异和空间异质性，促成“肥岛”的形成。

(二) 灌丛“肥岛”特征

灌丛“肥岛”，综合来看，应为干旱、半干旱区灌木冠幅下限制性土壤资源的显著聚集现象，其中的资源为土壤含水量、养分、微生物、动物及由灌木等带来的非生物环境等的总和。“肥岛”的实质是土壤资源水平分布的局部异质性显著的表现，这种异质性体现在资源在灌木冠幅下的聚集，而这种灌木下“肥岛”的形成和发展是一个资源逐渐自生(autogenic)的动态过程(陈广生等, 2003)。

许多学者在世界不同干旱、半干旱区先后进行了大量的关于灌丛“肥岛”的研究。利用“island of fertility”“fertile island”“resource island”为主题词，限定为 arid 或 semi-arid ecosystems 在 ISI Web of Knowledge 和 Google Scholar 进行检索，显示关于灌丛“肥岛”效应的研究主要集中于北美洲(71 篇)和亚洲(10 篇)，其他如大洋洲(7)、非洲(5)、南美洲(5)和欧洲(3)也有较少分布(Allington and Valone, 2014)。利用“肥岛”为主题词在中国知网(CNKI)中进行文献计量统计，关于灌丛“肥岛”的研究有 50 篇之多，其中硕博士学位论文 13 余篇，主要集中在中国东北部科尔沁沙地、西北荒漠、半荒漠地区，说明我国关于干旱、半干旱区灌丛“肥岛”的研究越来越受到重视。

(三) 灌丛“肥岛”形成或消失过程与沙化草原生态系统演替的关系

从沙化草原生态系统演替的角度来看，实际上可能包括三个过程。

1) 灌丛“肥岛”形成途径实际上是一种草地生态系统退化的过程，即草地灌丛化(图 12-1)。在灌丛“肥岛”的形成过程中，伴随灌丛间土壤保水能力下降、土壤侵蚀增加，土壤状况进一步恶化，土壤资源的异质性分布易导致灌丛间草本植物的生长受到抑制，加剧草地生态系统退化，使得立地生境也不能满足灌丛本身的生存需要，灌丛矮化直至死亡，发生沙漠化，形成流动沙地(苏永中等, 2002)。

2)灌丛“肥岛”形成途径实际上是一种草地生态系统逐渐恢复的过程，即流动沙地固定化(图 12-1)。在这个过程中，通过灌丛定居及其“肥岛”的形成，可以促进流动沙地土壤质地逐渐改善、土壤肥力增加、“蓄种保种”能力凸显，有利于流动沙地的固定和草地生态系统的恢复。无论是围栏封育促使灌丛定居、生长，还是人为干预方式如人工种植灌丛，均能促进沙化草原生态系统的恢复，在这一过程中，退化草地生态系统可能发生正向演替。

3)基于正向演替的灌丛“肥岛”的逐渐消失过程(图 12-1)。在人为管理恢复草地生态系统过程中，随着灌丛间草本植物的逐渐恢复、土壤性质的逐渐改善，灌丛内外空间异质性降低，灌丛“肥岛”现象可能会逐渐消失。有研究表明，在长期进行围栏封育的草地生态系统中，土壤全氮含量灌丛内外无显著差异(Allington and Valone, 2014)。并且，通过总结近 92 个案例，发现在对研究样地进行封育后，灌丛内外并不完全显示土壤养分含量的差异性，特别是在封育超过 30 年的样地中，并未发现灌丛“肥岛”现象的出现。综合分析表明，灌丛“肥岛”现象的出现可能是旱区草地生态系统过度放牧的结果，而并不是灌丛本身所固有的生态学特性，灌丛“肥岛”与草地放牧管理存在直接的关系。

但是，关于灌丛“肥岛”的形成过程与沙化草原生态系统演替过程之间又存在一些问题(图 12-1 中“？”)。尽管人工种植灌丛具有促进退化生态系统快速恢复的一面，但是由于灌丛本身的竞争力强，在旱区水分和养分都比较有限的条件下，可能会抑制原有草本植物种子的萌发、生长，将导致退化草地生态系统结构与功能的有限恢复(Van Auken and Bush, 1989)。例如，在宁夏盐池沙地，大面积人工种植柠条灌丛林，尽管有利于固定流动沙地、促进土壤性质改善、增加地面草本植被盖度，但是灌丛间一些本土的豆科优良牧草受到抑制，而具有竞争优势的杂类草如猪毛蒿等占据绝对优势地位，导致草本植被群落结构的恢复极其有限，值得引起重视。

二、灌丛“虫岛”的形成过程、特征及其与沙化草原生态系统演替的关系

(一)灌丛“虫岛”的形成过程

相对于干旱、半干旱区灌丛“肥岛”的形成过程，灌丛“虫岛”的形成也可能有 3 种主要途径(图 12-2)。

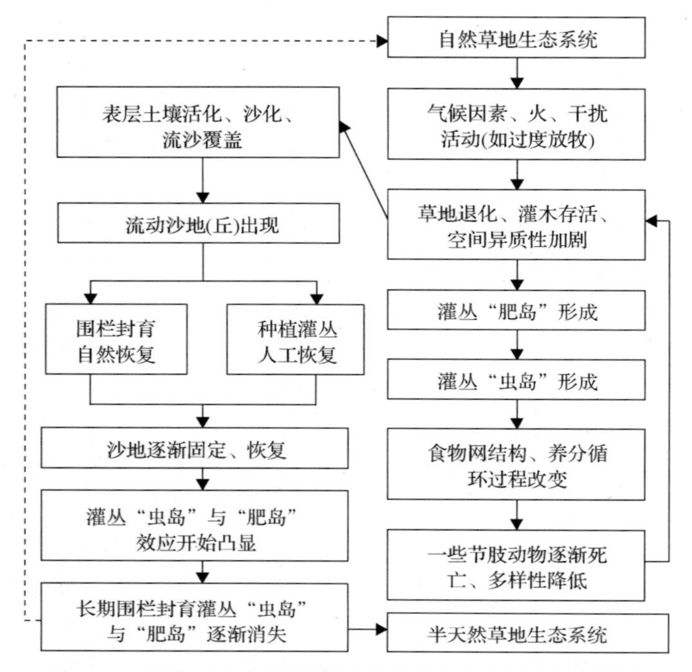

图 12-2　灌丛“虫岛”形成过程及草地生态系统恢复模式

1) 天然草地生态系统在气候因素、人为践踏、长期过度放牧或火干扰等影响下，草地退化、灌丛化，空间异质性加剧，灌丛“肥岛”产生，“肥岛”中聚集分布的资源条件吸引地面/节肢动物前来生存、定居，为极端环境条件下节肢动物的存活提供了良好的避风港，产生“虫岛”效应。

2) 在气候条件适宜地区，如某些半湿润、半干旱区域，通过围栏封育等管理方式，采取自然恢复的方法促进退化草地生态系统恢复的过程中，其中一些适应性强、竞争能力强的灌丛率先出现并定居下来，促使灌丛“肥岛”的形成和“虫岛”的出现。

3) 在极度退化地段，如流动沙地，人为种植一些适应极端环境的灌丛，在其灌丛定居存活之后，灌丛下土壤资源条件得到改善、“肥岛”形成的同时，促进土壤中虫卵孵化及吸引其他移动能力强的动物个体前来定居，进而促使“虫岛”的出现。

(二) 灌丛“虫岛”特征

从灌丛“肥岛”的概念来看“虫岛”的概念及其特征，“虫岛”应为干旱、半干旱区灌木冠幅下限制性土壤资源条件中节肢动物的显著聚集现象，其中节肢动物既包括如蜘蛛、甲虫及其幼虫等大型节肢动物，又包括如螨类、跳虫等中小型动物及线虫等一些湿生性动物。“虫岛”实际上指节肢动物类群在灌丛内外的特定适应性空间分布，以及由此导致的节肢动物群落组成与结构在灌丛内外的差异性分布。灌丛“虫岛”应该是能够加速灌丛下的物质循环和能量流动，更重要的是在生态系统退化过程中还具有“保种”（“种”：处于某种生活史阶段的节肢动物）作用，在生态系统恢复过程中具有“种源”作用。

尽管关于地面/土壤节肢动物与灌丛间的关系开展了很多研究，但是关于灌丛“虫岛”术语的提出始于2013年(Zhao and Liu, 2013)。相对于灌丛“肥岛”而言，关于灌丛“虫岛”的形成过程、特征及其与沙化草原生态系统演替的关系还缺乏深入系统的总结。地面/土壤动物是生态系统中物质与能量交换的枢纽，在维持该生态系统结构与功能、生态服务功能、生物多样性和食物网络结构等方面扮演着十分关键的角色(殷秀琴等, 2010)。并且，灌丛“虫岛”处于食物链的上端，对生境改变敏感，而且对于生境的恢复具有时滞性，更易受到外界干扰作用的影响。所以，理论性总结分析关于灌丛“虫岛”的形成过程、特征及其与沙化草原生态系统演替间的关系，开展干旱、半干旱区灌丛“虫岛”及其效应的研究，也同样值得取得相关科技工作者的关注。

(三)灌丛“虫岛”形成或消失过程与沙化草原生态系统演替的关系

从生态系统演替的角度来看，灌丛“虫岛”中节肢动物的聚集分布可以有效促进灌丛生境土壤资源周转、维持生态系统结构与功能。但是，节肢动物对生境的敏感性又导致它们对生境改变能够产生快速响应与反馈，结果可能加速生态系统的演替过程。综上所述，可能存在三种过程。

1)在草地生态系统退化过程中，随着草地灌丛化、灌丛“虫岛”的产生，某些节肢动物类群能够选择灌丛下微生境存活、繁殖，起到暂时维持食物网结构、生态系统结构及功能的作用，灌丛间某些节肢动物类群就可能由于不能适应环境条件改变而逐渐迁移或者死亡，特别是火烧或者放牧踩踏直接威胁到节肢动物个体本身及虫卵的存活，导致食物网结构简单化，影响凋落物分解与物质循环过程，可能加速生态系统结构和功能退化(图12-2)。

2)在管理措施下，无论是通过围栏封育自然恢复还是种植灌丛人工恢复，伴随着流动沙地固定及其恢复过程，灌丛下微生境中资源条件逐渐得到改善，灌丛“虫岛”开始出现，可以加速退化生态系统的恢复。研究表明，人工种植灌丛，特别是种植豆科灌丛(本身具有一定的适口性)，有利于吸引某些节肢动物前来觅食，结果相对于自然恢复过程来说，更有利于“虫岛”的产生，能够加速沙化草原生态系统的有效恢复。

3)基于正向演替的灌丛“虫岛”的逐渐消失过程(图12-2)。随着演替的发展，灌丛的“虫岛”也可能逐渐消失。有研究表明，在宁夏盐池沙地选择不同年龄(6

年、15 年、24 年和 36 年)柠条灌丛对灌丛内外地面节肢动物时空变化进行分析，发现在柠条年龄 24 年之前，随着灌丛发育灌丛内外地面节肢动物个体数、丰富度和多样性差异性逐渐增大，灌丛“虫岛”出现。但是，在 36 年生柠条灌丛林中，灌丛内外地面节肢动物多样性无差异性，基于多样性指数的灌丛“虫岛”逐渐退化，表明伴随着灌丛林地发育过程，灌丛内外节肢动物多样性恢复，特别是灌丛间节肢动物多样性的增加，加速沙化草原生态系统的物质循环和能量流动过程，进一步促进沙化草原生态系统结构与功能的恢复。

三、灌丛“肥岛”与“虫岛”相互作用对沙化草原生态过程的影响

在干旱、半干旱区域强烈外界干扰的草地生态系统中，灌木下“肥岛”的形成是灌木适应其生境的一种生存机制，其中“虫岛”的形成可以加速凋落物分解过程、物质周转与能量流动，并能起到“保种”的作用，这对于灌木本身的生存、更新及扩散非常有利(Fuhlendorf and Engle, 2001)。同时，“肥岛”与“虫岛”的发展和灌木的扩散之间存在正反馈效应，灌木冠幅下“肥岛”与“虫岛”的形成能够维持生态系统中物质循环与能量流动过程，再加上灌木的扩散，这些导致灌丛对于环境的扰动具有更强的抵抗力，可以暂时维持生态系统的结构与功能。但是，这种机制容易抑制灌丛间的其他植物特别是草本植物的生存和发展，食源条件单一，土壤资源总量、生物多样性可能逐渐减少，结果系统的整体结构和生态功能改变，将使得灌木的生存也会变得不适应，严重地导致诸如养分循环和水分收支等基本过程的改变，直接影响生态系统的演替过程、结构与功能。另外，在流动沙地固定与沙化草地恢复过程中，灌丛“肥岛”与“虫岛”的出现可以起到“种源”的作用，可以促进灌丛内外微生境的改善、草本植被的逐渐恢复及食物网结构的建立。其间，灌丛“肥岛”引起的“虫岛”的出现增加了植物种子进入灌丛间的机会，如许多节肢动物是种子携带者，更有利于灌丛间草本植物的恢复。研究表明，灌丛“肥岛”与“虫岛”对于灌丛间土壤-植被系统的辐射作用，可以增加沙化草地生态系统节肢动物多样性和食物网结构的复杂性，有利于促进沙化草地生态系统结构与功能的有效恢复。

但是，灌丛“肥岛”与“虫岛”对于演替过程的生态作用，自然恢复与人工种植灌丛恢复间又存在一定的差异性。在自然恢复过程中，灌丛由于个体数量分布有限，可能只是起到暂时的“资源岛”与“虫岛”作用。随着演替的进一步发展，草本植被逐渐恢复，食源条件多样化，促使更多节肢动物类群可能更喜欢生存于草本植物中，加速物质循环和能量流动过程，有效促进枯落物分解过程、土壤性质改善和草本植被恢复，进而导致灌丛有可能被取代而从生态系统中退去，即去灌丛化。而在人工灌丛固沙恢复过程中，在开始阶段，人工灌丛“肥岛”与“虫岛”出现，有效固定流沙、改善土壤性质与恢复草本植被。例如，宁夏盐池

6～24 年生柠条灌丛的“肥岛”和“虫岛”特征，可以解释这一点。但是，随着时间的延长，在旱区水分、养分极其有限的条件下大面积分布的人工灌丛林，不仅改变了原有的空间异质性、消耗掉有限的资源条件，还限制了本土草本植被生长所需的水分、养分等资源条件，导致灌丛间适口性较好的牧草种类减少，而适口性较差的杂类草增多，特别是对灌丛的“肥岛”和“虫岛”的有限作用(灌丛林地土壤肥力和节肢动物数量的实测值较低)，导致对沙化草地生态系统的恢复存在很大的局限性，需要引起重视和开展深入研究。

综合分析表明，灌丛“肥岛”与“虫岛”通常情况下相伴而生，又具有相互作用关系。灌丛“肥岛”与“虫岛”相互作用可以加速生态系统的演替进程，特别是节肢动物对于生境改变的敏感性及恢复过程的时滞性，灌丛“虫岛”更具有重要的生态学意义，值得进行深入的思考与研究。例如，干旱、半干旱区灌丛“虫岛”形成机制及其对灌丛的反馈作用，以及如何控制它们之间的这种反馈作用、辨别灌丛生境的临界状态、保护灌丛生境系统及恢复健康的草地生态系统；基于灌丛种和林龄的灌丛“肥岛”及“虫岛”形成原因、机制及其与生态系统演替的关系；灌丛土-草-肥-虫-节肢动物-微环境-微生物等为一体的相互作用关系与过程等(刘任涛, 2014)。

第五篇　基于生态恢复措施的沙化草原土壤节肢动物生态分布研究

盐池沙化草原地处于我国北方农牧交错带，近几十年由于人类活动干扰和气候因素的双重影响，大面积草地发生沙漠化，生态环境明显恶化，具体表现为生产力下降、生物多样性丧失、土壤沙化、生态环境恶化等，实质上是土壤-植被-土壤生物系统的退化过程。目前，采取退耕还林还草工程，已成为促进区域退化土地恢复和植被重建、改善土壤环境、提高土地生产力的重要生态措施之一(赵娟等, 2019)。采取人工恢复还是自然恢复、人工恢复造林选择何种灌木才能够实现退化草地生态系统的有效恢复与健康发展，至关重要(Liu et al., 2014)。不同的生态恢复措施包括退耕还林还草、不同灌丛林营造，均将对地表植被恢复状态、土壤恢复进程等产生不同的影响，进而直接关系到土壤动物群落组成、结构与功能群分布。本篇以地面节肢动物为例着重从退耕还林还草、自然/人工恢复及固沙林营造模式对土壤节肢动物群落生态分布的影响方面进行阐述。

第十三章　退耕还林还草对沙化草原地面节肢动物群落分布的影响

在北方农牧交错带，开展退耕还林还草工程，已成为防风固沙和促进草地恢复的重要生态措施之一。盐池县自20世纪70年代以来，采取了还林、还草等不同生态恢复措施，恢复了大面积林地和草地，草地生态环境逐渐得到改善。其中，退耕还林与还草是区域生态恢复措施的两个不同模式，其不仅与物力、人力的投入情况相关，还将影响土壤-植被系统的恢复进程与效果(常海涛等, 2019)。并且，不同的退耕恢复措施诸如还林或还草措施，将会对地表植被恢复状态、土壤恢复进程等产生不同程度的差异性，进而将影响与植被、土壤关系密切的土壤动物群落结构的分布(赵娟等, 2019)。本章着重阐述退耕还林还草地土壤理化性质、分形特征及其对地面节肢动物群落结构分布的影响。

第一节　退耕还林还草对植被分布与土壤理化性质的影响

一、地表植被特征

于2016年，本研究选取了农田、退耕后自然恢复草地、退耕后人工柠条林地及周围未被开垦的天然草地4种类型样地，每种类型样地土壤类型、坡度等本底条件基本一致，且以风沙土为主。农田(玉米田)通常来自土壤肥力较好的天然草地，其开垦后种植作物多为玉蜀黍(*Zea mays*)，农田往往在耕作6年之后由于农作物产量下降而弃耕，且在干旱风沙条件下易造成土壤退化、沙化。因此，在弃耕后的农田周围设置围栏进行封育而形成退耕还草地；在严重沙化地段，人工种植柠条林进行防风固沙而形成退耕还林地。天然草地则是由于退化草地施行禁牧政策而逐渐恢复形成的一种土地类型。不同土地利用类型地表草本植被的基本情况见表13-1。

表13-1　不同土地利用类型地表草本植被特征(平均值±标准误)

样地	地表植被物种数	地表植被平均密度(株/m^2)	地表植被平均高度(cm)
农田	—	—	—
退耕还草地	3.20±0.58ab	71.80±8.33ab	8.43±1.19a
退耕还林地	3.20±0.66ab	61.20±9.25ab	9.92±1.95a
天然草地	4.40±0.40a	54.60±10.13b	8.64±0.70a

注：不同小写字母表示显著性差异($P<0.05$)

在宁夏盐池沙化草原区，由于农民对农业经济的过度依赖，大量土壤条件相对较好的天然草地常被开垦为农田。但农田通常在耕作 6 年之后因为农作物产量下降而导致弃耕，致使该区域表层在干旱风沙条件下极易发生退化、沙化。为此，在弃耕后的农田周围设置围栏进行封育及在严重沙化地段种植人工柠条林等，已成为该区域防风固沙、改善土壤环境和促进植被恢复的重要生态恢复措施。

二、土壤理化性质

(一) 土壤含水量

不同的生态恢复措施，如弃耕后自然恢复还是人工林种植恢复，对地表植被恢复进程和土壤质地改善的效果存在显著差异，且对土壤理化性质演变产生深刻影响。由图 13-1 可知，农田实施退耕还林与还草工程后，土壤含水量受不同土地利用类型及季节变化的影响，总体表现为农田＞退耕还草地＞天然草地＞退耕还林地，其值变化范围分别为 3.32%～8.67%、1.37%～4.73%、0.85%～4.85% 和 0.66%～3.70%。在春季、夏季和秋季 3 个季节内，土壤含水量均表现为农田显著高于退耕还草地、退耕还林地及天然草地(P＜0.05)，而后 3 种土地利用类型间则无显著差异。不同季节间，农田、退耕还林地、退耕还草地及天然草地的土壤含水量均表现为秋季显著高于春季和夏季(P＜0.05)，而后 2 个季节间无显著差异。研究结果表明，土壤含水量不仅受不同土地利用类型的影响，还受到季节变化的调控，即土壤含水量在年内的季节变化是气候与植被共同作用导致的。

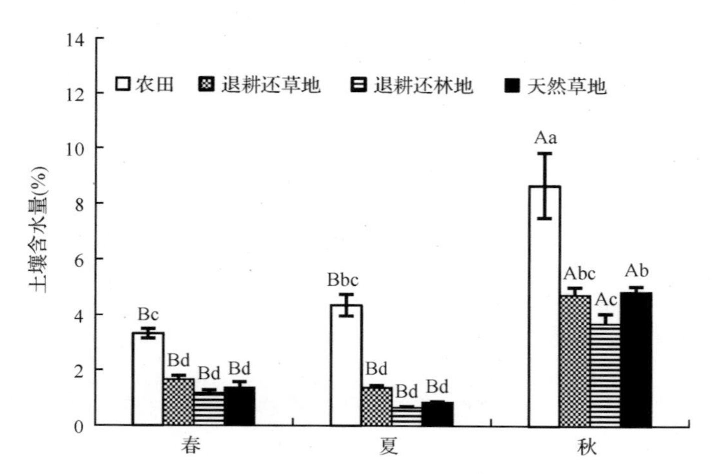

图 13-1　随季节变化不同土地利用类型的土壤含水量

不同大写字母表示同一生境不同季节间存在显著性差异；不同小写字母表示同一季节不同生境间存在显著性差异(P＜0.05)

首先，降水是沙化草原区土壤含水量来源的主要途径之一，其季节变化在一定程度上使表层土壤含水量也表现出季节变化特征。秋季 4 种不同土地利用类型的土壤含水量均显著高于春季和夏季，这与该研究区域秋季较高的降雨量密切相关。其次，研究中不同土地利用类型的土壤含水量总体表现为农田＞退耕还草地＞天然草地＞退耕还林地。农田土壤含水量显著高于其他 3 种土地利用类型可能是由灌溉等管理方式导致的；与天然草地相比，退耕还草地和退耕还林地间土壤含水量无显著差异，这可能是由于地表植被枯落物的堆积，能够有效延缓地表径流，以及柠条林对土壤含水量具有保持功能，说明农田实施退耕还林与还草工程后，退耕还草地和退耕还林地中土壤含水量已达到该研究区域自然条件下的正常水平。

（二）土壤 pH 和电导率

土壤酸碱度是土壤基本属性的重要指标之一。由图 13-2 可知，退耕还林与还草过程中土壤 pH 不仅受不同土地利用类型的影响，还受到季节变化的调控。同一季节不同土地利用类型，春季土壤 pH 表现为农田、天然草地均与退耕还草地、退耕还林地间存在显著差异（$P<0.05$），而后 2 种土地利用类型间无显著差异。夏季土壤 pH 表现为农田、退耕还林地均与退耕还草地、天然草地间存在显著差异（$P<0.05$），而后 2 种土地利用类型间无显著差异。秋季土壤 pH 在农田、退耕还草地、退耕还林地和天然草地间均无显著差异（$P>0.05$）。在不同季节内，同一土地利用类型生境的土壤 pH 存在显著差异（$P<0.05$）。农田表现为春季＞夏季＞秋季；退耕还林地表现为夏季显著低于春季和秋季（$P<0.05$），后 2 个季节间则无显著差异；天然草地表现为春季显著低于夏季和秋季（$P<0.05$），而后 2 个季节间也无显著差异；而退耕还草地则在 3 个季节内均无显著差异（$P>0.05$）。

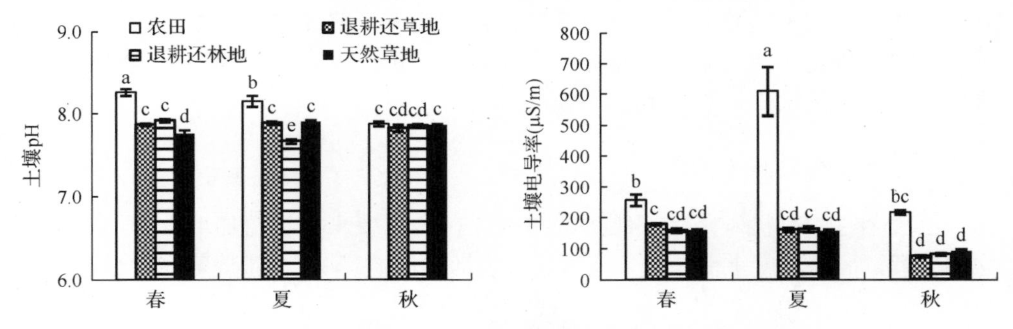

图 13-2　随季节变化不同土地利用类型的土壤 pH 和电导率

不同小写字母表示显著性差异（$P<0.05$）

首先，农田实施退耕还林与还草工程后，土壤 pH 在春季和夏季均表现为农田显著高于退耕还林地、退耕还草地及天然草地，农田土壤酸碱度偏高可能是由于农作物的自身生长对表层土壤含水量的消耗，土壤盐分中的碳酸根离子在土壤表层积累，土壤碱性增强；相对于天然草地而言，春季退耕还草地和退耕还林地土壤 pH 显著较高，是由植被发育过程中根系的分泌物及其与微生物的相互作用导致的；而夏季退耕还林地的土壤 pH 显著降低，是因为柠条林枯落物分解过程中释放的有机酸降低了微生境土壤的 pH；秋季，土壤 pH 在 4 种不同土地利用类型间均无显著差异，可能与植被密度、株型、根系及生育期不同有关。

土壤电导率反映一定水分条件下土壤盐分的实际状况，并且包含了水分含量、土壤盐分及离子组成等信息，且该参数具有简便、快捷、可比性强等特点。由图 13-2B 可知，退耕还林与还草过程中土壤电导率受到不同土地利用类型和季节变化的影响。总体表现为农田＞退耕还草地＞天然草地＞退耕还林地，变化范围分别为 216.16～608.40μS/m、74.14～177.66μS/m、91.92～159.72μS/m 和 80.70～161.26μS/m。同一季节不同土地利用类型在春季、夏季和秋季 3 个季节内，土壤电导率表现为农田显著高于退耕还草地、退耕还林地和天然草地（$P<0.05$），而后 3 种土地利用类型间均无显著差异。在不同季节内，农田、退耕还草地和退耕还林地的土壤电导率均存在显著差异（$P<0.05$），农田表现为夏季显著高于春季和秋季（$P<0.05$），而后 2 个季节间无显著差异。退耕还草地和退耕还林地均表现为秋季显著低于春季和夏季（$P<0.05$），而后两个季节之间无显著差异。而天然草地在 3 个季节内均无显著差异（$P>0.05$）。

首先，秋季不同土地利用类型的土壤电导率较低，是由于该区域秋季降雨量增加，表层土壤盐分随水分下渗。其次，农田实施退耕还林与还草工程后，3 个季节内土壤电导率均表现为农田显著高于退耕还草地、退耕还林地和天然草地。农田土壤电导率显著高于其他 3 种土地利用类型，可能是灌溉、施肥及农作物自身生长消耗导致盐分在农田土壤表层积累；相对于天然草地而言，退耕还草地和退耕还林地间均无显著差异。分析表明，农田实施退耕还林与还草工程后，退耕还草地和退耕还林地土壤表层盐分积累显著低于耕作 6 年后的农田，但均达到自然条件下的正常水平，更有利于作物的生长。

（三）土壤全氮和有机碳

土壤全氮、有机碳是土壤肥力的重要指标，主要来源于植物地上和地下枯落物的分解，很大程度上受植被、气候、人为活动等的影响（周正虎等, 2015）。在不同土地利用类型中，表层土壤可以通过植被根系富集土壤养分，通过枯落物和腐根加速土壤中物质的转化，提高土壤有机质和养分含量。由图 13-3 可知，农田实施退耕还林与还草工程后，土壤全氮在夏季表现为农田＞退耕还草地＞退耕还林地和天然草地，有机碳则表现为退耕还草地显著高于天然草地，这可能是因为农田在耕作时施加了大量的有机肥及化肥，土壤肥力增加，促使土壤养分含量上升。而与天然草地相比，退耕还林与还草区地表植被盖度增加，风沙活动减弱，空气中的尘埃及细粒物质逐渐沉积到土壤表层，导致土壤养分在表层积累。秋季土壤全氮和有机碳则表现为退耕还草地>农田>天然草地>退耕还林地。与天然草地相比，退耕还草地土壤全氮和有机碳含量高，而退耕还林地较低。这一方面可能是农田退耕后的封育措施促进了退耕还草地的恢复，致使枯落物和有机残体积累及微生物的繁殖，加速了土壤中物质的转化；另一方面是过度放牧对该区域土壤肥力造成负向作用，导致退耕还林地对于土壤养分的恢复能力有限。

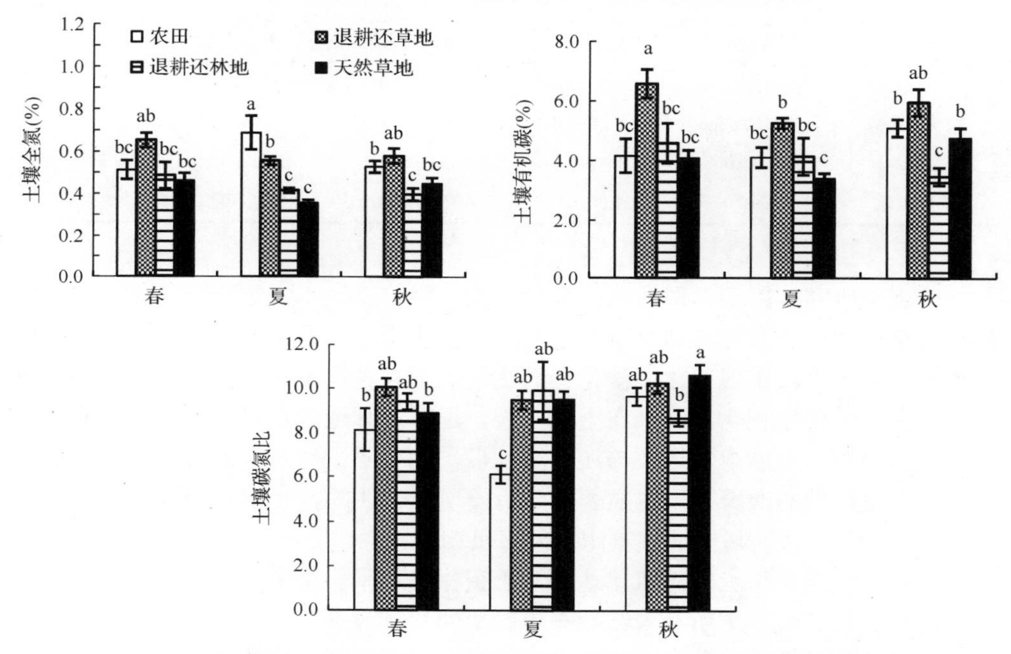

图 13-3　随季节变化不同土地利用类型的土壤全氮、有机碳和土壤碳氮比

不同小写字母表示显著性差异(P<0.05)

土壤碳氮比值(C/N)是衡量土壤 C、N 营养平衡状况的指标(齐雁冰等, 2008)。农田实施退耕还林与还草工程后，土壤 C/N 总体表现为：退耕还草地>天然草地>退耕还林地>农田(图 13-3)。与天然草地相比，退耕还草地土壤 C/N 提高，土壤固定有机碳的能力提高，降低了氮的分解矿化；退耕还林地 C/N 降低，是柠条林本身的固氮作用导致土壤表层积累了较高的土壤氮。分析表明，农田实施退耕还林与还草工程后，退耕还草地对于土壤全氮和有机碳的改善效果更显著。

三、土壤粒径分布、分形特征及与土壤理化性质间的关系

由表 13-2 可知，不同土地利用类型的土壤粒径分布存在显著差异(P<0.05)。其中，黏粉粒表现为农田、退耕还林地和天然草地间均存在显著差异(P<0.05)，而后两者与退耕还草地间无显著差异。极细沙表现为农田和退耕还林地均与退耕

还草地及天然草地间存在显著差异(P<0.05)，而农田和退耕还林地间无显著差异。细沙表现为天然草地、退耕还林地和农田间均存在显著差异(P<0.05)，而天然草地、退耕还林地和退耕还草地间则无显著差异。粗沙表现为天然草地显著高于退耕还草地、退耕还林地和农田(P<0.05)，而后三者间均无显著差异。

表 13-2　不同土地利用类型的土壤粒径分布和分形维数

	土壤粒径分布(%)				分形维数
	黏粉粒含量	极细沙含量	细沙含量	粗沙含量	
农田	10.87±0.01a	39.07±0.01a	29.73±0.01c	20.27±0.01b	2.08a
退耕还草地	7.47±0.00bc	35.20±0.01b	34.93±0.01ab	21.93±0.01b	1.94c
退耕还林地	8.73±0.00b	38.87±0.01a	32.80±0.01b	19.60±0.01b	2.01b
天然草地	6.53±0.00c	31.00±0.01c	36.73±0.01a	25.73±0.01a	1.87d

注：同列不同小写字母表示显著性差异(P<0.05)

该试验研究区属于典型大陆性季风气候，每年 5m/s 以上的扬沙多达 323 次，易对退耕还草地和天然草地土壤表层产生风蚀作用，导致细粒物质逐渐损失，粗沙得到累积，土壤出现粗化、沙化。而由于人工种植柠条林冠幅较大，能够有效降低风速，促使风积物质沉降在土壤表层，退耕还林地土壤黏粉粒和极细沙含量上升，说明农田实施退耕还林与还草工程后，相对于天然草地而言，人工种植柠条林对土壤质地的改善效果更显著。分析发现(表 13-3)，土壤黏粉粒与土壤电导率达到正相关水平，与土壤碳氮比呈显著负相关关系。土壤细沙与土壤 pH、电导率呈负相关关系，与土壤碳氮比达到显著正相关水平。土壤极细沙和粗沙与各指标之间均无相关性。土壤分形维数与电导率间达到显著正相关水平，与土壤碳氮比呈显著负相关关系。这可能与研究区气候、降雨条件、放牧及人为活动对浅层土壤的影响有关。

表 13-3　随季节变化不同土地利用类型的土壤理化性质与土壤粒径分布的相关系数

	黏粉粒	极细沙	细沙	粗沙	分形维数
土壤 pH	0.173	0.215	-0.327^{*}	−0.075	0.185
土壤电导率	0.310^{*}	0.216	-0.428^{**}	−0.008	0.332^{**}
土壤含水量	0.089	0.160	−0.172	−0.124	0.127
土壤全氮	0.212	0.035	−0.249	0.056	0.224
土壤有机碳	−0.100	−0.175	0.074	0.146	−0.091
碳氮比	-0.362^{**}	−0.238	0.386^{**}	0.088	-0.360^{**}

*P<0.05，**P<0.01

土壤粒径分形维数不仅可以表征土壤颗粒组成及孔隙结构状况，还可以用于描述土壤物理结构特征，是土壤重要的物理性质之一。在江河源区，对高寒退化草甸的土壤粒径的研究发现，分维值为 2.81，是土壤发生侵蚀的阈值(魏茂宏和林慧龙, 2014)。在塔里木盆地，对绿洲农田的土壤粒径的研究发现，分维值为 2.11，是区别土壤颗粒分布特征好与差的临界值(桂东伟等, 2010a)。该研究区土壤粒径分形维数 D 值为 1.87～2.08(表 13-2)。其中，D 值从高到低依次为农田(2.08)、退耕还林地(2.01)、退耕还草地(1.94)、天然草地(1.87)。这说明土壤表层较高的有机质、氮浓度和植被根系生物学活动的发生，均会导致分形维数发生变化。研究表明，农田实施退耕还林与还草工程后，退耕还草地和退耕还林地对于土壤质地的改善均具有促进作用。

不同土地利用类型土壤理化性质、土壤粒径分布和土壤分形维数间的相关性分析结果见表 13-3。由表 13-3 可知，土壤黏粉粒与土壤电导率达到正相关水平($P<0.05$)，与土壤碳氮比呈显著负相关关系($P<0.01$)。土壤细沙与土壤 pH 呈负相关关系($P<0.05$)，与电导率呈显著负相关关系($P<0.01$)，与土壤碳氮比达到显著正相关水平($P<0.01$)。土壤极细沙和粗沙与各指标之间均无相关性($P>0.05$)。土壤分形维数与电导率间达到显著正相关水平，与土壤碳氮比为显著负相关关系($P<0.01$)。

由图 13-4 可知，农田实施退耕还林与还草工程后，土壤分形维数与细沙含量

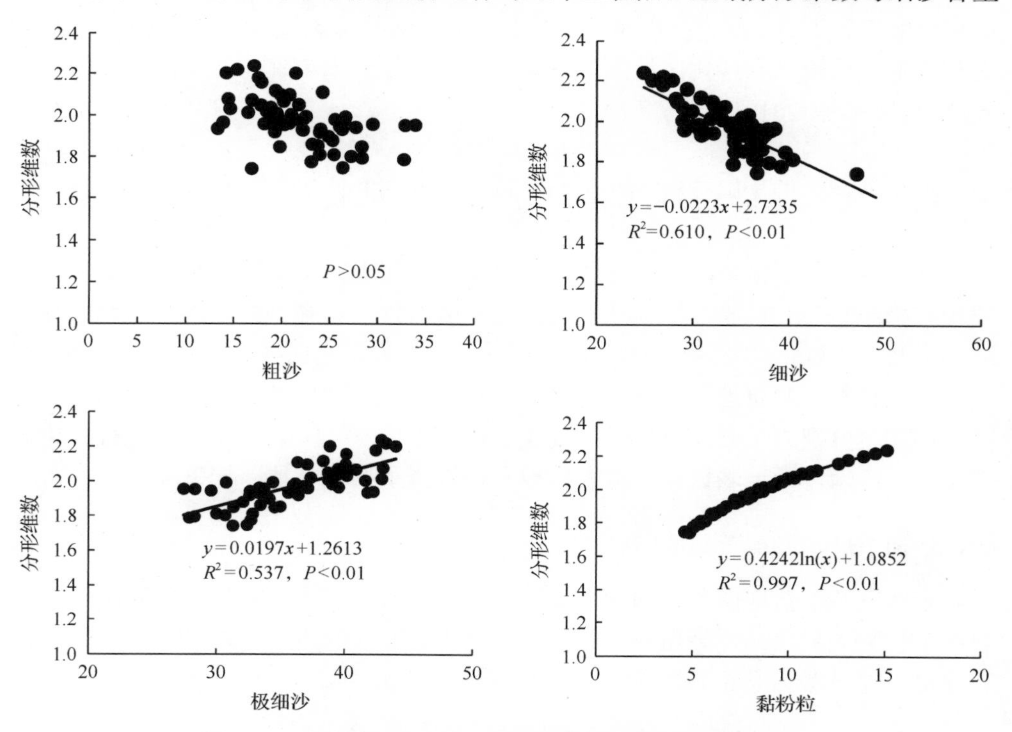

图 13-4　土壤粒径分布与土壤分形维数的相关性拟合分析

呈线性负相关关系(P<0.01，R^2=0.610)，与极细沙含量呈线性正相关关系(P<0.01，R^2=0.537)，与黏粉粒含量呈对数相关关系(P<0.01，R^2=0.997)，但与粗沙含量未表现出相关性(P>0.05)。

相关性分析结果(图 13-4)表明，土壤分形维数对各粒级土壤颗粒含量反映程度不同。其中，土壤粒径分形维数与细沙含量呈显著负相关，与极细沙呈显著正相关，与黏粉粒含量呈对数正相关。这说明随着退耕还林与还草工程的实施，土壤细沙含量降低，而土壤黏粉粒含量增加，土壤粒径分布发生变化，导致土壤结构也发生变化，土壤质地得到改善。而与粗沙含量未表现出相关性，说明土壤分形维数并不是对每个粒级的变化都反应明显。分析表明，土壤黏粉粒和极细沙含量越多，其分形维数越大，而细沙和粗沙含量越多则分形维数越小，即土壤黏粉粒含量决定土壤粒径组成分布的分形维数。

综合分析表明，在宁夏盐池沙化草原区实施退耕还林与还草工程，对土壤理化性质、土壤粒径分布和分形维数特征均产生一定的影响。与天然草地相比，退耕还草地和退耕还林地对于农田退耕后导致的退化、沙化区域土壤的含水量、酸碱度和电导率等性质的改善均达到自然条件下的正常水平。其中，退耕还草地中土壤有机碳和全氮含量显著提高；而退耕还林地中土壤黏粉粒、极细沙的分布及分形维数显著上升。综合分析表明，在宁夏沙化草原区实施退耕还林与还草工程，有利于退耕后退化、沙化区域土壤质地的改善，促使土壤理化性质向良好的方向发展(常海涛等, 2019)。

第二节 退耕还林还草对地面节肢动物群落结构的影响

在北方农牧交错带，退耕还林还草已成为区域退化土地恢复和植被重建的重要生态措施之一。但是，退耕还林与还草措施对地表植被恢复状态、土壤恢复进程及生物多样性均产生不同的影响。于 2016 年，本研究选择农田、杨树林地、柠条林地和自然恢复草地为研究样地，开展相关研究调查。其中，玉米、杨树、柠条平均高度分别为 1.45±0.07m、4.96±1.08m 和 0.92±0.11m。由于农田进行除草等耕作管理措施，无地表植被，地表植被主要调查了杨树林地、柠条林地和草地。

一、地面节肢动物群落组成特征

本研究共捕获地面节肢动物 181 只，隶属于 7 目 23 科 23 类(表 13-4)。其中，总体上优势类群包括蜉金龟科和蚁科，其个体数占总个体数的 45.30%；常见类群 13 类，其个体数占总个体数的 49.17%；其余 8 类群为稀有类群，其个体数占总个体数的 5.53%。

表 13-4　退耕还林与还草样地地面节肢动物群落组成及多度分布

类群数	农田		杨树林地		柠条林地		草地	
	百分比(%)	优势度	百分比(%)	优势度	百分比(%)	优势度	百分比(%)	优势度
潮虫科	2.22	++	0.00		0.00		0.00	
平腹蛛科	0.00		7.84	++	2.7	++	12.77	+++
狼蛛科	0.00		0.00		2.7	++	4.26	++
光盔蛛科	0.00		0.00		0.00		4.26	++
蟹蛛科	2.22	++	0.00		0.00		2.13	++
蠼螋科	11.11	+++	0.00		2.7	++	0.00	
蝼蛄科	0.00		5.88	++	0.00		10.64	+++
螽斯科	0.00		0.00		2.7	++	6.38	++
长蝽科	0.00		0.00		0.00		4.26	++
阎甲科	0.00		0.00		0.00		2.13	++
吉丁甲科	0.00		0.00		0.00		2.13	++
拟步甲科	0.00		7.84	++	8.11	++	21.28	+++
绒毛金龟科	0.00		5.88	++	0.00		0.00	
鳃金龟科	0.00		0.00		8.11	++	19.15	+++
叶甲科	0.00		1.96	++	0.00		0.00	
蜉金龟科	53.33	+++	7.84	++	0.00		0.00	
象甲科	2.22	++	0.00		0.00		0.00	
步甲科	11.11	+++	7.84	++	5.41	++	2.13	++
蚁形甲科	2.22	++	0.00		0.00		0.00	
园蛛科	2.22	++	0.00		0.00		8.51	++
皮金龟科	2.22	++	0.00		0.00		0.00	
泥蜂科	0.00		0.00		2.7	++	0.00	
蚁科	11.11	+++	54.9	+++	64.86	+++	0.00	

注：个体数占全部捕获量的 10%以上为优势类群，用+++表示；1%～10%为常见类群，用++表示；0.1%～1%为稀有类群，用+表示。因数字修约，数字加和不是 100%

农牧交错区退耕还林与还草措施对土壤性质及其地表植被产生影响的同时，也对栖居其内的地面节肢动物的分布产生显著影响。从表 13-4 可知，农田和草地优势类群数较多，均为 4 类，而柠条林地和杨树林地优势类群均为蚁科 1 类。这可能是由人工生境或人工种植的单种纯林容易出现单一动物类群造成的。而本研究中农田出现的优势类群较多，原因可能是由农田中土壤全氮含量及水分值较高导致的。土壤含水量和土壤全氮含量通过影响地上植被，从而间接地影响地面节肢动物的数量。

常见类群数在退耕还林和还草后均有所增加，表现为农田捕获常见类群 6 类，杨树林地捕获常见类群 7 类，柠条林地捕获常见类群 8 类，而草地捕获常见类群 9 类。这可能是因为农田中有强烈的人为活动干扰，而其他生境比较稳定，缺少干扰，因此更多的节肢动物前来定居。同时，草地和柠条林地地面节肢动物常见类群高于杨树林地，退耕还柠条林和还草后地表植被丰富，可以为更多的大型地面节肢动物提供充足的食源和适宜的生境，使得地面节肢动物常见类群数增多。

但是 4 种类型样地生境中均未发现稀有类群。这可能是因为 4 种样地生境所营造的土壤环境条件能够满足大多数地面节肢动物的生存。因此 4 种生境下地面节肢动物均表现为常见类群和优势类群的分布，在 4 种类型样地中均未发现稀有类群。

二、地面节肢动物群落指数

由图 13-5 可知，地面节肢动物群落多样性表现为草地地面节肢动物类群数和 Shannon 指数高于林地，也高于农田。这与在内蒙古草原自然恢复和人工林建设对地面节肢动物多样性的生态效应研究结果(刘新民和门丽娜, 2009)相一致。因此，从恢复地面节肢动物类群数和 Shannon 指数来说，与退耕还林相比，退耕还

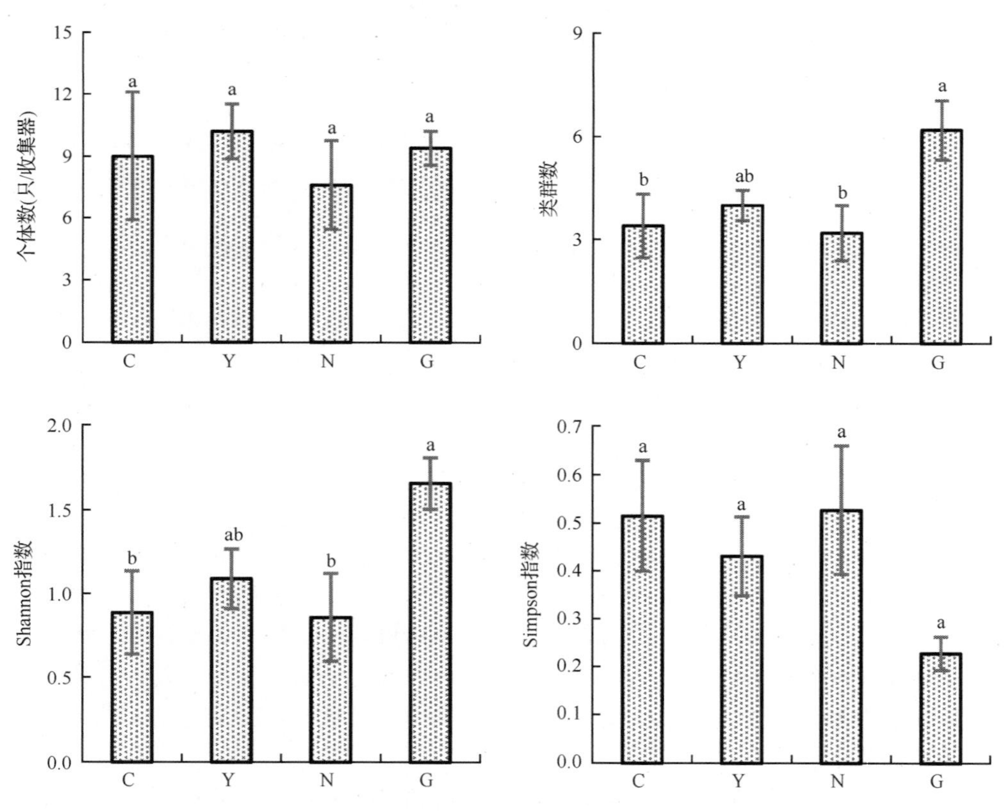

图 13-5　退耕还林与还草样地地面节肢动物群落多样性(平均值±标准误)

C.农田；Y.杨树林地；N.柠条林地；G.草地。不同小写字母表示显著性差异($P<0.05$)

草措施更能够促进地面节肢动物多样性的恢复。而个体数和 Simpson 指数在 4 种生境间无显著差异，这可能是由 4 种不同类型生境中食物可利用性限制造成的。在 4 种不同的生境中，其环境条件均能够提供一定数量的食物来保证地面节肢动物生存，因此个体数和 Simpson 指数在 4 种不同的生境中并未出现差异。这说明不同土地利用类型对地面节肢动物的类群数和 Shannon 指数影响较大，而对个体数和 Simpson 指数影响较小。所以，在农牧交错带，实施退耕还林与还草，减轻不合理的人类活动，是维持地面节肢动物群落多样性的一个有效途径。

三、地面节肢动物群落相似性分析

从表 13-5 可以看出，农田和杨树林地、柠条林地、草地的共有类群数分别是 2 个、3 个、4 个，杨树林地和柠条林地、草地的共有类群数分别是 5 个、6 个，而柠条林地与草地的共有类群数为 7 个。由表 13-5 可知，草地和林地生境间地面节肢动物群落相似性指数最高，为 0.35～0.39，而农田与林地和草地生境间地面节肢动物群落相似性指数最低，为 0.13～0.19。这说明不同类型生境中地面节肢动物群落组成差异很大。

表 13-5　退耕还林与还草样地间地面节肢动物群落相似性指数

	农田	杨树林地	柠条林地	草地
农田		0.13	0.18	0.19
杨树林地	2		0.38	0.35
柠条林地	3	5		0.39
草地	4	6	7	

注：左下角为共有类群数，右上角为 Jaccard 指数。Jaccard 指数在 0～0.3，表示不相似；0.3～0.59，表示中等相似或者中等不相似；0.7～0.8，表示相似程度最高

在自然条件差、人为扰动强烈的农田生境中，其地面节肢动物组成变化较大，地面节肢动物群落相似性指数低，但是在植被覆盖好、人为干扰少的林地和草地生境中，地面节肢动物相似性高。但是总体来看，本研究的 4 种生境样地间，节肢动物群落相似性指数均较低，群落组成结构差异较大，这是因为不同的植被条件能够影响土壤动物群落的物种组成和各类群的数量。

四、地面节肢动物群落分布和环境因子的相关性分析

对地面节肢动物个体数与土壤因子间关系的 RDA 排序进行分析，结果表明（图 13-6），第 1 典型轴（F=4.038，P=0.002）和所有典型轴（F=2.185，P=0.004）在统计学上达到显著水平，说明排序分析能够较好地反映地面节肢动物个体数与土壤因子间的关系。前两个排序轴累计解释了 41.1%的地面节肢动物群落变异。绘

制4种样地地面节肢动物个体数与解释变量之间关系的RDA二维排序图(图13-6)，从图中可以看出，与第一排序轴相关性最大的是土壤含水量(R^2=0.75)和土壤全氮含量(R^2=0.76)，因此第一排序轴主要反映了土壤含水量与全氮含量的变化。并且，偏 RDA 分析表明(表 13-6)，土壤含水量和全氮含量对地面节肢动物个体数分布产生显著影响(P<0.05)，对地面节肢动物个体数的贡献率分别为 19%和 9%；而

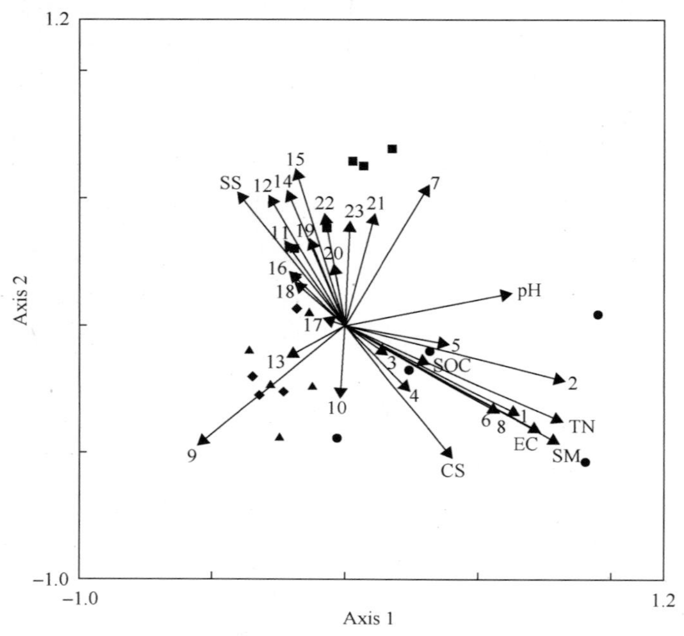

图 13-6　地面节肢动物群落分布与土壤因子关系的 RDA 二维排序图

TN.土壤全氮；SOC.土壤有机碳；SM.土壤含水量；SS.土壤沙粒；CS.土壤黏粉粒；EC.电导率。1.蠼螋科；2.蜉金龟科；3.步甲科；4.蟹蛛科；5.园蛛科；6.蚁科；7.平腹蛛科；8.鳃金龟科；9.蝼蛄科；10.琵甲属；11.鳖甲属；12.狼蛛科；13.鲞斯科；14.光盔蛛科；15.长蝽科。●=农田；◆=杨树林地；▲=柠条林地；■=草地

表 13-6　土壤因子对土壤动物个体数变化的相对贡献偏 RDA 分析

变量	λ	贡献率(%)	F	P
SM	0.19	19	4.26	0.002
TN	0.19	9	2.45	0.030
pH	0.10	8	1.83	0.088
SS	0.10	5	1.05	0.384
EC	0.16	7	1.87	0.082
SOC	0.05	2	0.56	0.840
CS	0.10	8	1.83	0.088

注：TN.土壤全氮；SOC.土壤有机碳；SM.土壤含水量；SS.土壤沙粒；CS.土壤黏粉粒；EC.电导率。λ.边际效应

其余环境因子对地面节肢动物个体数的影响不显著($P>0.05$)，说明土壤含水量与全氮含量是影响土壤动物个体数的主要因素。农田灌溉、施肥等管理措施直接决定了土壤含水量和土壤全氮含量水平，这影响到地面节肢动物个体数分布。

并且，这7种土壤因子对地面节肢动物个体数分布的总贡献率仅为58%，说明仍有其他重要因素如土壤温度等对地面节肢动物个体数分布产生深刻影响。研究表明，夏季土壤温度差异是影响地面节肢动物个体数分布的重要因素之一，下一步需要对土壤温度等其他环境因子进行调查。另外，沿着Axis 1从右边向左边，农田和柠条林地与杨树林地的分隔在坐标轴的两侧，而草地居中；沿着Axis 2从上到下，草地和柠条林地与杨树林地的分隔在坐标轴的上下两部分，农田居中，说明农田与林地间、草地与林地间地面节肢动物群落组成相似性较小，这与Jaccard指数(表13-5)的结果相一致。

综合分析表明，退耕还林与还草不仅对地表植物物种数和个体数分布产生不同影响，还影响土壤理化性质变化。退耕还柠条林地对土壤粒径组成的影响更为显著，而退耕还柠条林地和还草对土壤有机碳、全氮含量分布的影响更为重要。从生物多样性角度来看，退耕后自然恢复草地可以增加地面节肢动物的多样性。退耕后自然恢复草地的生态效应好于退耕还林措施，而且退耕后人工柠条林地建设要好于杨树林地(赵娟等, 2019)。

第十四章　人工与自然恢复对沙化草原地面节肢动物群落分布的影响

在盐池县草地发生沙化、退化地段，生产实践中常采取围栏封育自然恢复或者营造人工林等不同生态恢复措施，来治理沙漠化、恢复退化草地植被和提高草地生产力，改善草地生态环境。目前，大面积种植灌木人工林被广泛应用于治沙实践中，来进行流沙固定与植被恢复(刘任涛和朱凡, 2015c)。同时，自 2003 年以后，在全县范围内进行退牧还草工程项目建设，目前围栏封育草场规模已经形成，流动沙地得到固定，草地植被盖度增加了 20%。研究表明，围封自然恢复与种植灌丛人工恢复两种主要措施均可以有效固定流沙，改良土壤性质与恢复地表植被。但是，不同的固沙恢复措施所采用的具体方法不同，将对退化草地生态系统恢复的生态效应和恢复效果产生不同的影响，直接关系到土壤节肢动物生态分布特征(Liu et al., 2014)。本章着重阐述人工与自然恢复措施下草地土壤和植被特征变化及对地面节肢动物功能群结构的影响。

第一节　人工与自然恢复措施对流动沙地土壤和植被特征的影响

一、植物群落组成与种群分布

不同恢复措施对于草本植物物种组成产生较大影响(表 14-1)。流动沙地实施不同的恢复措施后，由于外界干扰源的减少或消除，流动沙地的固定、生境逐渐稳定化，群落自身的再生能力和修复能力得以恢复，为群落中已经消退的物种再次侵入和群落演替创造了良好的条件。从表 14-1 可以看出，流动沙地以沙蓬为优势种，个体数占总个体数的 89.1%，先锋固沙植物沙蓬在极端贫乏的养分条件下，利用其寡养型植物的特性，适应并成功定居密集生长，提高了基质表面的环境的稳定性，为伴生种如赖草、狗尾草等的侵入创造了条件。但受到严酷自然条件的限制，在该样地中尚无多年生植物群落出现。两种恢复措施均促使地表植物群落组成发生了显著变化。在人工灌丛固沙林地中，草本植被以猪毛蒿、赖草为主，伴生有砂蓝刺头、猪毛菜、阿尔泰狗娃花、细弱隐子草、乳浆大戟、山苦荬等一年生植物和少量多年生植物如苦豆子与叉枝鸦葱等。在围封自然恢复草地中，草本植被以猪毛蒿为主，除伴生有砂蓝刺头、中亚虫实、地锦等一年生植物外，还出现了较多个体数的叉枝鸦葱、中亚白草、砂珍棘豆、牛枝子等一些多年生豆科植物。

表 14-1 不同处理样地植物种群密度分布(平均值 ± 标准误)

科/属/种	L(株/m²)	百分比(%)	S(株/m²)	百分比(%)	G(株/m²)	百分比(%)
一年生植物						
沙蓬	51.7±11.5	89.1	0.0±0.0	0.0	0.0±0.0	0.0
猪毛蒿	0.0±0.0	0.0	83.3±24.2	46.6	333.4±69.8	64.9
砂蓝刺头	0.0±0.0	0.0	13.1±4.1	7.3	25.0±6.0	4.9
赖草	3.3±2.4	5.7	36.6±19.0	20.5	9.2±7.9	1.8
阿尔泰狗娃花	0.0±0.0	0.0	3.6±1.4	2.0	2.6±1.6	0.5
细弱隐子草	0.0±0.0	0.0	3.3±3.3	1.8	4.4±1.7	0.9
猪毛菜	0.0±0.0	0.0	16.6±9.3	9.3	9.7±2.4	1.9
狗尾草	2.3±1.5	4.0	2.6±2.6	1.4	3.3±3.3	0.6
草木樨状黄耆	0.0±0.0	0.0	0.9±0.9	0.5	1.6±0.9	0.3
远志	0.0±0.0	0.0	0.9±0.9	0.5	1.9±0.9	0.4
中亚虫实	0.7±0.7	1.2	1.0±1.0	0.6	31.5±31.0	6.1
米口袋	0.0±0.0	0.0	0.7±0.7	0.4	1.3±0.9	0.3
乳浆大戟	0.0±0.0	0.0	2.6±1.3	1.4	5.3±1.8	1.0
地锦	0.0±0.0	0.0	3.7±2.3	2.0	14.1±7.8	2.7
山苦荬	0.0±0.0	0.0	4.1±0.4	2.3	1.0±0.6	0.2
禾本科	0.0±0.0	0.0	0.0±0.0	0.0	2.3±2.3	0.5
稗草	0.0±0.0	0.0	0.0±0.0	0.0	6.3±2.8	1.2
蒿属	0.0±0.0	0.0	0.0±0.0	0.0	0.3±0.3	0.1
合计	58.0±14.7c		172.6±33.6b		453.4±47.5a	
物种数	4		14		17	
多年生植物						
苦豆子	0.0±0.0	0.0	1.5±0.9	0.8	2.1±1.2	0.4
砂珍棘豆	0.0±0.0	0.0	0.7±0.3	0.4	7.0±2.1	1.3
牛枝子	0.0±0.0	0.0	0.7±0.7	0.4	9.4±3.2	1.8
沙葱	0.0±0.0	0.0	0.3±0.3	0.2	1.7±1.7	0.3
叉枝鸦葱	0.0±0.0	0.0	1.7±1.2	0.9	23.0±22.5	4.5
中亚白草	0.0±0.0	0.0	0.7±0.7	0.4	16.0±7.1	3.1
菟丝子	0.0±0.0	0.0	0.3±0.3	0.2	0.7±0.3	0.1
老瓜头	0.0±0.0	0.0	0.0±0.0	0.0	0.8±0.4	0.2
猫头刺	0.0±0.0	0.0	0.0±0.0	0.0	0.3±0.3	0.1
合计	0.0±0.0		5.8±1.6b		61.0±18.3a	
物种数	0		7		9	

注：L、S、G 分别代表流动沙地、人工灌丛林地和自然恢复草地。不同小写字母表示显著性差异($P<0.05$)

二、植物群落特征

从图 14-1 可以看出，随着流动沙地的固定和草地植被的恢复，植物平均个体数、丰富度和高度均呈现出增加趋势，说明两种生态恢复措施对植物群落数量分布产生了积极影响。但不同恢复措施对植物群落数量特征的影响程度不同，表现为围封自然恢复草地和人工灌丛固沙林地植物平均个体数分别是流动沙地的 8.8 倍、3.1 倍，植物丰富度分别是流动沙地的 6.2 倍、4.2 倍，而植物高度则分别是流动沙地的 1.4 倍和 3.1 倍，说明围封自然恢复措施对植物平均个体数和丰富度的恢复要优于人工灌丛固沙措施，而对植物平均高度的影响要小于人工灌丛林固沙措施。

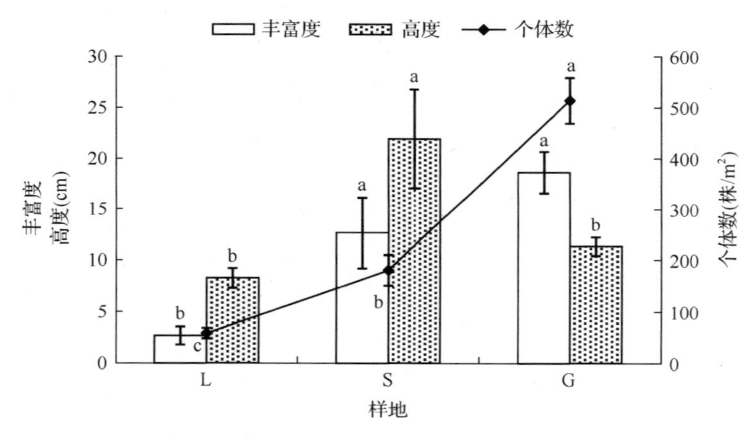

图 14-1　不同处理样地植物群落密度(个体数)、丰富度和高度分布(平均值±标准误)

L、S、G 分别代表流动沙地、人工灌丛林地和自然恢复草地。不同小写字母表示显著性差异($P<0.05$)

从表 14-1 也可以看出，基于群落稳定性的角度，围封自然恢复草地多年生植物的个体数显著高于人工灌丛固沙林地，而且多年生草本植物种类也较多，这些均说明了围封自然恢复草地要比人工灌丛林固沙林地对沙化草地植被系统稳定性的恢复有较明显的优势。但这与在呼伦贝尔沙地采用围封+草方格沙障+人工播种组合恢复措施(播种组合为冰草+羊柴+小叶锦鸡儿+小麦，播量比为 1∶1∶1∶1)要优于自然围封恢复措施的结果(张金鹏, 2010)不完全一致。这说明在宁夏盐池沙地除进行人工种植灌丛外，在灌丛间进行适当的牧草品种补播可能是进行沙化草地有效恢复的重要补充。

三、土壤理化性质及其与植被分布的关系

目前，草地围栏封育自然恢复，是人类有意识地调节草地生态系统中食草动物与植物关系进行草地管理的有效手段。由于其投资少，已成为当前退化草地恢

复与重建的重要措施之一。人工灌丛植被通过形成“肥岛”和“虫岛”及参与生态系统演替过程，能够形成适应当地环境、改变当地小气候、具有自我调节能力的稳定的生态系统，能够快速固定流沙、增加地表盖度，因此也受到欢迎(刘任涛和朱凡, 2015c)。从表 14-2 可以看出，在宁夏盐池沙地无论是围封后自然恢复，还是人工种植柠条灌丛固沙，均对沙化草地生态系统恢复产生非常重要的积极作用，表现为土壤粗化度降低、黏粉粒含量增加，土壤养分含量显著增加，土壤性质明显改善，并且自然恢复和人工灌丛固沙土壤容重分别下降了 3.4%和 8.5%。在围栏封育后，盐池沙地在 280mm 年均降雨量的气候条件下，排除人为干扰，地表植被的自然恢复可以有效减少土壤风蚀、固定沙地，而植物根系的生长可以进一步促进土壤养分的增加和土壤性质的改良，如植物根系的定居生存可以降低土壤容重，这与在科尔沁沙地(Su and Zhao, 2003)和在宁夏盐池沙地(蒋齐等, 2006)的研究结果相吻合。同样，与流动沙地相比，人工灌丛林地土壤有机碳和全氮含量显著提高，除植物丰富度和个体数显著增加外，植物高度也显著增加(图 14-1)。特别是在流动沙地柠条灌丛形成“肥岛”产生资源岛效应，加速土壤改良与流沙固定，可以有效促进地表植被恢复。

表 14-2　不同处理样地土壤参数(平均值 ± 标准误)

样地	粗沙 >0.25mm(%)	细沙 0.25～0.05mm(%)	黏粉粒 <0.05mm(%)	全氮(g/kg)	有机碳(g/kg)	含水量(%)	容重(g/cm^3)	温度(℃)
L	26.32±2.98a	73.26±3.02b	0.42±0.04c	0.07±0.00c	0.46±0.03b	4.71±0.70a	1.39±0.03a	35.20±0.65a
S	12.90±1.14b	82.46±0.96a	4.65±0.60b	0.35±0.02a	3.36±0.15a	2.44±0.48b	1.27±0.01b	27.13±0.38b
G	33.40±2.83a	56.43±2.33c	10.17±1.16a	0.17±0.02b	1.67±0.15a	0.80±0.14b	1.34±0.02ab	24.74±0.23c

注：L、S、G 分别代表流动沙地、人工灌丛林地和自然恢复草地。同列不同小写字母表示显著性差异($P<0.05$)

相对于流动沙地，两种恢复措施下土壤含水量均显著降低，表现为自然恢复和人工灌丛固沙分别下降了 83.0%和 48.2%(表 14-2)。由于流动沙地具有表层的干沙层，可以有效阻挡下层土壤含水量的蒸发，因此流动沙地土壤含水量较高，但是随着流动沙地的固定，土壤含水量均急剧下降，这与地表蒸发量增加、地表植被蒸腾耗水密切相关。同时，地表植被的恢复和盖度的增加将有效地降低表层土壤温度，表现为自然恢复和人工灌丛固沙土壤温度分别下降了 29.7%和 22.9%。

但是，不同固沙恢复措施对流动沙地可能产生不同的生态效应，而评价与选择最适合当地沙化草地治理实际的恢复模式已成为当前迫切需要解决的重大科学问题(Zhao et al., 2014b)。相对于流动沙地，围封自然恢复草地、人工灌丛固沙林土壤黏粉粒含量分别增加 23 倍和 10 倍，土壤有机碳含量分别增加 2.6 倍和 6.3 倍，土壤全氮含量分别增加 1.4 倍和 4 倍(表 14-2)。这与 2 种恢复措施样地地表植被覆盖恢复及其生态效应密切相关。相对于人工灌丛林地，围封自然恢复草地土壤风蚀降低、较多的一年生和多年生草本植物个体与物种分布，是主要影响因素。土壤性质与植物数量特征间相关性分析结果(表 14-3)证明了这一点。

表 14-3　土壤性质与植物数量特征间的相关系数

	土壤粗沙	土壤细沙	土壤黏粉粒	土壤全氮	土壤有机碳	土壤含水量	土壤容重	土壤温度
植物个体数	–0.021	–0.859**	0.902***	0.085	0.157	–0.880**	–0.083	–0.810**
植物丰度	–0.192	–0.587	0.784*	0.396	0.475	–0.756*	–0.351	–0.894**
植物高度	–0.761*	0.413	0.296	0.788*	0.765*	–0.239	–0.526	–0.346

*P<0.05，**P<0.01，***P<0.001

围封自然恢复草地每年大量草本植物根系死亡并归还土壤，特别是一年生植物补充土壤，促进土壤黏粉粒的增加、土壤质地的改善。柠条人工灌丛林地中，尽管灌丛本身能够防风固沙，促进流动沙地的固定和退化草地生态系统的恢复，但由于灌丛与草本植物间存在对干旱、缺水、缺肥等有限资源条件的激烈竞争，相对于灌丛来说，草本植物的生长处于竞争劣势。所以，相对于人工灌丛林地来说，围封自然恢复草地对土壤黏粉粒的影响要高于人工灌丛林固沙措施，具有相对较高的地表植被密度和物种丰度，说明自然恢复草地有利于土壤质地的改善和草本植物多样性的提高。同时，相对于人工灌丛林地来说，自然恢复草地中较多草本植被的分布及较高的草本植被盖度也较大幅度地降低了表层土壤温度。相关性分析结果表明，土壤温度与植物个体数、丰度呈显著负相关(表 14-3)。实测到柠条灌丛林地中灌丛间植被盖度较低，土壤温度相对较高可能是灌丛林地相比于自然恢复草地土壤温度下降幅度较小的原因之一。

土壤含水量作为土壤的重要理化指标，不仅是对气候变化较为敏感的环境因子，还是制约沙区植物生长发育的重要因子。土壤含水量受多种因素的影响，其中降水分布、地上植被、土壤类型、人为干扰等均能对土壤含水量变化产生影响。因此，有关土壤含水量的研究对于揭示沙化草地恢复过程有重要意义。在自然恢复草地中，更多浅根性草本植物生存也意味着消耗更多的土壤水分，相对于流动沙地，自然恢复草地土壤含水量下降更多。柠条灌丛具有茎流而产生集流，除灌丛本身截留和穿透雨外，其茎流则可以有效提高降雨的利用效率(王正宁等, 2016)，同时柠条灌丛本身发达的深根性系统在固定流动沙地的过程中，在充分利用资源的同时保持了较高的土壤含水量，这对于沙化草地水位循环过程及其恢复进程具有重要的作用。相对于自然恢复草地，人工柠条灌丛林地土壤含水量下降幅度较低(蒋齐等, 2006)。土壤容重作为反映土壤紧实程度的重要物理指标，在表征土壤物理性质变化方面发挥着重要作用。本研究中，相对于自然恢复草地，在同样长的恢复时间内，人工灌丛林地土壤容重下降更多(表 14-2)，这一方面说明柠条灌丛可以快速改善土壤物理结构，这主要和柠条本身的发达根系分布密切相关，另一方面说明了 16 年的围封时间对于沙化草地生态系统自然恢复来说，土壤结构的变化是个由急到缓的过程。随着容重的逐渐降低，土壤孔隙度增加，其地表土层的保水保肥能力逐步提高，为植物利用土壤资源创造了良好条件，进而将促进土壤的进一步恢复。

土壤有机碳是动植物残体经土壤动物和土壤微生物共同作用而形成的高分子胶体物质，在干旱草原中其主要来源是根系的死亡和分解，其含量水平是衡量土壤肥力水平的重要指标之一。大量研究表明，在干旱半干旱区中，随着草地风蚀的加剧，其土壤养分快速流失，其中土壤有机碳的损失是直接导致其土壤贫瘠化的重要原因。因此有关不同恢复模式沙化草地中土壤有机碳方面的研究，对于揭示土壤养分恢复状况及土壤发育情况有重要意义。本研究中，相对于自然恢复草地，人工灌丛林地土壤有机碳含量增加的幅度较大(表 14-2)。这说明宁夏盐池沙化草地人工种植灌丛后，经过一定时间的恢复，土壤有机碳含量的积累速率高于采用自然恢复措施的样地，对于该地区沙化草地的恢复治理有重要指示作用。这与呼伦贝尔沙地不同恢复治理模式研究中灌丛林土壤有机碳增加幅度最大的结果(张金鹏, 2010)相吻合，但与黄土高原人工种植乔木林和自然恢复的研究结果(Zhao et al., 2014b)相悖。研究结果显示，近 60 年来黄土高原人工植树造林和植被自然恢复方式下 1m 深度土层有机碳积累与无机碳迁移转化存在差异，发现与人工植树造林相比，植被自然恢复更有利于黄土高原表层土壤有机碳的积累。这可能与沙地和黄土高原具有不同的土壤基质、气候条件，以及土壤退还过程及其内在机制有关。同样，土壤全氮含量也表现为人工灌丛林地增加的幅度要高于自然恢复草地，这与灌丛本身的生物学特性有关。柠条灌丛属于豆科灌丛，其根系分布的根瘤菌具有一定的固氮作用。从土壤含水量、容重、有机碳和全氮含量的变化情况来看，人工灌丛固沙林地对土壤的改良效应呈现出“肥岛”现象，可能更有利于在灌丛林地间进行牧草补播，以作为促进草地有效恢复的补充措施。

综合分析表明，围封自然恢复对土壤质地、土壤含水量及草本植被个体数和物种分布的影响较大，而人工灌丛林固沙对土壤有机碳和全氮、容重及草本植被高度的影响较大。相对于灌丛人工恢复，围封自然恢复草地具有较多的多年生植物分布而具有相对较高的土壤-植被系统稳定性。研究表明，围封自然恢复对于土壤-植被系统的恢复质量优于灌丛人工恢复，而人工灌丛固沙林通过改善土壤营养条件以有利于林间牧草补播，已成为一种重要辅助手段(刘任涛和朱凡, 2015c)。

第二节 人工与自然恢复措施下草地地面节肢动物功能群结构特征

一、地面节肢动物群落组成与种群分布

调查中共获得地面节肢动物 7 目 32 科 36 个类群(表 14-4)，依据食性划分为捕食性、植食性和杂食性 3 个功能群，由于杂食性类群只包含蚁科 1 个类群，故本文中主要利用捕食性和植食性类群的个体数分布来分析地面节肢动物多样性及其功能群结构。地面节肢动物优势类群包括捕食性蠼螋科、植食性拟步甲科和鳃金龟科，其个体数占总个体数的 78.84%；常见类群为长奇盲蛛科、步甲科、长蝽科、叩甲科、绒毛金龟科、拟步甲科土甲属和象甲科，其个体数占总个体数的 15.23%；其他 26 个类群为稀有类群，其个体数占总个体数的 5.93%。

表 14-4 地面节肢动物群落组成与个体数分布(平均值±标准误)

类群	功能群	L	6a	15a	36a	G	*F*
长奇盲蛛科	Pr	0.00±0.00	0.33±0.17	0.67±0.33	0.83±0.17	0.00±0.00	4.33*
园蛛科	Pr	0.00±0.00	0.00±0.00	0.00±0.00	0.33±0.33	0.00±0.00	1.00
光盔蛛科	Pr	0.00±0.00	0.00±0.00	1.17±0.33	0.83±0.17	0.13±0.13	9.28**
管巢蛛科	Pr	0.00±0.00	0.00±0.00	0.00±0.00	0.00±0.00	0.07±0.07	1.00
平腹蛛科	Pr	0.33±0.33	0.17±0.17	0.50±0.29	0.00±0.00	0.00±0.00	1.06
逍遥蛛科	Pr	0.00±0.00	0.00±0.00	0.00±0.00	0.33±0.17	0.67±0.37	2.68
跳蛛科	Pr	0.33±0.33	0.00±0.00	0.00±0.00	0.00±0.00	0.00±0.00	1.00
狼蛛科	Pr	0.00±0.00	0.17±0.17	0.00±0.00	0.83±0.33	0.00±0.00	4.70*
蟹蛛科	Pr	0.00±0.00	0.00±0.00	0.17±0.17	0.00±0.00	0.13±0.07	1.07
蠼螋科	Pr	38.67±23.69	0.17±0.17	0.17±0.17	0.50±0.29	0.00±0.00	2.60
步甲科	Pr	6.67±1.20	1.33±0.33	2.83±0.33	3.83±0.44	1.20±0.23	13.08***
蜾蠃科	Pr	0.00±0.00	0.00±0.00	0.00±0.00	0.17±0.17	0.00±0.00	1.00
蛛蜂科	Pr	0.33±0.33	0.00±0.00	0.00±0.00	0.00±0.00	0.00±0.00	1.00
泥蜂科	Pr	0.00±0.00	0.17±0.17	0.83±0.17	0.00±0.00	0.07±0.07	10.40**
蝼蛄科	Ph	0.00±0.00	0.00±0.00	0.33±0.17	0.00±0.00	0.00±0.00	4.00*
蠡斯科	Ph	0.00±0.00	0.00±0.00	0.00±0.00	0.00±0.00	0.13±0.07	4.00*
蚜科	Ph	0.00±0.00	0.00±0.00	0.00±0.00	0.00±0.00	0.07±0.07	1.00
缘蝽科	Ph	0.00±0.00	0.00±0.00	0.17±0.17	0.50±0.29	0.00±0.00	2.13

续表

类群	功能群	L	6a	15a	36a	G	*F*
长蝽科	Ph	0.00±0.00	0.00±0.00	2.17±1.69	0.83±0.44	0.20±0.12	1.38
红蝽科	Ph	0.00±0.00	0.00±0.00	0.00±0.00	0.00±0.00	0.07±0.07	1.00
盾蝽科	Ph	0.00±0.00	0.00±0.00	0.00±0.00	2.00±1.00	0.13±0.13	3.82*
拟步甲科	Ph	97.67±53.24	12.00±1.76	6.83±1.17	8.83±1.83	1.73±0.55	2.89
芫菁科	Ph	0.00±0.00	0.00±0.00	0.17±0.17	0.00±0.00	0.00±0.00	1.00
叶甲科	Ph	0.00±0.00	0.17±0.17	0.17±0.17	0.00±0.00	0.07±0.07	0.58
叩甲科	Ph	0.00±0.00	1.83±0.83	0.67±0.67	0.33±0.33	0.00±0.00	2.31
吉丁甲科	Ph	0.33±0.33	0.00±0.00	0.00±0.00	0.00±0.00	0.00±0.00	1.00
鳃金龟科	Ph	0.33±0.33	11.17±1.45	9.33±2.53	5.17±1.33	1.87±0.52	11.07**
绒毛金龟科	Ph	0.00±0.00	1.17±0.93	0.67±0.17	0.83±0.33	0.00±0.00	1.35
花金龟科	Ph	0.00±0.00	0.00±0.00	0.33±0.17	0.00±0.00	0.00±0.00	4.00*
蜉金龟科	Ph	0.00±0.00	0.00±0.00	0.00±0.00	0.17±0.17	0.00±0.00	1.00
拟步甲科土甲属	Ph	1.33±1.33	0.33±0.17	0.17±0.17	0.67±0.17	0.00±0.00	0.75
象甲科	Ph	0.00±0.00	1.17±0.60	0.17±0.17	1.50±1.26	0.00±0.00	1.29
皮蠹科	Ph	1.00±0.58	0.00±0.00	0.33±0.17	0.00±0.00	0.00±0.00	2.62
芫菁科幼虫	Ph	0.00±0.00	0.00±0.00	0.00±0.00	0.00±0.00	0.13±0.07	4.00*
叶甲科幼虫	Ph	0.00±0.00	0.00±0.00	0.00±0.00	0.00±0.00	0.13±0.07	4.00*
鳞翅目幼虫	Ph	0.00±0.00	0.00±0.00	0.17±0.17	0.33±0.33	0.07±0.07	0.69

注：L、6a、15a、36a、G 分别代表流动沙地、6 年生灌丛、15 年生灌丛和 36 年生灌丛及封育草地。*F* 为方差分析，*$P<0.05$，**$P<0.01$，***$P<0.001$。Pr.捕食性，Ph.植食性

在干旱、半干旱区荒漠化地区，大面积种植人工灌木柠条林，已被证明是防风固沙、改良土壤结构、促进退化草地恢复的有效措施，对土壤动物群落及其多样性恢复也具有重要作用。研究表明，沙地灌丛具有“虫岛”效应，能够加速灌丛下物质循环和能量流动，更重要的是在生态系统退化过程中还具有“保种”作用(“种”即节肢动物)，在生态系统恢复过程中具有“种源”作用。并且，柠条灌丛“虫岛”效应受到林龄和季节的双重作用。本研究中，不同样地生境类型由于环境条件、食源条件的差异性，节肢动物类群个体数分布及其功能群结构均存在显著差异(Zhao and Liu, 2013)。从表 14-4 可以看出，捕食性类群长奇盲蛛科、狼蛛科、泥蜂科主要生存于灌丛生境中，光盔蛛科主要生存于灌丛和草地生境中，而步甲科主要生存于流动沙地生境中。植食性类群蝼蛄科、花金龟科只出现在 15 年生灌丛生境中，螽斯科、芫菁科幼虫和叶甲科幼虫只出现在草地生境中，盾蝽科只出现在 36 年生灌丛和草地生境中，鳃金龟科主要生存于灌丛生境中。

步甲科主要生存于流动沙地生境中，这与高温生境及低盖度密切相关。因为流动沙地的低盖度意味着减少了步甲科个体的地面移动阻力，这为具有较强移动能力的步甲科类群在地面的自由移动提供了便利条件(Crist et al., 1992)。植食性类群螽斯科、芫菁科幼虫和叶甲科幼虫只出现在草地生境中，可能与较高的草本植物物种分布密切相关，具有较多的食物资源条件。捕食性类群长奇盲蛛科、狼蛛科、泥蜂科主要生存于灌丛生境中，可能与灌丛生境中微气候条件及较多植食性动物的分布、栖居相关。

二、地面节肢动物群落指数

在柠条灌丛固沙过程中，地面节肢动物群落组成、多样性及其功能群结构也发生深刻变化，这将对退化生态系统恢复、人工灌丛林管理及存在潜在虫害的风险评估具有重要的生态作用。土壤动物类群数量的多少、组成的变化和密度的大小通常取决于土壤环境条件的优劣与食物资源的有效性。从图 14-2 可以看出，随着固沙灌丛的生长，地面节肢动物个体数呈现出急剧下降趋势($P<0.05$)，而 6 年、15 年、36 年生灌丛和封育草地间均无显著差异($P>0.05$)。地面节肢动物丰富度

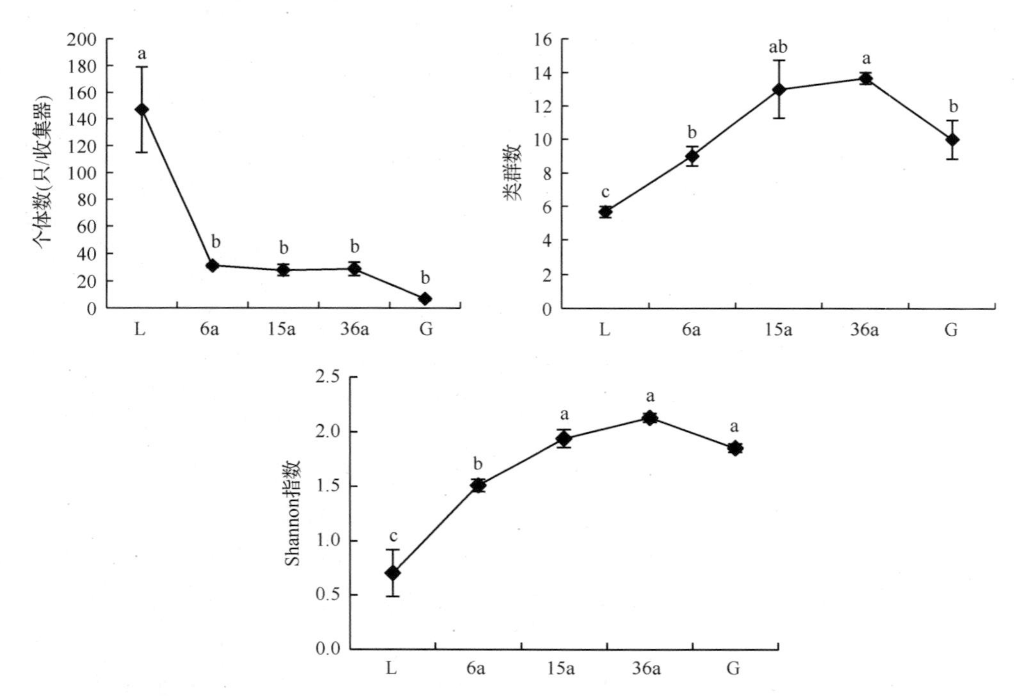

图 14-2 固沙灌丛对地面节肢动物个体数、类群数和 Shannon 指数的影响(平均值±标准误)
L、6a、15a、36a、G 分别代表流动沙地、6 年生灌丛、15 年生灌丛和 36 年生灌丛及封育草地。
不同小写字母表示显著性差异($P<0.05$)

(类群数)表现为从6年生灌丛开始呈显著增加趋势($P<0.05$)，灌丛地和草地均显著高于流动沙地($P<0.05$)，36年生灌丛达到最高值，并且36年生灌丛显著高于封育草地($P<0.05$)，而6年、15年生灌丛和封育草地间无显著差异($P>0.05$)。地面节肢动物Shannon指数表现为从6年生灌丛开始也呈显著增加趋势($P<0.05$)，灌丛地和草地均显著高于流动沙地($P<0.05$)，36年生灌丛达到最高值，并且15年、36年生灌丛及封育草地均显著高于6年生灌丛($P<0.05$)，而15年、36年生灌丛和封育草地间无显著差异($P>0.05$)。

结果显示，流动沙地种植灌丛对地面节肢动物个体数和丰富度及多样性的影响呈相反变化趋势(图14-2)。在流动沙地种植柠条灌丛6年后，地面节肢动物个体数呈现急剧下降趋势，这与地表覆盖程度及地面节肢动物生态适应特性密切相关。例如，在流动沙地，地面节肢动物优势类群为蝼蛄科和拟步甲科，它们属于耐干旱适沙性土壤环境动物类群，反映了适应高温、低盖度生境的生物生态学特性。首先，在地面裸沙地被灌丛或草地覆盖后，盖度高的灌丛林地及其草本植被的恢复增加了地面节肢动物个体自由移动的阻力。已有研究表明，地表植被盖度是影响节肢动物自由移动的主要阻力。其次，灌丛林地和封育草地土壤性质等生境条件的改变，蝼蛄科和拟步甲科类群可能不适应灌丛林地和封育草地生境。最后，生境条件的改善和食物资源的增加导致其他地面节肢动物前来定居，导致了地面节肢动物个体对共同食物资源的竞争，这可能也是一个重要原因。

但是，随着柠条灌丛年龄的增加，地面节肢动物丰富度和Shannon指数均呈现出显著增加趋势，均在36年生灌丛林地中达最高值(图14-2)，这显然与灌丛林地土壤环境的改善和食物资源的增加有关。已有研究表明，随着灌丛年龄的增加和冠幅的扩展，微气候及其土壤微生境的改善当然也包括土壤种子库和土壤微生物等生物因素均对节肢动物持续生存产生深刻影响，导致灌丛“虫岛”效应加强。但是，地面节肢动物丰富度和Shannon指数对柠条固沙过程的响应产生时间依赖性。地面节肢动物丰富度在6年生灌丛已达到封育草地水平，随后36年生灌丛显著增加。一方面说明柠条灌丛对于地面节肢动物丰富度具有突出的生态作用，柠条灌丛定居6年后“虫岛”现象的出现可以有效吸引各种地面节肢动物前来生存，有利于加快土壤节肢动物多样性的恢复，6年生灌丛可能是柠条灌丛林地面节肢动物丰富度恢复的临界值。另一方面说明灌丛固沙过程中，随着土壤-植被系统的逐渐恢复，能够持续影响地面节肢动物的类群种类，有利于沙质草地恢复过程中节肢动物丰富度的提高和食物网结构的维持。地面节肢动物Shannon指数在15年生灌丛达到封育草地水平，并与36年生灌丛无显著差异。与地面节肢动物丰富度变化相比，一方面说明柠条灌丛固沙过程对地面节肢动物丰富度与多样性的恢复存在时间差异性，另一方面说明15年林龄可能是柠条灌丛林地面节肢动物多样性恢复的临界值，这为柠条林地地面节肢动物丰富度和多样性的管理及生物多样性保护提供了重要依据。

三、地面节肢动物功能群结构

本研究中土壤动物共划分为捕食性、植食性及杂食性 3 个类群，其中杂食性类群只包括蚁科 1 个类群，这里主要从捕食性和植食性的角度来分析地面节肢动物功能群结构的变化。从图 14-3 可以看出，地面节肢动物捕食性和植食性类群的个体数对柠条灌丛固沙过程的响应与其总个体数的变化规律相似。从流动沙地到 6 年生灌丛捕食性和植食性类群个体数均呈现出急剧下降趋势，捕食性蠼螋科和植食性拟步甲科类群个体数的变化是其主要原因。随后在柠条林固沙过程中这 2 个功能群个体数均呈现出在较低水平上波动变化，并与封育草地无显著差异，这也与地面节肢动物总个体数的变化趋势基本相似，反映了捕食性和植食性个体数对于恢复过程、恢复方式的不敏感性。

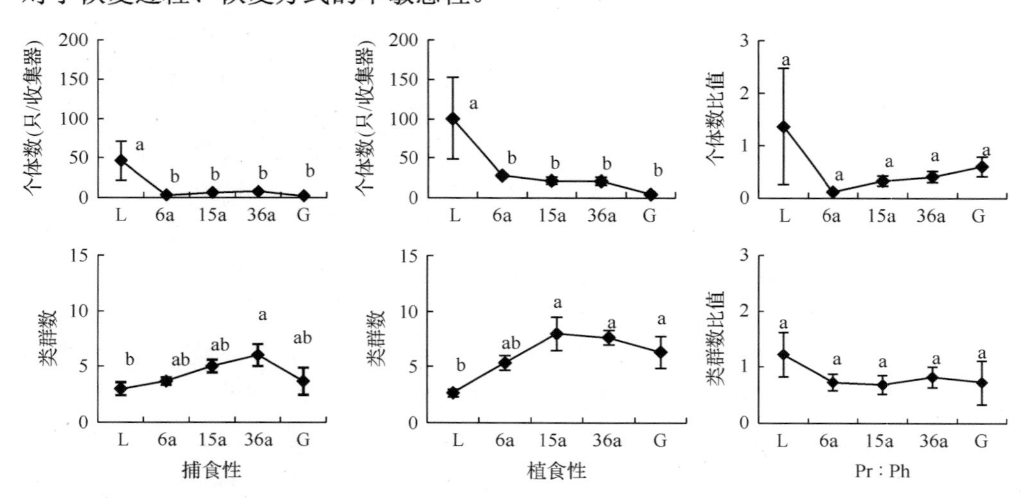

图 14-3　固沙灌丛对地面节肢动物功能群结构的影响

L、6a、15a、36a、G 分别代表流动沙地、6 年生灌丛、15 年生灌丛和 36 年生灌丛及封育草地。比值为捕食性：植食性数量值。Pr.捕食性，Ph.植食性。不同小写字母表示显著性差异($P<0.05$)

捕食性和植食性类群的丰富度随着灌丛固沙过程呈现显著增加趋势($P<0.05$)，其中 6 年生灌丛表现出与封育草地的相似性。但这 2 个功能群的丰富度达到最高值的时间存在差异性，捕食性类群丰富度在 36 年生灌丛达到最高值，而植食性类群丰富度在 15 年生灌丛达到最高值(图 14-3)，说明随着柠条灌丛林固沙过程中的植被恢复，首先为植食性类群提供了丰富的食物资源，植食性类群因为能够同时取食多种植物而快速恢复。随着植被的持续恢复与植食性类群丰富度的增加，捕食性类群丰富度在 36 年生灌丛达到最大值，这反映了食物网结构中的“上行效应”(bottom-up effect)和相邻营养级间的级联效应。研究表明，相邻营养层之间的级

联效应较强，而不相邻营养层之间的作用关系被中间营养层弱化(Shi et al., 2014)，这为本研究中流动沙地固定过程中地表草本植被-植食性类群-捕食性类群间构成的不同层级营养级级联关系提供了强有力的佐证。

其中，捕食性与植食性类群间的数量比值，反映了地面节肢动物食物网结构中的定量营养级关系。本研究中，在流动沙地无论是个体数还是丰富度，均呈现出捕食性类群比重高于植食性类群，即 Pr：Ph＞1(图 14-3)。但柠条固沙过程中随着地表草本植被的恢复和植物丰度的增加，显著改变了二者的比例关系，无论是个体数还是丰富度，灌丛林地和草地均呈现出植食性类群比重高于捕食性类群，即 Pr：Ph＜1，说明植食性类群的数量比重高于捕食性类群，在食物网结构中呈“金字塔”形，有利于维持地面节肢动物营养级关系及其食物网结构的相对稳定性。并且，不同灌丛样地间及与封育草地间基于地面节肢动物个体数和丰富度的营养级关系差异并不显著，进一步说明了流动沙地人工种植柠条灌丛林对于恢复地面节肢动物功能群营养级关系具有突出的生态作用。此外，基于地面节肢动物个体数的功能群营养级关系随着柠条林固沙过程呈现出逐渐增加趋势，说明食物网结构中的“上行效应”(bottom-up effect)随着固沙过程逐渐加强(陈云峰等, 2014)，另外也说明了随着柠条灌丛林固沙过程地面节肢动物捕食性类群个体数的增加，其表现出来的控害保益功能逐级加强，有利于食物网结构及天敌-害虫之间的物质能量流动关系的维持。但基于地面节肢动物丰富度的这种营养级关系呈现出波动变化，表现为从流动沙地到灌丛林地和封育草地，不同样地间这种营养级关系未呈现出显著差异($P>0.05$)。

综合分析表明，流动沙地柠条灌丛种植后地面节肢动物个体数下降，但有利于提高地面节肢动物丰富度和多样性，并且二者对柠条固沙过程存在时间依赖性。地面节肢动物功能群结构在柠条林固沙过程中反映出一种“上行效应”。相对于封育草地，人工灌丛对于地面节肢动物多样性的提高和保育具有更为突出的生态作用，有利于维持地面节肢动物食物网结构和系统的相对稳定性(刘任涛和朱凡, 2016)。

第十五章　固沙灌丛林营造对沙化草原地面节肢动物群落分布的影响

草地发生沙漠化是盐池县风沙区草地生态系统退化的极端表现形式之一，其发生面积、危害程度远远超出其他类型的土地退化。扎设草方格、建设人工灌丛林已经成为该区域防沙治沙、生态恢复的重要措施，对沙漠化防治与土壤质量的改良起着重要作用。研究表明，人工林的建设，有助于改善土壤质量，促进土壤生态恢复(罗雅曦和刘任涛, 2019)。但是，灌丛种的差异性直接关系到土壤质量演变进程和微生境条件。例如，豆科灌丛相对于非豆科灌丛更有利于土壤养分条件的改变。冠层大小不同的灌丛关系到微气候条件的差异性。并且，随着灌丛的生长发育，风沙活动减弱，加之细粒物质、枯枝落叶、根际分泌物等在灌丛周围及土壤中沉积，逐渐改变了土壤容重、养分及团粒结构等，提高了土壤质量。另外，土壤质量的提高可为微生物及其他物种生长繁衍提供有利环境，使灌丛凋落物产量增加及其分解速率加快，土壤成土环境进一步改善，使土壤理化性质发生重要改变。这些均影响由灌丛林主导的沙地草地生态系统中土壤-植被系统变化过程及其地面节肢动物群落的分布。本章着重阐述不同人工林固沙方式植被变化特征与土壤理化性质及其对地面节肢动物群落结构的影响。

第一节　不同固沙灌丛林植被特征与土壤理化性质及其土壤质量评价

一、植被特征

于 2011 年 5 月，在流动沙地扎设 1m×1m 草方格，同时划分为不同种类的灌丛林营造区，分别种植油蒿、花棒、沙拐枣和柠条幼苗 4 种灌丛林；种植模式均为每隔 1 行种植灌丛幼苗 1 株，株距为 1.5m，行距为 3m。于 2013 年对灌丛林的生长状况和地表草本恢复情况进行调查，同时采用陷阱诱捕法调查了每种灌丛林地地面节肢动物群落的分布特征。以周围流动沙地(流沙)为对照，从表 15-1 可以看出，个体数表现为花棒林地相对低于沙拐枣林地、柠条林地和油蒿林地。高度和冠幅均表现为沙拐枣林地最高，油蒿林地和花棒林地居中，而柠条最低。

表 15-1　灌丛生长特征和地表植被分布

样地	灌丛特征			草本特征			
	个体数(株/m²)	高度(cm)	冠幅(cm²)	个体数(株/m²)	高度(cm)	物种数	主要植物及盖度
油蒿林地	35	32	300	255.3	10.9	10	地锦、蒺藜、中亚虫实、牛枝子、画眉草等；31%
花棒林地	28	33.7	225	51.2	8.9	4.2	沙蓬、蒺藜、牛枝子、地锦、狗尾草等；2.5%
沙拐枣林地	32	55.5	750	14.7	16.8	1.8	沙蓬、牛枝子、赖草等；2%
柠条林地	34	15.5	80	25.2	18.5	2	沙蓬、牛枝子、狗尾草等；3%
流动沙地	—	—	—	78.6	23.9	4.2	沙蓬、冰草、狗尾草、牛枝子等；3%

由表 15-1 可知，草本植物个体数表现为油蒿林地最多，流动沙地和花棒林地居中，而沙拐枣和柠条林地较低。草本植物高度表现为流动沙地较高，沙拐枣和柠条林地居中，而油蒿和花棒林地较低。草本植物物种数表现为油蒿林地最多，其余 4 种生境均较低。

二、土壤理化性质

在流动沙地扎设草方格和建植人工固沙灌丛后，流动沙丘表面逐渐固定，大气降尘沉积量逐渐增加，加之生物过程的加强，共同促进了沙地表层土壤理化性质的演变。其中，人工固沙灌丛建设以后土壤性质是否得到改善及改善程度是评价人工固沙造林沙地生态恢复效果的主要标准，也是沙漠化逆转的重要指征。研究表明，草方格扎设及固沙灌丛生长过程对土壤理化性质产生了一定影响，但不同灌丛土壤性质存在较大差异。土壤颗粒分布影响土壤水力特性、土壤肥力状况和土壤侵蚀等，是土壤重要物理性质之一。由表 15-2 可知，油蒿林地粗沙含量显著提高，这与在贝壳堤岛的研究结果(夏江宝等, 2013)相似。油蒿林地草本植物丰富(表 15-1)，但是草本植物生物量较小，根系较浅且不发达，土壤易粗粒化。沙拐枣林地细沙含量显著提高，极细沙含量显著降低，这可能与其树体高大、近地层分枝少且稀疏使其易受风蚀影响，土壤表面较细颗粒和凋落物均不易积累有关。黏粉粒含量仅在油蒿林地显著提高，这与油蒿灌丛较高的盖度及根系发达均有较大关系。但总体上，4 种固沙灌丛林的建设对土壤颗粒的影响较小。沙地的成土过程因风蚀与堆积而极不稳定，再加上有机物质积累较少，并且缺乏物理性黏粒，因此成土作用极其微弱。已有研究表明，短期内(＜30 年)植被恢复对土壤颗粒组成无显著影响(李裕元等, 2010)，这也意味着土壤一旦出现沙化将很难逆转。但是，从测定结果来看(表 15-2)，油蒿林地黏粉粒含量显著提高，这些物理性黏粒将沉积在已分解或半分解的枯落物中，后期将会形成一层结皮，在固沙改土中起到很好的作用。

表 15-2　不同固沙灌丛林土壤颗粒分布(平均值±标准误)

样地	土壤粗沙	土壤细沙	土壤极细沙	土壤黏粉粒
油蒿林地	8.40±0.74a	55.71±3.39c	31.07±3.69a	4.82±0.29a
花棒林地	1.90±0.44b	72.03±3.77b	25.33±3.83a	0.74±0.15c
沙拐枣林地	2.71±0.50b	85.41±1.34a	11.69±1.35b	0.19±0.03c
柠条林地	2.00±0.50b	73.27±1.77b	23.26±1.77a	1.47±0.19bc
流沙	3.62±2.14b	64.13±10.69bc	29.50±6.69a	2.75±1.94b

注：不同小写字母表示显著性差异($P<0.05$)

土壤容重可以有效地指示土壤质量和土壤生产力，是最重要的物理性质之一。由图 15-1 可以看出，油蒿林地土壤容重显著降低，有效地改善了风沙土壤质地和结构，使土壤的疏松、通气和水分有效性更加协调，其原因可能是油蒿较强的繁殖能力及其根系在浅层土壤的连续活跃活动使土壤疏松多孔从而对土壤有一定改善作用。但是沙拐枣林地土壤容重显著增大，这与在希拉穆仁荒漠草原的研究结果(张晓娜, 2018)相吻合。表层土壤中的细粒物质(表 15-2)遭受风力吹蚀而损失，从而增大土壤容重，细粒物质的缺失不利于形成土壤团粒结构，降低土壤含水量，增大土壤侵蚀，但或许也与成土母质有关。研究表明，成土母质的影响使土壤容重具有非常大的变异(李裕元等, 2010)。不同母质的矿质组成和理化性质的差异影响了其风化速率，造成容重变化较大。柠条林地和花棒林地均无显著变化，这可能与土壤容重本身变异较小有关。

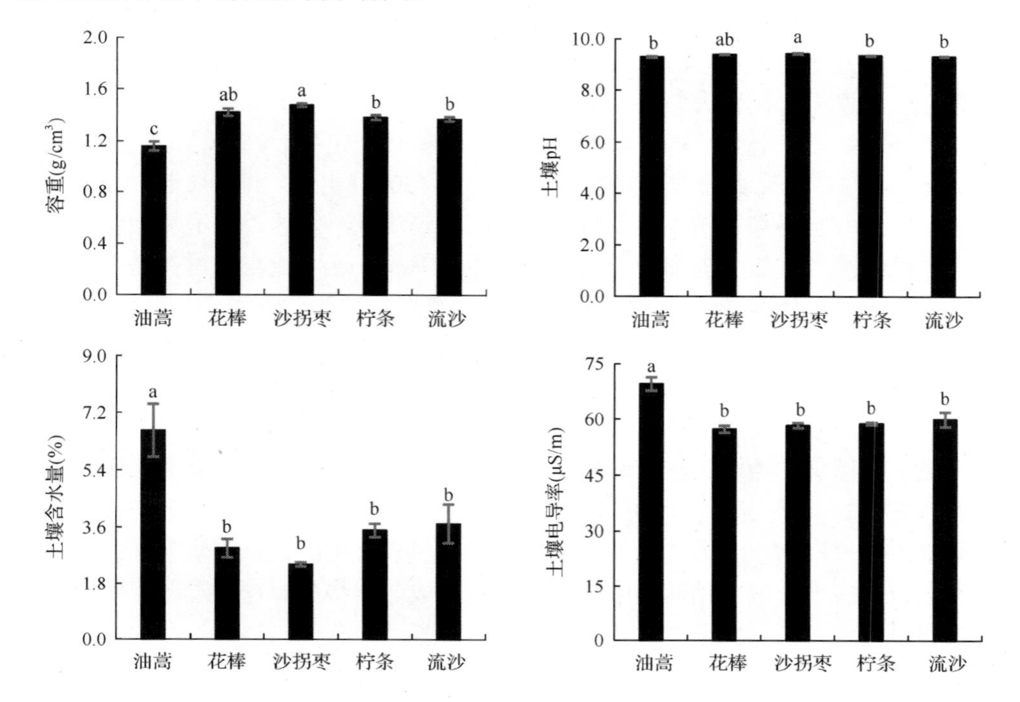

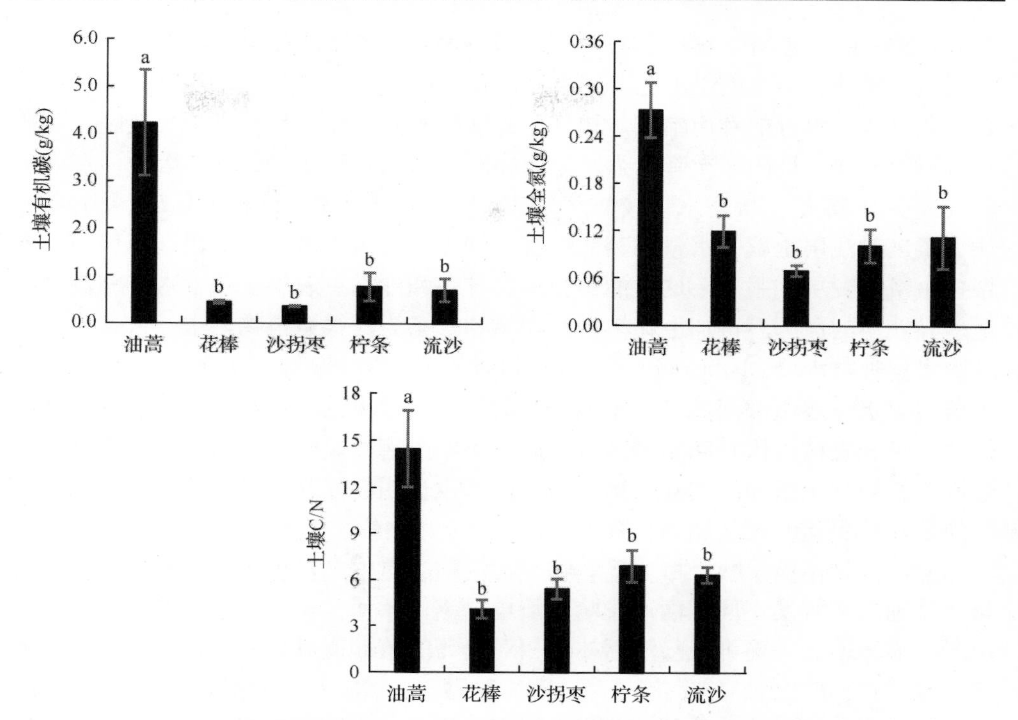

图 15-1　不同固沙灌丛林土壤理化性质特征(平均值±标准误)

不同小写字母表示显著性差异(P<0.05)。图中横轴名称为本研究中灌丛林地的简写，全称同表 15-1

土壤 pH 主要受植被盖度、地质背景和地块大小等的影响。由图 15-1 可知，沙拐枣林地土壤 pH 显著增大，其他 3 种灌丛林均无明显变化。这与在古尔班通古特沙漠的研究结果(李从娟等, 2011)相似。研究发现，固沙梭梭生长缓慢，加之荒漠生态系统生物地球化学循环速率相对较小，因而土壤 pH 变化范围较小。本研究结果的可能解释在于本研究区域土壤酸碱性受母质、气候及生物等的共同作用，其中气候又起着近乎决定性的作用。在干旱、半干旱地区，干旱少雨，土体淋溶弱，广泛分布着中性至碱性土壤。例如，本研究中流动沙地土壤 pH 为 9.32，说明其土壤呈强碱性。另外，由于本研究区域风大沙多，常年无凋落物积累，且母质含盐基丰富，土壤偏碱性。此外，固沙灌丛类型本身可能对土壤 pH 作用较小，再加上成土时间短，盐基淋失少，均可能导致对土壤酸碱度影响较小。沙拐枣林地 pH 显著高于流动沙地，土壤碱化趋势显著，可能因为盐基淋溶少，土壤含水量蒸发量大，下层的盐基物质易随着毛管水的上升而聚集在土壤上层，使土壤具有石灰性反应，但具体缘由还有待进一步研究。

浅层土壤含水量受降水入渗补给和蒸散作用的共同影响。本研究中，仅油蒿林地土壤含水量显著增加，其他 3 种灌丛林地土壤含水量均无显著变化。油蒿样地因其较高的植被覆盖(表 15-1)，可以减少表层土壤含水量蒸散，改善土壤表层有机质，增强表层土壤保水能力；油蒿根系虽然在 0～30cm 土层均有分布，但是直根系对浅层水分的利用率相对较低。有研究表明，在干旱、半干旱地区，能够有效湿透较深土层的一次降水强度为 10mm(Huxman et al., 2004)，因此，在降水输入较少时，表层土壤含水量较低，而花棒、柠条和沙拐枣样地植被稀疏(表 15-1)，加大了风对浅层土壤含水量的蒸散干扰，同时，遮荫不足导致土壤温度偏高，土壤含水量蒸发更加强烈，这可能是花棒、柠条和沙拐枣表层土壤含水量与流动沙地差异较小的原因。再加上花棒、沙拐枣和柠条为深根系植物，主要依赖深根从较深土层吸收水分，因此对浅层土壤含水量的消耗相对较小。在植被恢复过程中，当深层含水量逐渐被消耗又得不到降水的补充，深根系的灌丛生长势将减弱甚至衰亡，不利于植被恢复和防风固沙。此试验结果潜在反映出草方格固沙造林恢复过程中植被与土壤间的相互作用关系，同时也说明在灌丛建设早期，需对深根系和缺乏自然更新的灌丛加强抚育管理。

土壤电导率能反映土壤质量和物理特性的大量信息，土壤含水量、有机质含量及质地结构等均不同程度地影响土壤电导率。本研究结果显示，油蒿林地土壤电导率显著增大，这可能与油蒿林地相对较高的植被覆盖有关(表 15-1)。地表植被盖度增大，再加上常年高温干旱、蒸发强烈，自然状态下的水热平衡发生改变，土壤得不到雨水淋洗，致使盐分在土壤表层聚集，土壤电导率逐渐升高。而其他 3 种灌丛林土壤电导率均无显著变化，这可能与当地恶劣的气候条件有关。较短的固沙与成土时间未能对土壤电导率产生影响。

土壤养分主要来源于聚集在土壤表层的枯落物和根际分泌物。本研究中，不同灌丛林土壤有机碳和全氮含量差异显著(图 15-1)，表现在油蒿林地土壤有机碳、全氮含量和碳氮比均显著提高，但是其他 3 种灌丛林均无显著变化。这与张立欣等(2017)在库布齐沙漠人工灌丛林地的研究结果相似。油蒿是研究区分布广泛的优势群落，是增长型年龄结构，中幼龄个体多于老龄个体，对区域环境具有较强的适应性，由于生长旺盛、更新周期快、根系分泌物改造土壤环境能力强，并且冠层结构致密低矮便于枯枝落叶和细粒物质的捕获保存，对土壤养分的富集作用较为明显，经过植被-土壤微生物的相互作用，其土壤养分明显提高。另外，相较于其他 3 种灌丛，油蒿样地群落盖度较大，其林下草本茂盛，物种丰富，植物根系主要集中在表土层(0～30cm)，因此，细根生物量和质量均可能高于其他样地，促进了细根的周转速率，对土壤碳氮进行了一定补充。这说明，油蒿灌丛林的建植在短期内即能提高土壤养分。而其他 3 种灌丛林无明显变化，这可能是因为林内植被稀少，林分凋落物构成单一、质量差，再加上其相对稀疏的冠层结构，捕获凋落物和较细颗粒的能力较弱，不利于养分积累，所以短期内未能对土壤有机质进行及时供给。

三、不同人工固沙灌丛林各土壤理化性质间的相关性分析

从表 15-3 可知，土壤极细沙与细沙显著负相关($P<0.01$)；黏粉粒与粗沙和极细沙均呈正相关($P<0.05$)，与细沙显著负相关($P<0.01$)；土壤含水量与极细沙和黏粉粒显著正相关($P<0.01$)，与细沙显著负相关($P<0.01$)；土壤容重与细沙显著正相关($P<0.01$)，与粗沙、极细沙、黏粉粒和含水量均呈负相关($P<0.05$)；土壤电导率与粗沙、黏粉粒和含水量显著正相关($P<0.01$)，与细沙和容重显著负相关($P<0.01$)；土壤 pH 与细沙、容重显著正相关($P<0.01$)，与极细沙、黏粉粒、含水量和电导率显著负相关($P<0.01$)；土壤有机碳和全氮与其他指标间均表现出相关性($P<0.05$)；除极细沙和全氮以外，碳氮比与其他指标也表现出相关性($P<0.05$)。

表 15-3　土壤理化性质间的相关系数

土壤指标	土壤粗沙	土壤细沙	土壤极细沙	土壤黏粉粒	土壤含水量	土壤容重	土壤电导率	土壤 pH	土壤有机碳	土壤全氮	土壤碳氮比
土壤粗沙	1.000										
土壤细沙	−0.379	1.000									
土壤极细沙	0.161	−0.941**	1.000								
土壤黏粉粒	0.465*	−0.924**	0.832**	1.000							
土壤含水量	0.333	−0.650**	0.516**	0.712**	1.000						
土壤容重	−0.465*	0.774**	−0.615**	−0.840**	−0.808**	1.000					
土壤电导率	0.654**	−0.545**	0.357	0.682**	0.605**	−0.642**	1.000				
土壤 pH	−0.202	0.732**	−0.656**	−0.780**	−0.625**	0.702**	−0.586**	1.000			
土壤有机碳	0.480*	−0.821**	0.670**	0.883**	0.794**	−0.926**	0.747**	−0.754**	1.000		
土壤全氮	0.535**	−0.676**	0.514**	0.649**	0.484*	−0.641**	0.574**	−0.551**	0.759**	1.000	
土壤碳氮比	0.471*	−0.479*	0.338	0.578**	0.589**	−0.625**	0.678**	−0.459*	0.611**	0.227	1.000

*$P<0.05$，**$P<0.01$；***$P<0.001$

四、不同人工固沙灌丛林土壤质量综合评价

土壤质量指标间的相互作用及协调效应能够综合反映土壤生产力的高低和对逆境的适应能力。本研究所选取的土壤质量指标间相互作用显著，故在质量评价中全部予以考虑。利用土壤质量综合指数法，按照特征值＞1 且累计贡献率＞85%的原则抽取了 2 个主成分(表 15-4)，可以看出，不同固沙灌丛林土壤质量综合评价指标结果为：第 1 主成分(主成分 1)的方差贡献率为 69.238%，第 1 和第 2 主成分(主成分 2)的累计方差贡献率达到 86.346%，说明第 1 和第 2 主成分可以代表不同固沙灌丛林土壤质量的变异信息。其中，第 1 主成分反映的是选取所有土壤质量综合评价指标的综合变量，说明所选取的土壤质量综合评价指标在土壤质量评价中均起着重要作用；第 2 主成分反映的主要为细沙、极细沙和 pH 等指标的综合变量。

表 15-4　不同固沙灌丛林土壤质量因子负荷量、权重、特征根与贡献率

土壤指标	主成分 1		主成分 2	
	负荷量	权重	负荷量	权重
土壤粗沙	0.849	0.09	0.119	0.03
土壤细沙	–0.757	0.08	0.627	0.16
土壤极细沙	0.556	0.06	–0.787	0.20
土壤黏粉粒	0.874	0.10	–0.352	0.09
土壤含水量	0.859	0.09	0.319	0.08
土壤容重	–0.943	0.11	–0.102	0.03
土壤电导率	0.919	0.10	0.272	0.07
土壤 pH	–0.680	0.07	0.415	0.11
土壤有机碳	0.881	0.10	0.409	0.10
土壤全氮	0.913	0.11	0.047	0.01
土壤碳氮比	0.840	0.09	0.450	0.12
特征根	7.616		1.882	
方差贡献率(%)	69.238		17.108	
累计方差贡献率(%)	69.238		86.346	

由图 15-2 可知，沙拐枣、花棒、柠条、流动沙地和油蒿土壤质量综合指数分别为–1.54、–1.05、–0.56、–0.03、3.15。油蒿土壤质量综合指数比流动沙地增加了 106 倍，而沙拐枣、花棒和柠条林地土壤质量则显著降低。显著性检验结果显示，与流动沙地相比，土壤质量综合指数表现为油蒿显著增加，沙拐枣显著降低，柠条和花棒无显著变化。

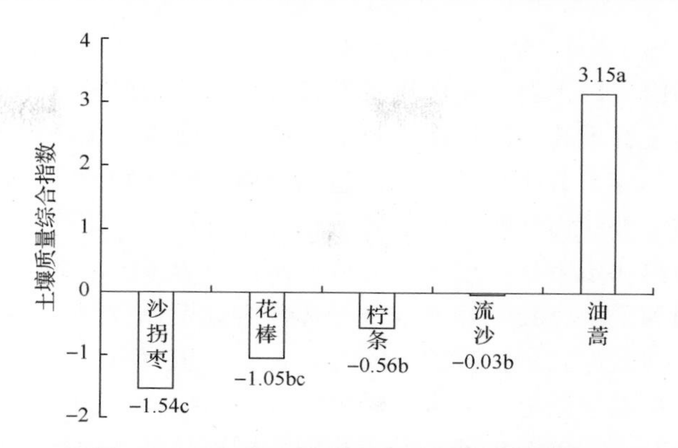

图 15-2　不同固沙灌丛林土壤质量综合指数

不同小写字母表示显著性差异($P<0.05$)

油蒿作为本研究地区的优势灌丛，结构致密低矮，易于捕获沙尘，且需水量低，易天然更新，繁殖力强，其自身生长繁衍的同时也为土壤提供有机物来源，并促进了地表草本植物的恢复，因此与流动沙地相比，人工油蒿林的构建有效地改善了土壤理化性质，提高了风沙土土壤综合质量。而花棒和柠条林土壤质量综合指数与流动沙地之间差异较小，说明该地区花棒和柠条的恢复对土壤质量的影响作用较小。但是，沙拐枣土壤质量综合指数较流动沙地明显降低，说明在该地区利用沙拐枣灌丛固沙并未对土壤质量恢复起到积极作用，反而有一定的辐射作用，这可能与其本身特性及大量消耗土壤深层水分有关。例如，沙拐枣近地面层分枝少，透风系数大，因而防风固沙效果差；沙拐枣为深根系种，耗水量较大，当深层水分亏缺又无法得到降水补充时就影响了生命活力，降低了固沙效果。灌丛固沙是一个随着地上植被生长、发展的连续过程，随着固沙时间的延长，地上植被逐渐向顶极群落发展，人工灌丛林的土壤改良效果愈加明显(赵娜等, 2014)。因此，在干旱半干旱地区风沙治理过程中，应因地制宜地营造人工灌丛林进行植被恢复，并加强抚育以增加成林年限，最终改善风沙地区的土壤质量及生态系统功能。

综合分析表明，宁夏盐池风沙区土壤以细沙和极细沙为主要成分，仅油蒿对提高黏粉粒、含水量、有机碳、全氮、碳氮比及降低土壤容重效果明显。土壤质量综合指数为：油蒿(3.15)＞流动沙地(–0.03)＞柠条(–0.56)＞花棒(–1.05)＞沙拐枣(–1.54)，油蒿灌丛土壤质量总体较优，在短期内有利于提高风沙土壤质量，而其他造林固沙效果有限(罗雅曦和刘任涛, 2019)。

第二节　不同固沙林营造初期地面节肢动物群落分布特征

一、地面节肢动物群落组成

在草地发生严重沙漠化地段开展扎设草方格营造灌木林，已被认为是防沙治沙、恢复退化草地生态系统结构与功能的有效手段，得到了大面积推广应用。随着流动沙地逐渐固定，土壤理化性质及地表植被在共同促进退化草地生态系统演变的同时，也对生存于其中的地面节肢动物群落组成与分布产生了深刻影响。于固沙林营造的第 3 年，开始相关调查，包括土壤、植被和地面节肢动物。本调查样地共捕获地面节肢动物 853 只，隶属于 6 目 13 科 16 个类群(表 15-5)。其中，优势类群为蠼螋科和步甲科，个体数占总个体数的 76.91%；常见类群为蝼蛄科、蜣螂科、鳖甲属和土甲属共 4 个类群，个体数占总个体数的 19.11%；其余 10 类为稀有类群，个体数占总个体数的 3.98%。其中，步甲科反映了一种对荒漠、半荒漠生境的生理生态学适应性，这与黑河中游(刘继亮等, 2010c)、南美荒漠草原(Sackmann and Flores, 2009)的研究结果相似。蠼螋科是一种移动能力强、捕食能力也较强的革翅目动物类群，反映了调查生境的较低植被盖度情况。研究表明，低盖度的生境为移动能力和移动范围较强的动物类群提供充足的生态空间，并减少了其移动空间上的阻力，故本调查通过陷阱诱捕法获得了较多的蠼螋科个体数。

表 15-5　地面节肢动物群落组成及营养类群分布

目	科/属	营养类群	编码	个体数	百分比(%)
盲蛛目	盲蛛科	Pr	2	1	0.12
蜘蛛目	狼蛛科	Pr	1	5	0.59
	平腹蛛科	Pr	3	1	0.12
	光盔蛛科	Pr	4	2	0.23
直翅目	蝼蛄科	Ph	5	38	4.45
	蟋蟀科	Ph	6	3	0.35
革翅目	蠼螋科	Pr	7	388	45.49
鞘翅目	步甲科	Pr	8	268	31.42
	蜣螂科	Sa	9	12	1.41
	埋葬甲科	Sa	10	2	0.23
	阎甲科	Sa	11	4	0.47
	琵甲属	Ph	12	8	0.94
	鳖甲属	Ph	13	81	9.50
	土甲属	Ph	14	32	3.75
	步甲科幼虫	Pr	15	2	0.23
膜翅目	蚁科	Om	16	6	0.70
	合计			853	100

注：Pr.捕食性；Ph.植食性；Sa.腐食性；Om.杂食性

从表 15-6 可以看出，流动沙地共有 7 个类群，优势类群、常见类群和稀有类群的类群数分别为3、3、1，其个体数占本样地总个体数的82.57%、16.51%、0.92%。相对于流动沙地，油蒿林地的节肢动物优势类群和常见类群的类群数变化不大，但稀有类群的类群数变化较大，增大到6个稀有类群；其个体数所占比例表现为优势类群和稀有类群的个体数百分比增加，而常见类群的个体数百分比下降。花棒林地、柠条林地地面节肢动物类群组成及其多度分布和油蒿林地相似，稀有类群数有所增加，而且优势类群和稀有类群的个体数百分比增加，而常见类群的个体数百分比下降。但沙拐枣林地表现为无稀有类群出现。这一方面说明不同灌丛林营造固沙对地面节肢动物群落组成产生不同的影响，即油蒿、花棒和柠条林地均有助于增加地面节肢动物的稀有类群数，而沙拐枣林地对地面节肢动物类群组成的影响有限，同时也说明了油蒿、花棒和柠条林地对地面节肢动物类群组成恢复产生了积极作用。

表15-6　地面节肢动物不同类群的类群数与百分比分布

	优势类群		常见类群		稀有类群	
	类群数	百分比(%)	类群数	百分比(%)	类群数	百分比(%)
流沙	3	82.57	3	16.51	1	0.92
油蒿林地	2	89.18	4	7.89	6	2.92
花棒林地	4	93.53	2	4.71	3	1.76
沙拐枣林地	2	91.11	4	8.89	0	0
柠条林地	3	87.32	1	9.86	4	2.82

注：因数字修约，百分比加和不是100%

二、地面节肢动物群落指数

群落多样性有2方面的含义：其一是群落所含物种数的多寡，即物种丰富度，群落所含的物种数越多，多样性就越高；其二是群落各个种的相对多度，即群落的均匀性，均匀性越高的群落，其异质性就越大，说明多样性也越高(赵红蕊等，2010)。由图15-3可知，地面节肢动物个体数表现为油蒿灌丛林地显著高于流动沙地($P<0.05$)，而花棒、沙拐枣及柠条林地和流动沙地间无显著差异；类群数表现为油蒿林地最高，沙拐枣和柠条林地最低，而流动沙地和花棒林地居中；Shannon指数表现为油蒿林地最高，流动沙地、花棒和沙拐枣林地较低，而柠条林地居中。一方面说明沙化地段营造油蒿灌木林有助于地面节肢动物多样性的提升，即油蒿林地地面节肢动物丰富度越高，其多样性越高，另一方面表征了油蒿作为优良的固沙半灌木植物对研究区域干旱沙地生境具有很强的适应性的内在原理。油蒿是我国北方及西北部温带荒漠和草原地带沙漠化的主要标志性植物，适应干旱的沙地环境。本结果反映了荒漠生态系统重建和恢复中植被-土壤系统演化过程与节肢

动物的互为反馈作用。但花棒、沙拐枣和柠条林地地面节肢动物多样性与流动沙地间无显著差异，一方面反映了研究区域营造花棒、沙拐枣和柠条林对节肢动物多样性生态保育效应的有限性，另一方面也再次证明了以油蒿作为优良固沙植物进行大面积推广种植和防沙治沙的重要生态价值。

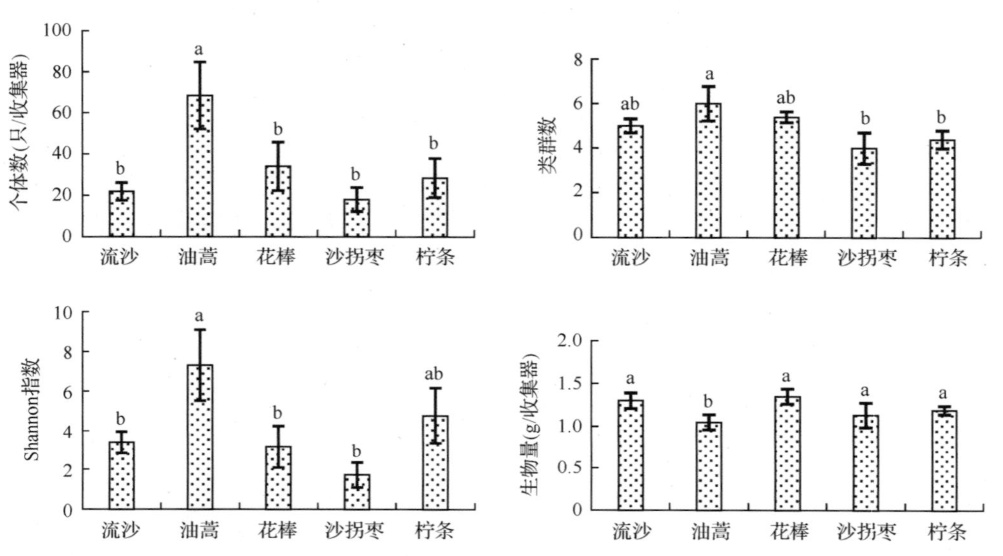

图 15-3　不同灌丛林地地面节肢动物群落多样性及其生物量分布(平均值±标准误)

不同小写字母表示显著性差异($P<0.05$)

生物量的大小是节肢动物群落中内在所固有的功能特征之一，也是种群数量、年龄大小、死亡率及能值等生物指标的综合反映，它既表示了群落的结构特征，又反映了群落的功能(生物量)特征。由图 15-3 可知，生物量表现为油蒿林地显著低于流动沙地、花棒和沙拐枣及柠条林地($P<0.05$)，这与油蒿林地地面节肢动物个体数和类群数分布正好相反。白耀宇等(2018)的研究发现，冬水田典型生境中节肢动物群落密度和生物量间存在显著线性正相关关系，这与本研究结果不一致，原因在于本研究样地属于半干旱沙地生境，资源条件非常有限，较多的节肢动物个体数和类群数增加了个体生长对有限资源条件的竞争力，从而导致节肢动物生物量较低。

三、地面节肢动物功能群结构

依据食性划分，调查获得的地面节肢动物共包括捕食性、植食性、腐食性和杂食性 4 个营养类群，分别有 7、5、3、1 个类群，其个体数分别占总个体数的 78.2%、18.99%、2.11%、0.70%(表 15-5)。由于杂食性动物只有 1 个类群，即蚁科，而且仅在油蒿林地捕获到个体，故本研究仅比较其余 3 个营养类群的分布情况。功能群划分反映了不同节肢动物类群间的营养级联关系。本研究结果发现，捕食性和植食性动物类群构成了地面节肢动物群落的主要功能群，特别是捕食性动物占绝对优势地位，反映了研究区域地面节肢动物区系以捕食性动物分布为其主要特征。

从图 15-4 可知，捕食性和腐食性动物的个体数分布规律相似，均表现为油蒿灌丛林地显著高于流动沙地(P<0.05)，而花棒、沙拐枣及柠条林地与流动沙地间无显著差异。植食性动物的个体数表现为花棒最高，油蒿和沙拐枣林地较低，而流动沙地和柠条林地居中(P<0.05)。由图 15-4 可知，捕食性动物的类群数表现为油蒿和花棒林地较高，沙拐枣林地最低，而流动沙地和柠条林地居中(P<0.05)。腐食性动物的类群数表现为油蒿灌丛林地显著高于流动沙地(P<0.05)，而花棒、沙拐枣及柠条林地与流动沙地间无显著差异。这说明油蒿林地有助于延伸食物链长度，不仅包括食物链上端的捕食性类群，而且还包括营腐食性物质为主的腐食性动物类群，有利于物质循环过程和能量流动。同时，油蒿林地植食性动物类群个体数较低，反映了一种下行控制效应。上行/下行理论(bottom-up/top-down theory)

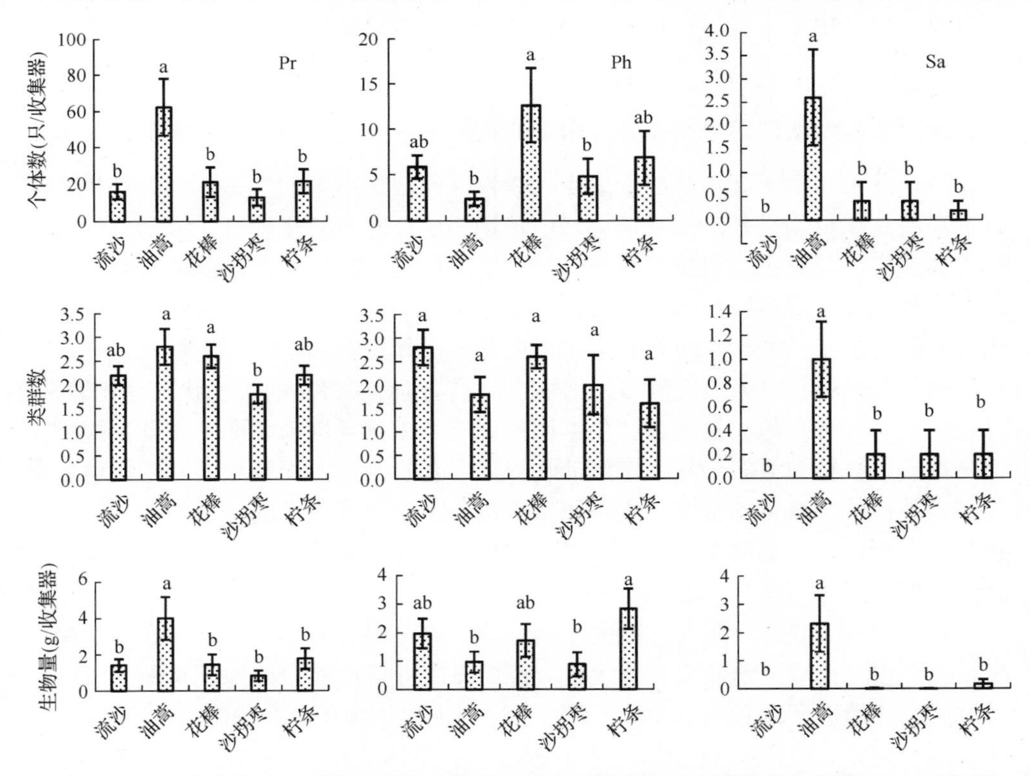

图 15-4　不同灌丛林地地面节肢动物功能群个体数与类群数及生物量分布(平均值±标准误)

Pr.捕食性；Ph.植食性；Sa.腐食性。不同小写字母表示显著性差异(P<0.05)

综合了资源营养物质的上行作用和捕食者捕食作用的下行影响(Megías et al., 2011)。虽然两者间在概念的表述上存在差异，但实际上并无本质区别，都是以捕食者为调控的主要因子的理论，可看作同一理论体系。本调查结果说明，营造油蒿林能够在提高节肢动物多样性的同时，调控植食性害虫的发生。但是，花棒林地植食性类群个体数较高，反映了豆科灌丛植物对植食性节肢动物的吸引力，原因在于花棒作为豆科植物，能够为更多的节肢动物个体提供适口性较好的食物资源。另外，在流动沙地营造花棒灌丛林可能会导致植食性害虫的大量出现，值得重视。

从图 15-4 可以看出，捕食性和腐食性节肢动物生物量均表现为油蒿显著高于流动沙地(P<0.05)，而花棒、沙拐枣及柠条林地与流动沙地间无显著差异，说明油蒿林地不仅能够增加捕食性和腐食性节肢动物的个体数、类群数，还增加了这个营养类群的生物量分布。但是，植食性节肢动物生物量表现为柠条林地最高，油蒿和沙拐枣林地较低，而流动沙地和花棒林地居中，这与柠条林地发现有较多的蝼蛄科类群分布有关。蝼蛄科类群常栖息于砂壤土条件较为湿润的微生境中，而且豆科柠条根系为蝼蛄提供了食物资源条件，故蝼蛄分布较多而导致生物量也较高。

四、地面节肢动物群落分布和环境因子的相关性分析

不同灌木林由于其自身的生理生态学特性而产生不同的生态效应。例如，油蒿为菊科蒿属植物，是沙土基质环境中植物间生存斗争的优胜者，流动沙地固定后逐渐退去；花棒为豆科蝶形花亚科岩黄耆属植物，枝叶繁茂，萌蘖力强，根系发达；沙拐枣为蓼科沙拐枣属植物，枝条茂密，萌蘖能力强，根系发达，生长较快，但耗水较多；柠条锦鸡儿为豆科锦鸡儿属植物，耐沙埋能力较强，生长较慢。罗雅曦和刘任涛(2019)研究发现，不同灌丛林营造后其自身的生长状况变化较大，并且对土壤环境和地表植被也产生不同的影响。土壤环境为地面节肢动物提供了栖息地，地表植被分布为地面节肢动物提供了食物来源，而且土壤动物类群数量的多少、组成的变化和密度的大小通常取决于土壤环境条件的优劣与食物资源的有效性。所以，不同灌丛林营造后通过土壤环境与地表植被对地面节肢动物群落组成和多样性分布产生了深刻影响。

由图 15-5 可知，第 1 典型轴(F=3.447，P=0.012)和所有典型轴(F=1.554，P=0.024)在统计学上均达到显著水平，说明排序分析能够较好地反映地面节肢动物多度与环境因子的关系。并且，前两个排序轴累计解释了 38.40%的地面节肢动物群落组成变异。偏 RDA 分析表明(表 15-7)，草本植物多度(F=5.62，P=0.002)、土壤 pH(F=2.08，P=0.038)、灌丛冠幅(F=1.91，P=0.060)对地面节肢动物多度产生显著影响(P<0.05)，贡献率分别为 20%、7%、6%。而其余环境因子对地面节

肢动物多度影响不显著($P>0.05$)。从图 15-5 可以看出，沿着第一排序轴，流动沙地处于中心位置。在坐标轴右侧，油蒿林地自成一组，依次向左分别为柠条林地、流动沙地、沙拐枣林地和花棒林地，而且柠条林地、沙拐枣林地和花棒林地均与流动沙地出现一定的重叠。

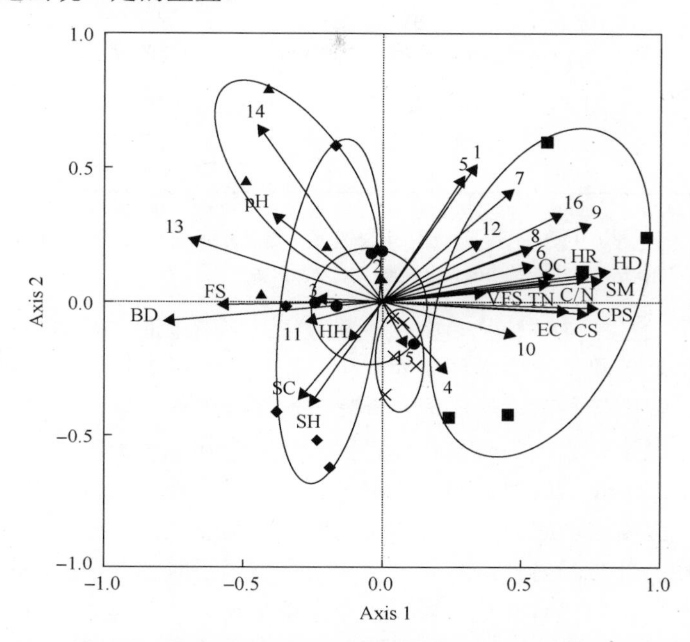

图 15-5　地面节肢动物群落分布与环境因子关系的 RDA 二维排序图

●流动沙地；■油蒿林地；◆沙拐枣林地；▲花棒林地；×柠条林地。数字 1～16 表示节肢动物类群，含义同表 15-5。CS.土壤粗沙；FS.土壤细沙；VFS.土壤极细沙；CPS.土壤黏粉粒；pH.土壤 pH；EC.土壤电导率；SM.土壤含水量；TN.土壤总氮；OC.土壤有机碳；C/N.土壤碳氮比；BD.土壤容重；HR.草本植物物种数；HH.草本植物高度；HD.草本植物多度；SH.灌丛高度；SC.灌丛冠幅

表 15-7　环境因子对地面节肢动物群落组成分布的相对贡献偏 RDA 分析

环境变量	λ	单个因子解释贡献率(%)	F	P
HD	0.20	20	5.62	0.002
pH	0.07	7	2.08	0.038
SC	0.08	6	1.91	0.060
CPS	0.17	4	1.67	0.106
FS	0.12	5	1.72	0.116
SH	0.06	5	1.73	0.116
SM	0.18	5	1.46	0.154
CS	0.16	4	1.43	0.162
TN	0.13	4	1.31	0.214

续表

环境变量	λ	单个因子解释贡献率(%)	F	P
HR	0.16	3	0.93	0.482
HH	0.03	2	0.84	0.546
OC	0.13	2	0.78	0.604
EC	0.14	2	0.71	0.626
C/N	0.16	2	0.60	0.714
BD	0.19	1	0.48	0.858
VFS	0.07	1	0.48	0.858

注：λ.边际效应。CS.土壤粗沙；FS.土壤细沙；VFS.土壤极细沙；CPS.土壤黏粉粒；pH.土壤 pH；EC.土壤电导率；SM.土壤含水量；TN.土壤总氮；OC.土壤有机碳；C/N.土壤碳氮比；BD.土壤容重；HR.草本植物物种数；HH.草本植物高度；HD.草本植物多度；SH.灌丛高度；SC.灌丛冠幅

结果显示，土壤 pH、植物多度和灌丛冠幅是影响地面节肢动物多度的主要因素，土壤酸碱度反映了土壤微环境的变化，而植物多度表征了食物资源条件的多寡，但灌丛冠幅则反映了土壤环境和食物资源条件的双重影响。研究表明，沙地灌丛具有降低风速、遮蔽阳光暴晒、拦截大气降尘和地面凋落物、改善局地小环境的作用(Zhao et al., 2007)。另外，灌丛还能改善沙地土壤机械组成，增加土壤碳、氮含量，提高土壤肥力，这些作用通常被称为灌丛的“肥岛”效应，有利于地面节肢动物的分布。另外，本研究中相关环境因子对地面节肢动物多度的总贡献率仅为 73%，说明仍有其他重要因素如土壤全 K、全 P 等因子对地面节肢动物多度产生深远影响，下一步需要对土壤全 K、全 P 等其他环境因子进行调查。

综合分析表明，蠼螋科和步甲科是调查样地地面节肢动物群落的优势类群。油蒿、柠条和花棒灌丛林营造初期均可以增加地面节肢动物稀有类群的类群数，而沙拐枣灌丛林营造效果有限，油蒿林地能够显著增加地面节肢动物的多样性。从功能群的角度来看，捕食性动物类群是调查样地地面节肢动物群落的主要营养功能群。油蒿林地营造初期可以显著增加捕食性和腐食性动物类群的个体数和类群数，而花棒更有利于植食性动物类群的个体数增加(刘任涛和张安宁, 2020)。

参考文献

白耀宇, 庞帅, 殷禄燕, 等. 2018. 冬水田典型生境类型节肢动物群落多样性及生物量特征. 生态学报, 38(23): 8630-8651.

边振, 张克斌, 李瑞, 等. 2008. 封育措施对宁夏盐池半干旱沙地草场植被恢复的影响研究. 水土保持研究, (5): 68-70.

曹成有, 蒋德明, 全贵静, 等. 2004. 科尔沁沙地小叶锦鸡儿人工固沙区土壤理化性质的变化. 水土保持学报, 18(6): 108-112.

常海涛, 刘任涛, 张安宁, 等. 2020. 荒漠灌丛土壤动物分布及其生态功能. 生态学报, 40(12): 4198-4206.

常海涛, 赵娟, 刘佳楠, 等. 2019. 退耕还林与还草对土壤理化性质及分形特征的影响——以宁夏荒漠草原为例. 草业学报, 28(7): 14-25.

常静, 刘敏, 李先华, 等. 2008. 上海城市地表灰尘重金属污染粒级效应与生物有效性. 环境科学, 12: 3489-3495.

常晓娜, 高慧璟, 陈法军, 等. 2008. 环境湿度和降雨对昆虫的影响. 生态学杂志, (4): 619-625.

陈广生, 曾德慧, 陈伏生, 等. 2003. 干旱和半干旱地区灌木下土壤"肥岛"研究进展. 应用生态学报, (12): 2295-2300.

陈蔚, 黄兴科, 刘任涛, 等. 2019. 宁夏荒漠草原植物多样性对地面节肢动物多样性的影响. 草地学报, 27(6): 1183-1191.

陈岩, 朱先芳, 季宏兵, 等. 2014. 北京市得田沟和崎峰茶金矿周边土壤中重金属的粒径分布特征. 环境科学学报, 34(1): 219-228.

陈一鹗. 1982. 论草原区和荒漠草原区在宁夏东部的界限. 植物生态学与地植物学丛刊, 6(3): 227-235.

陈应武, 李新荣, 苏延桂, 等. 2007. 腾格里沙漠人工植被区掘穴蚁(*Formica cunicularia*)的生态功能. 生态学报, (4): 1508-1514.

陈云峰, 唐政, 李慧, 等. 2014. 基于土壤食物网的生态系统复杂性-稳定性关系研究进展. 生态学报, 34(9): 2173-2186.

陈佐忠, 汪诗平. 2000. 中国典型草原生态系统. 北京: 科学出版社: 409.

戴万宏, 黄耀, 武丽, 等. 2009. 中国地带性土壤有机质含量与酸碱度的关系. 土壤学报, 46(5): 851-860.

邓晓保, 邹寿青, 付先惠, 等. 2003. 西双版纳热带雨林不同土地利用方式对土壤动物个体数量的影响. 生态学报, (1): 130-138.

董炜华, 李晓强, 宋扬. 2016. 土壤动物在土壤有机质形成中的作用. 土壤, 48(2): 211-218.

冯秀娟, 肖敏志, 阎思诺, 等. 2011. 赣州不同级公路沿线农田土壤重金属污染评价研究. 有色金属科学与工程, 2(1): 68-72.
傅声雷, 张卫信, 邵元虎, 等. 2019. 土壤生态学——土壤食物网及其生态功能. 北京: 科学出版社: 1-281.
高鑫, 张晓明, 杨洁, 等. 2011. 花椒园节肢动物群落特征与气象因子的关系. 生态学报, 31(10): 2788-2796.
高正中, 戴法和. 1988. 宁夏植被. 银川: 宁夏人民出版社.
桂东伟, 雷加强, 曾凡江, 等. 2010. 绿洲化过程中农田土壤粒径分布性质变化. 中国沙漠, 30(6): 1354-1361.
桂东伟, 雷加强, 曾凡江, 等. 2010. 塔里木盆地南缘绿洲农田土壤粒径分布分形特征及影响因素研究. 中国生态农业学报, 18(4): 730-735.
郭东艳, 窦彩虹, 陈应武, 等. 2007. 沙坡头固沙植被区掘穴蚁的巢位选择. 甘肃农业大学学报, (6): 116-119.
郭健康, 赵敏杰, 陶季, 等. 2008. 内蒙古奈曼地区沙地植物多样性及其季节变化研究. 中央民族大学学报(自然科学版), 17(S1): 121-125.
韩春梅. 2006. 沈阳西郊地区土壤中重金属污染与赋存形态研究. 东北大学硕士学位论文.
韩国君, 张文忠, 韩国辉, 等. 2002. 黑绒鳃金龟生物学特性研究. 吉林林业科技, (6): 15-16.
何燕宁, 杨芳. 1992. 气候条件对内蒙古地区地带性土壤有机质环境背景值的影响. 中国环境监测, (3): 128.
何玉惠, 刘新平, 谢忠奎. 2011. 红砂灌丛对土壤和草本植物特征的影响. 生态学杂志, 30(11): 2432-2436.
贺达汉, 长有德. 1999. 蚂蚁行为生态研究进展. 昆虫知识, (6): 370-372.
贺达汉, 辛明, 长有德, 等. 2003. 宁夏荒漠草原针毛收获蚁对植物种子的觅食作用. 生态学报, (6): 1063-1070.
贺纪正, 陆雅海, 傅伯杰. 2015. 土壤生物学前沿. 北京: 科学出版社: 1-504.
季辉, 赵健, 冯金飞, 等. 2013. 高速公路沿线农田土壤重金属总量和有效态含量的空间分布特征及其影响因素分析. 土壤通报, 44(2): 477-483.
贾晓红, 李新荣, 张志山. 2006. 沙冬青群落土壤有机碳和全氮含量的空间异质性. 应用生态学报, (12): 2266-2270.
蒋齐, 李生宝, 潘占兵, 等. 2006. 人工柠条灌木林营造对退化沙地改良效果的评价. 水土保持学报, (4): 23-27.
康玲芬, 李锋瑞, 张爱胜, 等. 2006. 交通污染对城市土壤和植物的影响. 环境科学, 27(3): 556-560.
柯欣, 梁文举, 宇万太, 等. 2004. 下辽河平原不同土地利用方式下土壤微节肢动物群落结构研究. 应用生态学报, (4): 600-604.

李波, 林玉锁, 张孝飞, 等. 2005. 沪宁高速公路两侧土壤和小麦重金属污染状况. 生态与农村环境学报, 21(3): 50-53.

李博. 1997. 中国北方草地退化及其防治对策. 中国农业科学, (6): 2-10.

李从娟, 马健, 李彦, 等. 2011. 梭梭和白梭梭主根周围土壤养分的梯度分布. 中国沙漠, 31(5): 1174-1180.

李秋霞, 贺达汉, 长有德, 等. 2000. 蚂蚁取食行为研究概况. 宁夏农学院学报, (2): 94-97.

李生荣. 2007. 柠条平茬更新的生物量调查及综合利用. 青海科技, (5): 12-13.

李诗洪. 1987. 动物信息传递. 家畜生态学报, (1): 13-16.

李淑君. 2014. 荒漠草原区不同林龄柠条林土壤种子库研究. 宁夏大学硕士学位论文.

李涛, 李灿阳, 俞丹娜, 等. 2010. 交通要道重金属污染对农田土壤动物群落结构及空间分布的影响. 生态学报, 30(18): 5001-5011.

李晓兵, 陈云浩, 张云霞, 等. 2002. 气候变化对中国北方荒漠草原植被的影响. 地球科学进展, (2): 254-261.

李仰征, 马建华. 2011. 高速公路旁土壤重金属污染及不同林带防护效应比较. 水土保持学报, 25(1): 105-109.

李裕元, 邵明安, 陈洪松, 等. 2010. 水蚀风蚀交错带植被恢复对土壤物理性质的影响. 生态学报, 30(16): 4306-4316.

廖崇惠, 陈茂乾. 1989. 鼎湖山森林土壤动物研究 I: 区系组成及其特征. 热带和亚热带森林生态系统研究, (2): 83-95.

廖崇惠, 李健雄, 杨悦屏, 等. 2002. 海南尖峰岭热带林土壤动物群落——群落的组成及其特征. 生态学报, (11): 1866-1872.

刘继亮, 李锋瑞, 刘七军, 等. 2010a. 黑河中游干旱荒漠地面节肢动物群落季节变异规律. 草业学报, 19(5): 161-169.

刘继亮, 李锋瑞, 刘七军, 等. 2010b. 黑河中游荒漠灌丛斑块地面甲虫群落分布与微生境的关系. 生态学报, 30(23): 6389-6398.

刘继亮, 李锋瑞, 刘七军, 等. 2010c. 黑河流域荒漠生态系统地面土壤动物群落的组成与多样性. 中国沙漠, 30(2): 342-349.

刘继亮, 李锋瑞, 牛瑞雪, 等. 2011. 黑河中游不同土地利用方式地面节肢动物对土壤盐渍化的响应. 土壤学报, 48(6): 1242-1252.

刘继亮, 李锋瑞. 2008. 坡向和微地形对大型土壤动物空间分布格局的影响. 中国沙漠, (6): 1104-1112.

刘继亮, 赵文智, 李锋瑞. 2015. 黑河中游沙质荒漠地面节肢动物群落组成及多样性季节变异. 干旱区资源与环境, 29(6): 98-103.

刘任涛. 2012. 荒漠草原土壤动物与降雨关系研究现状. 生态学杂志, 31(3): 760-765.

刘任涛. 2014. 沙地灌丛的“肥岛”和“虫岛”形成过程、特征及其与生态系统演替的关系. 生态学杂志, 33(12): 3463-3469.

刘任涛. 2016a. 土壤动物生态学研究方法：实验设计、数据处理与论文写作. 北京：科学出版社.

刘任涛. 2016b. 沙地灌丛“虫岛”：概念、方法与模型构建. 生物数学学报, 31(3): 344-350.

刘任涛, 柴永青, 徐坤, 等. 2012c. 荒漠草原区柠条人工固沙林生长过程中地表植被-土壤的变化. 应用生态学报, 23(11): 2955-2960.

刘任涛, 柴永青, 徐坤, 等. 2014a. 荒漠草原区柠条固沙人工林地表草本植被季节变化特征. 生态学报, 34(2): 500-508.

刘任涛, 柴永青, 杨新国, 等. 2013b. 荒漠草原区柠条林平茬和牧草补播对地面节肢动物群落的影响. 应用生态学报, 24(1): 211-217.

刘任涛, 李学斌, 辛明, 等. 2011a. 荒漠草原地面节肢动物功能群对草地封育的响应. 应用生态学报, 22(8): 2153-2159.

刘任涛, 李学斌, 辛明, 等. 2012a. 半干旱沙地草场地面节肢动物群落对封育措施的响应. 草业学报, 21(1): 66-74.

刘任涛, 王少昆, 周娟. 2015c. 科尔沁和毛乌素沙地灌丛“虫岛”效应比较. 中国沙漠, 35(6): 1599-1606.

刘任涛, 郗伟华, 刘佳楠, 等. 2017-04-26. 一种方便操作的土壤动物分离改良装置: CN206118934U.

刘任涛, 郗伟华, 刘佳楠, 等. 2018a. 沙地柠条(Caragana)灌丛微生境节肢动物群落特征. 中国沙漠, 38(1): 117-125.

刘任涛, 郗伟华, 赵娟, 等. 2018b. 不同立地条件柠条灌丛内外地面节肢动物群落结构分布特征. 干旱区研究, 35(2): 354-362.

刘任涛, 郗伟华, 朱凡. 2016a. 宁夏荒漠草原地面节肢动物群落组成及季节动态特征. 草业学报, 25(6): 126-135.

刘任涛, 杨新国, 柴永青, 等. 2013c. 荒漠草原区柠条林地地面节肢动物功能群对补播牧草和平茬措施的响应. 草业学报, 22(3): 78-84.

刘任涛, 杨新国, 宋乃平, 等. 2012b. 荒漠草原区固沙人工柠条林生长过程中土壤性质演变规律. 水土保持学报, 26(4): 108-112.

刘任涛, 张安宁. 2020. 固沙灌丛林营造初期对地面节肢动物群落结构的影响. 中国沙漠, 40(4): doi: 10.7522/j.issn.1000-694X.2020.00071.

刘任涛, 赵哈林, 刘继亮. 2009. 黄河兰州段典型人工林大型土壤动物群落结构及其多样性. 土壤学报, 46(3): 553-556.

刘任涛, 赵哈林, 赵学勇, 等. 2010. 科尔沁沙地流动沙丘掘穴蚁(*Formica cunicularia*)筑丘活动及其对土壤的作用. 中国沙漠, 30(1): 135-139.

刘任涛, 赵哈林, 赵学勇, 等. 2015a. 科尔沁沙地土壤动物群落分布特征. 北京：科学出版社.

刘任涛, 赵哈林, 赵学勇. 2011b. 沙地生态系统中蚂蚁活动与地表植被及土壤环境间的互作关系. 干旱区资源与环境, 25(12): 166-170.

刘任涛, 赵哈林, 赵学勇. 2011c. 放牧干扰后自然恢复沙质草地大型土壤动物功能群变化特征. 生态环境学报, 20(12): 1794-1798.

刘任涛, 赵哈林, 赵学勇. 2013a. 半干旱区草地土壤动物多样性的季节变化及其与温湿度的关系. 干旱区资源与环境, 27(1): 97-101.

刘任涛, 赵哈林. 2009. 沙质草地土壤动物的研究进展及建议. 中国沙漠, 29(4): 656-662.

刘任涛, 赵哈林. 2013. 沙地生境土壤动物调查与分离方法研究. 土壤通报, 44(1): 88-92.

刘任涛, 赵娟, 郗伟华, 等. 2017-04-26. 一种手动和自动切换操作的土壤动物分离改良装置: CN206118933U.

刘任涛, 朱凡, 柴永青. 2014b. 干旱区不同年龄灌丛斑块地面节肢动物的聚集效应. 应用生态学报, 25(1): 228-236.

刘任涛, 朱凡, 王少昆. 2015b. 中国北方不同地带沙地封育草场土壤性质和植被特征比较. 生态环境学报, 24(5): 729-734.

刘任涛, 朱凡, 辛明, 等. 2016b. 流动沙地灌丛内外地面/地下土居节肢动物空间分布及其影响因素. 干旱区研究, 33(2): 410-416.

刘任涛, 朱凡. 2014. 荒漠草原区人工柠条林地面节肢动物群落月动态变化. 草业学报, 23(2): 296-304.

刘任涛, 朱凡. 2015a. 荒漠草原区柠条灌丛对地面节肢动物群落小尺度空间分布的影响. 生态科学, 34(2): 34-41.

刘任涛, 朱凡. 2015b. 基于群落与种群水平的沙地柠条灌丛“虫岛效应”随林龄的变化. 应用与环境生物学报, 21(4): 689-694.

刘任涛, 朱凡. 2015c. 人工与自然恢复方式对流动沙地土壤与植被特征的影响. 水土保持通报, 35(6): 1-7.

刘任涛, 朱凡. 2016. 流动沙地人工种植灌丛对地面节肢动物多样性与功能群结构的影响. 林业科学, 52(2): 91-98.

刘淑琴, 王荣女, 夏朝宗, 等. 2018. 土地利用变化对盐池县碳储量及其价值影响. 干旱区研究, 35(2): 486-492.

刘晓妮, 李刚, 赵祥, 等. 2014. 放牧对赖草群落生物量及植物多样性的影响. 草地学报, 22(5): 942-948.

刘新民, 关宏斌, 刘永江, 等. 2000. 科尔沁沙质放牧草地土壤动物多样性特征研究. 中国沙漠, (S1): 30-33.

刘新民, 刘永江, 郭砺. 1999. 内蒙古典型草原大型土壤动物群落动态及其在放牧下的变化. 草地学报, (3): 228-235.

刘新民, 门丽娜. 2009. 内蒙古武川县农田退耕还草对大型土壤动物群落的影响. 应用生态学报, 20(8): 1965-1972.

刘新民, 乾德门, 乌宁, 等. 1994. 不同牧压梯度上草原土壤动物生物多样性的初步分析. 内蒙古教育学院学报, (4): 1-6.

刘新民, 杨劼. 2005. 沙坡头地区人工固沙植被演替中大型土壤动物生物指示作用研究. 中国沙漠, (1): 42-46.

刘永兵, 李翔, 卓志清, 等. 2015. 河流底泥粒径分形维数与重金属含量相关性——以海南岛南渡江塘柳塘为例. 中国农学通报, 31(20): 131-136.

刘永江, 关宏斌, 郭砺. 1999. 科尔沁沙地土壤动物研究初探. 中国沙漠, (S1): 116-120.

刘云慧. 2004. 华北平原农业土地利用对生物多样性和土壤有机碳变化的影响研究. 中国农业大学博士学位论文.

刘振国, 李镇清. 2004. 不同放牧强度下冷蒿种群小尺度空间格局. 生态学报, (2): 227-234.

卢昌泰, 李云, 肖玖金, 等. 2013. 四川盆周西缘山地 3 种人工林土壤动物群落特征. 应用与环境生物学报, 19(4): 618-622.

罗雅曦, 刘任涛. 2019. 宁夏风沙区不同人工固沙灌丛林土壤质量评价. 水土保持研究, 26(5): 1036-1041.

马建华, 谷蕾, 李文军. 2009. 连霍高速郑商段路旁土壤重金属积累及潜在风险. 环境科学, 30(3): 894-899.

马建华, 李剑, 宋博. 2007. 郑汴路不同运营路段路旁土壤重金属分布及污染分析. 环境科学学报, (10): 1734-1743.

马睿. 2019. 宁夏盐池县土地利用变化对生态系统服务价值影响分析. 北京林业大学硕士学位论文.

倪穗, 陈增鸿, 潘晓东. 1999. 能量生态学研究概述. 科技通报, (2): 25-29.

牛书丽, 万师强, 马克平. 2009. 陆地生态系统及生物多样性对气候变化的适应与减缓. 中国科学院院刊, 24(4): 421-427.

齐雁冰, 黄标, 顾志权, 等. 2008. 长江三角洲典型区农田土壤碳氮比值的演变趋势及其环境意义. 矿物岩石地球化学通报, (1): 50-56.

青木淳一. 1973 土壤动物学. 东京: 北隆馆.

邵元虎, 张卫信, 刘胜杰, 等. 2015. 土壤动物多样性及其生态功能. 生态学报, 35(20): 6614-6625.

师光禄, 席银宝, 王海香, 等. 2004. 枣园节肢动物群落的数量与生物量多样性特征分析. 林业科学, (2): 107-112.

宋长春, 王毅勇. 2006. 湿地生态系统土壤温度对气温的响应特征及对 CO_2 排放的影响. 应用生态学报, (4): 4625-4629.

苏永中, 赵哈林, 张铜会. 2002. 几种灌木、半灌木对沙地土壤肥力影响机制的研究. 应用生态学报, (7): 802-806.

苏越, 邬天媛, 张雪萍. 2011. 我国土壤动物环境指示功能研究进展. 国土与自然资源研究, (6): 64-67.

孙海燕, 万书波, 李林, 等. 2015. 放牧对荒漠草原土壤养分及微生物量的影响. 水土保持通报, 35(2): 82-88, 93.

通乐嘎, 赵斌, 吴玲敏. 2018. 放牧对内蒙古荒漠草原土壤理化性质和有机碳组分的影响. 生态环境学报, 27(9): 1602-1609.

童春富, 陆健健. 2001. 草坪无脊椎动物功能群物种多样性及其管理. 桂林: 野生动物生态与管理学术讨论会.

童春富, 陆健健. 2002. 草坪无脊椎动物群落物种多样性及功能群研究. 生物多样性, (2): 149-155.

仝致琦. 2013. 公路源重金属对路域环境的影响及其迁移规律. 河南大学博士学位论文.

土壤动物研究方法手册编写组. 1998. 土壤动物研究方法手册. 北京: 中国林业出版社: 156.

王长庭, 王启基, 沈振西, 等. 2003. 模拟降水对高寒矮嵩草草甸群落影响的初步研究. 草业学报, (2): 25-29.

王海霞. 2002. 松嫩草原区农牧林复合系统中小型土壤动物生态研究. 北京: 中国地理学会2002年学术年会.

王金凤. 2007. 城市生态系统中不同土地利用类型土壤动物群落学研究. 华东师范大学博士学位论文.

王黎黎. 2016. 盐池县封育条件下草地生态环境演变态势及草场管理. 北京林业大学博士学位论文.

王让会, 游先祥. 2000. 荒漠生态系统中生物的信息联系特征. 农村生态环境, (4): 7-10.

王巍巍. 2013. 宁夏白芨滩国家级自然保护区地表甲虫多样性及其边缘效应研究. 宁夏大学硕士学位论文.

王新谱, 杨贵军. 2010. 宁夏贺兰山昆虫. 银川: 宁夏人民出版社: 156-342.

王新云, 郭艺歌, 陈林, 等. 2013. 荒漠草原不同林龄柠条灌丛生物量模型研究. 生物数学学报, 28(2): 377-383.

王永繁, 余世孝, 刘蔚秋. 2002. 物种多样性指数及其分形分析. 植物生态学报, (4): 391-395.

王正宁, 王新平, 刘博. 2016. 荒漠灌丛内降雨和土壤水分再分配. 应用生态学报, 27(3): 755-760.

王祖艳, 邵元虎, 夏汉平, 等. 2017. 基于土壤线虫群落分析的油页岩废渣地不同植被类型恢复过程中的土壤食物网能流状况. 生态学报, 37(17): 5612-5620.

魏茂宏, 林慧龙. 2014. 江河源区高寒草甸退化序列土壤粒径分布及其分形维数. 应用生态学报, 25(3): 679-686.

邬建国. 1989. 岛屿生物地理学理论: 模型与应用. 生态学杂志, (6): 34-39.

吴东辉, 胡克, 殷秀琴. 2004. 松嫩草原中南部退化羊草草地生态恢复与重建中大型土壤动物群落生态特征. 草业学报, (5): 121-126.

吴东辉, 张柏, 陈平. 2005. 吉林省西部农牧交错区不同土地利用方式对土壤线虫群落特征的影响. 农村生态环境, (2): 38-41.

伍光和, 王乃昂, 胡双熙. 2007. 自然地理学. 北京: 高等教育出版社.

武建双, 李晓佳, 沈振西, 等. 2012. 藏北高寒草地样带物种多样性沿降水梯度的分布格局. 草业学报, 21(3): 17-25.

武崎, 吴鹏飞, 王群, 等. 2016. 放牧强度对高寒草地不同类群土壤动物的群落结构和多样性的影响. 中国农业科学, 49(9): 1826-1834.

郗伟华, 刘任涛, 刘佳楠, 等. 2018a. 干旱风沙区立地条件、季节变化对柠条灌丛"虫岛"效应的影响. 水土保持研究, 25(2): 162-169.

郗伟华, 刘任涛, 赵娟, 等. 2018b. 干旱风沙区路域柠条灌丛林地土壤重金属分布及其与土壤分形维数的关系. 水土保持研究, 25(6): 196-202.

郗伟华. 2018. 路域柠条灌丛地面节肢动物群落分布及影响因素. 山西师范大学硕士学位论文.

夏江宝, 张淑勇, 王荣荣, 等. 2013. 贝壳堤岛 3 种植被类型的土壤颗粒分形及水分生态特征. 生态学报, 33(21): 7013-7022.

肖以华, 佟富春, 杨昌腾, 等. 2010. 冰雪灾害后的粤北森林大型土壤动物功能类群. 林业科学, 46(7): 99-105.

严珺, 吴纪华. 2018. 植物多样性对土壤动物影响的研究进展. 土壤, 50(2): 231-238.

颜绍馗, 汪思龙, 于小军, 等. 2004. 桤木混交对杉木人工林大型土壤动物群落的影响. 应用与环境生物学报, (4): 462-466.

杨梅焕, 曹明明, 朱志梅, 等. 2010. 毛乌素沙地东南缘沙漠化过程中土壤理化性质分析. 水土保持通报, 30(2): 169-172.

杨明宪, 张庭伟, 蔡殿奎, 等. 1983. 沈阳北郊土壤铅、镉污染与土壤动物相关性的研究. 环境保护科学, 1: 59-68.

杨培岭, 罗远培, 石元春. 1993. 用粒径的重量分布表征的土壤分形特征. 科学通报, 38(20): 1896-1899.

杨效东, 沙丽清. 2000. 西双版纳热带人工林与次生林土壤动物群落结构时空变化初查. 土壤学报, (1): 116-123.

杨志敏, 哈斯塔米尔, 刘新民. 2016. 放牧对内蒙古典型草原大针茅凋落物中土壤动物组成及其分解功能的影响. 应用生态学报, 27(9): 2864-2874.

殷秀琴, 李建东. 1998. 羊草草原土壤动物群落多样性的研究. 应用生态学报, (2): 186-188.

殷秀琴, 宋博, 董炜华, 等. 2010. 中国土壤动物生态地理研究进展(英文). Journal of Geographical Sciences, 20(3): 333-346.

殷秀琴, 辛未冬, 齐艳红. 2007. 温带红松阔叶混交林凋落叶与主要大型土壤动物热值的季节变化. 应用生态学报, (4): 756-760.

尹文英. 1992. 中国亚热带的土壤动物. 北京: 科学出版社.

尹文英. 2000. 中国土壤动物检索图鉴. 北京: 科学出版社: 299-606.

余军, 马红彬, 王宁. 2007. 宁夏盐池荒漠草原土壤种子库动态变化研究. 农业科学研究, (2): 36-38.

岳兴玲, 哈斯, 庄燕美, 等. 2005. 沙质草原灌丛沙堆研究综述. 中国沙漠, (5): 738-743.

翟萌, 卢新卫, 黄丽, 等. 2010. 渭河(杨凌—兴平段)表层沉积物中重金属的粒径分布特征及污染评价. 陕西师范大学学报(自科版), 38(4): 94-98.

张安宁, 刘任涛, 杨志敏. 2019. 干旱风沙区灌丛林地地面节肢动物群落对放牧管理的响应. 应用生态学报, 30(11): 1-9.

张大治, 贺达汉, 于有志, 等. 2008. 宁夏白芨滩国家级自然保护区地表甲虫群落多样性. 动物学研究, (5): 569-576.

张娇, 李岳诚, 张大治. 2015. 宁夏白芨滩不同生境土壤动物多样性及其与环境因子的相关性. 浙江大学学报(农业与生命科学版), 41(4): 428-438.

张金鹏. 2010. 呼伦贝尔沙化草地植被恢复模式效果评价及动态分析. 北京林业大学硕士学位论文.

张立欣, 段玉玺, 王博, 等. 2017. 库布齐沙漠不同人工固沙灌木林土壤微生物量与土壤养分特征. 应用生态学报, 28(12): 3871-3880.

张清雨, 吴绍洪, 赵东升, 等. 2013. 内蒙古草地生长季植被变化对气候因子的响应. 自然资源学报, 28(5): 754-764.

张晓东. 2018. 基于遥感和GIS的宁夏盐池县地质灾害风险评价研究. 中国地质大学博士学位论文.

张晓珂, 梁文举, 李琪. 2013. 长白山森林土壤线虫形态分类与分布格局. 北京: 中国农业出版社.

张晓娜. 2018. 不同封育措施对希拉穆仁荒漠草原植被与土壤的影响. 内蒙古农业大学硕士学位论文.

张秀珍, 刘秉儒, 詹硕仁. 2011. 宁夏境内12种主要土壤类型分布区域与剖面特征. 宁夏农林科技, 52(9): 48-50.

赵哈林, 郭轶瑞, 周瑞莲. 2011. 灌丛对沙质草地土壤结皮形成发育的影响及其作用机制. 中国沙漠, 31(5): 1105-1111.

赵哈林, 刘任涛, 周瑞莲, 等. 2012. 科尔沁沙地灌丛的“虫岛”效应及其形成机理. 生态学杂志, 31(12): 2990-2995.

赵哈林, 刘任涛, 周瑞莲. 2013. 科尔沁沙地土地利用变化对大型土壤节肢动物群落影响. 土壤学报, 50(2): 413-418.

赵哈林, 苏永中, 张华, 等. 2007. 灌丛对流动沙地土壤特性和草本植物的影响. 中国沙漠, (3): 385-390.

赵哈林. 2007. 人类活动和气候变化对科尔沁沙质草地植物多样性的影响. 雅安: 中国草学会牧草育种专业委员会 2007 年学术研讨会.

赵红蕊, 孟庆繁, 高文韬. 2010. 吉林省西部不同封育年限草地昆虫群落的季节动态变化. 吉林农业大学学报, 32(6): 626-632.

赵红音, 殷秀琴. 1994. 松嫩平原南部草原土壤动物组成与分布的研究. 草业学报, (1): 62-70.

赵慧, 崔保山, 白军红, 等. 2007. 纵向岭谷区高速公路对沿线土壤-植物系统的影响. 科学通报, 52(S2): 176-184.

赵娟, 刘任涛, 刘佳楠, 等. 2019. 北方农牧交错带退耕还林与还草对地面节肢动物群落结构的影响. 生态学报, (5): 1-10.

赵娜, 孟平, 张劲松, 等. 2014. 华北低丘山地不同退耕年限刺槐人工林土壤质量评价. 应用生态学报, 25(2): 351-358.

赵爽, 宋博, 侯笑云, 等. 2015. 黄河下游农业景观中不同生境类型地表节肢动物优势类群. 生态学报, 35(13): 4398-4407.

郑乐怡, 归鸿. 1999. 昆虫分类. 南京: 南京师范大学出版社: 525-882.

周铁军, 赵廷宁. 2005. 宁夏盐池县土地利用变化分析研究. 水土保持研究, (6): 120-122.

周铁军. 2005. 宁夏盐池县土地利用变化及生态环境质量评价研究. 北京林业大学硕士学位论文.

周正虎, 王传宽, 张全智. 2015. 土地利用变化对东北温带幼龄林土壤碳氮磷含量及其化学计量特征的影响. 生态学报, 35(20): 6694-6702.

朱凡, 刘任涛, 贺达汉. 2014. 模拟增雨条件下沙质草地地表植被和节肢动物群落变化特征. 草业科学, 31(12): 2333-2341.

朱慧. 2012. 气候变化和放牧对草地植物与昆虫多样性关系的作用. 东北师范大学博士学位论文.

祝遵凌, 高明生, 胡海波, 等. 2009. 高速公路建设及运营对沿线湿地土壤性质的影响. 中南林业科技大学学报, 29(5): 123-127.

Allan R P. 2011. Human influence on rainfall. Nature, 470(7334): 344-345.

Allington G R H, Valone T J. 2014. Islands of fertility: a byproduct of grazing? Ecosystems, 17(1): 127-141.

Briones M J I, Ineson P, Piearce T G. 1997. Effects of climate change on soil fauna; responses of enchytraeids, Diptera larvae and tardigrades in a transplant experiment. Applied Soil Ecology, 6(2): 117-134.

Canepuccia A D, Cicchino A, Escalante A, et al. 2009. Differential responses of marsh arthropods to rainfall-induced habitat loss. Zoological Studies, 48(2): 174-183.

Cao C Y, Jiang D M, Teng X H, et al. 2008. Soil chemical and microbiological properties along a chronosequence of *Caragana microphylla* Lam. plantations in the Horqin sandy land of Northeast China. Applied Soil Ecology, 40(1): 78-85.

Coleman D C, Crossley D A, Hendrix J P F. 2004. Fundamentals of Soil Ecology. London: Elsevier Academic Press: 156-159.

Crist T O, Guertin D S, Wiens J A, et al. 1992. Animal movement in heterogeneous landscapes: an experiment with eleodes beetles in shortgrass prairie. Functional Ecology, 6(5): 536-544.

Crist T O, Macmahon J A. 1991. Foraging patterns of *Pogonomyrmex occidentalis* (Hymenoptera: Formicidae) in a shrub-steppe ecosystem: the roles of temperature, trunk trails, and seed resources. Environmental Entomology, 20: 265-275.

de Soyza A G, Whitford W G, Herrick J E, et al. 1998. Early warning indicators of desertification: examples of tests in the Chihuahuan Desert. Journal of Arid Environments, 39(2): 101-112.

Dhillion S S, McGinley M A, Friese C F, et al. 1994. Construction of sand shinnery oak communities of the Llano Estacado. Restoration Ecology, 2(1): 51-60.

Eisenhauer N, Migunova V D, Ackermann M, et al. 2011. Changes in plant species richness induce functional shifts in soil nematode communities in experimental grassland. PLoS One, 6(9): e24087.

Ferraro D O, Ghersa C M. 2007. Exploring the natural and human-induced effects on the assemblage of soil microarthropod communities in Argentina. European Journal of Soil Biology, 43(2): 109-119.

Fuhlendorf S D, Engle D M. 2001. Restoring heterogeneity on rangelands: ecosystem management based on evolutionary grazing patterns. BioScience, 51(8): 625-632.

Fuller L, Oxbrough A, Gittings T, et al. 2014. The response of ground-dwelling spiders (Araneae) and hoverflies (Diptera: Syrphidae) to afforestation assessed using within-site tracking. Forestry, 87(2): 301-312.

Gastine A, Scherer-Lorenzen M, Leadley P W. 2003. No consistent effects of plant diversity on root biomass, soil biota and soil abiotic conditions in temperate grassland communities. Applied Soil Ecology, 24(1): 101-111.

Guo K, Hao S G, Sun O J, et al. 2009. Differential responses to warming and increased precipitation among three contrasting grasshopper species. Global Change Biology, 15(10): 2539-2548.

Hertl P T, Brandenburg R L, Barbercheck M E. 2001. Effect of soil moisture on ovipositional behavior in the southern mole cricket (Orthoptera: Gryllotalpidae). Environmental Entomology, 30(3): 466-473.

Hunter M D, Price P W. 1992. Playing chutes and ladders: heterogeneity and the relative roles of bottom-up and top-down forces in Natural Communities. Ecology, 73(3): 724-732.

Huxman T E, Snyder K A, Tissue D, et al. 2004. Precipitation pulses and carbon fluxes in semiarid and arid ecosystems. Oecologia, 141 (2) : 254-268.

Irmler U. 2003. The spatial and temporal pattern of carabid beetles on arable fields in northern Germany (Schleswig-Holstein) and their value as ecological indicators. Agriculture, Ecosystems & Environment, 98 (1-3) : 141-151.

Keesing F, Holt R D, Ostfeld R S. 2006. Effects of species diversity on disease risk. Ecol Lett, 9 (4) : 485-498.

Kerley G I H, Whitford W G. 2000. Impact of grazing and desertification in the Chihuahuan desert: plant communities, granivores and granivory. American Midland Naturalist, 144 (1) : 78-91.

Lindberg N. 2003. Soil Fauna and Global Change. Uppsala: Swedish University of Agricultural Sciences.

Liu R T, Zhao H L, Zhao X Y. 2009. Effect of vegetation restoration on ant nest-building activities following mobile dune stabilization in the Horqin Sandy land, Northern China. Land Degradation & Development, 20 (5) : 562-571.

Liu R T, Zhu F, Steinberger Y. 2016a. Ground-active arthropod responses to rainfall-induced dune microhabitats in a desertified steppe ecosystem, China. Journal of Arid Land, 8 (4) : 632-646.

Liu R T, Pen-Mouratov S, Steinberger Y. 2016b. Shrub cover expressed as an 'arthropod island' in xeric environments. Arthropod-Plant Interactions, 10: 393-402.

Liu R T, Zhu F, An H, et al. 2014. Effect of naturally vs manually managed restoration on ground-dwelling arthropod communities in a desertified region. Ecological Engineering, 73: 545-552.

Liu R T. 2015. Soil Faunal Ecology in Desertified Regions of China. Beijing: Science Press.

McIntyre N E, Rango J, Fagan W F, et al. 2001. Ground arthropod community structure in a heterogeneous urban environment. Landscape and Urban Planning, 52 (4) : 257-274.

Megías A G, Sánchez-Piñero F, Hódar J A. 2011. Trophic interactions in an arid ecosystem: from decomposers to top-predators. Journal of Arid Environments, 75 (12) : 1333-1341.

Minor M A, Cianciolo J M. 2007. Diversity of soil mites (Acari: Oribatida, Mesostigmata) along a gradient of land use types in New York. Applied Soil Ecology, 35 (1) : 140-153.

Morecroft M D, Bealey C E, Howells O, et al. 2002. Effects of drought on contrasting insect and plant species in the UK in the mid-1990s. Global Ecology and Biogeography, 11 (1) : 7-22.

Morris M G. 1978. Grassland management and invertebrate animals-a selective review. Scientific Proceedings of the Royal Dublin Society Series, A6: 247-257.

Oddsdóttir E S, Svavarsdóttir K, Halldórsson G. 2008. The influence of land reclamation and afforestation on soil arthropods in Iceland. Icelandic Agricultural Sciences, 21: 3-13.

Pan D, Bouchard A, Legendre P, et al. 1998. Influence of edaphic factors on the spatial structure of inland halophytic communities: a case study in China. Journal of Vegetation Science, 9(6): 797-804.

Parker M, Mac Nally R. 2002. Habitat loss and the habitat fragmentation threshold: an experimental evaluation of impacts on richness and total abundances using grassland invertebrates. Biological Conservation, 105(2): 217-229.

Pugnaire F I, Haase P, Puigdefábregas J. 1996. Facilitation between Higher Plant Species in a Semiarid Environment. Ecology, 77(5): 1420-1426.

Sackmann P, Flores G E. 2009. Temporal and spatial patterns of tenebrionid beetle diversity in NW Patagonia, Argentina. Journal of Arid Environments, 73(12): 1095-1102.

Sebastiá M T. 2004. Role of topography and soils in grassland structuring at the landscape and community scales. Basic and Applied Ecology, 5: 331-346.

Shi P J, Hui C, Men X Y, et al. 2014. Cascade effects of crop species richness on the diversity of pest insects and their natural enemies. Sci China Life Sci, 57(7): 718-725.

Sigurdsson B D, Gudleifsson B E. 2013. Impact of afforestation on earthworm populations in Iceland. Icelandic Agricultural Sciences, 26: 21-36.

Staley J T, Hodgson C J, Mortimer S R, et al. 2007. Effects of summer rainfall manipulations on the abundance and vertical distribution of herbivorous soil macro-invertebrates. European Journal of Soil Biology, 43(3): 189-198.

Stapp P. 1997. Microhabitat use and community structure of darkling beetles (Coleoptera: Tenebrionidae) in shortgrass prairie: effects of season shrub and soil type. The American Midland Naturalist, 137(2): 298-311.

Su Y Z, Zhao H L. 2003. Soil properties and plant species in an age sequence of *Caragana microphylla* plantations in the Horqin Sandy Land, north China. Ecological Engineering, 20(3): 223-235.

Taylor A R, Schröter D, Pflug A, et al. 2004. Response of different decomposer communities to the manipulation of moisture availability: potential effects of changing precipitation patterns. Global Change Biology, 10(8): 1313-1324.

Tilman D, Isbell F, Cowles J M. 2014. Biodiversity and ecosystem functioning. Proceedings of the National Academy of Sciences of the United States of America, 45: 471-493.

Van Auken O W, Bush J K. 1989. Prosopis Glandulosa growth: influence of nutrients and simulated grazing of *Bouteloua curtipendula*. Ecology, 70(2): 512-516.

Vreeken-Buijs M J, Hassink J, Brussaard L. 1998. Relationships of soil microarthropod biomass with organic matter and pore size distribution in soils under different land use. Soil Biology and Biochemistry, 30(1): 97-106.

Walther G R, Post E, Convey P, et al. 2002. Ecological responses to recent climate change. Nature, 416(6879): 389-395.

Wang W H, Wong M H, Leharne S, et al. 1998. Fractionation and biotoxicity of heavy metals in urban dusts collected from Hong Kong and London. Environmental Geochemistry & Health, 20(4): 185-198.

Wardle D A, Bardgett R D, Klironomos J N, et al. 2004. Ecological linkages between aboveground and belowground biota. Science, 304(5677): 1629-1633.

Whitford W G, Barness G, Steinberger Y. 2008. Effects of three species of Chihuahuan Desert ants on annual plants and soil properties. Journal of Arid Environments, 72(4): 392-400.

Whitford W G. 2002. Ecology of Desert Systems. London: Academic Press: 327.

Zhao H L, Zhou R L, Su Y Z, et al. 2007. Shrub facilitation of desert land restoration in the Horqin Sand Land of Inner Mongolia. Ecological Engineering, 31(1): 1-8.

Zhao H L, Li J, Liu R T, et al. 2014a. Effects of desertification on temporal and spatial distribution of soil macro-arthropods in Horqin sandy grassland, Inner Mongolia. Geoderma, 223-225: 62-67.

Zhao H L, Liu R T. 2013. The "bug island" effect of shrubs and its formation mechanism in Horqin Sand Land, Inner Mongolia. CATENA, 105: 69-74.

Zhao J, Dong Y S, Wang Y Q, et al. 2014b. Natural vegetation restoration is more beneficial to soil surface organic and inorganic carbon sequestration than tree plantation on the Loess Plateau of China. Science of The Total Environment, 485-486: 615-623.

Zuo X A, Zhao H L, Zhao X Y, et al. 2008. Plant distribution at the mobile dune scale and its relevance to soil properties and topographic features. Environmental Geology, 54(5): 1111-1120.

附　　录

一、动物名录

中文名称	拉丁学名	中文名称	拉丁学名
斑腿蝗科	Catantopidae	姬缘蝽科	Rhopalidae
步甲科	Carabidae	吉丁甲科	Buprestidae
潮虫科	Oniscidae	剑角蝗科	Acrididae
尺蛾科	Geometridae	箭蚁属	*Cataglyphis*
瘿蜂科	Cynipidae	金龟科	Scarabaeidae
长蝽科	Lygaeidae	巨蟹蛛科	Sparassidae
长纺蛛科	Hersiliidae	卷蛾科	Tortricidae
长奇盲蛛科	Phalangiidae	叩甲科	Elateridae
蝽科	Pentatomidae	狼蛛科	Lycosidae
地蜈蚣科	Geophilidae	类球蛛科	Nesticidae
盾蝽科	Scutelleridae	丽金龟科	Rutelidae
粪金龟科	Geotrupidae	瘤潮虫科	Tylidae
蜉金龟科	Aphodiidae	埋葬甲科	Silphidae
个木虱科	Triozidae	盲蝽科	Miridae
弓背蚁属	*Camponotus*	虻科	Tabanidae
钩土蜂科	Tiphiidae	蜜蜂科	Apidae
管巢蛛科	Clubionidae	皿蛛科	Linyphiidae
光盔蛛科	Liocranidae	螟蛾科	Pyralidae
龟甲科	Cassididae	木虱科	Psyllidae
蜾蠃科	Eumenidae	泥蜂科	Sphecidae
褐蛉科	Hemerobiidae	拟步甲科	Tenebrionidae
红蝽科	Pyrrhocoridae	皮蠹科	Dermestidae
胡蜂科	Vespidae	皮金龟科	Trogidae
虎甲科	Cicindelidae	瓢虫科	Coccinellidae
花金龟科	Cetoniidae	平唇水龟科	Hydraenidae
蝗科	Acrididae	平腹蛛科	Gnaphosidae
姬蝽科	Nabidae	蜣螂科	Scarabaeidae
姬蜂科	Ichneumonidae	切叶蜂科	Megachilidae
姬花甲科	Phalacridae	青蜂科	Chrysididae

续表

中文名称	拉丁学名	中文名称	拉丁学名
球体蛛科	Theridiosomatidae	小蜂科	Chalalcididae
球蚜科	Adelgidae	蟹蛛科	Thomisidae
球蛛科	Theridiidae	蚜科	Aphididae
蠼螋科	Labiduridae	阎甲科	Histeridae
绒毛金龟科	Glaphyridae	摇蚊科	Chironomidae
鳃金龟科	Melolonthidae	叶蝉科	Cicadellidae
食虫虻科	Asilidae	叶蛾科	Lasiocampidae
食蚜蝇科	Syrphidae	叶蜂科	Tenthredinidae
收获蚁属	*Messor*	叶甲科	Chrysomelidae
束长蝽科	Malcidae	夜蛾科	Noctuidae
树蟋科	Oecanthidae	蚁蜂科	Mutillidae
隧蜂科	Halictidae	蚁科	Formicidae
天牛科	Cerambycidae	蚁蛉科	Myrmeleontidae
跳蛛科	Salticidae	蚁形甲科	Anthicidae
土蝽科	Cydnidae	隐翅甲科	Staphylinidae
土蜂科	Scoliidae	蝇科	Muscidae
网翅蝗科	Arcypteridae	瘿绵蚜科	Pemphigidae
网蝽科	Tingidae	蚰蜒科	Scutigeridae
蜈蚣科	Scolopendridae	芫菁科	Meloidae
蟋蟀科	Gryllidae	园蛛科	Araneidae
细蟌科/蟌科	Coenagrionidae	原蚁属	*Proformica*
象甲科	Curculionidae	缘蝽科	Coreidae
象蜡蝉科	Dictyopharidae	螽斯科	Tettigoniidae
逍遥蛛科	Philodromidae	蛛蜂科	Pompilidae
小蠹科	Scolytidae	蛛缘蝽科	Alydidae

二、植物名录

中文名称	拉丁学名	中文名称	拉丁学名
阿尔泰狗娃花	*Heteropappus altaicus*	百里香	*Thymus mongolicus*
白草	*Pennisetum centrasiaticum*	稗子	*Echinochloa crusgalli*
白莎蒿	*Artemisia blepharolepis*	北沙柳	*Salix psammophila*
白茎盐生草	*Halogeton arachnoideus*	扁秆藨草	*Scirpus planiculmis*

续表

中文名称	拉丁学名	中文名称	拉丁学名
萹蓄	*Polygonum aviculare*	毛莲蒿	*Artemisia vestita*
滨藜	*Atriplex patens*	蒙古虫实	*Corispermum mongolicum*
冰草	*Agropyron cristatum*	蒙古韭	*Allium mongolicum*
长芒草	*Stipa bungeana*	米蒿	*Artemisia dalai-lamae*
糙隐子草	*Cleistogenes squarrosa*	米口袋	*Gueldenstaedtia verna*
草木樨状黄耆	*Astragalus melilotoides*	细叶扁穗草	*Blysmus sinocompressus*
叉枝鸦葱	*Scorzonera divaricata*	柠条锦鸡儿	*Caragana korshinskii*
川青锦鸡儿	*Caragana tibetica*	牛枝子	*Lespedeza potaninii*
刺沙蓬(猪毛菜)	*Salsola ruthenica*	披针叶野决明	*Thermopsis lanceolata*
刺穗葵(刺藜)	*Chenopodium aristatum*	蒲公英	*Taraxacum mongolicum*
大针茅	*Stipa grandis*	乳浆大戟	*Euphorbia esula*
地肤	*Kochia scoparia*	柔毛蒿	*Artemisia pubescens*
地锦	*Euphorbia humifusa*	沙鞭	*Psammochloa villosa*
短花针茅	*Stipa breviflora*	沙芥	*Pugionium cornutum*
短翼岩黄耆	*Hedysarum brachypterum*	沙蓬	*Agriophyllum squarrosum*
二裂委陵菜	*Potentilla bifurca*	砂蓝刺头	*Echinops gmelini*
冬青叶兔唇花	*Lagochilus ilicifolius*	砂引草	*Messerschmidia sibirica*
甘草	*Glycyrrhiza uralensis*	砂珍棘豆	*Oxytropis racemosa*
狗尾草	*Setaria viridis*	绳虫实	*Corispermum declinatum*
灌木亚菊	*Ajania fruticulosa*	蓼子朴	*Inula salsoloides*
黑沙蒿	*Artemisia ordosica*	水麦冬	*Triglochin palustre*
红柳	*Tamarix ramosissima*	菟丝子	*Cuscuta chinensis*
红砂	*Reaumuria songarica*	委陵菜	*Potentilla chinensis*
黄花补血草	*Limonium aureum*	雾冰藜	*Bassia dasyphylla*
芨芨草	*Achnatherum splendens*	细叶鸢尾	*Iris tenuifolia*
假苇拂子茅	*Calamagrostis pseudophragmites*	小尖隐子草	*Cleistogenes mucronata*
苦豆子	*Sophora alopecuroides*	小画眉草	*Eragrostis minor*
苦马豆	*Sphaerophysa salsula*	小叶锦鸡儿	*Caragana microphylla*
赖草	*Leymus secalinus*	小果白刺	*Nitraria sibirica*
老瓜头	*Cynanchum komarovii*	斜茎黄耆	*Astragalus adsurgens*
冷蒿	*Artemisia frigida*	星毛委陵菜	*Potentilla acaulis*
骆驼蓬	*Peganum harmala*	兴安胡枝子	*Lespedeza daurica*
猫头刺	*Oxytropis aciphylla*	盐蒿	*Artemisia halodendron*

续表

中文名称	拉丁学名	中文名称	拉丁学名
盐爪爪	*Kalidium foliatum*	远志	*Polygala tenuifolia*
银柴胡	*Stellaria dichotoma* var. *lanceolata*	中华小苦荬	*Ixeridium chinense*
银灰旋花	*Convolvulus ammannii*	猪毛菜	*Salsola collina*
硬质早熟禾	*Poa sphondylodes*	猪毛蒿	*Artemisia scoparia*
玉蜀黍	*Zea mays*	紫苜蓿	*Medicago sativa*